暗号解読
実践ガイド

Codebreaking : A Practical Guide

Elonka Dunin、Klaus Schmeh［著］
IPUSIRON［訳］
Smoky［協力］

For Thomas Ernst

Thomas Ernst に捧げる。

— *Klaus Schmeh*

For cryptophiles everywhere

すべての暗号愛好家に捧げる。

— *Elonka Dunin*

●原著公式サイト

https://codebreaking-guide.com/

※サイトの運営・管理はすべて原著出版社と著者が行っています。

●本書の正誤に関するサポート情報を以下のサイトで提供していきます。

https://book.mynavi.jp/supportsite/detail/9784839986247.html

序文

私たち二人とも、共通して暗号と暗号解読に興味があることを考えれば、いつか道が交わるのはほとんど必然だったといえます。それは2009年10月、メリーランド州ローレルで開催されたNSA暗号史シンポジウムに出席したときのことでした。最初のネットワーキング・セッションで、私たちに多くの共通点があることに気づきました。Elonkaはワシントン DCに近いメリーランド州ロックビルに、Klausはドイツのゲルゼンキルヒェンに住んでいます。約6,000km（4,000マイル）の距離と広大な海（大西洋）を隔てていますが、友情は今も続いています。私たちは、メリーランド州で2年に一度開催されるNSA暗号史シンポジウムや、その他のイベントで、今でも定期的に会っています。

2017年、KlausはElonkaを再度訪ねた際に、暗号の謎として有名なビール暗号（第6章参照）を探ろうと思いつき、数時間かけてバージニア州南部まで出かけました。

ビール財宝に関連する名所を示した地図と、その所在を記したとされる3つの暗号メモの前に立つKlausとElonka

隠された財宝とその場所を記した3つの暗号化されたメッセージについての話は、おそらく単なる偽りだと思いますが、少なくとも興味をそそるには十分です。私たちはバージニア州ベッドフォードに行き、ビールに関する記念品を所蔵する図書館で調べ物をし、ビール物語の有名な場所を示した大きな地図の隣に座って、ビール・レストランで夕食を取りました。

ベッドフォードからワシントンDCへ車で5時間かけて戻る間、暗号解読に関する文献や、この種のテーマに関連する最新の本が手に入らないという、悲しむべき事実について話し合いました。暗号化されたはがき、手紙、電報、日記、日誌など、過去数百年間にわたる膨大な文書に私たちは絶えず遭遇してきました。そのため、私たちは本物の暗号文の解読法を網羅したものを望んでいたのです。こうした暗号を解読することは、歴史的な瞬間を直接垣間見ることそのものです。これはどんなに優れたクロスワードパズルやルービックキューブでもできないことです。

さらに、コンピューターを意識し、暗号文を解くために今日利用できる数多くのソフトウェア・プログラムやWebサイトを網羅した暗号解読の書籍がないことを嘆いていました。また、最近の研究やそれに関する魅力的な新しい解読法を盛り込んだ、最新の暗号解読の本も求めていました。

市販されているどの本も、私たちの期待には遠く及ばなかったのです。私たちが思いつくのは、コンピューター時代以前の1939年の古典的名著、Helen Fouché Gainesの『Cryptanalysis』と、その他の本、そしてさまざまな雑誌の一部くらいでした。すべてを網羅しているという点で、本当にかゆいところに手が届くものはありませんでした。

メリーランドに戻る頃には、我々の手でこの状況を変えるような本を共に執筆することを決めたのです。その後のことは読者の皆が知っているとおりです。それから3年後の現在、我々は『Codebreaking: A Practical Guide』の仕上げに取りかかっています。出版の準備が整ったのです。

本を執筆することは、我々二人にとって目新しいことではありませんでした。本業でゲーム開発者でもあるElonkaは、暗号に関する執筆活動もしており、2006年の『The Mammoth Book of Secret Codes and Cryptograms』や、2009年のベストセラー『Secrets of the Lost Symbol』に掲載されたDan Brownの『Da Vinci Code』の続編に関する2つの記事が有名です。また、インターネット上にある暗号と暗号解読に関するWebページを収集しています。Klausはドイツ語で約25冊の本を執筆しており、その半数以上が暗号化技術に関するものです。また、200の雑誌記事、25の研究論文、そして自身のブログ「Cipherbrain」では1,400の記事を投稿しており、世界でもっとも多くの暗号関連記事を執筆している暗号作家の一人です。

同様の経験があるにもかかわらず、本書の共同執筆は日常的なプロジェクトとはほぼ遠いものでした。二人とも本業が忙しく、講演のスケジュールも立て込んでいたため、出張が絶えずありました。そして、私たちはお互い海を隔てて生活しており、リモートでスケジュールを調整したり、Skypeで通話したりしなければなりませんでした。図書館での調査、暗号研究家たちへのインタビュー、さまざまな場所の現地調査などで時間が埋まってしまったため、私たちが直接会ったのは2回だけです。とはいえ、正直なところ、本の執筆のために会ったわけではありません。とりわけ、バージニア州ベッドフォードにあるビール暗号の発祥の地を再訪し、バージニア州レキシントンにあるマーシャル図書館を何度も訪れ、米国でもっとも有名な暗号学者たちであるElizebethとWilliam Friedmanの歴史を調査しました。

暗号解読の本を執筆することは、やりがいのある仕事でした。20年以上にわたって心を占めていたものを紙に書き出し、最終的にこれらの思いに本書という家を与えることができて、最高な気分になりました。コンピューター登場以前の暗号解読に関する本や、学術誌『Cryptologia』の記事、Klausの何百ものの関連ブログ記事など、情報源はたくさんありました。解読法の解説に加えて、暗号解読では献身、想像力、運が専門知識や長年の経験と同じくらい役立つことがあることを示す数々の成功談も掲載しました。

数少ない妥協の1つとして、暗号解読に関する興味深い話が多すぎて500ページの本には収められなかったことが挙げられます。そのため、何十ものの暗号解読法、未解決の暗号文、暗号の挑戦、成功談については、読者に紹介したかったにもかかわらず、最終的な原稿には含められませんでした。もしかしたら、別の本にするかもしれません。

執筆が終盤に差し掛かった頃、COVID-19が発生し、世界中が（文字通り）思いがけない展開を見せました。そのことは、我々二人の人生、そしてもちろん世界中に影響を及ぼす危機の始まりだったのです。Elonkaはこのときサンフランシスコにいましたが、初めての屋内退避命令と、空港を避けるようにという勧告により、数ヶ月間メリーランド州の自宅に戻れませんでした。彼女はベイエリアの友人、JonとBeth Leonardの家のゲストルームに滞在しながら、執筆を続けました。Klausはドイツ西部のゲルゼンキルヒェンのアパートでコロナ禍を過ごしました。

私たち二人は、世間が止まっているように見えるなか、自宅オフィスで雇用主のために働きつつ、現役の本業も続けました。感染者数は2桁、3桁、4桁と増加の一途をたどり、数百万人に達するという悲しいニュースが報じられました。

幸運なことに、本書のプロジェクトにとって必要なSkypeでのコミュニケーションは、ウイルスによって妨げられないことがすぐに明らかになりました。そして、出張や講演の予定がキャンセルになったことで、執筆する時間が増えたのです。スケジュールについても同様です。レビュアー（第1章参照）に自由が与えられ、仕事に集中する時間が得られました。特に、暗号表のレビューといった大変なことに時間を費やし、細かい配慮をしてくれたことを心から感謝しています。

2020年初頭の終わりに、我々は仕事を終えました。

本書の原稿を提出したとき、コロナウイルスの危機はまだ進行中であり、出版社にも影響を及ぼしていました。この先どうなるかはわかりませんが、出版日までに状況が改善していることを期待しています。あなたがこの文章を読んでいるとき、コロナウイルスが歴史の彼方に消えていることを望んでいます。そして、何はともあれ、本書を最高に楽しむことを祈っています。

2020年6月、メリーランド州ロックビル、ドイツ・ゲルゼンキルヒェン

Elonka Dunin, Klaus Schmeh
codebreaking.guide@gmail.com
http://codebreaking-guide.com

翻訳者より

本書は、古典暗号の解読史および暗号解読の手法を解説した作品です。暗号の歴史に関する書籍の多くは、戦争の舞台裏での暗号戦を描いたものが主流ですが、本書は一味違います。さまざまな未解決の暗号文がどのように解読されたか、その詳細な経緯に焦点を当てています。本書を通じて、世界中には古典暗号の愛好者が数多く存在し、未解決の暗号文に対して熱心に取り組んでいる現実が感じられるでしょう。そして、古典暗号が今なお色あせない魅力を持ち続けていることを十分に堪能できるはずです。

実のところ、翻訳の企画を提案された際、"Codebreaking: A Practical Guide"というタイトルに惹かれる一方で、「なぜ今、古典暗号の本なのだろう？」という疑問も抱きました。しかし、引き受けるかどうかを決めるために海外での評判を調べたところ、発売されたばかりにもかかわらず非常に高い評価を得ており、著名な人物からの推薦もありました。原書は読みやすい文体で書かれており、私自身も読み進めるうちに古典暗号に強く惹かれていきました。こうした理由から本書の翻訳を引き受けましたが、これらは本書の魅力そのものでもあります。原書の魅力が本書の翻訳でも伝わっていることを願っています。

古典暗号とその解読の歴史は、新たな暗号が登場し、それが解読されるという繰り返しの歴史でもあります。個々の暗号の仕組みを理解できても、その複雑さから敷居が高いと感じることがあるかもしれません。そのような場合は、「置換」と「転置」の2つの基本的な概念に注目してください。置換とは、文字を別の文字に置き換えることです。プログラミングでいえば、マッピングに似た操作です。一方、転置とは文字の順序を入れ替える操作、つまりシャッフルのようなものです。ほとんどの暗号（コードではなくサイファー）の仕組みは、この「置換」と「転置」のどちらか、もしくはその組み合わせに分類されます。これで古典暗号に対する見通しがはっきりするはずです。

最後になりますが、本書の出版に際し、株式会社マイナビ出版、そして編集者の山口様、翻訳レビュアーのSmoky様に心より感謝申し上げます。

IPUSIRON

目次

第8章 多換字式暗号

第9章 完全縦列転置式暗号

第10章 不完全縦列転置式暗号

第11章 回転グリル暗号

第14章 辞書暗号と書籍暗号

第15章 その他の暗号化方式

第16章 ヒル・クライミングによる暗号解読

第1章

暗号化されたメッセージを破るにはどうするか? そして、その他の入門的な質問

訳注　壁にある暗号文はピッグペン暗号であり、解読すると“MOOK CAREUMMY EVERYWHERE”になります。

図1.1の絵はがき（Karsten Hansky提供）は、1904年に送られたものです(*1)。数十年、数百年前の暗号化されたメッセージは珍しいものではありません。

日記、手紙、ノート、ラジオのメッセージ、新聞広告、電報など暗号化されたものは数え切れないほど存在することが知られています。暗号化された文書は、公文書館、個人のコレクション、蚤の市でも見つかりますし、インターネット・オークションのポータルサイトやWebサイト、メーリングリストにも掲載されています。古今東西の書籍、新聞、雑誌には、さらに多くの暗号化されたメッセージが印刷されています。

コンピューターが普及する以前は、暗号化は主に手作業で行われており、もっとも重要な道具は鉛筆と紙でした。これを「紙と鉛筆による暗号化」（pencil-and-paper encryption）と

いいます。ときには、革の帯のような簡単な道具や、円盤やスライドのような木製・金属製の道具によって補助されることもあります（第15章参照）。1920年代後半から、機械的・電気的な暗号機が使われるようになります。もっとも有名なものとしてドイツのエニグマ暗号機が挙げられます（第15章参照）。暗号機は高価であったため、主に軍事、諜報機関、外交通信で広く使用されました。経済的に余裕がない人たちは、鉛筆と紙のシステムを使い続けるのが一般的でした。

図1.1：このはがきの差出人は、どうやら郵便配達員や受取人の家族に読まれたくなかったようだ。そこで、メッセージを暗号化することにした

1970年頃に近代的なデジタル技術が登場すると、商業や軍事として用いる暗号化はコンピューターのハードウェアやソフトウェアを利用するようになりました。しかしながら、紙と鉛筆による暗号化は存続しており、現在でも通用します。違法行為を守る犯罪者、秘密のメッセージを交換する友人や恋人、さまざまなレクリエーションの利用者たちなど、幅広い層で利用されています。たとえば、ジオキャッシング【訳注1】やその他のハイテクを駆使したスカベンジャーハント【訳注2】のプレイヤーは、緯度と経度の座標を隠すために暗号を使うかもしれません。

訳注 1　ジオキャッシング（geocaching）とは地球規模の宝探しゲームの一種です。あるプレイヤーはジオキャッシュ（geocache）という宝物に見立てた容器を隠し、隠し場所のヒントと共にその座標を公開します。そして、その情報を見た別のプレイヤーが、公開された座標を頼りにしてジオキャッシュを探します。
https://www.geocaching.com/

訳注2　与えられた時間内に、指定のアイテムを買わずに集めるゲームです。日本でいう借り物競走に似たゲームです。写真を撮って集めたり、アイテム名だけを調べて集めたりするバリエーションもあります。

1.1 本書は何の本ですか?

はがき、日記、手紙、電報など、鉛筆と紙、あるいは手作業で暗号化された実際のメッセージの歴史的な例を紹介します。そして、それを破るための方法を伝授します。手作業による暗号化は、コンピューター技術の進歩によってその重要性は大きく失われたといえ、この種のメッセージの解読に興味を持つ人はいまだに多くいます。

- 暗号化されたはがきや手紙、先祖から受け継いだ日記を読みたい人もいる。
- 歴史家は、以前の時代への洞察を得ようとするために、調査中に遭遇した暗号化された文書を解読する。
- 警察官は、犯罪者が書いた暗号化されたメッセージを解読したいと考えている。
- ジオキャッシングのプレイヤーはパズルキャッシュ【訳注】を解きたい。

訳注　パズルキャッシュはジオキャッシュの一種であり、ある種のパズルを解いてジオキャッシュの最終的な場所を確定するものです。ミステリーキャッシュ、アンノウンキャッシュと呼ぶこともあります。

- 何十年、何百年も前に作られた暗号文を解読することに喜びを感じる人もいる。こうした愛好家の多くは、未解決の暗号文を解くことを、エベレスト登頂や考古学的新発見と同じくらいエキサイティングなことだと考えている。
- 生徒たちは暗号の授業で出された課題の解決に挑戦する。ほとんどの授業はコンピューターを使った暗号化に重点を置いているが、大抵は鉛筆と紙を使った方法も学ぶ。

歴史的な暗号文に興味を持つ人もいれば、Elonkaの著書『The Mammoth Book of Secret Codes and Cryptograms』(*2)や、ACA(American Cryptogram Association:アメリカ暗号協会)の定期刊行物に見られるような暗号パズルを娯楽として楽しむ人もいます。本書は主に歴史的な暗号化を扱います。本章の冒頭に示した1904年の絵はがきは、その最初の例です。第5章では、その解読方法を解説します。

1.2 どのような専門用語を知っておく必要がありますか？

暗号化の対象となるテキストを**平文（plaintext）**と呼びます。暗号化された結果のテキストが**暗号文（ciphertext）**です。暗号文は読んで理解できるテキストの中に埋め込まれていることがあり、本書ではその読める文章を暗号文と区別するためにクリアテキスト（cleartext）と呼ぶことにします。

多くの暗号化方式では、送信者と受信者だけが知っている秘密の情報に基づいています。これが**鍵（key）**です。鍵の典型的な例として、アルファベットの各文字を別の文字に置き換えた表が挙げられます。鍵は単語で表現されることもあります。これを**キーワード（keyword）**といいます。

暗号化には**サイファー（cipher）**と**コード（code）**の2種類があります。違いを簡単に説明すると、サイファー（"cypher"と表記されることもある）が一般的に文字に対して機能するのに対して、コードは単語やフレーズに対して機能するということです。コードの問題点は、使いたい単語をほぼすべてを考えておき、それらそれぞれに対応する文字列を収録したコードブックを用意する必要があることです。言語には何千ものの単語が存在するので、コードブックはとても巨大になる可能性があります！　しかし、文字だけを暗号化する暗号であれば、よりコンパクトなシステムになります。送信者と受信者の双方が、そのシステムを知っているかぎり、ほとんどどんなものでも暗号化できます。重たいコードブックは必要ありません。本書で扱う暗号化方式のほとんどはサイファーに該当します。コードについては第7章で取り上げます。

残念ながら、コードという用語は他にも多くの意味で一般的に使われており、混乱を招く恐れがあります。たとえば、"zip code"（「郵便番号」）や"code of conduct"（「行動規範」）には、コード（code）という語が含まれていますが、暗号とは何の関連もありません。暗号化技術の分野に限定しても、コードという用語の使い方は今いちであり、暗号化全般を指すことがあります。暗号解読（codebreaking）という表現はこの定義に基づいています。専門家でさえ、何気なく話しているときにはコードとサイファーを区別なく使っていることがあります。本書におけるコードという用語は、前の段落で定義した方法、すなわち単語やフレーズのレベルでメッセージを暗号化する方法でのみ使用します。ただし、暗号解読（codebreaking）は、コードだけでなく、あらゆる種類の暗号を指しています。

鍵があれば、暗号文を**復号（decrypt）**して平文を得られます。鍵を知らずに暗号文の復号を試みる場合、暗号を**破る**と表現することがよくあります。解読したい暗号化されたメッセージを**クリプトグラム（cryptogram）**【訳注】と呼びます。

> **訳注**　暗号化された短いテキスト、あるいはそういったテキストで構成されるパズルの一種をクリプトグラムと呼ぶこともあります。

暗号化の技術や技法は**暗号学（cryptography）**と呼ばれますが、クリプトグラムの解読は**暗号解読（cryptanalysis）**【訳注】と呼ばれます。

訳注　cryptanalysisは「クリプタナラスィス」「クリプタナリス」と読みます。

“codebreaking”と“cryptanalysis”は別の言葉です。“codebreaking”は上記で定義したように、コードだけでなく、あらゆる種類の暗号化を対象とすることを念押しします。**暗号学（cryptology）**という用語もあります。これは暗号や暗号解読を意味することが多いですが、暗号に関連する人物、機械、システム、歴史など、暗号に関係するあらゆるものの研究を意味することもあります。

暗号学（cryptology）は一般的に置換や転置によってメッセージを隠す方法を含みますが、情報を隠す**ステガノグラフィー（steganography）**も含めることがあります。

暗号文を解読する際には、通常平文に出現する単語を知っているか、推測することが役立ちます。このような単語（フレーズのこともある）を**クリブ（crib）**と呼びます。

加えて、暗号学に専念しているときによく登場するキャラクターが数多く存在します（本書では主要な役割を果たしませんが）。アリス（Alice）とボブ（Bob）は、暗号化方式を説明する際にしばしば代理人の名前として使われます。通常は次のように表示されます。

送信者はアリスと呼ばれ、通常ボブと呼ばれる受信者に暗号化されたメッセージを送信します。もう一人の暗号ユーザーであるキャロル（Carol）、盗聴するイブ（Eve）、悪意を持った攻撃者であるマロリー（Mallory）といった、追加のキャラクターが登場することもあります【訳注】。

訳注　Bruce Schneier著の『Applied Cryptography, John Wiley & Sons』（邦題『暗号技術大全』）には、アリス、ボブ、キャロル、イブ、マロリーに加えて、次に示す登場人物が紹介されています。

- デイブ（Dave）… 4人目の参加者。
- エレン（Ellen）… 5人目の参加者。
- フランク（Frank）… 6人目の参加者。
- トレント（Trent）… 信頼された仲裁者。
- ウォルター（Walter）… 監視者。プロトコル上でアリスやボブを守る。
- ペギー（Peggy）… 証明者（prover）。
- ヴィクトル（Victor）… 検証者（verifier）。

これらのキャラクターは必ずしも人間を表しているとはかぎりません。コンピューター・プログラムやハードウェア・コンポーネントのこともあります。

これらの用語やその他の用語の定義については、巻末の付録Cの用語集を参照してください。

1.3 暗号化されたテキストを破るには？

まさにここがその場所です！　本書の目的は、特に古典暗号に関して、まさにこの疑問を解決することにあります。紙と鉛筆による主要な暗号化テクニックを紹介し、それを解読する方法を説明します。

せっかちな読者のために、最初の暗号解読の例を次に示します。1873年8月1日にロンドンの新聞『The Times』に掲載された暗号化された広告を見てみましょう。これは、Jean Palmerが2005年に出版した『The Agony Column Codes & Ciphers』に載っている暗号化された新聞広告です（Jean Palmerはロンドンを拠点とする暗号解読専門家Tony Gaffneyのペンネームです）(*3)。

以下に読みやすくした文章を掲載します。

```
HFOBWDS wtbsfdoesksjd ji ijs mjiae (dai ditwy). Afods ks rofed dpfi cqp licqp.
Toeqfwus yic lsrd vspojt uwjjid qsd ibsf. Aoll sjtswbicf di edwy apsfs yic lsrd
ce doll 0 pswf rfi k yic, qobs yicf wtbous. Yicf cjpwhhy aors jid asll.
```

最初のステップは、メッセージに出現する各文字をカウントします（これを頻度分析と呼びます）。

見てわかるように、'S'の文字がもっとも多く出現しています。
英文でもっとも頻度の高い文字は'E'であり【訳注】、おそらく'S'は'E'を意味します。

> **訳注**　暗号（ここでは古典暗号）を解読するうえでもっとも大切なのは、外国語の言語的特性を知っていることです。ここでは英語の文章では**'E'**がもっとも頻度が高いという事実を使っています。本書ではこの種の言語的特性を適時解説しています。付録では各言語の特性を一覧表にまとめています。

'E'の次に頻度が高いのは'T'、'A'、'O'ですが、頻度だけでこれらがどの文字に対応するかを特定するのは困難です。しかし、暗号文を見れば簡単に推測できる文字がもう1つあります。'O'は'I'を意味しているに違いありません。英語には大文字の1文字だけで構成される単語は他にないからです(文頭の場合は例外ですが、その場合は'A'が当てはまります)。

さらに分析を続けます。このテキストには"yic"という単語が3回、"yicf"という単語が2回登場しています。これらの単語を"the"と"them"と推測するのはまずまずですが、'e'の文字はすでに特定されています【訳注】。

訳注 文字'e'を暗号化したものが's'と特定済みです。"the"と"them"という推測だと、矛盾してしまいます。

そこで、"you"と"your"とすれば筋が通っています。

'E'、'I'、'Y'、'O'、'U'の6文字に相当する暗号文を知っていれば、より多くの単語を推測するのは容易になります。たとえば、"ijs"は"o?e"(クエスチョンマークは未知の文字を表す)に復号できますが、これは"one"に違いありません。最終的に、次のような平文が得られます。

```
PRIVATE advertisement no one knows (two today). Write me first through lough.
Disgrace you left behind cannot get over. Will endeavour to stay where you left
us till I hear from you, give your advice. Your unhappy wife not well.
```

コンピューターとCrypTool 2【訳注】のようなプログラムを使えば、『The Times』の暗号化された広告を効率的に解読できます。

訳注 CrypTool 2(CT2)は、暗号と暗号解読を視覚化してくれる、Windows用の教育用プログラム(無料のオープンソースソフトウェア)です。古典暗号から現代暗号、ステガノグラフィー、符号化、プロトコル、ハッシュ関数などをサポートしています。
`https://www.cryptool.org/en/ct2/`

最良の候補は"wtbsfdoesksjd"です。これは、4番目、9番目、11番目の一に同じ文字('s')を含み、6番目と最後の文字('d')も同じです。他の文字はすべて異なっています。CrypTool 2は、与えられた繰り返しパターンを持つ単語を大規模なデータベースから検索する機能を提供します。"wtbsfdoesksjd"を与えると、1つの文字列がヒットし、それは"ADVERTISEMENT"になります【訳注】。

訳注 平文と暗号文の大文字・小文字が統一されていません。これは原文でそうなっているためです。

訳注 原文に載っているCrypTool 2の動作例のスクリーンショットではSearch patternコンポーネントを使っていますが、存在しないためText Inputコンポーネントを使います。

- Word Patternsコンポーネントを配置します。
- 第1入力にText Inputコンポーネント(初期値として"wtbsfdoesksjd"をセット)、第2入力にDictionaryコンポーネントの第2出力(ここから単語の配列が出力される）をつなぎます。

- 出力結果を表示するためのText Inputコンポーネントを用意して、Word Patternsコンポーネントの出力につなぎます。
- Dictionaryコンポーネントの設定でEnglishを選び、英語の辞書として働くようにします。
- [Play]ボタンで解読を実行できます。

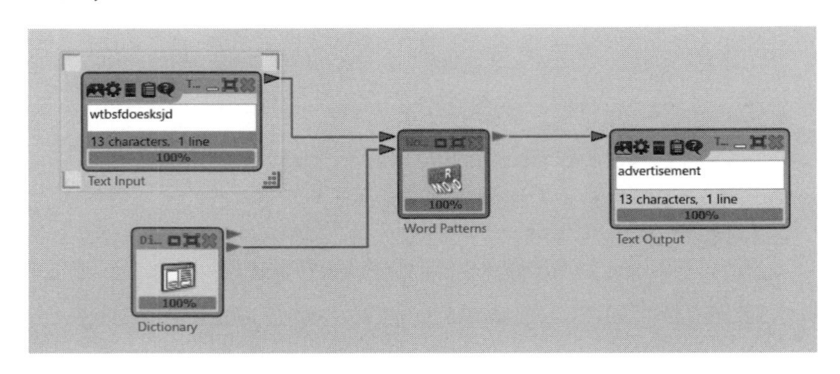

CrypTool 2で"wtbsfdoesksjd"を解読する

これは確かに新聞広告によく使われる用語です。

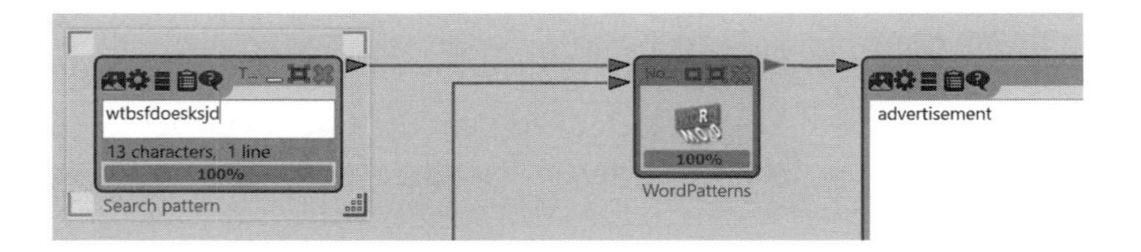

“ADVERTISEMENT”が正しいと仮定すると、次の対応が得られます。

```
Plaintext:   A  D  E  I  M  N  R  S  T  V
Ciphertext:  W  T  S  O  K  J  F  E  D  B
```

これによって、より多くの単語を特定したり、推測したりできます。たとえば、最初の単語“HFOBWDS”は“?R?VATE”を表しており、これは“PRIVATE”と解読できます。このことから、暗号文の‘H’と‘O’は、‘P’と‘I’を表していることが判明します。平文“wtbous”は“ADVI?E”に復号されます。'S'はすでに別の文字に使われているため、“ADVISE”にはなり得ません。もう十分な数の文字を解読したので、もっと多くの単語を解読できるはずです。最終的に、先ほど示した平文が得られます。

この広告は、女性から別れた夫に向けたメッセージだったのです。何しろこの広告は150年前に掲載されたものであるため、誰が何のために作ったのかを知ることはおそらくできないでしょう。しかしながら、暗号学者の視点では、謎はすでに解けたのです。

それほど難しいことではなかったでしょう？　本書ではより複雑な暗号化方法と、それを破るための高度なテクニックを紹介します。

1.4 どのような暗号化を扱っているのか、どうすればわかるのか？

暗号文を破るには、通常どのような暗号化方法が使われているかを知る必要があります。そこで本書では、暗号解読の方法とは別に、暗号を特定するいくつかのテクニックを紹介します。どの暗号が使われたのかを調べるのは、とても簡単なものからとても難しいものまで様々です。実際に遭遇するほとんどのメッセージは、約12種類の暗号化手法のうちの1つで暗号化されていることを知っておくと役立ちます。

本全体を読まずに暗号を特定したい場合、以降を参考にしてください。

解読したい次 (*4) のような暗号化されたテキストがあったとします。

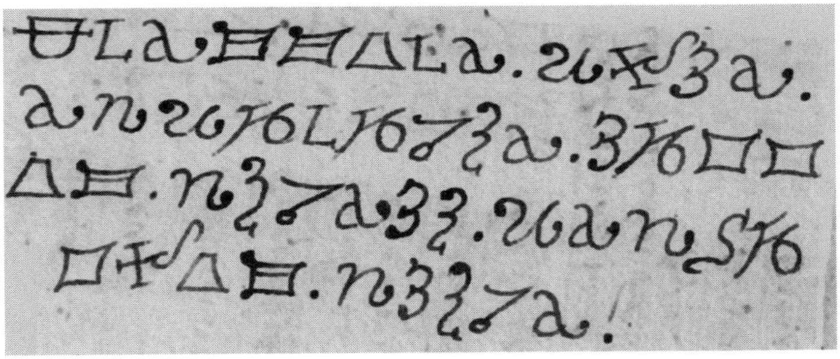

あるいは、次 (*5) のような暗号文もあります。

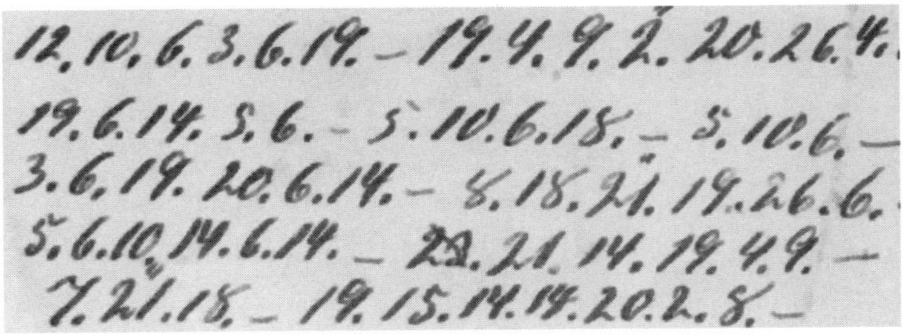

はたまた、次のようなものもあります。

次もそうです。

SIAA ZQ LKBA. VA ZOA RFPBLUAOAR!

上記に示した暗号文は、置換暗号であると推測できます。詳細は第3章、第4章、第5章を読んでください。

解読したい暗号文が次のようなもの (*6) であれば、第7章（コードと命名者について）を確認してください。

to communicate. 3693: 2517. 65. 3423. 576. 1100.
97. 1765. 3000. 259. 3032. 57. 66. 1795. 19. 211.
46. 1038. 1637. 970. 2609. 3369. 696. 3696. 427. 118.
3364. 1362. 456. 111. 566. 77. 1551. 2961. 1504. 1437.

暗号文が次 (*7) のようであったら、回転グリル暗号かもしれません。これについては第11章で解説しています。

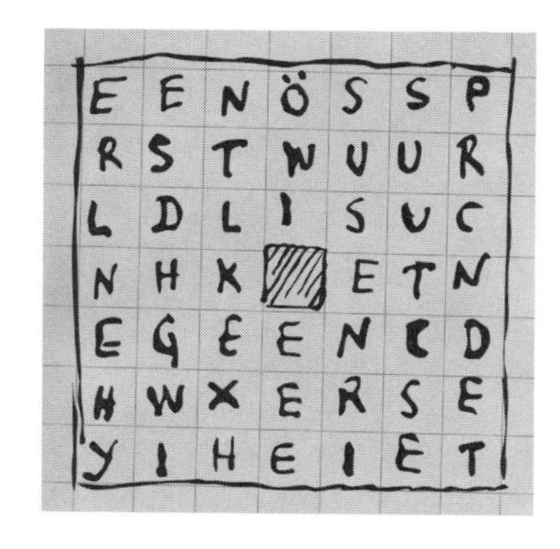

解読したい暗号文が次のようなもの[*8]だったとします。

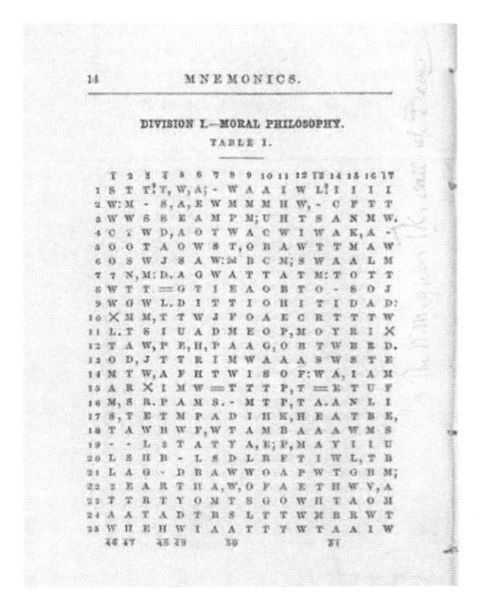

14 MNEMONICS.

DIVISION I.—MORAL PHILOSOPHY.

TABLE I.

```
   1  2  3  4  5  6  7  8  9  10 11 12 13 14 15 16 17
1  S  T  T! T, W, A; -  W  A  A  I  W  L! I  I  I  I
2  W: M  -  S, A, E  W  M  M  M  H  W, -  C  F  T  T
3  W  W  S  S  E  A  M  P  M; U  H  T  S  A  N  M  W.
4  C  T  W  D, A  O  T  W  A  C  W  I  W  A  K, A  -
5  O  O  T  A  O  W  S  T, O  B  A  W  T  T  M  A  W
6  O  S  W  J  S  A  W: M  B  C  M; S  W  A  A  L  M
7  T  N, M: D, A  G  W  A  T  T  A  T  M: T  O  T  T
8  W  T  T  =  G  T  I  E  A  O  B  T  O  -  S  O  J
9  W  G  W  L. D  I  T  T  I  O  H  I  T  I  D  A  D:
10 ×  M  M, T  T  W  J  F  O  A  E  C  R  T  T  T  W
11 L. T  S  I  U  A  D  M  E  O  P, M  O  Y  R  I  ×
12 T  A  W, P  E, H, P  A  A  G, O  B  T  W  E  E  D.
13 O  D, J  T  T  R  I  M  W  A  A  A  S  W  S  T  E
14 M  T  W, A  F  H  T  W  I  S  O  F: W  A, I  A  M
15 A  R  ×  I  M  W  =  T  T  T  P, T  =  E  T  U  F
16 M, S  R. P  A  M  S. -  M  T  P, T  A. A  N  L  I
17 S, T  E  T  M  P  A  D  I  H  K, H  E  A  T  B  E,
18 T  A  W  H  W  F, W  T  A  M  B  A  A  A  W  M  S
19 -  -  L  S  T  A  T  Y  A, E; P, M  A  Y  I  I  U
20 L  S  H  B  -  L  S  D  L  R  F  T  I  W  L, T  B
21 L  A  G  -  D  B  A  W  W  O  A  P  W  T  G  B  M;
22 S  E  A  R  T  H  A, W, O  P  A  E  T  H  W  V, A
23 T  T  R  T  Y  O  M  T  S  G  O  W  H  T  A  O  M
24 A  A  T  A  D  T  B  S  L  T  T  W  M  B  R  W  T
25 W  H  E  H  W  I  A  A  T  T  T  W  T  A  A  I  W
   46 47    48 49       50                51
```

また次のようなものであれば、第13章（略語暗号）を確認してください。

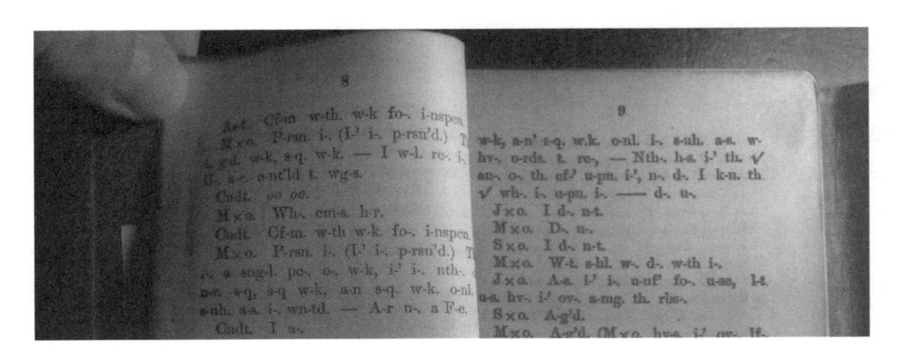

次のような暗号化されたテキストを解読したければ、第14章（辞書暗号と書籍暗号）を読んでください。

```
218.57 106.11 8.93 17.61 223.64 146.7 244.53 224.21 20
192.5 160.19 99.39 No. 8 251.70 1 223.64 58.89 151.79
226.69 8.93 40.12 149.9 248.101 167.12 252.35 12.31
135.100 149.9 145.76 225.53 212.25 20 241.6 222.22 78.45
12.31 66.28 252.33 158.33 6.65 20 2 11.50 142.37 223.87
12.31 142.37 105.33 142.37 157.20 58.62 133.89 250.86.
```

もし次のように5文字のグループごとに分割されていれば、いくつかの可能性があります。もっとも可能性が高いのはコード（第7章）です。場合によっては、転置式暗号（第9章と第10章）、ダイグラフ置換（第12章）、機械暗号（第16章）の可能性もあます。

XELWA OHWUW YZMWI HOMNE
MSSPI AJLUO EAONG OOFCM
CWCFZ YIPTF EOBHM WEMOC
SNYNW MGXEL HEZCU FNZYL
DANFK OPEWM SSHBK GCWFV

あなたのクリプトグラムがこれらのどれにも似ていない場合、あるいは確信を持てない場合は、お探しのものが見つかるまで、次から次へと章を読み進める必要があるかもしれません。

1.5 屋根裏部屋で暗号化されたテキストを見つけましたが、解読してくれませんか？

多分大丈夫！

屋根裏部屋で曾祖父の暗号化されたはがきを見つけたのでしょうか？　フリーマーケットで暗号化されたノートを購入したのでしょうか？　子供の頃、親友が送ってくれた暗号メッセージをまだ持っていたのでしょうか？　もしそうなら、本書で紹介されているテクニックを使って、メッセージを解読してみるとよいでしょう。

うまくいかなかった場合、あるいは単純に自分で暗号を解くのに時間をかけたくない場合は、遠慮なく私たちに暗号を送ってください。私たちのメールアドレスは、本章の最後にあるコメント・セクションに記載されています。もちろん、受け取ったすべての暗号の謎を調べることはできませんが、多くの場合助けられるはずです。私たちは歴史的な事例にいつも興味を持っていますが、現代に発明された暗号システムについてはあまり興味がありません。Klausはブログ「Cipherbrain」で公開するために興味深い暗号をいつも探しています。そして、Elonkaは有名な未解決の暗号文を集めたWebサイトを公開しています。あなたの謎が解決されることはもちろんのこと、何かを保証するものはありませんが、少なくともその謎に目を向けるでしょう。

見つけた暗号を送る際には、次に示す情報をお知らせください。

- クリプトグラムの背景について知っていることを教えてください。どこで見つけたのか？　誰が作ったのか？　可能であれば、作成された時期などの他の情報も持っていますか？　誰から誰に送られたものですか？　その人物はどの言語を話しますか？　この種の情報は、暗号解読者にとってとても役立ちます。
- クリプトグラムをインターネットや本などで公表してもよいのか、あるいは秘密にしておきたいのかをお知らせください。もちろん、送り主の同意なしで公開することはありません。

- クリプトグラムの掲載を許可した場合、クレジットを希望するかどうか、あるいは名前の掲載を希望するかをお知らせください。

1.6 自分で暗号化したテキストがあったとして、あなたは解読できますか？

正真正銘の歴史的・古典的な暗号には常に大きな関心を寄せていますが、新しい暗号についてはあまりお役に立てません。このことは、我々が受け取るメールの量のせいでもありますし、誰かがランダムなテキストの束を集めて「私のコードを解読しろ！」と簡単に要求できてしまうからです。

特定の暗号が大きな社会的関心を集めている場合は例外です。たとえば、暗号化されたメッセージが、芸術作品の中、建築物の碑文、墓石、あるいはその他の珍しい方法で表現されていれば、より多くの人々の興味をそそるかもしれません。さらに、暗号パズルをより魅力的なものにするには、懸賞金やその他の賞品があるとなおよいでしょう。NSAや暗号解読に関係する組織によって公表された暗号チャレンジであっても構いません。

暗号の問題を作るのが好きなら、アメリカ暗号協会（American Cryptogram Association）に入会するのをおすすめします。この協会は、定期的に発行するニュースレターのためにパズルの作者を常に募集しています。暗号パズル・プラットフォームのMysteryTwister C3（https://mysterytwister.org/）にアクセスし、“Submit a challenge”から投稿するのもよいでしょう。

1.7 新しい暗号化方式を発明したので、見てくれますか？

暗号界隈で一定の地位を築いている誰もがそうであるように、私たちもしばしば、独自の暗号の発明者からレビューや解読を要求されることがあります。正直なところ、このようなシステムがしっかりしていて、時間を有効に使えると思えたことは一度もありません。

そのため、冗談抜きでこのような行為はよい考えとはいえません。

もしあなたが、本書で取り上げる数多くの手動暗号の1つに関連する方法で作ったのであれば、それはおそらく簡単に解読されてしまうことでしょう。新しい暗号は、AES、Diffie-Hellman、RSAといった最先端の暗号化アルゴリズム（本書の対象外）と競争しなくてはならないのです。現在の暗号の世界で活躍する暗号化アルゴリズムを設計するのは難しいことであり、高度な訓練を受けた専門家であっても、優れた暗号化アルゴリズムを作るのに通常数年の努力が必要になります。

そのため、もしあなたが暗号技術の分野に不慣れで、本当に新しいシステムを設計したいのであれば、まずはよい暗号学の本を入手し、既存の暗号化アルゴリズムを勉強することをおすすめします。たとえば、Joachim von zur Gathen著の『Crypto School』(2015)(*9)は包括的な入門書です【訳注】。もう少し薄い代替書としては、Jean-Philippe Aumasson著の『Serious Cryptography』(2017)(*10)があります【訳注】。

訳注　https://vonzurgathen.online/crypto-school/

訳注　翻訳書に『暗号技術 実践活用ガイド』Smoky訳、IPUSIRON監訳(マイナビ出版刊)があります。
https://book.mynavi.jp/ec/products/detail/id=117007

ドイツ語を読めるのであれば、Klaus著の『Kryptografie – Verfahren, Protokolle, Infrastrukturen』(2016)(*11)を読んでみるとよいでしょう【訳注】。

訳注　https://dpunkt.de/produkt/kryptografie-2/

暗号専門家たちが解読可能なシステムの例を絶えず受け取っている、この種の現象に関連した意見については、1998年Bruce Schneierが書いたエッセーの"Memo to the Amateur Cipher Designer"を読むことを強くおすすめします(*12)。20年以上前のエッセーですが、今でも十分に通用します。一言でいえば、Schneier曰く、新しい暗号システムを作ろうとするにはまず他の暗号を破った経験が不可欠ということです。

1.8 有名な未解決の暗号文を解いてしまったら、どうしたらよいか?

本書では、数十の未解決の暗号文を紹介します。ヴォイニッチ手稿のように非常に有名なものもあれば、タバコケース暗号のようにまだあまり注目されていないものもあります(いずれも第5章で見ることができます)。有名な暗号文のリストはElonkaのWebサイトで見られますし(*13)、Klausは自身のブログで未解決の暗号文のトップ50を公表しています(*14)。

人気のある未解決の暗号文は、ほとんどすべてが数多くの怪しげな解答を得ています。暗号が有名になればなるほど、それを解読したと主張する人が増えます。ヴォイニッチ手稿の解答は少なくとも60件発表されています。その他にも、ゾディアック・キラー暗号、ドラベラ暗号、第4のクリプトス・メッセージなどが有名です(これらの謎については後述します)。インターネット上には、有名な暗号の怪しげな解答が散見されます。

もしあなたが本気で取り組んでいる暗号解読者で、未解決の暗号文を解いたと信じているのであれば、まずすべきことは自分の解読法に挑戦することです。第三者が同じ解読法を使っても同じ結果が得られることを簡単に説明してくれませんか?　あなたが発見した解読法が単純で、多くの微調整や例外を伴わないかどうかを自問してください。何十ものの変更や解釈を必要としないで、得られた平文が意味を持つかどうかを確認してください。Read Ryan Garlickの2014年のエッセー「How to know that you haven't solved the Zodiac-340 cipher」を読んでください[*15]。2番目のゾディアック暗号の解答疑惑について書かれていますが、内容のほとんどは他の暗号の謎にも一般化できます

もしあなたの解読法が理にかなったものであれば、当然のことながら私たちはそれを学ぶことにとても興味があります。Elonkaのリストに記載されている暗号を解いたら、有名な暗号解読者になれることを期待できます。暗号解読のエベレストに挑む前に、読者諸君は本書で数多く紹介されている、すでに解読された暗号から始めることをおすすめします。それから、あまり知られていない未解決の暗号文に進むのです。こうしたものの中には、暗号解読のコミュニティーでまだあまり注目されていないものもあるので、解読に成功する可能性は高まります。本書で学ぶ暗号解読法は、あなたの成功に役立つかもしれません。何が起こりうるのかは誰にもわかりません。いつかは、世界でもっとも有名な未解決の暗号文チャレンジを解決できるようになるかもしれません！

1.9 暗号解読に必要な道具は？

本書は鉛筆と紙の暗号を解読するのに重点を置いており、現在のコンピューターを使った暗号には触れていません。とはいえ、暗号解読の作業にコンピューターを使わないわけではありません。本書で使用しているもっとも重要な3つのコンピューター・ユーティリティを紹介します。すべて無料です。

- **CrypTool 2**はBernhard Esslingerが率いる国際的なチームによって開発された無料の暗号学習プログラム（`https://cryptool.org`）です。中でも特に、多くの有用な暗号解読ツールをサポートしています。CrypToolプロジェクトは、CrypTool 1、JavaCrypTool、CrypTool-Onlineなど、暗号と暗号解読のためのeラーニングプログラムも提供しています。
- **dCode**（`https://dcode.fr`）は、暗号愛好家の匿名グループによって運営されているWebサイトです。多くの有用な暗号解読ツールや統計ツールを提供しています。
- **Cipher Tools**（`https://rumkin.com/tools/cipher/`）は、Tyler Akinsによって運営されている、古典暗号の解読ツールの大規模な作品集です。

その他のユーティリティーをお探しですか？　第17章に暗号解読ツールのリストがありますので、チェックしてください。

1.10 ファイルや電子メールを暗号化するには？

本書で取り上げている暗号化技術は、価値ある秘密を暗号化するために使うべきものではないことに注意してください。

本書は鉛筆と紙による（つまり手作業の）暗号化を扱っています。手作業による暗号化の研究は興味深く、いくつかの理由から重要ではありますが、重要なデータを暗号化するのは完全に時代遅れです。コンピューター用のファイルを暗号化するツールが必要なら、オープンソースのVeraCrypt、Philip Zimmermannの有名なPGPのような優れた暗号化プログラムを探してください。この種のプログラムでは、AES、Diffie-Hellman、RSAといった最新の暗号化アルゴリズムが使われており、現代の技術では解読できません。

1.11 本書について意見がありますが、どうしたらよいですか？

本書を気に入った方、気に入らなかった方、間違いを発見した方、あるいはただコメントがある方は、ぜひメールをお送りください。また、私たちのWebサイトで誤りが報告されていないかどうかを確認できます（`https://codebreaking-guide.com/errata/`）。私たちにとって、フィードバックはとても重要なものです。

codebreaking.guide@gmail.comまでご連絡ください。

1.12 本書に貢献したのは誰ですか？

Tyler Akins、Michelle Barette、Kent D. Boklan、Bill Briere、Magnus Ekhall、Zachary Epstein、Thomas Ernst、Bernhard Esslinger、Dan Fretwell、Lawrence McElhiney、Dave Oranchak、Tobias Schrödel、Dale Sibborn、Gerhard Strasser、Erica Swearingen、Satoshi Tomokiyo（友清理士）の各氏には熱心かつ包括的に校正していただきました。感謝の意を捧げます。以下の方々にも感謝いたします。John Allman、Christiane Angermayr、Lucia Angermayr、Nicolay Anitchkin、Eugen Antal、Philip Aston、Guy Atkins、Leopold Auer、Marc Baldwin、Paul Barron、Max Bärtl、Craig Bauer、Christian Baumann、Richard Bean、Stefan Beck、Arianna Benini、Neal Bennett、Yudhijit Bhattacharjee、Norbert Biermann、Sam Blake、Bob Bogart、Paolo Bonavoglia、Raymond Borges、Thomas Bosbach、Gert Brantner、Dan Brown（そう、あのダン・ブラウンだ！）、Ralf Bülow、Chris Christensen、Frank Corr、Nicolas Courtois、Carola Dahlke、Jason Davidson、Melissa Davis、Whitfi eld Diffie、Jörg Drobick、Stanley Dunin、Ralph Erskine、Jarl Van Eycke、Jason Fagone、Cheri Farnsworth、Nick Fawcett、Gérard Fetter、

Heathyr Fields、Frank Förster、Tom (Monty) Fusco、Tony Gaff ney、Jim Gandy、Joachim von zur Gathen、Declan Gilligan、Jim Gillogly、Dan Girard、Nicole Glücklich、Frank Gnegel、Marek Grajek、Joel Greenberg、Jackie Griffi th、Marc Gutgesell、Sandi Hackney、Karsten Hansky、Louie Helm、Lonnie Henderson、Jürgen Hermes、Michael Hörenberg、Günter Hütter、Ralf Jäger; JannaK、David Kahn、Bryan Kesselman、Manfred Kienzle、Gary Klivans、Oliver Knörzer、Daniel Kolb、Anatoly Kolker、Klaus Kopacz、Nils Kopal、Armin Krauß、Teresa Kuhl、Benedek Láng、Jew-Lee Lann-Briere、George Lasry、Karl de Leeuw、Jon, Beth, Peter and Amber Leonard、Peter Lichtenberger、Joe Loera、Krista van Loon、Tom Mahon、Denny McDaniels、John McVey、Hans van der Meer、Beáta Megyesi、Glen Miranker、Didier Müller、Wolfgang Müller、Walter C. Newman、Jim Oram、Olaf Ostwald、Nick Pelling、Klaus Pommerening、Beryl Pratt、Duncan Proudfoot、Katja Rasch、Jim Reeds、Paul Reuvers、Dirk Rijmenants、Sara Rivers-Cofield、Richard SantaColoma、Volker Schmeh、Wolfgang Schmidt、Leon Schulman、Linda Silverman、Marc Simons、Ralph Simpson、Rob Simpson、Dale Speirs、Rene Stein、Moritz Stocker、Christoph Tenzer、Dermot Turing、Alexander Uliyanenkov、Ilona Sofi a Vine、T.J. Dunin Vine、Arno Wacker、Rich Wales、Frode Weierud、Meg Welch、Bart Wenmeckers、Bart Wessel、David Allen Wilson、Richard van de Wouw、Ruth Wüst、Gordon Young、DeEva Zabylivich、René Zandbergen、Philip Zimmermannの各氏は、本書あるいは関連する議論に貢献してくれました。

さらに、スイスのアールガウ図書館、米国クリプトグラム協会、ビールスのビール・レストラン、dCodeグループ、ドイツ博物館(ドイツ、ミュンヘン)、フランツ・シュタイナー出版社、ジョージ・C・マーシャル財団(バージニア州レキシントン)、ハインツ・ニクスドルフ・ミュージアム・フォーラム(ドイツ、パーダーボルン)、ジョン・F・ケネディ大統領図書館・博物館、クリプトロギクム(ドイツ、カールスルーエ)、ドイツ連邦軍情報技術研究所(ドイツ、フェルダッフィング)、ノースカロライナ大学チャペルヒル校ルイス・ラウンド・ウィルソン特別コレクション図書館、コミュニケーション博物館(ドイツ、フランクフルト)、フリーメイソン博物館(ロンドン)、国立暗号博物館(フォート・ミード、メリーランド州)、ニューヨーク州首相ロバート・R・リヴィングストン図書館・博物館、ニューヨーク州公文書館、ニューヨーク州軍事博物館、ヴォルフェンビュッテル国立図書館、ロイヤル・コレクション(オランダ)、ベック夫妻のタイプライター博物館(プフェフィコーン、スイス)、タッチストーン・フィルムズ、ウォルト・ディズニー・ピクチャーズ、そしてブログ読者、Facebook、Reddit、Kryptosグループ、その他WWWのインターネット上の友人たちの支援にも感謝いたします。

第2章

シーザー暗号

図2.1の電報（Karsten Hansky提供）は、1939年にイギリスのセント・レオナーズ・オン・シーからイギリス領ガイアナのジョージタウンに送られたものです(*1)。

この電報のメッセージは、部分的に暗号化されています。以下に示すメッセージにおいて、実際の暗号文は太字にしてあります。

CDE.
BRG9.IDCH. STLEONARDSONSEA. 10. 9th. 13.20.
ROBERTSON TREASURY GEORGETOWNBG.
RSPYG OGCTV YWWEM PIEVP MIWXT SWLMF PIPYZ.
10.25AM.

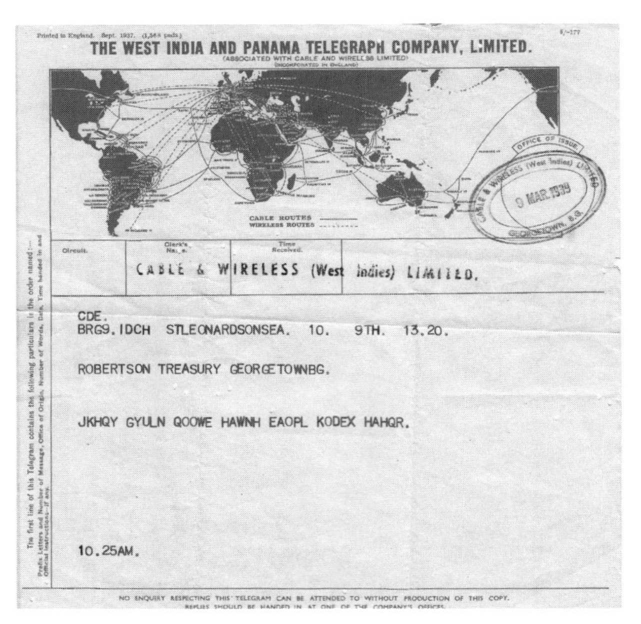

THE WEST INDIA AND PANAMA TELEGRAPH COMPANY, LIMITED.

CABLE & WIRELESS (West Indies) LIMITED.

CDE.
BRG9.IDCH STLEONARDSONSEA. 10. 9TH. 13.20.

ROBERTSON TREASURY GEORGETOWNBG.

JKHQY GYULN QOOWE HAWNH EAOPL KODEX HAHQR.

10.25AM.

NO ENQUIRY RESPECTING THIS TELEGRAM CAN BE ATTENDED TO WITHOUT PRODUCTION OF THIS COPY.

図2.1：この1939年の電報のメッセージは、シーザー暗号で暗号化されている

ここで使われている暗号化方式は、とてもシンプルです。送信者は次に示す鍵を使用しています。この場合の鍵は置換表そのものになります。

```
ABCDEFGHIJKLMNOPQRSTUVWXYZ
EFGHIJKLMNOPQRSTUVWXYZABCD
```

この鍵を別の方法で表すと次のようになります。図では、'A'を'E'、'B'を'F'、'C'を'G'、'D'を'H'といった具合に置き換えています。

A B C D E F G H I J K L M N O P Q R S T U V W X Y Z

A B C D E F G H I J K L M N O P Q R S T U V W X Y Z

暗号化された電文に対して置換表を逆に作用させると、"NOLUC KCYPR USSAI LEARL IESTP OSHIB LELUV"という平文が得られます。適切な場所に空白を入れると、"NO LUCK CYPRUS SAIL EARLIEST POSHIBLE LUV"のメッセージになります。

正直なところ、このメッセージが何を意味するのかはまだ正確にわかりません。

"POSHIBLE"はおそらく"POSSIBLE"の誤った綴りであり、"CYPRUS"は船の名前を指していると推測できます。"LUV"は送信者のイニシャルの頭文字であったり、単に"LOVE"を略したものかもしれません。

2.1 シーザー暗号のしくみ

この電報の送信者が適用した暗号化方式は、いわゆるシーザー暗号です【訳注】。

訳注　拙著『シーザー暗号の解読法』はシーザー暗号をテーマにした一冊です。興味のある方は読んでみてください。
https://akademeia.info/?page_id=37037

シーザー暗号は、アルファベットの各文字を一定の間隔でシフトする（ずらす）だけで定義されます。表を使う代わりに、シフトする間隔数を鍵として使えます。上記の電文の場合、鍵は4になります。26文字のアルファベットに対してシーザー暗号を使うなら、25種類の鍵が存在することになります。より明確にするために、シフト0は何の意味もなしません。26文字のアルファベットの場合、シフト26はシフト0と同じになります。

シーザー暗号を用いる際、暗号ディスクや暗号スライド（図2.2参照）を使うことができます。鍵13のシーザー暗号はROT-13とも呼ばれています。これは自己反転暗号の一種であり、2回暗号化すると平文が得られます。ROT-13はしばしばジオキャッシングのWebサイトでネタバレ防止のために使われます。

図2.2：シーザー暗号用の暗号ディスクや暗号スライド

2.2 シーザー暗号を検出する方法

ある暗号文がシーザー暗号で作られているかどうかを調べたい場合、文字を数えること（つまり頻度分析）が役立ちます。その理由を知るために、まず典型的な英文における文字の頻度を見てみましょう。

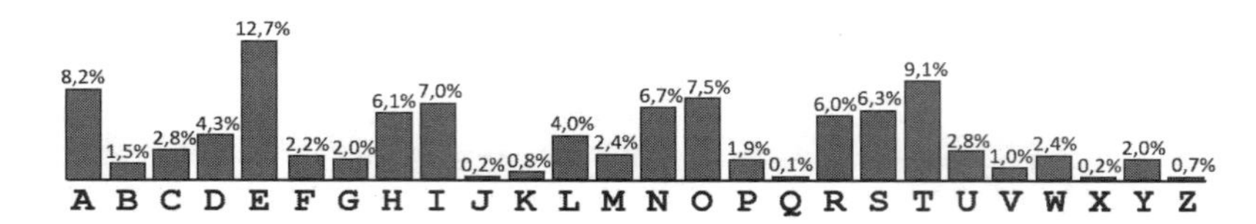

'E'がもっとも頻度の高い文字であることがわかります。その両側は、それほど頻度の高くない文字に囲まれています。'R'、'S'、'T'はよく使われる文字であり、3文字が並んでいます。最後の5文字（'V'、'W'、'X'、'Y'、'Z'）はどれもあまり使われません。英文にシーザーを適用すると、この図の棒（バー）は一定のステップ数だけ移動しますが、それぞれの棒は隣同士を維持したままです。たとえば、一番高い棒が'E'から'K'に移ったとしても、その両側には頻度のはるかに低い文字たちに囲まれています。こうした事実を利用してシーザー暗号を検出できるのです。

次の2つの新聞広告を見てください。どちらも1853年にロンドンの新聞紙『The Times』に掲載されたものです(*2)。

1853年2月2日

```
CENERENTOLA. - N bnxm yt ywd nk dtz hfs wjfi ymnx fsi fr rtxy fscntzx yt mjfw
ymfy fsi, bmjs dtz wjyzws, fsi mtb qtsl dtz wjrfns, mjwj. It bwnyj f kjb qnsjx
ifwqnsl, uqjfxj. N mfaj gjjs ajwd kfw kwtr mfuud xnshj dtz bjsy fbfd.
```

1853年2月11日

```
CENERENTOLA. - Zsynq rd mjfwy nx xnhp mfaj n ywnji yt kwfrj fs jcuqfsfynts ktw
dtz, gzy hfssty. Xnqjshj nx xfkjxy nk ymj ywzj hfzxj nx sty xzxujhyji: nk ny nx,
fqq xytwnjx bnqq gj xnkkyji yt ymj gtyytr. It dtz wjrjrgjw tzw htzxns' x knwxy
uwtutxnynts: ymnsp tk ny.
```

どちらの広告も同じように暗号化されていると仮定します。

“CENERENTOLA”（“Cinderella”（シンデレラ）のイタリア語）は、おそらくメッセージの送信者または受信者のペンネームかもしれません。これは暗号化されていませんので、検査を飛ばせます。2つの暗号文を組み合わせて、文字の頻度をカウントするのがよい方法でしょう。手作業で文字を数えることもできますし、ソフトウェアのCrypTool 2やdCode.frのようなWebベースのツールのようにコンピューターを補助的に使うこともできます。私たちが作成した頻度のチャートを次に示します。

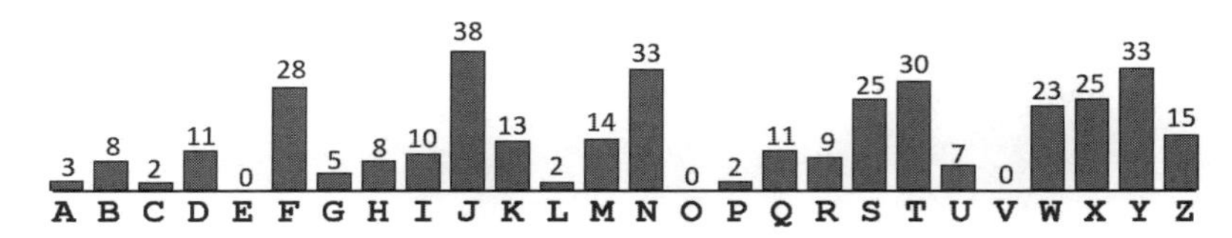

‘J’がもっとも頻度の高い文字であることがわかります。その両側は、あまり頻度の高くないものに囲まれています。‘W’、‘X’、‘Y’の文字は頻度が高く、連続する3文字のブロックを形成しています。‘A’、‘B’、‘C’、‘D’、‘E’は、頻度の低い5文字が並んでいます。図2.3を見てください。図の上側は暗号文の頻度分析、下側は英文の頻度分析の結果です。前者はすべての棒が5ステップずれていること（‘A’→‘F’、‘B’→‘G’、‘C’→‘H’、･･･）を除いて、全体として後者と非常に似ていることがわかります。

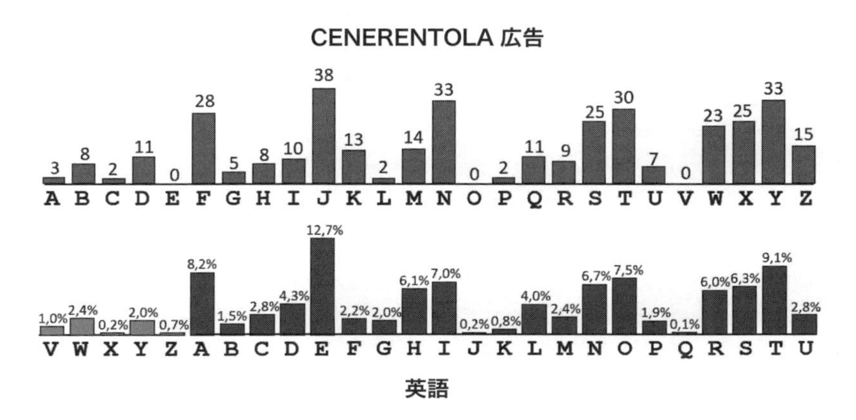

図2.3：“CENERENTOLA”広告の文字頻度と英文の文字頻度を比較すると、我々が扱っているのはシーザー暗号だと判明する

このことは、我々がシーザー暗号を扱っていることを示唆しています。実際に5ステップ分をシフトすると、次の平文を導けます。

```
CENERENTOLA. - N bnxm yt ywd nk dtz hfs wjfi ymnx fsi fr rtxy fscntzx yt mjfw ymfy fsi, bmjs dtz wjyzws, fsi mtb qtsl dtz wjrfns, mjwj. It bwnyj f kjb qnsjx ifwqnsl, uqjfxj. N mfaj gjjs ajwd kfw kwtr mfuud xnshj dtz bjsy fbfd.
```

⬇

```
CENERENTOLA. - I wish to try if you can read this and am most anxious to hear that and, when you return, and how long you remain, here. Do write a few lines darling, please. I have been very far from happy since you went away.
```

【訳】

シンデレラ ― あなたがこれを読めるかどうかを試したいし、あなたがいつ戻ってくるのか、どのくらい留まるのか、それをもっとも気にしています。最愛の人、何行か書いてください。あなたがいなくなってから、私は幸せから遠ざかっています。

```
CENERENTOLA. - Zsynq rd mjfwy nx xnhp mfaj n ywnji yt kwfrj fs jcuqfsfynts ktw dtz, gzy hfssty. Xnqjshj nx xfkjxy nk ymj ywzj hfzxj nx sty xzxujhyji: nk ny nx, fqq xytwnjx bnqq gj xnkkyji yt ymj gtyytr. It dtz wjrjrgjw tzw htzxns' x knwxy uwtutxnynts: ymnsp tk ny.
```

⬇

```
CENERENTOLA. - Until my heart is sick have i tried to frame an explanation for you, but cannot. Silence is safest if the true cause is not suspected: If it is, all stories will be shifted to the bottom. Do you remember our cousin' s first proposition: think of it.
```

【訳】

シンデレラ ― 私の心が病んでしまうまで、あなたに説明を試みましたができませんでした。本当の理由が疑われていないなら、沈黙こそがもっとも安全です。もし疑われていれば、すべての話は徹底的に調べられるでしょう。あなたはいとこの最初の提案を覚えていますか？

どうやら、この2つのメッセージはロマンチックなカップルが書いたものと推測できます。ヴィクトリア朝時代のイギリスでは、暗号化された新聞広告が恋人同士の秘密のコミュニケーション手段としてよく使われていたのです。

2.3 シーザー暗号の解読法

前章で明らかになりましたが、シーザー暗号であると見破れれば、容易に解読できます。たとえば、'E'を表す暗号文の文字がわかれば、鍵を簡単に特定できます。

もちろん、シーザー暗号を解く方法は他にもあります。可能なかぎりの鍵を試し、どれが意味のある平文になるかを確認すればよいのです。このアプローチは、ブルートフォースまたは総当たりの鍵探索と呼ばれます。鍵の候補は25個しかありませんので、シーザー暗号に対するブルートフォース攻撃はそれほど難しくありません。1888年5月26日付の『London Standard』紙に掲載された、次の広告を見てみましょう(*3)。

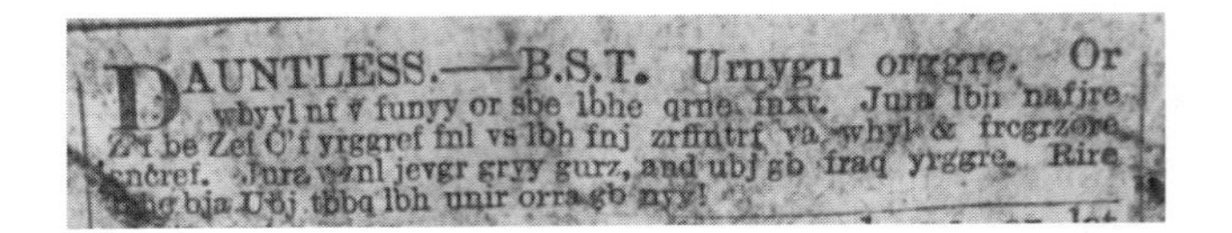

DAUNTLESS.—B.S.T. Urnygu orggre. Or whyyl nf v funyy or sbe lbhe qrne fnxr. Jura lbh nafjre Z'i be Zei C'i yrggref fnl vs lbh fnj zrffntrf va whyl & frcgrzore. Jura wnl jevgr gryy gurz, and ubj gb fraq yrggre. Rire bja U.bj tbbq lbh unir orra gb nyy!

暗号文の頻度分析から、シーザー暗号の可能性が高いことが判明しました。暗号文を破るには、表の1行目(左端が0の行)に最初の2つの単語を書き、2行目以降は各文字を次の文字にずらす、というようにします。ただし、'Z'に到達したら、'A'まで折り返します。この表を完成させるには列ごとに書くことをおすすめします。

【表】

0	**URNYGU**	**ORGGRE**
1	VSOZHV	PSHHSF
2	WTPAIW	QTIITG
3	XUQBJX	RUJJUH
4	YVRCKY	SVKKVI
5	ZWSDLZ	TWLLWJ
6	AXTEMA	UXMMXK
7	BYUFNB	VYNNYL
8	CZVGOC	WZOOZM
9	DAWHPD	XAPPAN
10	EBXIQE	YBQQBO
11	FCYYRF	ZCRRCP
12	GDZKSG	ADSSDQ
13	HEALTH	BETTER
14	IFBMUI	CFUUFS
...		

13番目の"HEALTH BETTER"が正しい平文であることは一目瞭然です。これはROT-13が使われたことを意味します。通常、このような表は1つの単語についてだけ作成すれば十分です。

コンピューター・プログラムのCrypTool 2を使えば、25回のシーザー暗号の復号を実行するのも簡単です。また、CrypTool 2のテンプレート「Caesar Brute-Force Analysis」を使う方法もあり、これはブルートフォースで解読するという目的に必要な機能を提供します[訳注]。

訳注 CrypTool 2を起動すると、最初に「Startcenter」タブが表示されます。その中央にテンプレートが用意されています。テンプレート「Caesar Brute-Force Analysis」は、「Cryptanalysis」>「Classical」内にあります。

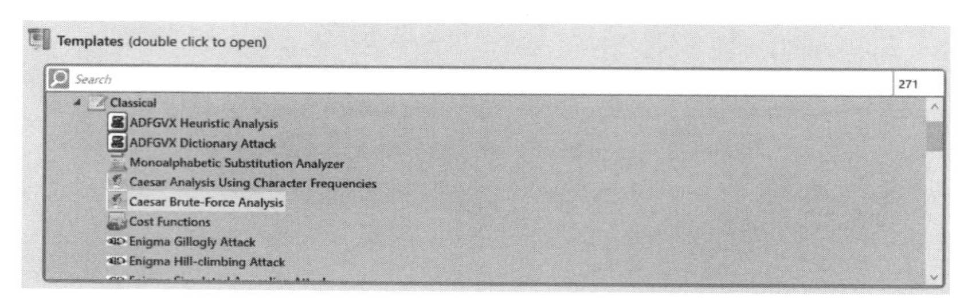

テンプレート「Caesar Brute-Force Analysis」

次の暗号文はElonkaの『The Mammoth Book of Secret Codes and Cryptograms』から引用したものです(*4)。これに対して適用してみましょう。

```
Devhqfh vkdushqv oryh, suhvhqfh vwuhqjwkhqv lw. Ehqmdplq Iudqnolq
```

次は、CrypTool 2で復号した25種類の結果のうちから抜粋したものになります。

```
1      Wxoajya odwnlajo hkra, lnaoajya opnajcpdajo ep. Xajfwiej Bnwjghej
2      Xypbkzb pexombkp ilsb, mobpbkzb pqobkdqebkp fq. Ybkgxjfk Coxkhifk
3      Yzqclac qfypnclq jmtc, npcqclac qrpclerfclq gr. Zclhykgl Dpylijgl
4      Zardmbd rgzqodmr knud, oqdrdmbd rsqdmfsgdmr hs. Admizlhm Eqzmjkhm
5      Absence sharpens love, presence strengthens it. Benjamin Franklin
6      Bctfodf tibsqfot mpwf, qsftfodf tusfohuifot ju. Cfokbnjo Gsbolmjo
7      Cdugpeg ujctrgpu nqxg, rtgugpeg uvtgpivjgpu kv. Dgplcokp Htcpmnkp
8      Devhqfh vkdushqv oryh, suhvhqfh vwuhqjwkhqv lw. Ehqmdplq Iudqnolq
...
```

どの復号が正しいかを推測するのはそれほど難しくありません。当然ながら、5行目が平文になります。

```
Absence sharpens love, presence strengthens it. Benjamin Franklin
```

2.4 成功談

2.4.1 刑務所の囚人暗号

ニューヨーク州の元警部であるGary Klivansは、ギャングや刑務所の受刑者が使う暗号化手法の有名な専門家です[*5]。彼の2016年のすばらしい著書『Gang Secret Codes: Deciphered』は、暗号解読に興味を持つすべての人にとって必読の書といえます[*6]。2019年現在、Garyはギャングコードを専門とする科学捜査コンサルタントとして働いています。また、フォレンジック暗号解読の分野で執筆や講演で活躍しています。Garyは、刑務所の受刑者からの、日付の入っていない暗号化されたメッセージを提供してくれました[*7]。図2.4を参照してください。

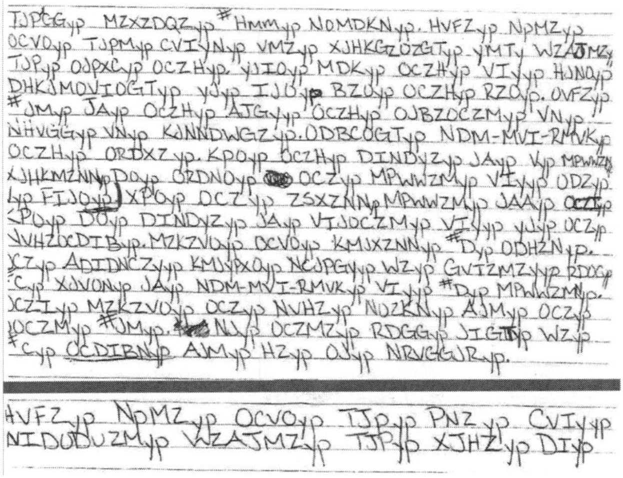

図2.4：囚人暗号で暗号化されたメッセージ。平文はかなり興味深い内容である

このメッセージに出現する全単語は“yp”で終わっています。この2文字の接尾辞は、暗号解読者を惑わす以外の意味を持たないことがGaryにはすぐにわかりました。（“yp”を無視して）頻度分析することで、Garyはこの暗号文がシーザー暗号で作られた可能性が高いことを突き止めました。もっとも頻度の高い文字は'Z'であり、解読するのはとても簡単でした。次に示す置換表が、実際に受刑者が使用したものになります。鍵は21になります。

```
ABCDEFGHIJKLMNOPQRSTUVWXYZ
VWXYZABCDEFGHIJKLMNOPQRSTU
```

この表に基づくと、次に示す平文が得られます。

```
YOU' LL RECEIVE # MRR STRIPS MAKE SURE
THAT YOUR HANDS ARE COMPLETELY DRY BEFORE
YOU TOUCH THEM. DON' T RIP THEM AND MOST
IMPORTANTLY DO NOT GET THEM WET. TAKE
# OR OF THEM FOLD THEM TOGETHER AS
SMALL AS POSSIBLE TIGHTLY SIR-RAN-WRAP
THEM TWICE. PUT THEM INSIDE OF A RUBBER
COMPRESS IT TWIST THE RUBBER AND TIE
A KNOT. CUT THE EXCESS RUBBER OFF THEN
PUT IT INSIDE OF ANOTHER AND DO THE
SAME THING. REPEAT THAT PROCESS # I TIMES
THE FINISHED PRODUCT SHOULD BE LAYERED WITH
#H COATS OF SIR-RAN-WRAP #I RUBBERS
THEN REPEAT THE SAME STEPS FOR THE
OTHER # OR SO THERE WILL ONLY BE
#H THINGS FOR ME TO SWALLOW.
MAKE SURE THAT YOU USE HAND
SANITIZER BEFORE YOU COME IN
```

このメッセージはとても興味深いものでした。どうやら刑務所の受刑者が、麻薬（MRRストリップ）を避妊具とサランラップ（"sir-ran-wrap"）に包む方法を受取人（おそらく彼の妻）に説明しているようです。面会時にドラッグを包んだものを手渡し、すぐに飲み込むようにアドバイスしています。こうして刑務所の独房に麻薬を密輸しようとしているのです。

2.4.2 スパイの暗号化されたシート

Brian Regan（同名のコメディアンと混同しないように）は、かつてアメリカ空軍の曹長として働いていました。1999年から、彼は高度に機密化された文書、ビデオテープ、記憶媒体を外国政府に売ろうとし、1,000万ドル以上を受け取ろうとしていました。2001年、彼は成功を収める前に逮捕され、スパイ行為で有罪判決を受け、終身刑を言い渡されました。

暗号技術の訓練を受けていたReganは、銀行コード、住所、その他の情報を隠すためにいくつかの暗号化方式を使っていました。優れた暗号解読者であるDan Olson率いる、FBIの暗号解読部隊（Cryptanalysis and Racketeering Records Unit：CRRU）は、Reganの暗号文のほとんどを解読しました。以下は、そのうちの簡単な暗号文の1つです。

MM-56NVOAIPG·CBIOIPG-tus
VCt-AV-533341011943418
SS-CVOEFtQMBUA3CFSO-
576795218837795

Olsonが（おそらく総当たりで）発見したように、このメモは鍵1のシーザー暗号で暗号化されています。数字も1つだけシフトしています。そのため、最初の2行は簡単に解読できてしまいます。

暗号文	MM-56NVOAIPG CBIOIPG-TUS VCT-AV-533341011943418
平文	LL-45MUNZHOF BAHNHOF-STR UBS-ZU-422230900832307

このメッセージは、スイスのバーンホフシュトラーセ（Bahnhofstrasse）45にあるミュンツホフ（Münzhof）という名のビルに位置する、スイス連邦銀行（Union Bank of Switzerland：UBS）を指しています。ReganはこのPおう銀行でLLというコードネーム【訳注】を使っていたようで、「422230900832307」は銀行口座番号になります。

訳注　スイスの銀行では、銀行内で番号やコードネームだけで管理される番号口座というものがあります。番号口座を持つ顧客の身元が、ごく限られた行員以外にばれないようにするためのしくみです。

3行目と4行目も同様に暗号化されています。

暗号文	SS-CVOEFTQMBUA3CFSO-576795218837795
平文	RR-BUNDESPLATZ2BERN-465684107726684

スイスのベルン（Bern）にある‘ブンデンプラッツ（Bundesplatz）2’は、スイスのもう1つの大手銀行であるクレディ・スイスの住所になります。そして、"RR"はReganのコードネームです。「465684107726684」は銀行口座番号になります。

Brian Reganのスパイ事件についてもっと知りたければ、2016年に出版されたYudhijit Bhattacharjee著の『The Spy Who Couldn't Spell』をおすすめします(*8)。

2.4.3 映画「プレステージ」に登場する暗号化された日記

映画「プレステージ」（2006年）は、19世紀末のロンドンで、2人のマジシャンが死闘を繰り広げます。マジシャンのAlfred Bordenは、マジックの秘密を守るために暗号を使います。この日記の一部は、映画の中で何度か登場します。以下はその一例です（映画の約8分後に映し出されます）。

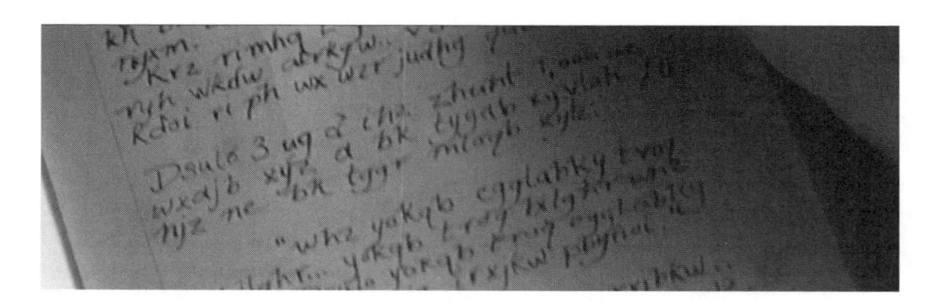

暗号愛好家は、この日誌に本物の暗号化されたテキストがあることにすぐ気づきました[*9]。鍵23のシーザー暗号が使用されており、平文には多数のナンセンスな単語が含まれていることまで判明しました。

たとえば、次の行に注目してください。

```
Dsulo 3 ug d ihz zhunt 1,000 ae
```

復号すると次のようになります。

```
April 3 rd a few werkq 1,000 xb.
```

“werkq”と“xb”が何を意図しているのかはまったくわかりません。本書に掲載されているすべての課題のヒントと解答については、`https://codebreaking-guide.com/challenges/`を参照してください。

2.4.4 Herbert Yardleyの初挑戦

Herbert Yardleyは、アメリカ国務省に勤める暗号学者として成功を収めました。内部告発の書籍である『The American Black Chamber』（1931年）で知られています[*10]。あまり知られていない彼の本に、1932年の『Ciphergrams』があります。この本はフィクションの物語であり、たくさんの暗号パズルが登場します。Yardleyはこの種のパズルをサイファーグラム（ciphergrams）と呼んでいますが、今日ではクリプトグラム（‘cryptogram’）という表現が使われるようになりました[*11]。最初のサイファーグラム（図2.5参照）はシーザー暗号で暗号化されています。あなたはこれを解読できますか？

"Each night we recorded the signals on a phonograph record which was played over and over again in an effort to catch some inkling of the nature of the code. But we had absolutely no results. Then, one day, the machine happened to run down and, to our astonishment, the jargon resolved itself into a perfectly intelligible sequence of letters. I'm going to give you the very last message we received and let you try your skill," Crossle concluded. "Here it is."

snszk kxchr zakdc knmfh stcde nqsxk
zshst cdrdu dmsxs gqdd

図2.5：Herbert Yardleyの『Ciphergrams』の一節であり、シーザー暗号で暗号化されている

2.4.5 1900年代の一連の新聞広告

以下のメッセージは『The Agony Column』で見つけた4つの新聞広告です(*12)。元々は1900年にイギリスの新聞『The Evening Standard』に掲載されたものです。

ALICE R.P. Qcbufohizohs mci. I do not tcfush but hvwby of you jsfm aiqv and kcbrsf if we gvozzassh wbgwl cfgsjsb kssyg. Tuesday 27 March 1900
ALICE R.P. How nice of you to remember. Will certainly meet you. Always thinking of you. Thursday 29 March 1900
ALICE R.P. Am so looking forward to it. Kobhhc gssmci acfs hvob wqob hszzmci. Will zsh ybck in opcih twjs kssyg hwas. Monday 2 April 1900
ALICE R.P. Gvozz kowh dcfhzobr rd ghohwcb hvifgrom twjs qzcqy gvcizr aiqv zwys gssmci. Thursday 17 May 1900

見てのとおり、2つ目の広告は完全に平文で書かれています。他の3つは、シーザー暗号で部分的に暗号化されています。あなたはこれらの暗号を解読できますか？

第3章

単一換字式暗号

訳注　壁の暗号文は空白を含むのでアリストクラットです。

暗号や暗号解読に興味がある人は、暗号学に関する博物館を訪れるべきです。アメリカでは、メリーランド州フォート・ミードの国家安全保障局（National Security Agency：NSA）の麓にある国立暗号博物館（the National Cryptologic Museum）が最高です。イギリスにいるなら、ブレッチリー・パーク（Bletchley Park）に行ってみましょう。ドイツなら、パーダーボルンのハインツ・ニクスドルフ・ミュージアム・フォーラム（Heinz Nixdorf Museums Forum：HNF）や、ミュンヘンのドイツ博物館（Deutsches Museum）があります。これらの施設では、エニグマ（第15章参照）のような魅力的な暗号機や、その他の暗号関連の品々が展示されています。世界中にある暗号系の博物館や観光スポットの概要については、CryptologicTravelGuide（`https://cryptologictravelguide.com`）をチェックしてください。これは、KrausがオーストリアのIT専門家であるChristian Baumannと共に運営しているWebサイトです。

ここで、私たちが国立暗号博物館のギフトショップで見つけた、暗号化された文字が刻まれたマグカップに焦点を当てます（図3.1参照）。

図3.1：このNSAのマグカップに刻まれている文字は、ピッグペン暗号で暗号化されている

ここで使われている暗号化アルゴリズムは、いわゆるピッグペン（pigpen）暗号（ここ数世紀ではフリーメイソン暗号としても知られている）の変種であり、とても古くから広く使われている暗号化技術です[*1]。次に示す図は、ピッグペン暗号がアルファベットの各文字を線と点で構成される記号にどのように変えるのかを示しています。

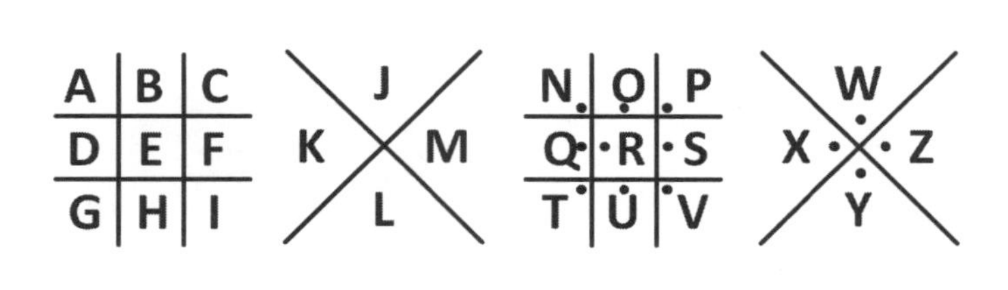

この図を使えば、マグカップの文字は“NATEONAL SECURITY AGENCY”と復号できます（そうです。最初の単語にはタイプミスが含まれています。このようなことはNSAにもあるのです！）。

ピッグペン暗号には他にも多くのバリエーションがあります。たとえば、1976年のニューヨークの墓碑[*2]には次の文章があります。

これは次の方式で暗号化されていることがわかっています。

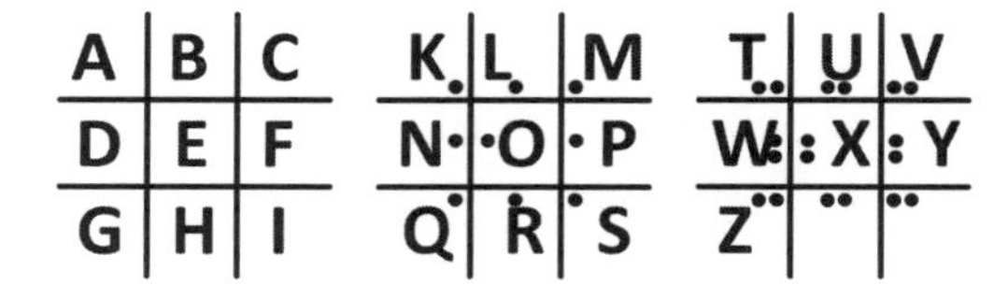

平文は"REMEMBER DEAAH"になります。

2番目の'A'は'T'であるべきで、明らかに意図されたメッセージは"REMEMBER DEATH"（「死を忘れるな」）になります。明らかに石工（あるいは墓碑の設計者）が単純なスペルミスを犯してしまい、2つの点を省いてしまったのです！　こういったことは暗号の世界でよくあることです。単純な（暗号化されていない）英文において、スペルミスがいかに簡単に起こってしまうかを考えてください。暗号文の場合は誤りを発見するのがより難しいため、問題はより顕著となります。そのため、この種のミスはかなり頻繁に見られます。こうした問題は暗号解読の難易度を上下させます。

他にも表の文字の順番を変えるものなど、ピッグペン暗号には多くのバリエーションがあります。別のバリエーションについては、本書の付録Cの用語集を参照してください。

3.1 単一換字式暗号のしくみ

ピッグペン暗号は、アルファベットのすべての文字を別の文字や記号に置き換える暗号化方式の一例です。この種の暗号は単一換字式暗号または単アルファベット置換暗号（mono alphabetic substitution ciphers：MASC）と呼ばれます。単一換字式暗号は、それぞれの平文文字に対して完全に1つの暗号文文字を対応付けます【訳注】。

訳注　平文文字は平文に登場する文字、暗号文文字は暗号文に登場する文字のことです。

単一換字式暗号は2つに大別されます。元の文字体系で完結するタイプと、平文文字を別の文字体系の文字に変換するタイプです。後者のタイプには、キリル文字のような文字体系から、暗号使用者が発明した文字体系や、数字や珍しい記号の文字体系に変換するものなど、何でもありえます。ピッグペン暗号は、異なる文字体系に変換するタイプの単一換字式暗号です。

以下のテキストは2013年にWebコミック「Sandra and Woo」で紹介された「The Book of Woo」から抜粋したものです (*3) (*4)。

図3.2は、同じ字体体系に変換するタイプのメッセージになります。1835年にロンドンで出版された暗号化された本のタイトルページです (*5)。

次の復号表を使って復号できます。

```
ABCDEFGHIJKLMNOPQRSTUVWXYÝZ
---------------------------
URGPOSC-JIKTNMEDQBFLAWVXHYZ
```

左側のテキストを復号すると、右側のテキスト（“ORDER OF THE ALTAR･･･”）になります。

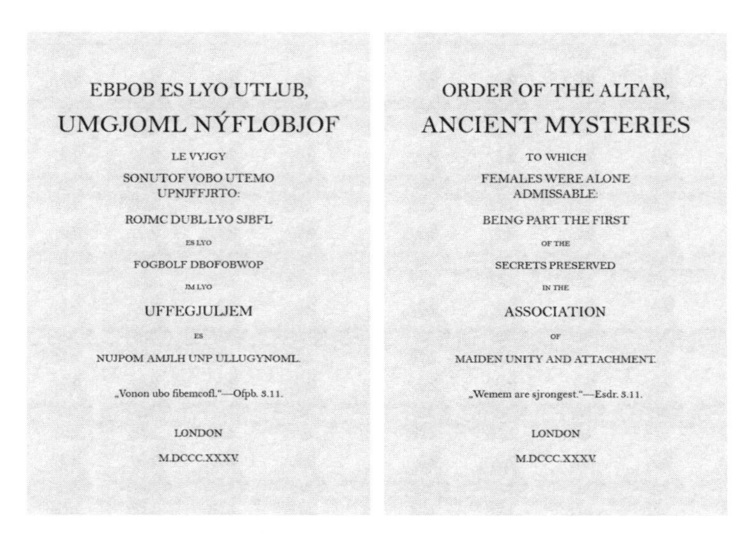

EBPOB ES LYO UTLUB,
UMGJOML NÝFLOBJOF
LE VYJGY
SONUTOF VOBO UTEMO
UPNJFFJRTO:
ROJMC DUBL LYO SJBFL
ES LYO
FOGBOLF DBOFOBWOP
JM LYO
UFFEGJULJEM
ES
NUJPOM AMJLH UNP ULLUGYNOML.
„Vonon ubo fibemcofl."—Ofpb. 3.11.
LONDON
M.DCCC.XXXV.

ORDER OF THE ALTAR,
ANCIENT MYSTERIES
TO WHICH
FEMALES WERE ALONE
ADMISSABLE:
BEING PART THE FIRST
OF THE
SECRETS PRESERVED
IN THE
ASSOCIATION
OF
MAIDEN UNITY AND ATTACHMENT.
„Wemem are sjrongest."—Esdr. 3.11.
LONDON
M.DCCC.XXXV.

図3.2：『UMGJOML NÝFLOBJOF』（左側）は1835年ロンドンの女性秘密結社によって出版された本である。単一換字式暗号で暗号化されている。右側はそれを復号したバージョンである

また、この2つのタイプを組み合わせたものもあります。たとえば、次の手紙（1841年にW. B. TylerがEdgar Allan Poe (*6) 宛に送ったものであり、第6章で紹介する）は、標準文字と非標準文字の両方で書かれています。

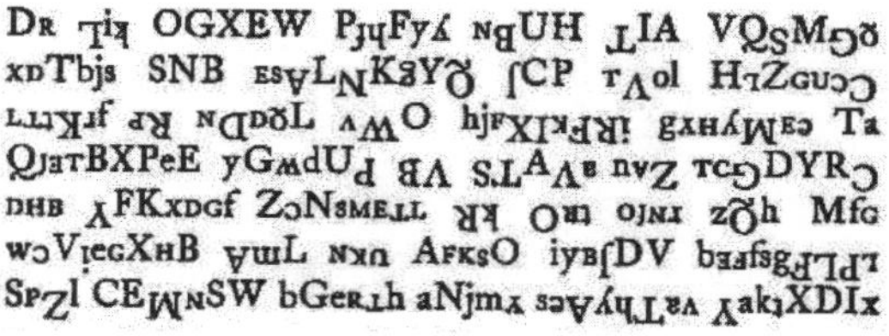

異なる文字体系に変換するタイプの単一換字式暗号は、すべての非標準文字を普通の文字体系の文字でランダムに置換することによって、同じ文字体系に変換するタイプの暗号に容易に変更できます。このようなプロセスはトランスクリプション（“transcription”：転写）と呼ばれ、その結果をトランスクリプト（“transcript”：書き起こし）と呼びます。たとえば、ヴォイニッチ手稿（第5章で取り上げる）は独特の記号（ヴォイニッチ記号という）を使っていますが、何人かの研究者によってさまざまな方法で標準的なアルファベットに転写されています[*7]。

転写の例として、RedditのUnsolved Codesフォーラムで2018年にRetroSAというユーザーによって公開された次のメッセージ（ちなみにまだ未解決）を挙げます[*8]。

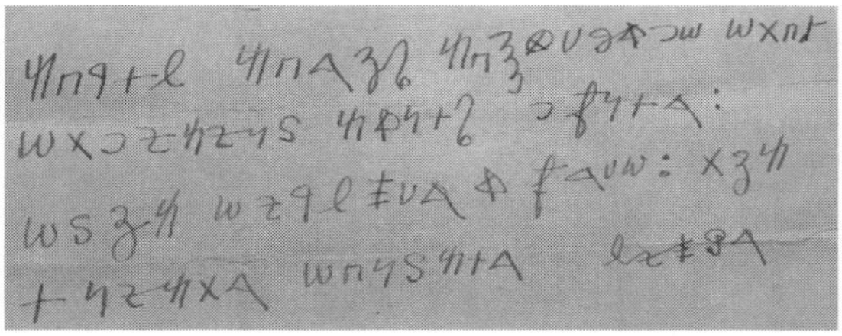

RedditのNickSB2013という別のユーザーは、次の表に基づいたトランスクリプトを提供してくれました。

A B C D E F G H I J K L M N O P Q R S T U V W X Y Z

トランスクリプトは次のとおりです。

```
ABCDE ABFGH ABIJKLMNO OPBD
OPNQAQRS ATRDH NURDFV OSGA OQCEWKF T UFKOV PGA
DRQAPF OBRSADF EQWXF
```

トランスクリプトが“ABCDE”で始まることに惑わされてはいけません。これは、メッセージに最初に現れる文字が‘A’、2番目の文字が‘B’のように転写されているに過ぎません。トランスクリプトについてはオリジナルよりも簡単に調べられます。特にコンピューター・プログラムを使えばなおさらです。異なる文字体系への単一換字式暗号を、同一文字体系への単一換字式暗号に変換することが可能なので、暗号解読者は通常この2つを区別しません。単一換字式暗号を攻撃する方法は、暗号文が標準的な文字で書かれているか、別の文字体系で書かれているかに依存しません。

米国暗号協会（American Cryptogram Association：ACA）の用語集によると、空白を含む（つまり単語間の境界がわかる）同一文字体系の単一換字式暗号は、アリストクラット（Aristocrat）と名付けられています。ACAのニュースレター“The Cryptogram”には、毎号読者が解くためのアリストクラットが多数掲載されています。他の新聞や雑誌は、クロスワードパズルやチェスの問題とともに、アリストクラットを掲載することがあります。さらに、アリストクラットしか載っていない本も出版されています。どうやら、この手のパズルを解くのが好きな人はたくさんいるようです！

3.2 単一換字式暗号を検出する方法

シンプルですが、とても役立つ経験則があります。暗号文が非標準的な文字体系で書かれている場合、ほとんどのケースにおいて単一換字式暗号（場合によってはいくつかの微調整が加えられている）が使われています。たとえば、私たちがこれまでに出会ったことのあるピッグペン暗号で書かれたテキストは、すべてこの方法で暗号化されています。どうやら、単一換字式暗号を避け、代わりにもっと複雑な暗号化システムを使おうとする賢い人々は、非標準的な文字体系を使っても安全性が向上しないことにも気づいているようです。

当然ながら、非標準の文字体系で書かれたテキストがいつも単一換字式暗号であるという保証はありません。より正確な判断を下すためには、頻度分析や、場合によってはその他の統計的手法が必要になります。図3.3は1909年のはがきであり、暗号文が載っています(*9)。これを用いて実証してみましょう。

図3.3：異なる文字体系の単一換字式暗号で暗号化された、1909年のはがき

次の表を使います。

A B C D E F G H I J K L M N O P Q R S T

クリプトグラムを転写してトランスクリプトを作成します。'U'、'V'、'W'、'X'、'Y'の文字がないことに留意してください。はがきには18文字しか使われていないからです。

```
ABC DCEFG
FHI JBK LHM KGFKN
OMPPHOK LHM JBK
OGQLCDE GH DCEFG
C FJRK SKKD GBLCDE
GH ANHMBCOF J
NCGGNK. FJRK
SKKD HMG SBKJTCDE
BHJQO GFCO
JAGKBDHHD AHB GFK
IJEHDO. EHHQ DCEFG
```

ここに頻度分析の結果を示します。この結果はコンピューター・プログラムのCrypTool 2で作成しましたが、手動で計算したり、WebサイトのdCode.frを使ったりしても作れます。

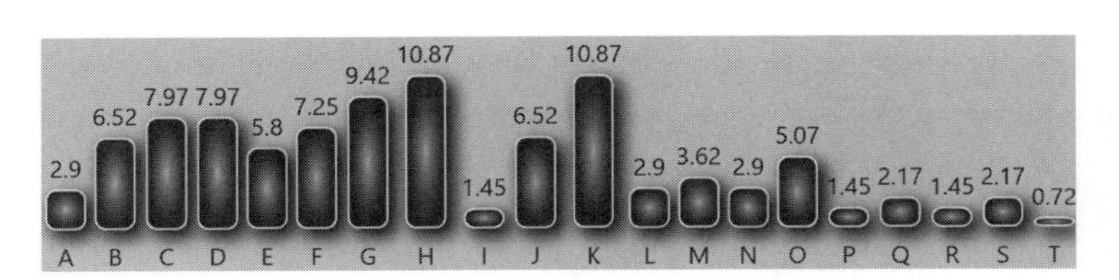

比較のために、普通の英文の頻度分析（パーセンテージ）を見てみます。

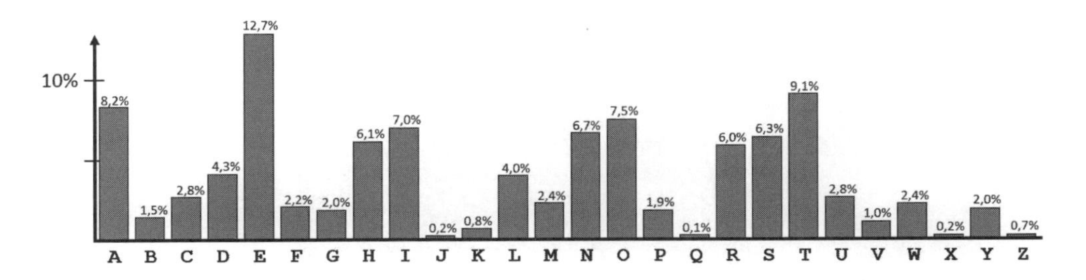

2つのテキストでもっとも頻度の高い4文字と、もっとも頻度の低い4文字を見てみると、次のようになります【訳注】。

訳注　'U'、'V'、'W'、'X'、'Y'の5文字は登場していないので、もっとも頻度の低い4文字はすべて0%になります。

平文	10.87, 10.87, 9.42, 7.97 / 0.00, 0.00, 0.00, 0.00
英文	12.7, 9.1, 8.2, 7.5 / 0.75, 0.25, 0.25, 0.25

ご覧のとおり、いくつかの違いがあります。たとえば、暗号文のもっとも頻度の高い文字の割合は10.87%ですが、英文の場合は12.75%です。しかしながら、こうしたことを除けば、全体的に数字はかなり近い値となっています。全体的に見れば、はがきの暗号化されたテキストは、英語の平文を単一換字式暗号で暗号化したものと一致しているといえます。さらに検証すると、これが事実であることが判明します。このはがきは、章末に課題の1つとして残しています。あなたはこれを解読できますか？

3.3 単一換字式暗号ではない暗号の例

図3.4の暗号文を見てみましょう。これは、CIA本部にある有名なクリプトス（Kryptos）の彫刻に刻まれた暗号文の前半部分です。この暗号文には、単一換字式暗号が使われていないことが知られています。

```
EMUFPHZLRFAXYUSDJKZLDKRNSHGNFIVJ
YQTQUXQBQVYUVLLTREVJYQTMKYRDMFD
VFPJUDEEHZWETZYVGWHKKQETGFQJNCE
GGWHKK?DQMCPFQZDQMMIAGPFXHQRLG
TIMVMZJANQLVKQEDAGDVFRPJUNGEUNA
QZGZLECGYUXUEENJTBJLBQCRTBJDFHRR
YIZETKZEMVDUFKSJHKFWHKUWQLSZFTI
HHDDDUVH?DWKBFUFPWNTDFIYCUQZERE
EVLDKFEZMOQQJLTTUGSYQPFEUNLAVIDX
FLGGTEZ?FKZBSFDQVGOGIPUFXHHDRKF
FHQNTGPUAECNUVPDJMQCLQUMUNEDFQ
ELZZVRRGKFFVOEEXBDMVPNFQXEZLGRE
DNQFMPNZGLFLPMRJQYALMGNUVPDXVKP
DQUMEBEDMHDAFMJGZNUPLGEWJLLAETG
```

図3.4：有名なクリプトスの碑文の前半は、単一換字式暗号の統計的特性を持たない

暗号文を頻度分析した結果は次のとおりです。

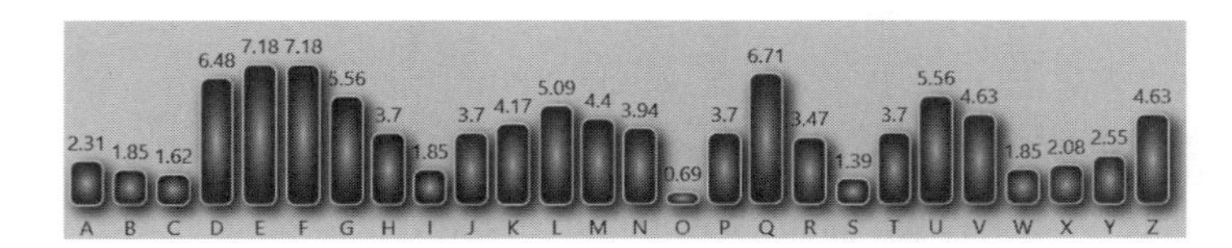

繰り返しになりますが、もっとも頻度の高い4文字ともっとも頻度の低い4文字をそれぞれ見て、その頻度を英文の頻度分析と比較してみます。

暗号文	7.18, 7.18, 6.71, 6.48 / 0.69, 1.39, 1.62, 1.85
英文	12.75, 10.25, 9.25, 8.25 / 0.75, 0.25, 0.25, 0.25

ご覧のとおり、かなりの違いがあります。英文と比べると、この暗号文のもっとも頻度の大きい文字はずっと少なく、頻度の小さい文字はそれほど珍しいものではありません。つまり、この頻度分布は英文の頻度分布よりずっと太くなっています【訳注】。

訳注　ここでいう「太い」とは、頻度を示す縦棒の並びを山なりとして見ると、山頂が低い代わりに山すそが広がった形になっていることを意味します。極端に頻度の高い部分が少なく、その分として別の頻度を押し上げています。文字のばらつきが大きい、すなわちランダム性が大きくなっているわけです。

実際、クリプトスの碑文の前半は、単一換字式暗号ではありません。この有名な暗号文については第8章で触れます。

3.4 一致指数法

もしコンピューターを利用できるのであれば、ある暗号文が単一換字式暗号で作成されたかどうかを示す、別の統計的方法が使えます。この方法が一致指数（index of coincidence：IC）です【訳注】。

訳注　「平文の一致指数」と「単一換字式暗号の暗号文の一致指数」は一致します。単一換字式暗号は頻度分析の分布を変えますが、各頻度をソートした後の分布は変えないからです。

どの情報源を見るかによって異なる表現をされますが、一致指数はテキストからランダムに選ばれた2つの文字が同じである確率として定義されます。この重要な暗号解読ツールの詳細については、付録Bを参照してください。ここでは、単一換字式暗号で暗号化された英文の一致指数は通常約6.7%であるのに対して、純粋にランダムなテキストでは約3.8%であることを知っていれば十分です。

一致指数を手作業で計算するのは手間がかかりますので、一致指数計算ツールを提供しているWebサイトのdCode.frを使用します【訳注】。

訳注 dCode.frにある一致指数計算ツールは次のURLにあります。
https://www.dcode.fr/index-coincidence

"MESSAGE TO ANALYSE"のテキストボックスに解読したいメッセージを入力し、CHARACTERSでは"LETTER A-Z ONLY"を選びます。[CALCULATE IC]ボタンを押すと、左側のResultに一致指数の計算結果が表示されます。

前述したはがきとクリプトスのメッセージに適用してみてください。

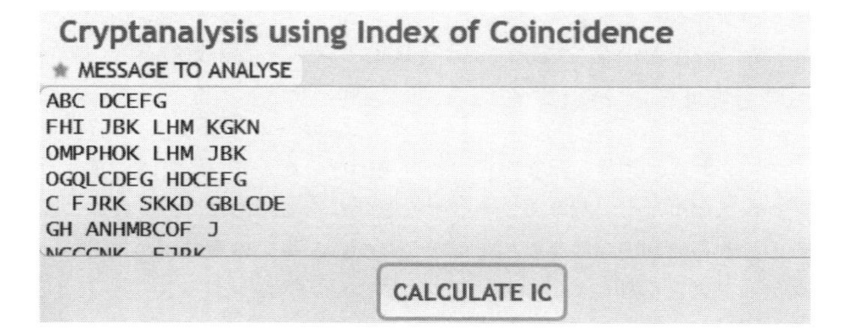

はがきのメッセージの一致指数　：6.4%
クリプトスのテキストの一致指数：4.5%

はがきのテキストの一致指数（6.4%）は、単一換字式暗号の暗号文の一致指数（6.7%）とかなり近いのに対して、クリプトスのテキストの一致指数（4.5%）は大きくかけ離れています。これにより、はがきの暗号文は単一換字式暗号で暗号化されていますが、クリプトスの暗号文はそうではないことが裏付けられました。

3.5 単一換字式暗号の解読法

単一換字式暗号を解読するための基本的な手段は2つあります。

単語の類推と頻度分析です(*10)。通常、この2つのアプローチを組み合わせるのがもっとも効果的です。以下の例では、これを実行します。後述するように、頻出の単語だけでなく、珍しい文字パターンの単語さえも推測できます。図3.5の暗号文（コンピューター・ゲーム「Call of Duty」から引用）を使って、これら2つのアプローチを試します。

図3.5：コンピューター・ゲーム「Call of Duty」（2015年）に登場する暗号文

このメッセージをトランスクリプト化するために、次に示すピッグペンの変形版のダイアグラムを使っています。

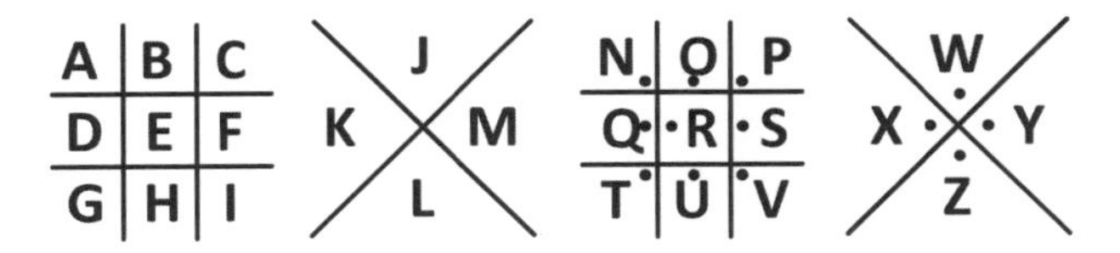

これにより、次のようなトランスクリプトが得られます。これは平文ではなく、記号を文字に変換したものであることに注意してください。

```
OVSRSVIMQ EXCEVTK 654371979 SRCE KHE GVEAK WAV ERDED WIKH KHE DEFEAK SF KHE
ATSKHICSRJ, KHE OEETEVJ AJCERDED KS BECSQE KHE WAVDJ SF APP MRI LEVJEJ. KHE
JMVLILIRG ATSKHICSRJ WEVE CAJK SMK, BARIJHED KS KHE DAVO AEKHEV BEREAKH
CVEAKISR. AFKEV ESRJ SF EXIPE IR KHE DAVO AEKHEV, KHE ATSKHICSRJ ELSPLED IRKS
KWIJKED CVEAKMVEJ KHAK RSW BEAV PIKKPE VEJEQBPARCE KS KHEIV OEETEV BVEKHVER. KHE
ATSKHICSRJ CEAJEPEJJ DEJIVE IJ KS VEERKEV CVEAKISR KS CSRJMQE ARD CSVVMTK APP
KHE MRILEVJEJ. IK IJ KHE OEETEVJ KHAK GMAVD AGAIRJK KHEJE TEVTEKMAP AKKEQTKJ KS
VEERKEV CVEAKISR, ARD GMAVD AGAIRJK ARY BEIRGJ KHAK QAY HALE FAPPER MRDEV KHE
IRFPMERCE SF KHE ATSKHICSRJ.
```

訳注　図3.5の暗号文は改行前後の文字がつながっているのかどうか判断しにくくなっています。ここでは空白がなければつながっているものとしています。

3.5.1 頻度分析

まず文字を数えることから分析を始めます。手作業またはCrypTool 2のようなソフトウェアを使います。

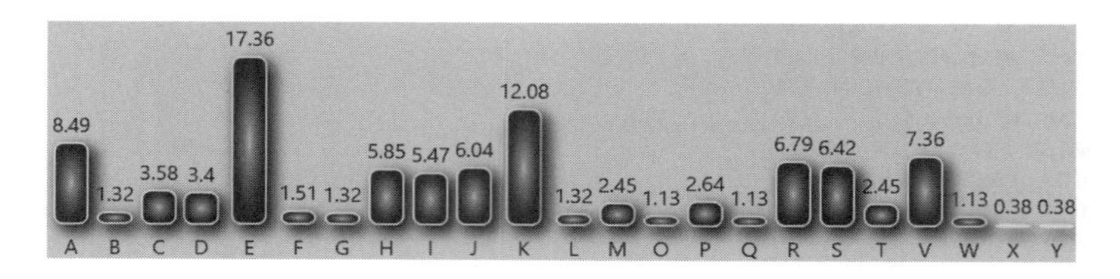

ここで、暗号文の文字は大文字、平文の文字は小文字とします。どうやら'E'がもっとも頻度の高い文字のようです。平文が英文だと仮定すると、'E'は'e'を表しているのかもしれません。

3.5.2 頻出単語を推測する

では、いくつかの単語を推測してみましょう。

- "KHE"('E'が'e'を表すことはすでに知っているため、"KHe"とも書ける)という単語は、暗号文中に14回出現している。これは"the"を表すしかない。よって、'e'、'h'、't'の文字を特定したことになる。
- "KHAK"("thAt")という単語を見てみる。"thit"、"thet"、"thot"、"thut"、"thyt"は意味をなさないので、これは"that"を表すに違いない。
- 本文中に5回も出てくる"KS"("tS")という単語を見てみる。英語には2つの子音だけで構成される単語は存在しない(細かい専門家はある種の古風な形式についてこの点についてとやかくいってくるかもしれない)ので、この単語は"te"、"ti"、"to"、"tu"、"ty"でなければならない。その中で"to"だけが意味を持つ。これで'a'、'e'、'h'、'o'、't'を特定できた。
- "SMK"(oMt)は明らかに"out"に対応する。
- "aetheV"はおそらく"aether"を意味する。
- "APP"("aPP")は"all"を意味する。

残りの文字についても、同様の方法で容易に解読できます。次のような平文が得られます。

```
KRONORIUM EXCERPT 654371979 ONCE THE GREAT WAR ENDED WITH THE DEFEAT OF THE
APOTHICONS THE KEEPERS ASCENDED TO BECOME THE WARDS OF ALL UNIVERSES THE
SURVIVING APOTHICONS WERE CAST OUT BANISHED TO THE DARK AETHER BENEATH CREATION
AFTER EONS OF EXILE IN THE DARK AETHER THE APOTHICONS EVOLVED INTO TWISTED
CREATURES THAT NOW BEAR LITTLE RESEMBLANCE TO THEIR KEEPER BRETHREN THE
APOTHICONS CEASELESS DESIRE IS TO REENTER CREATION TO CONSUME AND CORRUPT ALL
THE UNIVERSES IT IS THE KEEPERS THAT GUARD AGAINST THESE PERPETUAL ATTEMPTS TO
REENTER CREATION AND GUARD AGAINST ANY BEINGS THAT MAY HAVE FALLEN UNDER THE
INFLUENCE OF THE APOTHICONS.
```

この結果から、使用されたピッグペン・ダイアグラムを復元できます。NSAのマグカップに刻印されたものとは若干違います。

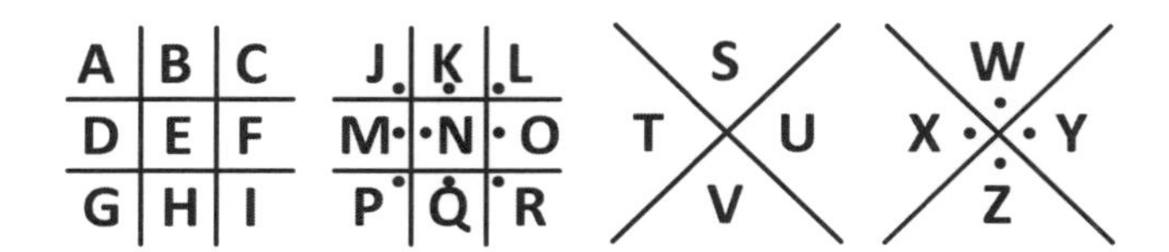

3.5.3 珍しい文字パターンを持つ単語を推測する

単一換字式暗号を解読する2つ目のアプローチは、文字のパターンから単語を推測する方法になります。数十年前まで、暗号解読者はこの作業のために単語パターンリストを使わなければなりませんでした(*11)。しかし、今日ではコンピューター・プログラムを用いることですばやく検索できるようになりました。

最初のステップでは、暗号文を調べて珍しい文字パターンを持つ単語を探します。前述の例【訳注】では、暗号文に“VEERKEV”という単語が含まれています。

訳注　「Call of Duty」の暗号文のことです。“VEERKEV”は16番目と35番目の単語です。

最初と最後の文字は同じです。そして、この単語には同じ文字が3つあるというパターンがあります。CrypTool 2のワードパターン分析で単語“VEERKEV”を入力したとき、同一パターンを持つ単語を特定でき、次の画像の結果が得られます。

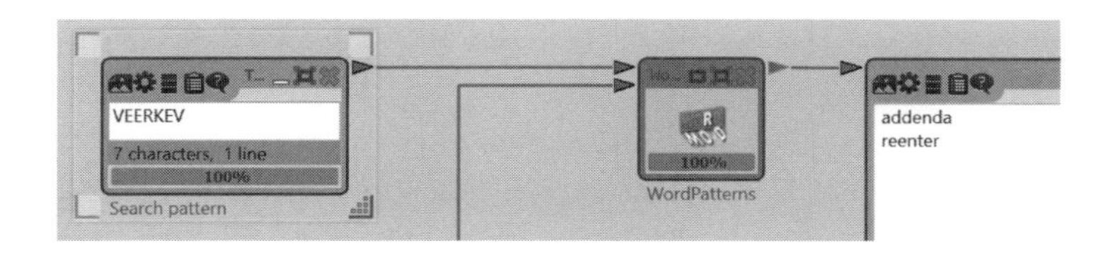

ご覧のとおり、英語の辞書に収録されている単語の中で、このパターンに当てはまるのは“ADDENDA”と“REENTER”だけになります。どちらが正しいのでしょうか？　先に求めた頻度分析を見ると、この疑問に答えられます。もし“ADDENDA”が正しければ、‘D’がもっとも頻繁に使われる文字ということになります。“REENTER”の場合は、‘E’になります。よって、後者の方が圧倒的に可能性が高いといえます。したがって、“VEERKEV”が“reenter”を表すと知りながら、平文に相当する4文字が得られます【訳注】。

訳注　暗号文“VEERKEV”のうち、暗号文文字‘E’は平文文字‘e’であることが判明しました。自ずと、残りの‘V’、‘R’、‘K’、‘V’の4文字の平文文字が特定できます。

特定できた暗号文文字と平文文字の対応の知識を使って、暗号文から平文に徐々に置き換えていきます。続けて、前述のように（“the”、“to”、“out”といった短い単語を推測しながら）、あるいは珍しい文字パターンを持つ単語をさらに探していきます。

3.6 成功談

3.6.1 Gary Klivansはいかにして刑務所の受刑者の暗号を破ったのか

ギャングや刑務所の受刑者が使用する暗号化手法の専門家であるGary Klivans（第2章参照）は、2016年に出版された魅力的な書籍『Gang Secret Codes: Deciphered』の著者です(*12)。Garyは興味深い暗号化のメモを提供してくれました(*13)。ニュージャージー州の刑務所の受刑者が配偶者に宛てた手紙です（図3.6参照）。このメッセージの背景について、これ以上の情報はありません。

見てわかるように、このメモの差出人は（おそらく独自に考案した）非標準的な文字体系を使っています。単一換字式暗号で暗号化されていれば、テキストを転写してから頻度分析することが、暗号解読の足がかりになるかもしれません。しかし、Garyは通常転写するという面倒な作業を避けて、文字のパターンから単語を推測することを好みます。彼が暗号文を調べると、2回登場する次の単語が候補に挙がりました。

MIDDLESEX COUNTY ADULT CORRECTION CENTER
POST OFFICE BOX 266
NEW BRUNSWICK, NEW JERSEY 08903

図3.6：ニュージャージー州の刑務所の受刑者が配偶者に宛てた、この暗号化された手紙は、暗号の専門家であるGary Klivansによって解読された

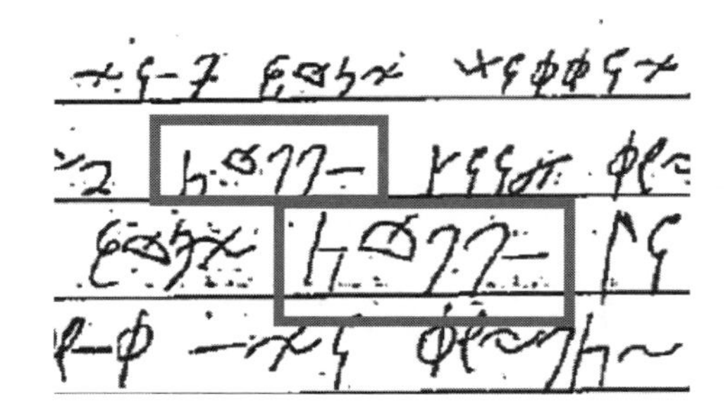

Garyは、“HOLLA”（“hello”に似た意味を持つ俗語）を意味していると推測しました。彼の憶測は完全に正しかったわけではありませんが、それにもかかわらずうまくいきました【訳注】。

訳注　後述する対応表を用いると、正しい意味は“GONNA”であることがわかります。

Garyはその仮定に基づいて、テキストに数回出てくる不定冠詞'a'をすぐに特定できました。1文字から成る一般的な英単語は、他に代名詞の'I'しかないため、'I'を表す記号も簡単に特定できます（1、6、9行目の枠で囲まれた記号を参照）。

そして、Garyは次の2つの単語を解読しようとしました。

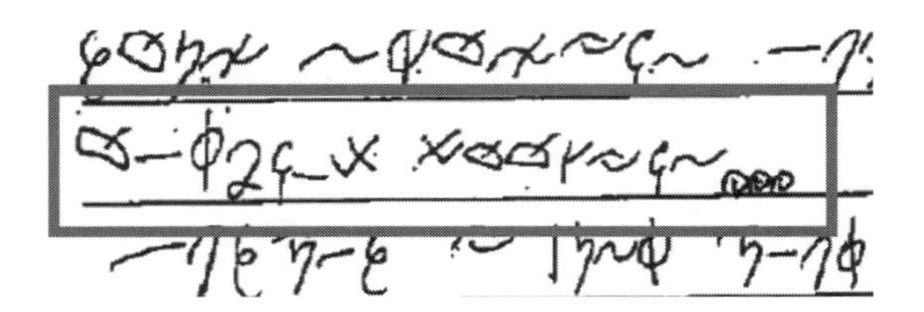

このシンボルは"OA***A* *OO****"を表し、独特のパターンを持っています。Garyは"OTAMEAL COOKIES"（オートミール・クッキー）を表していると推測しました。彼は全文を簡単に解読できるだけの文字を特定した時点で、最初に解読しようとした単語が"HOLLA"ではなく、"GONNA"だったことにも気づきました。Garyは最終的に次の置換表を見い出しました。

A B C D E F G H I J K L M N O P Q R S T U V W X Y 1 2

これから次の平文が導かれます。7行目と8行目に"GONNA"が2つあることに注意してください。

```
WELL BEAUTIFUL,

JUST FINISHED EATING LUNCH, HAD CHICKEN PATTIES, THEY
WERE ALRIGHT. BABE, I LOVE YOUR LETTERS. WHAT
YOU SAY ABOUT THESE WOMEN IN HERE IS HILARIOUS.
BONT LET THEIR FART GAS GET TO YOU BEAUTIFUL.

ALRIGHT, BABE, I JUST READ YOUR LETTER THAT TALKED ABOUT
US HAVING CHILDREN. IM GONNA KEEP THIS SHORT AND SWEET
I LOVE YOU!!! YOUR GONNA BE MY WIFE,
...
```

私たちが知るかぎり、これは犯罪に関する内容ではなく、普通のラブレターです。送信者はおそらく、親密な情報が含まれているから暗号化しただけであり、違法な何かを隠したかったわけではなかったのでしょう。

3.6.2 Kent Boklanはいかにして南北戦争中の暗号化された日記を解読したのか？

ニューヨークを拠点とするコンピューターサイエンスの教授である、Kent D. Boklanは暗号解読の成功者のひとりです。彼の関心は19世紀のアメリカの暗号にありました。1860年代の南北戦争の暗号文の他に、1812年の戦争中に医師が書いた人気の暗号文も解読しました[*14]。これらの成功はすべて、科学雑誌『Cryptologia』に掲載されている、彼の論文で紹介されています。彼が報告した新しい暗号解読は、またしても日記によるものでした[*15]。この日記は、アメリカ南北戦争中にJames Malboneという南軍の兵士が書いたものです。Malboneの日記のほとんどは平文でしたが、いくつかの文章は暗号化されていました。ここに暗号文の1つを紹介します。

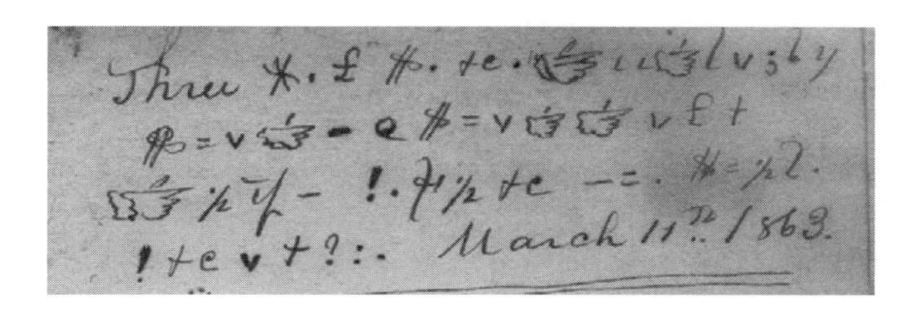

Malboneは、平文の“Three”と“March 11th 1863”の間に、非標準の文字体系（おそらく自作）で数行の暗号文を書いていました。Kentは、Malboneが単一換字式暗号を使ったのだと考えました。最初の暗号文は“*.£”の3文字から成ります。Kentは、別のページで段落の最後に同じような単語“?*.£”を見つけました。次に示す写真では、この単語の直前には、“May the

Lord bless + be with you in my prayer"（私の祈りに主の祝福がありますように＋あなたとともにありますように）という明瞭な2行のテキストがあります。

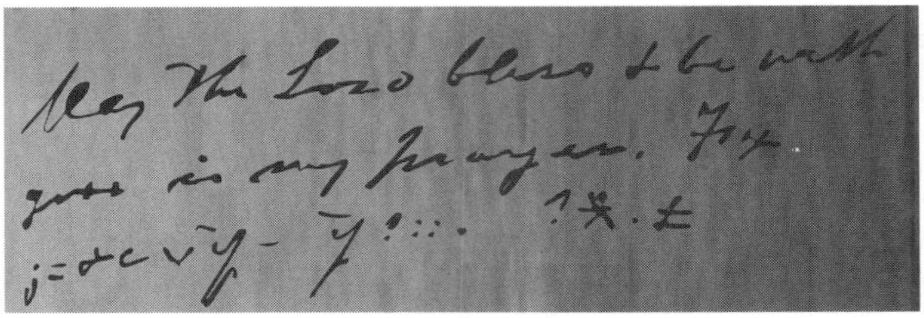

この2つの単語を（暗号文の残りの部分を無視して）転写すると、"BCD"と"ABCD"になります。Kentは、祈りについて語る段落の最後の言葉として、"AMEN"がよい候補になるかもしれないと気づきました。この仮定が正しければ、暗号文の最初の単語は"MEN"になり、テキストは"Three MEN"で始まることになります。これは間違いなく理にかなっています。

'A'、'M'、'E'、'N'の文字を推測したKentは、暗号化された残りの文章を簡単に解読してしまいました。上記に示した2つの暗号文は、次の平文に復号されます。

```
Three MEN WERE PUPLICLY WHIPT @ WHIPPING
POST BEFOR THE WHOLE BRIGADE March 11th, 1863
May the Lord bless + be with
you in my prayer. FOR
CHRIST SAKE AMEN
```

3.6.3 Beatrix Potterの日記

Beatrix Potter（1866-1943）は、1902年に発表した児童文学の名作『The Tale of Peter Rabbit』で知られる、イギリスの作家・挿絵画家です。彼女は14歳の頃、自分で考案した単一字の文字体系を使って、暗号化された日記を付け始めました。そして、この日記を15年間書き続けました。

Potterの死から9年後の1952年、彼女の親戚が暗号化された日記を発見しました[(*16)]。発見者は内容を理解できなかったので、Beatrix Potterの愛好家であったLeslie Linderに相談しました。彼はすぐに興味を持ち、日記の解読に取りかかりました。Potterの暗号化方式は純粋な単一換字式暗号でしたが、暗号解読は困難を極めました。Potterが書く文章は小さく、ときにはさらに小さく、何千もの文字がページの一部に押し込められていたのです（図3.7参照）。

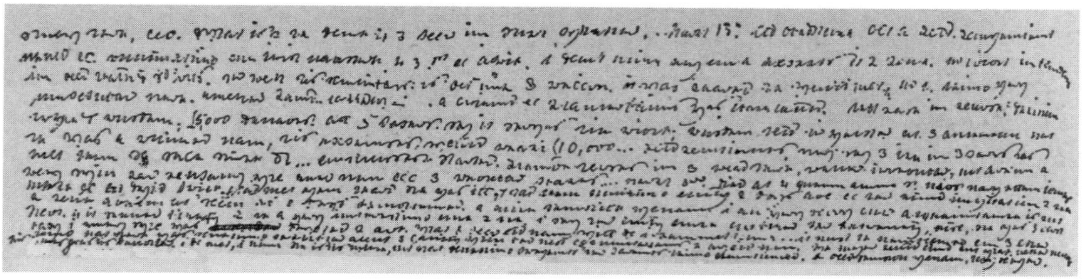

図3.7：Beatrix Potterは有名な児童書『The Tale of Peter Rabbit』（1902年）の著者であり、日記を暗号化していた

Linderは、あるページで2つの平文（暗号化されていない表現）を見つけました。ローマ数字の“XVI”と年号の“1793”です。彼は歴史書をひも解いて、フランスのルイ16世（Louis XVI）が1793年にギロチンにかけられたことを知りました。その結果、近くにあった単語を“execution”（処刑）と解読できたのです。Linderは、4つの母音を含む、8つのアルファベットに対応する記号を特定しました。同日いっぱいまでに、彼はPotterの暗号文字体系を実質的にすべて解きました。しかしながら、本当の仕事は始まったばかりでした。Linkderは日記のすべてを解読するのに13年もかかったのです。

Linderは丹念に仕事をし、すべてを正確に解読するのに細心の注意を払いました。Potterが植物のことを書いていたなら、Linderは植物学者に見解を求めました。彼女が芸術品について説明していれば、彼は美術書や展覧会のカタログを参照して彼女の考えを検証しました。さらに、Potterの旅を地図で調べたり、自らその地に足を運んだりもしました。1966年、Linderの研究成果は『The Journal of Beatrix Potter 1881-1897』という本の中で発表されました[*17]。ここに彼が導き出した置換表を示します。

ɑ A	c F	ɧ K	ɕ P	υ U	ȝ Z
l B	σ G	t L	q Q	ɲ V	2 TO, TOO, TWO
ƨ C	ɿ H	n M	ω R	ɱ W	3 THE, THREE
ơ D	ι I	m N	ɣ S	x X	4 FOR, FOUR
k E	ι J	e O	1 T	ŋ Y	+ AND

次に示す平文は、1886年4月9日の日記を解読した結果を、Linderの著作から抜粋したものになります。

```
Snow here. fog. What is to be done for the poor in such weather?
Sunday March 13th. - Old Gladstone got a cold. Convenient method of
ruminating on Irish measure for the 1st. of April. I don't think
any one expects it to come. Mr. Bright in London, in good health
and spirits. Mr. Roth his son-in-law got into the Reform, it was
feared he would not, Mr. Bright being very unpopular there.
```

暗号化された日記を書いているのはPotterだけではありません (*18)。自分の先祖の日記を解読したいと思っている方に1つ注意してほしいことがあります。複雑な暗号で大量の文章を書くのはとても難しいということを覚えておかなければなりません。したがって、私たちが知っている暗号化された日記のほとんどすべてが、単一換字式暗号を使っていたとしても驚くには当たりません。Potterのケースでは、“to”と“too”には数字の‘2’、“the”には‘3’を使っていました。経験則として、手書きの暗号化されたテキストを見れば見るほど、解くのは容易になります。

3.7 チャレンジ

3.7.1 刑務所のコード

図3.8に描かれたメッセージの断片は、2013年12月にペンシルバニア州モンゴメリーの刑務所の受刑者へ何者かから送信されたものです (*19)。当然ながら、刑務所の職員がこのメッセージを意図した相手に届けたわけではありません。その代わりに、前述の犯罪科学の暗号解読者のGary Klivansに転送しました。彼は本章で説明したテクニック、特に単語を推測するテクニックを使って解読しました。その後、この文章がスター・ウォーズでよく知られているアウレベシュという文字体系で書かれていることが明らかになりました。この文字体系の知識があれば、メッセージを解読するのは極めて簡単になります。あなたは、Gary Klivansのように、頻度分析と単語の推測だけで解読できますか？

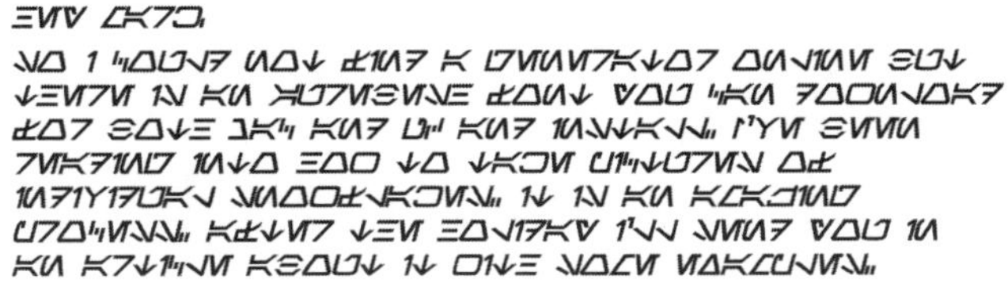

図3.8：2013年に刑務所の受刑者に送られたこのメッセージは、スター・ウォーズのフォントで書かれていることが判明した

3.7.2 はがき

本章の前半で触れた、1909年のはがき（図3.3参照）を解読してください。私たちが提供したトランスクリプトや頻度分析結果を使えます。

3.7.3 別のはがき

図3.9のはがき（Raymond Borgesからの提供）を解読できますか？　このはがきはピッグペン暗号の変種で暗号化されています[*20]。

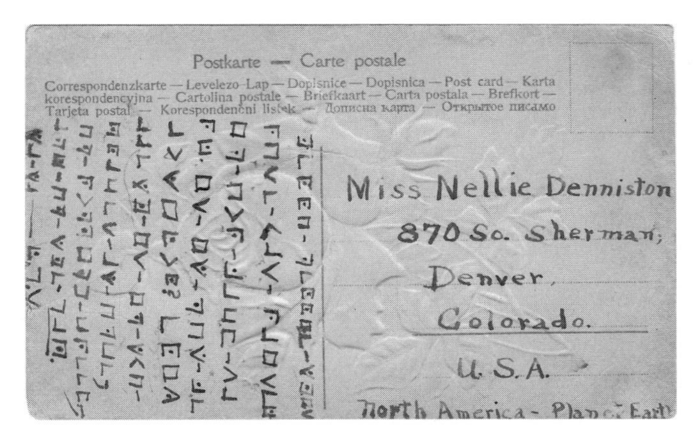

図3.9：もう1つのはがきは、ピッグペン暗号の変種で暗号化されている

3.7.4 Friedman夫妻の結婚100周年記念ニッケル

図3.10は「木製の5セント硬貨」[訳注]のコピーです。この木製の硬貨は、メリーランド州フォート・ミードで開催された2017年の暗号史シンポジウムで、アメリカの暗号学分野を築いた伝説のカップル、ElizebethとWilliam Friedmanの結婚100周年を記念して、Bill Briere（1966年生まれ）とJew-Lee Lann-Briere（1973年生まれ）によって配られたものです。

訳注　元々木製のニッケル（5セント硬貨）は、販売促進のために商人や銀行によって発行され、飲み物などの特定の商品と引き換えることを目的に作られました。それ以外の用途としては、お土産、贈り物、記念品としての木製ニッケルもあります。Friedman夫妻のニッケルはオーダーメイドで作られた贈り物です。

図3.10：木製ニッケル上の暗号化されたメッセージ

ニッケルの碑文は単一換字式暗号で暗号化されています。以下はその書き起こしです。5セント硬貨の裏面には、一対のウェディング・ベルが描かれています。

```
UWCKWCCBSD EX KZW OWVVBCY
EX WDBRWTWKZ SCV OBDDBSJ
1917 * XHBWVJSC * 2017
```

あなたはこれを解読できますか？

3.7.5 ACAのアリストクラット

次に示すアリストクラット[訳注]は、米国暗号協会（ACA）のニュースレター『The Cryptogram』の2018年号に掲載されていたものです[*21]。

訳注　アリストクラットとは、空白を含む（つまり単語間の境界がわかる）同一文字体系の単一換字式暗号のことでした。

```
WNO ZA JYV YVA YNKHV RAU WNO XKRGUZAX JYV YVA YNKHV RGV JYV
HRIV. JYKH, YV MYN NMAH JYV YVA YNKHV IKHJ SV UVRW, SBZAU, NG SNJY.
```

3.8 未解決の暗号文

単一換字式暗号で作られたと思われる未解決の暗号文は数多くあります。ただし、解がわからない以上、これは推測に過ぎません。もっとも興味深いものをいくつか紹介します。

3.8.1 1888年の暗号化された新聞広告

図3.11は、1888年12月13日に『London Daily Chronicle』に掲載された暗号化された新聞広告です[*22][*23]。

H – H. A 500 ftb es lmv. 751308, 9sbletv
qrex 2102. Wftev G, sbmelo rqzvs Puveib
7504210 vrl no reasonable wftakil urs,
tmze q? Vranziebbs 501 xtz mftebs rfz
ut, ebseul crxt not. In fine 700 1, bftel
S.S. ultsn zmt mitx bfln. (10th)

図3.11：これは1888年に発行された暗号化された新聞広告の複製。平文は不明

以下は書き起こしになります。

```
H - H. A 500 ftb es lmv. 751308, 9sbletv qrex 2102. Wftev G, sbmelo rqzvs Puveib
7504210 vrl no reasonable wftakil urs, tmze q? Vranziebbs 501 xtz mftebs rfz ut,
ebseul crxt not. In fi ne 700 1, bftel S.S. ultsn zmt mitx bfl n. (10th)
```

私たちの知っているかぎり、この暗号文は一度も解読されていません。あなたはこれを解読できますか？

3.8.2 ゾディアック・セレブリティー暗号

1990年9月25日、見知らぬ人物が図3.12のはがきをサンフランシスコ地域の地方紙『The Vallejo Times-Herald』に送りました。はがきに書かれたメッセージは、1960年代後半に地方紙に暗号化された手紙を送った連続殺人犯ゾディアック・キラー（Zodiac Killer）のスタイルを模倣しています（ゾディアック・キラー事件とそれに関連するクリプトグラムについては、第6章で解説しています）[*24]。このはがきを誰が書いたのかは不明ですが、ゾディアック・キラー本人ではない可能性が高いといえます[*25]。これはつまり、ゾディアックを模倣した暗号文であることを意味します（本書ではこのような暗号文をたくさん見かけることでしょう）。

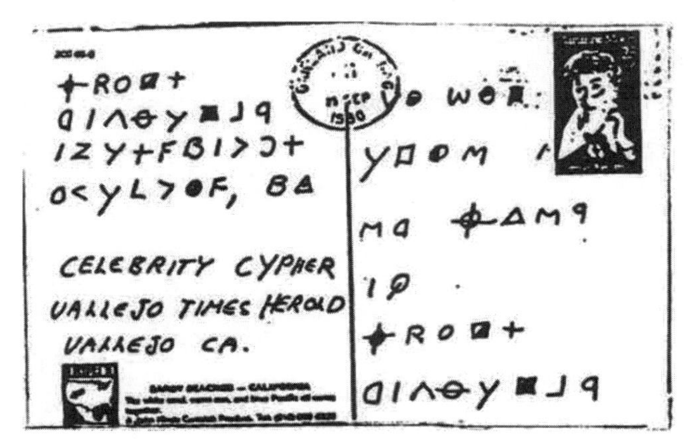

図3.12：ゾディアック・キラーの模倣犯が書いたはがき

新聞社の名前と所在地、そして“CELEBRITY CYPHER”という3行の平文があります。セレブリティー暗号（“celebrity cypher”、今日では通常“celebrity cipher”と書く）は暗号パズル（典型的なアリストクラット）であり、解読すると有名人の名言になるものです。セレブリティー暗号は、米国暗号協会（ACA）のメンバーや他のパズル愛好家の間でかなり人気があります。有名人の暗号に特化した本やWebページがあります。Elonkaの著書『The Mammoth Book of Secret Codes and Cryptogram』には、その数々が掲載されています[*26]。

この模倣のはがきのメッセージはゾディアック・セレブリティー暗号と呼ばれており、まだ解明されていません。もちろん有名人の言葉を暗号化している可能性もありますが、それはわかりません。

暗号解読者たちは、ゾディアック・セレブリティー暗号のメッセージの作成者が最初のゾディアック暗号（解読済みの暗号[*]）の暗号化方式を使ったかどうかを調べたのはいうまでもないことですが、うまくいきませんでした。ゾディアック・セレブリティー暗号に関する情報を提供するWebページはいくつかあり、その中には解読法を示唆するものもあります。しかし、これまで見てきたかぎりでは、どれも意味がありません。

(*) なお、2つ目のゾディアックのメッセージは解読されています。付録Eを参照してください。

第4章

単語間に空白を入れない単一換字式暗号：パトリストクラット

図4.1に示したメッセージは、悪名高いゾディアック・キラー（第6章参照）の模倣犯が1994年に『New York Post』紙に送ったものです [*1]。このメッセージは暗号化されており、同図に示した置換表が用いられています。復号すると、以下の平文が得られます。ただし、若干のスペルミスを含んでいます。

```
THIS IS THE ZODIAC SPEUKING. I AM IN CONTROL. THO' MASTERY, BE
READY FOR MORE. YOURS TRLIY.
```

4.1 空白なしの単一換字式暗号であるパトリストクラットのしくみ

お気づきかもしれませんが、このゾディアック模倣暗号は（異なる文字体系の）単一換字式暗号で暗号化されています。

図4.1：殺人犯とされる人物からのメッセージは単一換字式暗号で暗号化されている。空白は含まれていない

しかし、第3章で見た暗号文とは異なり、この暗号文には単語間に空白が含まれていません。暗号パズルや米国暗号協会（ACA）の会員は、特にラテン文字を使用する場合、空白のない単一換字式暗号をパトリストクラット（Patristocrat）という用語を一般的に使います。

空白がないことで、パトリストクラットはアリストクラット暗号よりも明らかに解読が難しくなります。他方において、正規の受信者にとってもパトリストクラットを扱うのは難しくなります。メッセージを復号する際に、単語の境界を正しく設定するのが時として難しいことがあるためです。曖昧さが現れることもあります。たとえば、“YOUDONTGETMEAPARTOFTHEUNION”は“you don’t get me a part of the union”（「私を組合員にしないでくれ」）という意味かもしれませんし、“you don’t get me apart of the union”（「私を組合から引き離さないでくれ」）という意味かもしれません。

このような理由から、パトリストクラット暗号は通常の単一換字式暗号に比べて、実際に遭遇する機会はとても少ないといえます。それでも、この種の暗号は決してまれなものではないので、暗号解読に興味を持つ人なら誰でも研究すべきものです。

4.2 パトリストクラットの見分け方

もしあなたが見ているテキストに単語の区切りのパターンがなかったり、5文字のグループしか存在しなかったりなど、規則的すぎる場合は、パトリストクラットの可能性があります。パトリストクラットは、一般に単一換字式暗号と同じ文字種を持ちます。つまり、頻度分析と一致指数が、パトリストクラットの検出に役立つツールといえます。

例として、NSAが公表した暗号文を見てみましょう。多くの読者はご存じかもしれませんが、NSAはSNSにかなり積極的であり、Facebook（NSAUSGov）とX（@NSAGov）【訳注】で暗号パズルを公開しています。

訳注　原文では@NSAUSGovとなっていますが、これは明らかに別の人のアカウントです。以前は@NSACareersが使われていましたが、今は@NSAGovになっています。

もしこの機関での職務に興味があれば、これらの課題を解くことは彼らの注意を引くよい方法かもしれません。図4.2の暗号文は、2014年5月にNSAがX（旧Twitter）を通じて発表した4つのチャレンジ暗号の1回目になります。それぞれ月曜日にポスト（旧ツイート）されたため、NSAマンデー・チャレンジと呼ばれています(*2)。

以下は、第1回NSAマンデー・チャレンジのトランスクリプトになります。

```
tpfccdlfdtte pcaccplircdt dklpcfrp?qeiq
lhpqlipqeodf gpwafopwprti izxndkiqpkii
krirrifcapnc dxkdciqcafmd vkfpcadf.
```

NSA Careers
@NSACareers

tpfccdlfdtte pcaccplircdt dklpcfrp?qeiq
lhpqlipqeodf gpwafopwprti izxndkiqpkii
krirrifcapnc dxkdciqcafmd vkfpcadf.
#MissionMonday #NSA #news

図4.2：2014年のNSAマンデー・チャレンジの全4回のうちの1回目

空白に惑わされてはいけません。この空白は12文字のブロックを区切るためのものであり、平文の単語の区切りではありません。以下が頻度分析の結果になります。

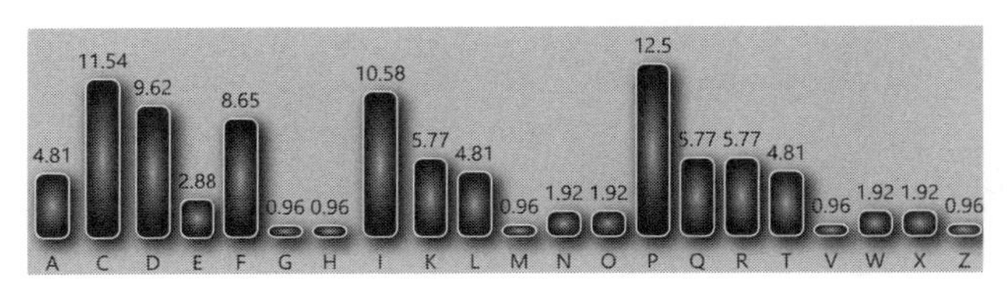

頻度は単一換字式暗号と一致します。暗号文の一致指数は6.7%であり、これはまさに英文の期待値そのものです。そのため、この第1回NSAマンデー・チャレンジはパトリストクラットだと考えるのは妥当といえます。

4.3 パトリストクラットの解読法

最初に紹介したNSAマンデー・チャレンジは、ヒル・クライミング（第16章参照）などのテクニックを使えば、コンピューターが数秒で解いてくれます。推奨するツールとして、`https://rumkin.com/tools/cipher/`のToolsにあるCryptogram Solver【訳注】、またはCrypTool 2です。

> 訳注　Cryptogram Solver
> `https://rumkin.com/tools/cipher/cryptogram-solver/`

手作業で暗号を破りたい方は、続きを読んでください。

4.3.1 頻度分析と単語の推測

明らかに、頻度分析はパトリストクラットを解読するのにとても役立ちます。加えて、使える統計もいくつか存在します。以下は、NSAマンデー・チャレンジの文字ペア（ダイグラフ）【訳注】の頻度分析の結果です。

> 訳注　ダイグラフ（digraph）は、隣接する2文字のことです。「2連字」（2連字の場合は「連字」と略することもある）や「バイグラム」（bigram）と表現する文献もあります。ギリシア語で“bi”は「2つを持つ」、“gram”は「書かれるもの」を意味します。
>
> 注意すべきことは、ここでいう2文字は1つの単語を構成する必要がないということです。たとえば、“THERE”には4つのダイグラフ、“TH”、“HE”、“ER”、“RE”があります。

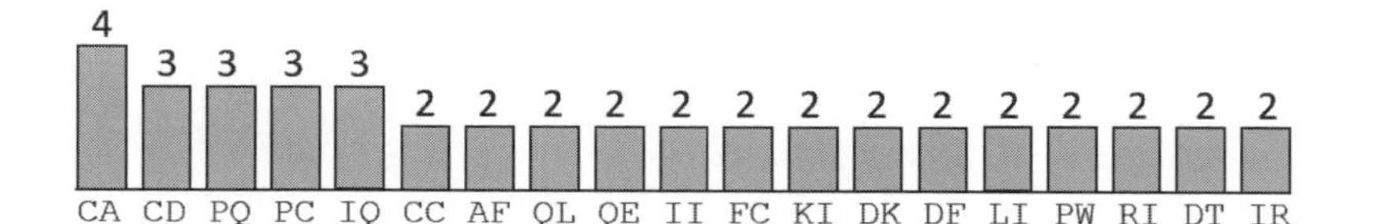

これらの統計を活用するには、英語についてのいくつかの特徴を知っている必要があります（詳細は付録Bを参照）。

- 英語でもっとも頻繁に使われるダイグラフは“EN”である。
- ダイグラフの“ER”は“ER”と“RE”の両方の場合でよく出現する。

- 二重文字から成る、もっとも頻度の高いダイグラフは“LL”であり、次いで“TT”と“SS”になる。
- ‘A’と‘I’はよく使われる文字だが、“AA”と“II”のダイグラフは英語ではとても珍しい。

ダイグラフの頻度を使用する当たり前と思える手段は、暗号文の中でもっとも頻度の高いダイグラフが、英語の中でもっとも頻度の高いダイグラフに対応すると仮定することです。しかし、この方法は100文字程度の暗号文にはほとんど効果がありません。とはいえ、以下で明らかになるように、ダイグラフの頻度を知っていることは役立ちます。

もちろん、3連字（トリグラフ）[訳注]の分析も可能です。

訳注　トリグラフ（trigraph）は、隣接する3文字、すなわち3文字組のことです。「トライグラム」（trigram）と表現する文献もあります。

その結果、“PQE”と“PCA”が2回出現し、それ以外のすべては出現の頻度が1回だけです。英語でもっとも頻度の高いトリグラフは“THE”であり、“AND”、“ING”、“ENT”、“ION”、“HER”、“THA”と続きます（付録B参照）。長い暗号文の解読には、トリグラフの頻度が役立つかもしれません。しかし、複数回出現するのは2つだけなので、当面の問題と直接関連しません。同様の理由で、テトラグラフ（4文字）、ペンタグラフ（5文字）、ヘキサグラフ（6文字）の頻度は、今回の内容では役立ちません。一般にn文字のグループは、nグラフと呼ばれます。

それでは、計算した統計をテキストに適用してみましょう。上記に示したように、NSAマンデー・チャレンジでもっとも頻度の高い文字は‘P’（12.5%）、次いで‘C’（11.54%）、そして‘I’（10.58%）になります。そこで、これらの文字が‘E’、‘T’、‘A’を表していると仮定してみます。‘P’、‘C’、‘I’を‘E’、‘T’、‘A’に対応付ける方法には、いくつかの可能性があります。

```
abcdefghijklmnopqrstuvwxyz
**T*****A******E**********
```

上記の対応を仮定し、それが正しいかを確認する方法はたくさんあります。手作業でもできますし、`https://rumkin.com/tools/cipher/`にあるTyler AkinsのCipher ToolsのようなWebサイトや、その他の多くの暗号解読ユーティリティーを使えます。Klausのお気に入りのプログラムはCrypTool 2であり、次はこのツールを使った実行結果です。

```
Text Output
*E*TT******* ET*TTE*A*T** ***ET**E?**A* **E**AE***** *E****E*E**A A*****A*E*AA **A**A*T*E*T ****TA*T**** ***ET***
```

妥当でないものがいくつかあることがすぐにわかります。たとえば、ダイグラフの“AA”（2回）と“AE”は、英語においてあまり一般的ではありません。つまり、私たちはおそらく誤った道を進んでいたのでしょう。

そこで、別の仮定として次の対応を考えます。

```
abcdefghijklmnopqrstuvwxyz
**A*****T******E**********
```

この対応から次が導かれます。

```
*E*AA*******EA*AAE*T*A*****EA**E?
**T***E**TE******E****E*E**TT*****T*E*TT**T**T*A*E*A****AT*A*******EA***
```

再び平文の候補に2つの“AA”があり、これはありえません。さらに、“AAE”というトリグラフは英語ではとても珍しいといえます。私たちの推測はどうやらまた外れたようです。

では、次の対応を試してみます。

```
abcdefghijklmnopqrstuvwxyz
**A*****E******T**********
```

すると、次が導かれます。

```
*T*AA*******TA*AAT*E*A*****TA**T?
**E***T**ET******T****T*T**EE*****E*T*EE**E**E*A*T*A****AE*A*******TA***
```

“AA”と“AE”というダイグラフは妥当ではありません。またしても失敗しました！　次を試してみます。

```
abcdefghijklmnopqrstuvwxyz
**E*****A******T**********
```

結果として、次が導かれます。

```
*T*EE*******TE*EET*A*E*****TE**T?
**A***T**AT******T****T*T**AA*****A*T*AA**A**A*E*T*E****EA*E*******TE***
```

また2個の“AA”があります。

次で5回目の挑戦になります。

```
abcdefghijklmnopqrstuvwxyz
**T*****E******A**********
```

上記の対応表によって、次が得られます。

```
*A*TT*******AT*TTA*E*T*****AT**A?
**E***A**EA******A****A*A**EE*****E*A*EE**E**E*T*A*T****TE*T*******AT***
```

これは今のところ最高の結果です。だから、この仮定を採用します。“AT*TTA”の書けている文字（暗号文の‘A’）が、母音であることは明らかです。‘A’と‘E’はすでに使われていますので、‘I’、‘O’、‘U’、‘Y’のいずれかです。‘I’が正しければ、頻繁に使われるダイグラフ“IT”が得られます。よって、それを試してみましょう。

```
abcdefghijklmnopqrstuvwxyz
I*T*****E******A**********
```

すると、次のようになります。

```
*A*TT*******ATITTA*E*T*****AT**A?
**E***A**EA******A*I**A*A**EE*****E*A*EE**E**E*TIA*T****TE*TI******ATI**
```

これはいい感じです。次は何を試してみますか？　末尾の文字列の“ATI**”は、“rating”や“skating”のように“ating”を表しているかもしれません。よって、対応表に‘N’と‘G’を加えます。

```
abcdefghijklmnopqrstuvwxyz
I*TN*G**E******A**********
```

変換結果は、次のようになります。

```
*AGTTN*GN***ATITTA*E*TN*N**ATG*A?
**E***A**EA***NG*A*IG*A*A**EE***N*E*A*EE**E**EGTIA*TN**NTE*TIG*N**GATING
```

英文で“AGTTN”と“GTIA”という文字列はあまりありえません。しかも、最後の“GATING”という単語は、あまり意味をなしません。この平文候補には、もっとも頻度の高いダイグラフ“EN”が現れていません。総合すると、‘N’と‘G’に関する仮定はおそらく間違っていることになります。

おそらく最後の5文字は、"ATING"ではなく、"ATION"なのでしょう。この語尾を持つ単語はたくさん存在します。たとえば、"station"（駅）、"relation"（関係）、"frustration"（フラストレーション）などがあります。それではチェックしてみます。

```
abcdefghijklmnopqrstuvwxyz
I*TO*N**E******A**********
```

以下の平文の候補が得られます。

```
*ANTTO*NO***ATITTA*E*TO*O**ATN*A?
**E***A**EA***ON*A*IN*A*A**EE***O*E*A*EE**E**ENTIA*TO**OTE*TIN*O**NATION
```

かなりよい感じです。最後の言葉が"NATION"である可能性はかなり高いといえます。頻度が高いダイグラフ"EN"は一度しか出現していません。今、推測できる単語はいくつかあります。"O**NATION"は、おそらく"OUR NATION"のことでしょう。"E**ENTIA*"は、"ESSENTIAL"を意味するかもしれません。そして、"*ANTTO"は、おそらく"WANT TO"を表します。これでさらに数文字が判明しました。

```
abcdefghijklmnopqrstuvwxyz
I*TO*N**E*R**L*A*S*W*U****
```

次が平文の候補になります。

```
WANTTO*NOWW*ATITTA*ESTOWOR*ATNSA?
**E***A**EA***ON*A*IN*A*ASWEE**LORE*AREERSESSENTIALTO*ROTE*TIN*OURNATION
```

残りの文字を推測するのは簡単です。第1回NSAマンデー・チャレンジの平文は、次のようになります。

```
WANT TO KNOW WHAT IT TAKES TO WORK AT NSA? CHECK BACK EACH MONDAY
IN MAY AS WE EXPLORE CAREERS ESSENTIAL TO PROTECTING OUR NATION.
```

以下がその置換表です。

```
A B C D E F G H I J K L M N O P Q R S T U V W X Y Z
P H Q G I ? M E A ? L N O F D X ? K S C V ? T Z W ?
```

4.3.2 単語の推測

パトリストクラットを解読するのに役立つテクニックは、他にもいくつかあります。第1回NSAマンデー・チャレンジと、その頻度分析の結果チャートをもう一度見てみます。

```
tpfccdlfdtte pcaccplircdt dklpcfrp?qeiq lhpqlipqeodf gpwafopwprti izxndkiqpkii
krirrifcapnc dxkdciqcafmd vkfpcadf.
```

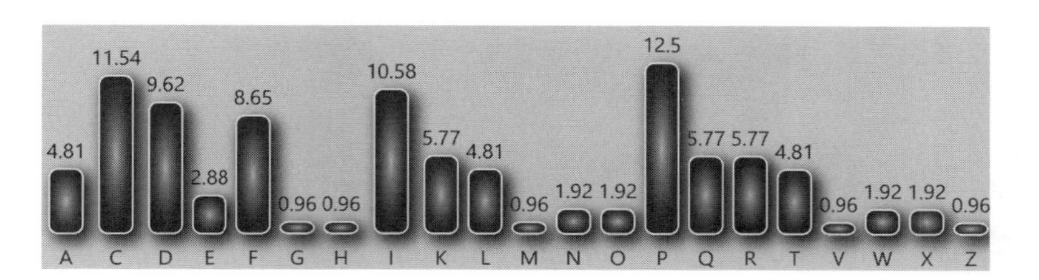

見込みのある1つの手法として、単語を推測することから始めることが挙げられます。空白の位置がわかっていれば、この作業はもっと簡単ですが、今回は該当しません。いずれにせよ、このアプローチはうまくいくかもしれもしれません。今回のケースでは、NSAがメッセージの送信者であることがわかっています。そのため、トリグラフの“NSA”を探すのはよいアイデアといえます。しかしながら、この方法はうまくいきません（前章で“NSA”が平文に現れることはわかっています）。というのも、この文字の組み合わせは、100を超えるトリグラフの中から見つけるのは難しいからです。

“CAREER”という単語が平文に含まれていることからを、何らかの情報源から知っていると仮定します。この情報がなくても、“CARRER”は有能な暗号解読者を集めるために作られたNSAチャレンジ暗号に使われている可能性が高い単語といえます。よって、これを足がかりに使えます。“CAREER”という単語には、“REER”という文字列が含まれており、これはタイプ1221という文字パターンになっています。暗号文の中からこのパターンを探します。実際のところ、このパターンの文字列は2つあります。

- “KIIK”はよい候補になりそう。
- “IRRI”：最初の‘I’の左に‘R’があるので、実際には21221になる。これは“CAREER”と矛盾する。

つまり、“KIIK”だけが適合する文字列ということになります。推測が正しければ、“QPKIIK”は“CAREER”を表します。‘A’、‘C’、‘E’、‘R’の文字が判明しましたので、残りの文字を特定するには十分といえます。残りは読者にお任せします。

4.4 成功談

4.4.1 刑務所からのメッセージ

図4.3に描かれているのは、2012年にイギリスのマンチェスターにあるストレンジウェイズ刑務所の受刑者が妹に送ったメモです(*3)。メッセージの送り主によれば、その数字は妹が解くべきパズルを表しているといいます。もちろん警察はすぐに暗号化されたメッセージを疑い、イギリスの法言語学者John Olssonにメモを見てもらうように依頼しました。

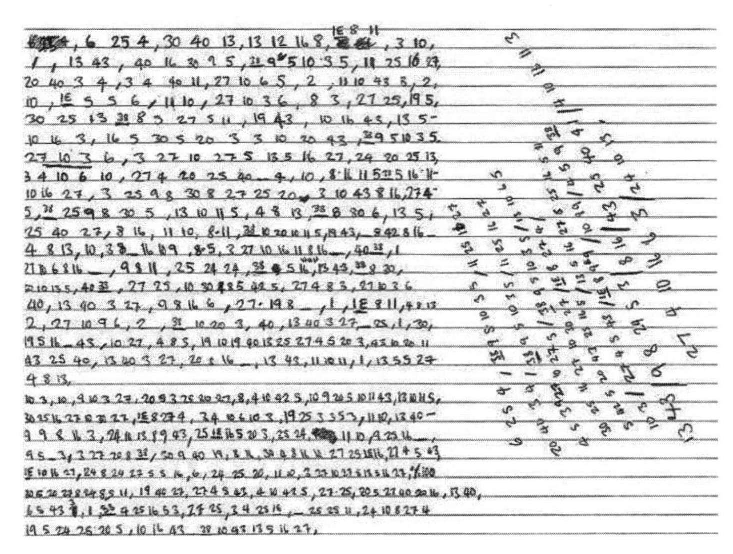

図4.3：2012年にイギリスの刑務所の受刑者が送った、この暗号化メッセージには空白が含まれていない

Olssonは暗号文に23の違った数字が現れていることに気づきました。頻度分析の結果、単一換字式暗号と一致することが判明しました。暗号を解読するために、Olssonはまず単語を推測しようとしましたが、メッセージに空白が含まれていなかったため難航しました。Olssonは体系的なアプローチに従って、暗号文内の840文字の組み合わせを分析し、それぞれが特定の単語を表すかどうかを確認しました。画期的だったのは、38、9、5、10、3、5の並びが"PLEASE"を表していると推測したことでした。この5文字が判明したことで、Olssonは他の文字もすべて特定できたのです。以下は、平文の最初の8行になります。ただし、多くのスペルミスや変わった綴りが含まれています。

```
KOH C U M M A x I WID SA
xY UNCLE PLEASE DONT
RUSH SHUD TAKE 2 DAYS 2
A WEK DA TASK IS TO BE
COMPLETED BY ANY MEANS
NECERSSARY PLEASE
TASK STATEMENT FROM
SHAKA THROUGH INDECEND-
```

上記の平文から考えられるメッセージは、次のようになります。

```
Kohcumma and I would say: uncle please don't rush.
Should take 2 days to a week.
The task is to be completed by any means necessary.
Please task statement from Shaka through indecent . . .
```

メッセージの続きは、Klausのブログで読むことができます(*4)。

4.4.2 チェルトナムのナンバー・ストーン

イギリスの諜報機関である政府通信本部(Government Communications Headquarters：GCHQ)は、アメリカの国家安全保障局(National Security Agency：NSA)に匹敵する、世界でもっとも強力な監視組織の1つです。GCHQ本部は、イギリスのチェルトナム郊外にある大きな円形の建物「ザ・ドーナッツ」(The Doughnut)にあります。

この建物の脇の出口は、ヘスターズ・ウェイ・パークに通じており、芸術家Gordon Youngが2004年に制作した9つの石の彫刻リスニング・ストーン(Listening Stones)が展示されています(*5)。

それぞれのリスニング・ストーンには、文字・数字・記号が刻まれています。これらの碑文のうち2つは、暗号化されたメッセージを表しています。2つの暗号文のうち一方は数字で構成され、もう一方は文字で構成されています。そのため、それぞれの碑文をナンバー・ストーン(Number Stone)とレター・ストーン(Letter Stone)と呼ぶことにします。ただし、これは正規名称ではありません。レター・ストーンについては第16章で取り上げます。

図4.4：ナンバー・ストーンは、イギリスの芸術家Gordon Youngが2004年に制作したリスニング・ストーンの1つである。刻まれた数字は暗号化されたメッセージを表している

図4.4の画像はナンバー・ストーンであり、01から66までの2桁の数字である約1,300個から成る暗号文が刻まれています。以下は、メッセージの冒頭の100個の数字になります。

```
23 02 13 22 25 33 02 14 33 25 02 21 16 26 10 03 06 33 04 13 21 16 01 15 26 25
33 47 44 33 26 10 12 15 16 11 10 05 10 33 10 20 13 22 16 33 30 53 46 64 33 46
33 42 51 57 54 37 53 64 33 54 64 33 54 63 33 30 53 51 43 33 40 43 33 64 53 51
33 47 46 60 47 40 40 33 60 46 64 64 54 43 37 33 16 43 33 60 44 33 ···
```

2015年、Klausは自らのブログCipherbrainでこの暗号に関する記事を公表しました[*6]。わずか数時間後に、Robertというブログ読者がコメント欄に正しい解決策を投稿しました。メッセージの作成者が暗号文に単一換字式暗号を適用していたことを特定したのです。Robertがどのようにしてこの暗号文を解読したのかは正確にわかりませんが、頻度分析をしたと思われます。メッセージがかなり長いことを考えると、確かに頻度だけで数文字を特定することは可能でした。また、置換表ではアーティスト名である“GORDON YOUNG”をキーワードにしてアルファベット順にソートされており、いくつかの規則性が見られます。これがその置換表です。

```
G  O  R  D  N  Y  U  A  B  C  E  F  H  I  J  K  L  M  P  Q  S  T  V  W  X  Z
01 02 03 04 05 06 07 10 11 12 13 14 15 16 17 20 21 22 23 24 25 26 27 30 31 32
_  .  ,  '
33 34 35 36
g  o  r  d  n  y  u  a  b  c  e  f  h  I  j  k  l  m  p  q  s  t  v  w  x  z
37 40 41 42 43 44 45 46 47 50 51 52 53 54 55 56 57 60 61 62 63 64 65 66 67 70
```

以下は平文の冒頭になります。

```
POEMS OF SOLITARY DELIGHTS by TACHIBANA AKEMI What a delight it
is When on the bamboo matting In my grassthatched hut, All on my
own, I make myself at ease. What a delight it is When, borrowing
Rare writings from a friend, I open out The first sheet. What a
delight it is When, spreading paper, I take my brush And find my
hand Better than I thought.
```

4.5 チャレンジ

4.5.1 Rudyard Kiplingの暗号化されたメッセージ

Rudyard Kiplingは、『The Jungle Book』(1894年)など多くの有名な物語の作者として知られています。『The Jungle Book』は1907年にノーベル文学賞を受賞したことでも知られています。彼の膨大な作品の中に、子供向けの『Just So Stories』シリーズがあり、その1つが1902年の『How the First Letter Was Written』です。この物語の原版は、連続した記号が2つあり、その間に絵が描かれていました(図4.5参照)。この記号は、パトリストクラット風に暗号化されたメッセージを表します。あなたはこれを解読できますか？

図4.5：1902年に出版されたイラストの左右にある記号群

Rudyard Kiplingの物語は、置換暗号で暗号化されたメッセージを表しています。

ヒント：見た目ほど難しくありません。よく見ると最初の単語は“THIS”です。

さらなるヒントについては、すべてのチャレンジ・セクションと同様に、`https://codebreaking-guide.com/challenges/`を参照してください。

4.5.2 第2回NSAマンデー・チャレンジ

本章の前半で、2014年のNSAマンデー・チャレンジを紹介しました。以下は2番目の暗号文です。

```
Rimfi nnpeq cnvqa uuagc rdokv disnd rdcrp igais acpsd ffaic vhakc fdqfp qdetr
kilfa ecnpqacakqisacpfampoacfi mannicfakdumfalddnraprf
```

この暗号文は逆から読む必要があります。これを除けば、空白なしの普通の置換暗号です。

4.6 未解読の暗号文

空白なしの単一換字式暗号で暗号化された英文と思われる未解読のものがいくつかあります。そのうちの3つを紹介します。

4.6.1 ドラベッラ暗号

ドラベッラ暗号（Dorabella cryptogram）はとても有名で、1967年に出版されたDavid Kahnの古典的名著『The Codebreakers』（1996年には新版がある）[*7] から、Elonkaの「Famous Unsolved Codes and Ciphers」ページ [*8] まで、あらゆる媒体で取り上げられています。そして、Klausの未解読暗号リストのトップ50にもランクインしています [*9]。

イギリスの作曲家Edward Elgar（1857-1934）は、20世紀初頭に行進曲「Pomp and Circumstance」という有名な曲を作っただけではなく、暗号技術も好きだったのです。1897年、彼はDora Pennyという若い女性に暗号化されたメッセージとともに手紙を送りました（図4.6参照）。これはドラベッラ暗号と呼ばれ、アマチュアから著名な暗号解読者まで、多くの人々によって分析されたにもかかわらず、解明されることはありませんでした。

図4.6：ドラベッラ暗号はもっとも有名な未解読暗号の1つ

ドラベッラ暗号の頻度分布は単一換字式暗号によく似ていますが、解読には至っていません。これにはいくつかの説明ができます。Elgarは“Es”を含む単語を意図的に避けたのかもしれません。また、ドラベッラ暗号はテキストを暗号化したものではなく、メロディー（すなわち音符）を表しているのではないかという意見もあります。平文が英語以外の言語で書かれている可能性もあります。あるいはもちろんのこと、ドラベッラ暗号は単一換字式暗号ではないかもしれないのです。もっと掘り下げたいのであれば、Craig Bauerの2017年の著書『Unsolved!』[*10] があります。この本にはドラベッラ暗号の包括的な分析が掲載されています。

4.6.2 中国の金塊の謎

もう1つの有名な未解読の暗号は、中国の金の延べ棒7本に刻まれています [*11]。これらの金の延べ棒は、1933年に中国の上海で王将軍によって発行されたといわれています。米国の銀行の預金に関係する金属証書と思われます。金の延べ棒には、絵、漢文、何らかの文字、ラテン文字の暗号文などが刻まれています。この中国語の文章は、30億ドル超の取引を論じています。暗号文は暗号化された16行で構成され、そのうちのいくつかは繰り返されています。

```
SKCDKJCDJCYQSZKTZJPXPWIRN
MQOLCSJTLGAJOKBSSBOMUPCE
RHZVIYQIYSXVNQXQWIOVWPJO
FEWGDRHDDEEUMFFTEEMJXZR
XLYPISNANIRUSFTFWMIY
HFXPCQYZVATXAWIZPVE
YQHUDTABGALLOWLS
UGMNCBXCFLDBEY
ABRYCTUGVZXUPB
JKGFIJPMCWSAEK
KOWVRSRKWTMLDH
HLMTAHGBGFNIV
MVERZRLQDBHQ
VIOHIKNNGUAB
GKJFHYXODIE
ZUQUPNZN
```

未解読の暗号であるため、暗号をどう分類するかもわかっていません。私たちはパトリストクラットではないかと推測していますが、もちろん他のシステムの可能性もあります。

4.6.3 James Hamptonのノート

もう1つの未解読暗号の謎として、米国のアマチュア芸術家のJames Hampton（1909-64）によるものがあります。彼は、“The Throne of the Third Heaven of the Nations' Millennium General Assembly”（国連ミレニアム総会の第三天国の玉座）として知られる作品を残しました。これは彼が1950年から十数年をかけて、段ボールやアルミホイルなどの安価な素材で製作した巨大な祭壇風の置物です【訳注】。現在は、ワシントンDCのスミソニアン・アメリカ美術館に展示されています。

訳注　自宅でこっそり14年間かけて作られました。材料は、ゴミの段ボールやプラスチック、拾った瓶や家具、職場から出た破棄物などです。家賃の滞納を理由に家主が部屋を訪れたときに発見されたといいます。
玉座全体の画像は次のページで確認できます。
https://americanart.si.edu/artwork/throne-third-heaven-nations-millennium-general-assembly-9897

この作品とは別に、Hamptonは手動でノートを暗号化したことでも知られ、100ページ以上の暗号文が書かれたノート（図4.7参照）などがあります[*12]。彼のノートはどれも解読されていません。全ページはスキャンされており、オンラインで見られます[*13]。

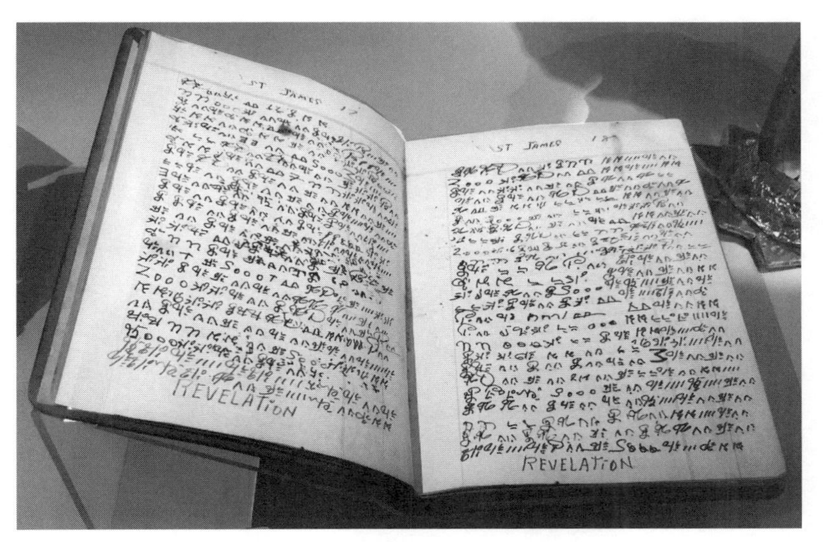

図4.7：アマチュア芸術家であるJames Hamptonの暗号化されたノートはいまだに解読されていない

第5章

英語以外の言語における単一換字式暗号

世界でもっとも有名な未解読の暗号文は、コネチカット州にあるイェール大学のバイネッケ・レア・ブック＆マヌスクリプト図書館（Beinecke Rare Book & Manuscript Library）に所蔵されている「ヴォイニッチ手稿」です。600年前のものとされており、230ページあります。この手書きの本は、初めから終わりまで理解しがたい文章で埋め尽くされています。未知の言語で書かれた文章を異なる文字体系の単一換字式暗号（空白あり）で暗号化したもののようです。しかし、失われた文字体系で書かれた普通の文章かもしれませんし、まったく意味を持たないナンセンスな文章かもしれません。ヴォイニッチ手稿については、本章の最後にもう一度触れることにします。

図5.1のはがき（Richard SantaColoma提供）を見てみましょう[*1]。私たちが見てきた暗号化されたはがきの少なくとも90%は、単一換字式暗号で暗号化されていましたので、今回

も同じ可能性が高いといえます。加えて、送信者は非標準の文字体系を使用しましたが、これも単一換字式暗号の典型的な例に当てはまります。

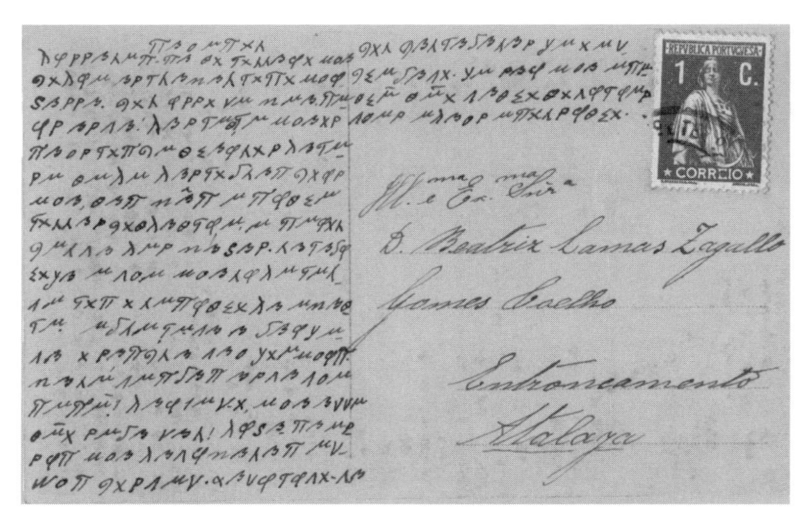

図5.1：この1912年の暗号化されたはがきの平文はポルトガル語である

このはがきが英語で書かれたものである可能性は低いといえます。はがきにはポルトガルの切手が貼られており、ポルトガル在住のポルトガル姓の女性に送られたことから、平文はポルトガル語で書かれていると考えて間違いないでしょう。

このはがきは、第2章から第4章までの解読法で解けますが、単語の推測、頻度分析、単語のパターン検索をポルトガル語に適用させなければなりません。

あなたはポルトガル語を話せますか？　とにかくこのメッセージを解読することを躊躇しないでください。経験上暗号化されたメッセージを解読するには、必ずしも使用されている言語を使いこなす必要はありません。英語以外の言語に関する文字頻度やその他の情報については、付録B、そして当然ながら多くのWebページで入手できます。

5.1 使われている言語の判別法

上記のはがきの言語を特定するのはそれほど難しいことではありませんでした。しかし、物事はいつもそう単純なものではありません。実際、暗号文の元となる平文の言語を判別するのは大きな課題かもしれません。対象の背景を知ることは、常によいアイデアといえます。暗号文を調べる前に、まずそれがどこからきたのか、作者がどの言語を話していたのかを確認します。また、暗号文の言語を判別するために、統計的手法を適用することもできます。図

5.2に示す、1906年のはがき（Tobias Schrödel提供）を見てください[*2]。これも非標準的な文字体系で書かれたはがきを扱っているため、単一換字式暗号の可能性が高いといえます。単語間の空白はコンマになっています。

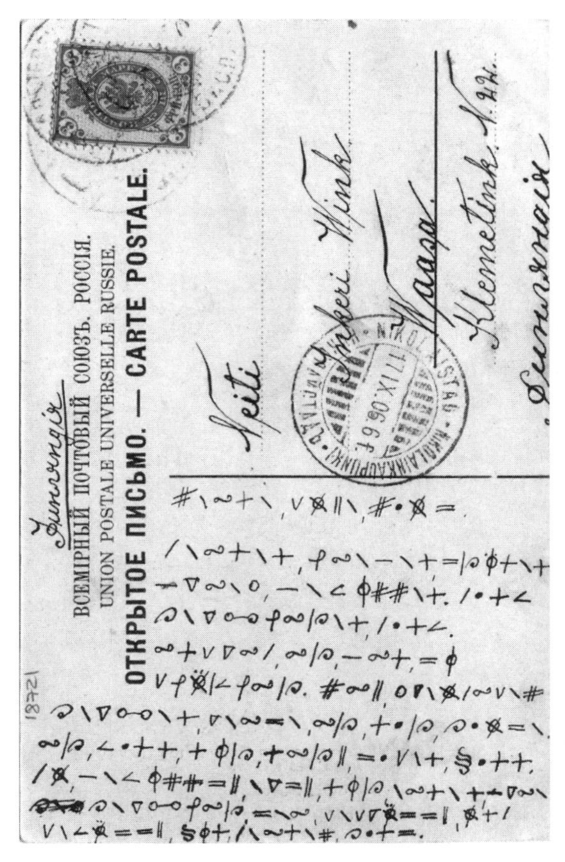

図5.2：フィンランドの女性に送られた1906年のロシアのはがき。差出人はどの言語を使ったのだろうか？

どのような言語が使われたのでしょうか？　切手と同様に、ハガキ自体もロシア語です。受取人のInkeri Winkは、フィンランドのワーサに住んでいます。主な言語はフィンランド語ですが、スウェーデン語もよく使われています。他にスカンジナビア語やバルト語も使われています。Winkという姓から、英語かドイツ語の可能性もあります。いつものように（今回はThomas Bosbachに提供された）トランスクリプトから分析を始めましょう。トランスクリプトは以下の表に基づくものとします。

A B C D E F G H I J K L M N O P Q R S T
\ ∞ + ϕ − = | ⊚ ∨ ▽ ○ c ♀ ⊠ ∞ § ‖ / •

```
ABCDB JORB ATOG
SBCDBD NCBFBD GHIËDBD
FKCBL FBMEAABD STDM
IBKPNCHIBD STDM
CDJKCS CHI FCD GE
JNÖHMNCHI ACR LKBOSCJBA
IBKPBD KBCGB CHI DTHI ITOGB
C HI MTDD DEHI DCHIR GTJBD QTDD
SO FBMEAAGR BKGR DEHI BCDBD FKCB
IBKPNCHI GBC JBJKÖGGR ODS
JBMÖGGR QED SBCDBA ITDG
```

再度役立つかもしれないツールの1つが、頻度分析です。はがきのメッセージの文字数は、次のとおりです。

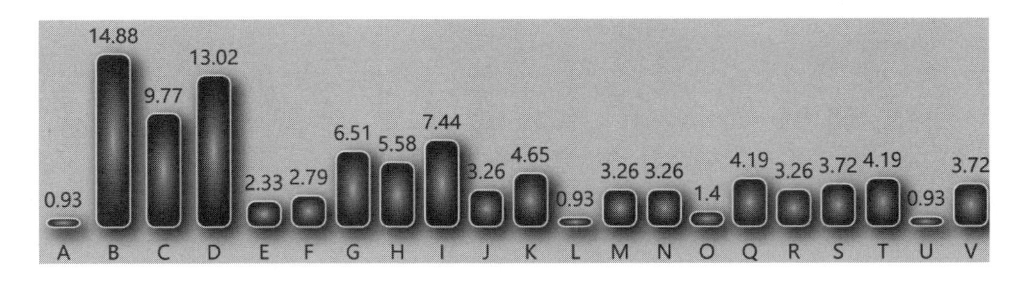

こうした頻度は、はがきに使われた可能性の高い5つの言語（フィンランド語、ロシア語、スウェーデン語、英語、ドイツ語）とどの程度一致するのでしょうか？　以下は、それぞれでもっとも頻度の高い文字と2番目に頻度の高い文字です。

言語	最頻文字	頻度	2番目に高頻度の文字	頻度
フィンランド語	A	12%	I	11%
ロシア語	O	11%	E	9%
スウェーデン語	A	10%	E	10%
英語	E	12%	T	9%
ドイツ語	E	16%	N	10%

もっとも高頻度の文字に関しては、ドイツ語がもっとも合致します。はがきでもっとも高頻度の文字は14.88%であるのに対して、ドイツ語の文字ではもっとも高頻度の文字は16%であることがわかります。しかし、2番目に高頻度の文字については、はがきの場合は13.02%なので、フィンランド語の11%が合致します。以下は言語を判別するのに役立つと思われる統計的指標です。詳細は付録Bを参照してください。

- 暗号文には1文字の単語は登場していない。これは、1文字の単語を持たないドイツ語やフィンランド語とも一致している。英語、スウェーデン語、ロシア語には、1文字の単語があるため、これらの言語は候補から外れた。
- はがきのメッセージに現れる単語の平均文字数は5.0文字である。平均文字数については、ドイツ語（6.0文字）とスウェーデン語（6.0文字）にもっとも合致する。英語、ロシア語、フィンランド語の平均単語長は、それぞれ6.2文字、6.6文字、7.6文字である。
- コンピューターであれば、dCodeのWebサイト（https://www.dcode.fr/index-coincidence）で暗号文の一致指数（付録B参照）を計算できる。結果は7.2%である。他の言語における一致指数の関連比較値は、次のとおり。フィンランド語は7.0%、ロシア語は5.3%、英語は6.7%、スウェーデン語は6.8語、ドイツ語は7.3%である。これらと比較しても、ドイツ語がもっともよく合致する。

送信者が使用した文字を見てみると、興味深いことがわかります。以下の2文字が含まれています。

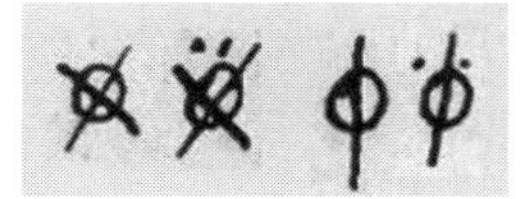

いくつかの場合（すべてではない）には、文字の上部に2つの点があります。これらの文字を'E'と'O'としてトランスクリプト化し、点々があればトランスクリプトにも点々を入れます。ある種の言語では'A'、'O'、'U'の文字に点（'Ä'、'Ö'、'Ü'）をつけることがあります。この種の文字はウムラウトと呼ばれています。先に示した2つの文字は、こうした事実とも一致しています。フィンランド語、スウェーデン語、ドイツ語にはウムラウトがありますが、英語にはありません。ロシア語の文字には二重点のある文字は1つしか存在しません。

以上のように、もっとも頻度の高い文字、平均的な単語の長さ、一致指数に関して、ドイツ語がもっとも適合します。さらに、ドイツ語にはウムラウトがあり、1文字の単語は存在しません。ゆえに、全体的に見ると、はがきで使用されている言語はドイツ語の可能性がもっとも高いといえます。このメッセージがロシアからフィンランドに送られたことを考えると、ドイツ語が使われていたというのは本当に驚きです。

5.2 非英語の単一換字式暗号の解読法

上記で示したはがきのメッセージの言語を推測できたので、以降は第3章で紹介したあらゆる解読法を適用できます。

5.2.1 頻度分析と単語の推測

頻度分析は、ドイツ語では英語よりもさらに効果があります。というのも、もっとも頻度の高い文字（'E'）は、その次に頻度の高い文字（'N'）との差が大きいため、他の文字と区別しやすいからです。'E'の頻度は16%で、次いで'N'が10%です（付録B参照）。そして、ドイツ語でもっとも頻繁に使われるダイグラフ（文字ペア）は"EN"と"ER"です。

このはがきでは、'B'がもっと頻度の高い文字なのでおそらく'E'を表し、'D'（2番目に頻度の高い文字）が'N'を表していると推測できます。これら2つの主張は、"BD"が暗号文中でもっとも頻度の高いダイグラフであり、"EN"がドイツ語でもっとも頻度の高いダイグラフであることとも矛盾していません。

ドイツ語の文章で検索するのに適した単語は、よく使われる不定冠詞の"EIN"、"EINE"、"EINEN"、"EINER"、"EINES"です。これらの単語はよく使われているのに加えて、頻度の高い文字で構成されており、（"EIN"を除いて）文字の繰り返しが含まれています（"EINEN"には2つも含まれている）。そのため、暗号解読には非常に役立ちます。実際、トランスクリプトの最後から3行目にある"BCDBD"という単語は、"EINEN"であることがすぐにわかります。ここまでわかれば、最初の単語の"ABCDB"は"MEINE"（英語の"my"）だと推測できます。ドイツ語の基本的な知識があれば、残りも解くことができます。

5.2.2 単語パターンの推測

このはがきを解読するもう1つの方法は、珍しい文字パターンを持つ単語を探すことです。ソフトウェアCrypTool 2は、ドイツ語を含む多くの言語でこの解読法に対応しています。そこで次なるステップは、文字の繰り返しが多い暗号文単語をチェックすることです。123452647のパターンを持つ"JNÖHMNCHI"はよい候補といえます。一見したところ、CrypTool 2による解読結果（図5.3参照）では、26の異なる候補を出力しており、少々がっかりするかもしれません。"pipelines"、"maculature"、"goldbonds"など、1906年のはがきに登場する可能性の低い単語を捨てても、選択肢はまだたくさん残っています。

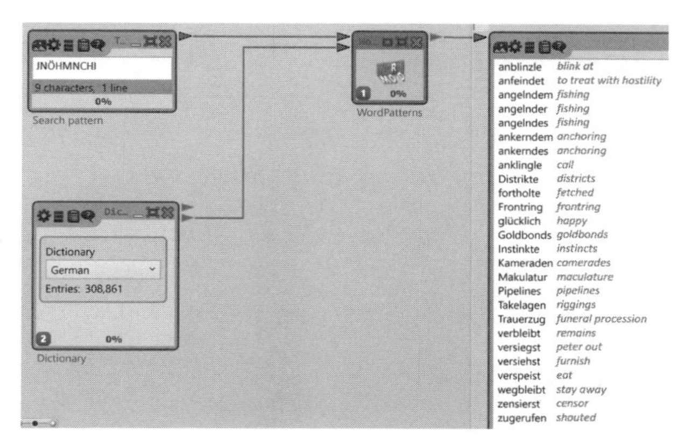

図5.3：CrypTool 2は、さまざまな言語で単語パターンを検索するために使用できる

しかし、“glücklich”（英語の“happy”）という目立った単語が1つあります。第一に、この言葉は愛のメッセージが語られるはがきにはぴったりだと思われます。そして第二に、次の言葉を見てみましょう。

これは“JNÖHMNCHI”と書き起こせます。3文字目の上に点が2つあることがわかります。この点がウムラウト記号であると仮定すれば、3文字目はウムラウトです。“glücklich”という単語にも3文字目にウムラウトがあります。

“glücklich”特定したことで、テキストの残りの部分を推測するのに使える7文字を得られました。

```
ABCDEFGHIJKLMNOPQRST
 I     CHG   KLU
```

ドイツ語の基礎知識があれば、さらに多くの単語を推測することはそれほど難しくありません。たとえば、暗号文単語“DCHIR”の真ん中の3文字が“ICH”を表していることはすでにわかっています。この表現は、一般的な単語“NICHT”（英語の“not”）と識別できます。

ドイツ語が話せない場合は、単語パターン検索と頻度分析を組み合わせることで、解読プロセスを後押しできます。特定済みの7文字（‘I’、‘C’、‘H’、‘G’、‘K’、‘L’、‘U’）と、‘B’がEを表し（もっとも頻度の高い文字のため）、‘D’がNを表す（2番目に頻度の高い文字のため）という仮定は、この暗号を解くのに大いに役立ちます。次に、上記のように不定冠詞“EIN”、“EINE”、“EINEN”、“EINER”、“EINES”、“EINES”を探せます。10文字以上を特定できれば、残りの暗号解読作業も可能となります。

この鍵を用いて復号すると、以下の平文が得られます。

```
MEINE GUTE MAUS
DEINEN LIEBEN SCHÖNEN
BRIEF BEKOMMEN. DANK
HERZLICHEN DANK.
INGRID ICH BIN SO
GLÜCKLICH. MIT FREUDIGEM
HERZEN REISE ICH NACH HAUSE.
ICH KANN NOCH NICHT SAGEN WANN.
DU BEKOMMST ERST NOCH EINEN BRIE[F.]
HERZLICH SEI GEGRÜSST UND
GEKÜSST VON DEINEM HANS.
```

これを英語で訳すると、次が得られます。

```
My dear mouse
I have received your nice and beautiful letter. Thanks, many
thanks. Ingrid, I’m so happy. I will travel home with a joyful
heart. I can’t say when yet. You will receive a letter first.
Cordial greetings and kisses from your Hans.
```

5.3 成功談

5.3.1 André Langieはいかにしてピッグペン暗号を解読したか（スペイン語）

図5.4に描かれている暗号文は、Klausが読者によくおすすめする1冊である、André Langieの『Cryptography』（1922年）に掲載されています(*3)。Langieによれば、ある富豪が息子の教科書からこの暗号化されたメモを見つけたといいます。なぜ自分の子供がこのようなメッセージを書いたり受け取ったりしたのか不思議に思った彼は、暗号専門家のLangieに解読を依頼しました。

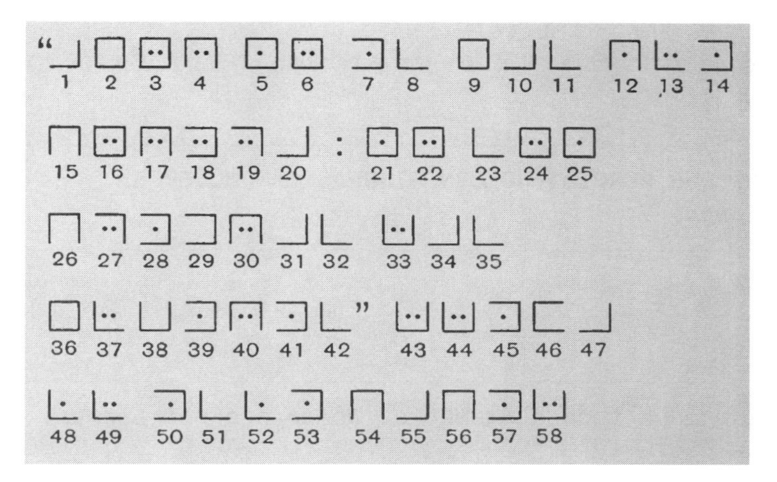

図5.4：ある富豪が息子の教科書でこのメッセージを見つけた。ただし、数字は後に暗号解読者によってつけ加えられたものである

Langieは、ピッグペン暗号の亜種が使用されていることを見抜きました。単語と単語の間に空白と句読点があるため、単語を推測するのはかなり簡単です。シンボル1からシンボル42までは引用符で囲み、シンボル20の後にはコロンを付けます。もっとも頻度の高いのはシンボル7の文字であり、全体で9回繰り返されています。

Langieはまず、平文の言語を特定しようとしました。今回の物語はスイスのフランス語圏で起こったので、フランス語がもっとも高い可能性があるものとして、候補に挙がりました。しかし、シンボル43から始まる単語は、フランス語の文章ではほとんど起こらない二重文字で始まっています。それからLangieは、その平文が依頼者の息子が話すスペイン語で書かれているのではないかと推測しました。スペイン語の単語の冒頭で使われる二重文字は'L'だけです。たとえば、"llevar"や"llamarse"があります。この仮定が正しければ、暗号文の中で頻度の高いものの1つであるシンボル45は、'A'か'E'でなければなりません。スペイン語では、二重の'L'の直後に必ず母音が続くからです。'L'と'A'（あるいは'E'）の2文字は、本文の最後の単語に再び現れていますが、順序は逆になっています。これは5文字の単語であり、そのうちの1文字目は3文字目と同じなので、"PAPEL"（英語の"paper"）に違いありません。

Langieは'A'、'E'、'L'、'P'の文字を特定した後、残りについては簡単に解読していきました。彼は最終的に、アルファベットが左から右へ、1つのマス目ごとに描かれるエレガントなシステムを示す、次のような置換図を導き出しました。

A	J	S
D	M	V
G	P	Y

B	K	T
E	N	W
H	Q	Z

C	L	U
F	O	X
I	R	

これにより、平文は次のように解読できます【訳注】。

訳注　平文は改行なしで書かれていますが、見やすさのために1行目と2行目の間に改行を入れています。

```
'AMOR NO ES MAS QUE PORFIA: NO SON PIEDRAS LAS MUJERES'
LLEVA TU ESTE PAPEL
```

英語に訳すると次のようになります。どうやらこのメモは、少女の拒絶の言葉を暗号化したものだったようです。

```
'Love is nothing more than a squabble: Women are not stones.'
Keep this paper.
```

5.3.2 La Buseの暗号文（フランス語）

フランスの海賊Olivier Levasseur（1690年頃－1730年）は、18世紀初頭のインド洋で"La Buse"（"The Buzzard"）【訳注】としても知られ、高価な積荷を多く積んだ船を拿捕していました。

訳注　"La Buse"や"The Buzzard"は、ノスリというトビよりも一回り小さなタカのことです。

1729年に捕らえられ、1年後にマダガスカル沖のラ・レユニオン島で処刑されました(*4)。伝説によれば、絞首台のロープを首にかけたLevasseurは、暗号化されたメッセージが書かれた羊皮紙を群衆に投げつけ、"Mon trésor à qui saura le prendre!"（「俺の財宝をくれてやる！」）と叫んだという。その疑惑のメッセージを図5.5に示します。

図5.5：1730年に海賊Olivier Levasseurによって作られたとされるこの暗号文は、財宝のありかを示しているとされる。メッセージは解読されたが、宝は発見されていない

この暗号文メッセージにはピッグペン暗号が使われています。1947年、Reginald Cruise Wilkinsというイギリス人が（おそらく分度分析で）この暗号を解読しました。

2013年にNick Pellingのブログでフランス語の平文が公開されました(*5)。

```
après jmez une paire de pijon tiresket
2 doeurs sqeseaj tête cheral funekort
fi lttinshientecu prenez une cullière
de mielle ef ovtre fous en faites une ongat
mettez sur ke patai de la pertotitousn
vpulezolvs prenez 2 let cassé sur le che
min il faut qoe ut toit a noitie couue
povr en pecger une femme dhrengt vous n ave
eua vous serer la dobaucfea et pour ve
```

```
ngraai et por epingle oueiuileturlor
eiljn our la ire piter un chien tupqun
lenen de la mer de bien tecjeet sur ru
nvovl en quilnise iudf kuue femm rq
i veut se faire dun hmetsedete s/u dre
dans duui ooun dormir un homm r
esscfvmm / pl faut n rendre udlq
u un diff ur qecieefurtetlesl
```

フランス語ができても、この文章はあまり意味がありません。この謎の暗号的な部分は解明されていますが、今のところ記述に基づいて財宝を発見した者はいません。

5.3.3 恋文入りのはがき（ドイツ語）

1901年、ある若者がドイツのイゼルローンから近くのアーンスベルクに暗号化された絵はがきを送りました（図5.6参照）[*6]。使われている暗号は、空白がコロンで示された、Pigpen暗号に似た単一換字式暗号のように見えます。平文で使われている言語はドイツ語がもっとも可能性が高いといえます。絵はがきの宛名面に記載されている受取人はHeleneという女性であり、おそらく差出人の恋人でしょう。暗号文を書き起こしたものを次に示します。

```
ABCD:ACEB!
ÜDCH:ICBECE:ABCDCE:DHBCJ:KCLH:MCJHCFN.:IF:OFEICKN:IBPL:
ÜDCH:QCBEC:RSCKBC:.ICBE:KPLTNU:QFKK:TAACK:VÖEECE:ITQB
N:IF:QBN:KCBECE:ACBKNFEMCE:UF=JHBCICE:DBKN.:IBH:HÄFQC
:BPL:ITK:HCPLN:CBE:,ITKK:IF:CENUÜPVCEI:ABCDCE:VTEEKN:OB
H:DCBIC:VCHKNCLCE:FEK:VSH=NHCJJABPL:.FEKCH:UFKTQQCEK
CBE:KSAA:KRÄNCH:CBE:RTHTIBCK:KCBE,:QCBE:KÜKKCH:CEMCA
!!!MFKNTV:KTMNC:TQ:KSEENTM:TEEC:VTQC:BE:ETPLKNCE:NTM
CE:KPLSE:OBCICH.:VBCA=ACBPLN:KBEI:OBH:KSEENTM:ISHN:.
KPLHCBDC:IBH:VSHLCH:QCBE:ABCD:ACECVCE.LCHUABPL:MHFK
KN:FEI:VFKKN:IBPL:BQQCH:ICBE:IBPL:NHCF:ABCDCEICH:JHB
NUC.
```

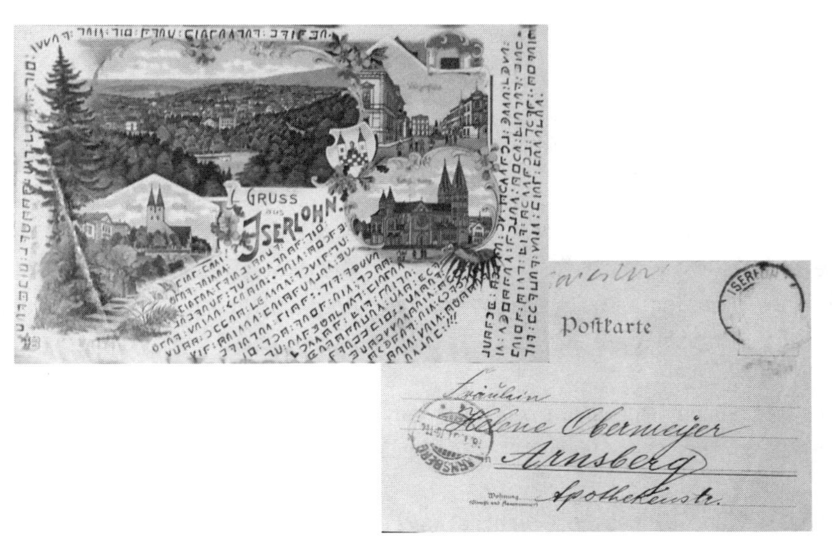

図5.6：この1901年のドイツの絵はがきには、暗号化された愛のメッセージが書かれている

この絵はがきは、2018年にTobias SchrödelからKlausに提供されたものです。Klausがブログに絵はがきの写真を掲載した後、経験豊富な暗号解読者であるThomas Bosbachは暗号を解くのにほとんど苦労しませんでした。'C'はもっと高頻度の文字なので、Thomasは'C'が平文文字の'E'を表していると結論付けました。暗号文文字'B'と'E'も暗号文中に頻繁に現れるため、対応する平文文字として'N'、'I'、'S'、'R'が候補になります。

試行錯誤の末、Thomasは最初の行（"ABCD:ACEB!"）が"LIEB LENI"を意味することを突き止めました。"LIEB[E]"は"dear"（「親愛なる」）という意味で、"LENI"は女性名"Helene"の一般的な略称です。Thomasは5文字を特定することで、残りのメッセージも推測できたのです。平文は素敵な愛のメッセージであることが判明しました。暗号化されたはがきのほとんどは、若い男性（ときには若い女性）が恋人に送ったものであることが明らかであるためです。

```
Lieb Leni,
über deinen lieben Brief sehr gefreut. Du wunde(r)st dich über meine Poesie.
Dein Schatz muss alles können damit du mit seinen Leistungen zufrieden bist.
Dir räume ich das Recht ein, dass du entzückend lieben kannst. Wir beide verstehen
uns vortreffl ich. Unser Zusammensein soll später ein Paradies sein, mein
süsser Engel!

Gustav sagte am Sonntag, Änne käme in nächsten Tagen schon wieder. Vielleicht
sind wir Sonntag dort. Schreibe dir vorher, mein lieb Leneken.

Herzlich grüsst und küsst dich immer dein dich treu liebender Fritze.
```

"Leneken" は "Helene" の別のニックネーム、"Änne" は女性の名前、"Fritze" は送り主の名前です。これらの名前を代入することで、英文訳を導けます。

```
Dear Leni,

Very happy to have your last letter. You wonder about my poetry. Your darling
needs to be capable of doing everything in order to make you satisfi ed. I allow
you to love in a pleasing way. The two of us get along with each other very well.
Our being together shall be a paradise later, my sweet angel!

Gustav said last Sunday that Änne will already return over the next days.
Perhaps, we' ll be there on Sunday. I will write you before, dear Leneken.

Cordial greetings and kisses from your always faithfully loving Fritze.
```

5.3.4 マフィアからの伝言（イタリア語）

2013年のマフィアの襲撃で、イタリア警察は暗号化された文書を見つけました（図5.7はその抜粋）[*7]。この文書は3ページにも及びました。捜査当局には暗号解読班がなく、クロスワードパズル愛好家である数人の警察官に相談して、この暗号を解読してもらったようです。彼らは成功を収めました。残念なことに、報道では暗号がどのように解読されたのかを明らかにしていませんでした。警察官たちは頻度分析と単語の推測を駆使していたと推測します。図5.7は暗号文の抜粋になりますが、次のように解読できます。

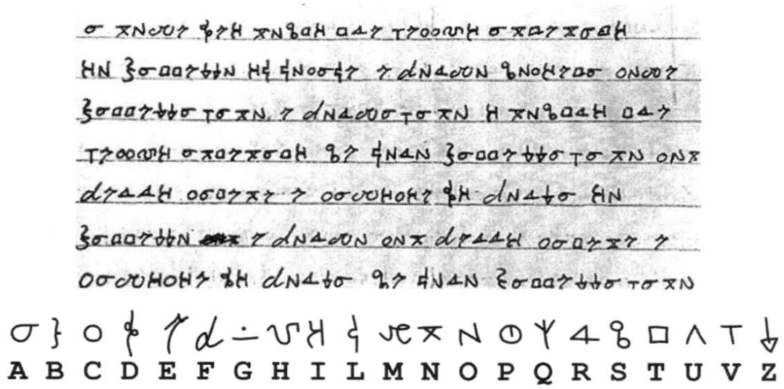

A B C D E F G H I L M N O P Q R S T U V Z

図5.7：このメッセージはイタリアのマフィアによって作成された。警察はこれを解読し、本文の下に示した鍵を導き出した

訳注　ここでいう鍵とは復号するための鍵ではなく、トランスクリプトに転写した際に使用した対応表のことです。

```
A NOME DEI NOSTRI TRE VECCHI ANTENATI, IO BATTEZZO IL LOCALE E
FORMO SOCIETÀ COME BATTEZZAVANO E FORMAVANO I NOSTRI TRE VECCHI
ANTENATI, SE LORO BATTEZZAVANO CON FERRI, CATENE E CAMICIE DI
FORZA IO BATTEZZO E FORMO CON FERRI, CATENE E CAMICIE DI FORZA,
SE LORO FORMAVANO
```

これは次のように解読されました。

```
IN THE NAME OF OUR THREE OLD ANCESTORS, I BAPTIZE THE PLACE
AND FORM COMPANIES AS THEY BAPTIZED AND FORMED OUR THREE OLD
ANCESTORS, IF THEY BAPTIZED WITH IRONS, CHAINS AND STRAITJACKETS
I BAPTIZE AND FORM WITH IRONS, CHAINS AND STRAITJACKETS, IF THEY
FORMED
```

このメッセージはマフィアへの入会の儀式について述べたものです。このメッセージに犯罪や人物に関する記述がないため、捜査当局の役に立ちませんでしたが、少なくともマフィアの謎は解けたことになります。

5.4 チャレンジ

5.4.1 暗号化されたはがき

図5.8に示すフランスの絵はがき（Karsten Hansky提供）は、シーザー暗号で暗号化されています(*8)。平文はフランス語です【訳注】。

訳注　絵はがきの裏には通信相手が読む暗号文が書いてありますが、表には郵便局が送付先を理解するために暗号化されているわけにはいきません。ここはどうしても平文にならざるを得ず、これが解読のチャンスとなります。

あなたは解読できますか？

図5.8：1904年のこのフランスの絵はがきを解読できるか？

5.4.2 NSAマンデー・チャレンジ

第4章で述べましたが、NSAは2015年5月にX（旧Twitter）で4つの暗号チャレンジを公開しました。

次の暗号文は、そのシリーズの3番目のものになります[*9]。

```
nbylcrhspclbyxrnmlbzevsmlchscrhrhnmbebfs
vhcxmxxrmzencmfyvychclcmscgmyimkcncxm
xrydsmnrhsbyemfmmefrhxrfdyrfczmtchmscgby
```

使用された暗号化システムは単一換字式暗号であり、平文は英語以外の言語で書かれています。あなたにはこれが解けますか？

5.4.3 Christlieb Funkのチャレンジ暗号

ドイツの作家Christlieb Benedict Funkによる1783年の著書『Natürliche Magie』（『自然魔術』）は、心霊現象に対して懐疑的な立場を示したという点で、当時としては異例の書籍でした[*10]。James Randi、Michael Shermerやその他の懐疑論者は、現代においてこのようなものの正体を暴くのと同様な方法で、占い、ダウジング、占星術など、超自然的とされるあらゆる活動を論破しています。“Natürliche Magie”のある章では、超自然的な力があるかのように見せながら、暗号化されたテキストを解読する人々を取り上げています。Funk曰く、このような演出は、千里眼の代わりに頻度分析と単語の推測でも実現できます。読者への挑戦として、Funkは図5.9の暗号文を紹介しています。従来の暗号解読テクニックで解読するか、超能力的な方法で解読するかは、読者にお任せします。

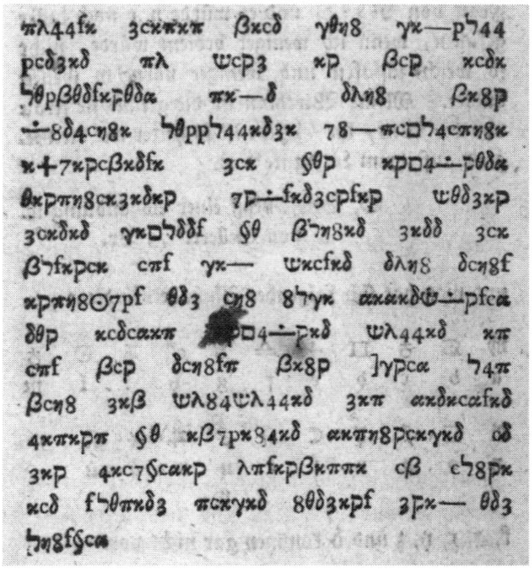

図5.9：当時の主張と信念に反し、1983年に書かれたこの暗号文を解読するのに超能力は必要ない

5.5 未解決の暗号文

見たところ単一換字式暗号であり、英語の平文ではなさそうな未解決の暗号文は数多くあります。以下では、そのいくつかを紹介します。

5.5.1 ヴォイニッチ手稿

世界でもっとも有名な未解決の暗号文は、言うまでもなく単一換字式暗号のように見える、何世紀も前のヴォイニッチ手稿【訳注】です（図5.10参照）。

【訳注】ヴォイニッチ写本とも呼ばれています。

未知のテキストと暗号のようなイラストを含む、約230ページある手書きのコレクションです。ヴォイニッチ手稿は、書籍商のWilfrid Voynich（1865－1930）にちなんで命名されました。一般に、彼は1912年にイタリアのイエズス会大学から購入したと言われています。現在、この手稿はコネチカット州にあるイェール大学のバイネッケ・レア・ブック図書館が所蔵しています。手稿は約25の記号から成る文字体系に基づいています。

ヴェラム（子牛の皮）に書かれており、これは放射線炭素分析によって15世紀初頭のものであるとわかっています。

何世代にもわたる何百人もの専門家や愛好家たちが、この手稿を詳細に調査してきました。しかし、主な疑問についてはいまだにすべて解明されていません。放射性炭素年代測定法をしたにもかかわらず、いつ、どこで、誰によって書かれたのかは不明です。手稿の目的も不明です。薬草から宗教書、錬金術の書物、薬用軟膏の販売カタログまで、さまざまな説があります。偽造や詐欺の可能性も指摘されています。描かれている植物は特定できておらず、ほとんどは架空のものになります。この本の挿絵には、特定の場所、時代、宗教、イデオロギーとの明確な関係を示すものは一切ありません。

過去数十年の間に、少なくとも60のヴォイニッチ手稿の解答とされるものが発表されていますが、専門家に認められているものはありません。当然ながら、ヴォイニッチ手稿のテキストは、頻度分析、単語の推測、一致指数など、本書で紹介したすべての暗号解読法が何度も適用されましたが、効果はありませんでした。平文が存在するかわかりませんが、存在したとしてもどの言語で書かれているのかはまったく不明です。イタリア語、ラテン語、ギリシア語、英語、ドイツ語、その他の多くの言語について議論がなされてきました。

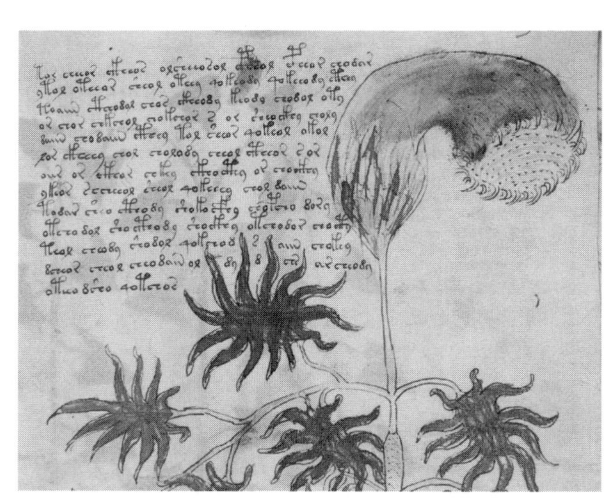

図5.10：ヴォイニッチ手稿は世界でもっとも有名な未解決の暗号文である

インターネットの時代が到来し、ヴォイニッチ手稿のミステリアスな画像がより多くの人々に公開されるようになると、すでに盛んだったヴォイニッチ研究者の文化はさらに発展しました。2012年にイタリアで開催されたヴォイニッチ手稿会議には、本書の両著者を含む数多くの研究者が集まりました[*11]。手稿に関するWebサイトは数多くありますが、その中でも包括的なものとしてRené Zandbergenが運営するThe Voynich Manuscript（`https://voynich.nu`）があります。さらに、さまざまな著者による多くの書籍[*12][*13][*14][*15]や、ディスカッション・フォーラムとしてThe Voynich Ninja（`https://www.voynich.ninja/`）やVoynich Manuscript Mailing List & Forum HQ（`http://voynich.net`）もあります。後者はRichard SantaColomaが運営しており、彼はヴォイニッチ手稿のメーリングリストも管理しています。最終的にヴォイニッチ手稿の解読に成功した人は、史上最高の暗号解読者の一人と見なされるでしょう。

5.5.2 タバコケースの暗号

2017年、暗号化された銘文（図5.11参照）が刻まれた骨董品のタバコケースの所有者から連絡を受けました[*16]。このメッセージは、異なる文字体系型の普通の単一換字式暗号のように見えます。もしそうであれば、優秀な暗号解読者であれば、大抵は簡単に解読できます。Klausはこの暗号文を、暗号解読に熱心なオンライン・コミュニケティと共有しましたが、意外なことに誰も解決策を思いつきませんでした。

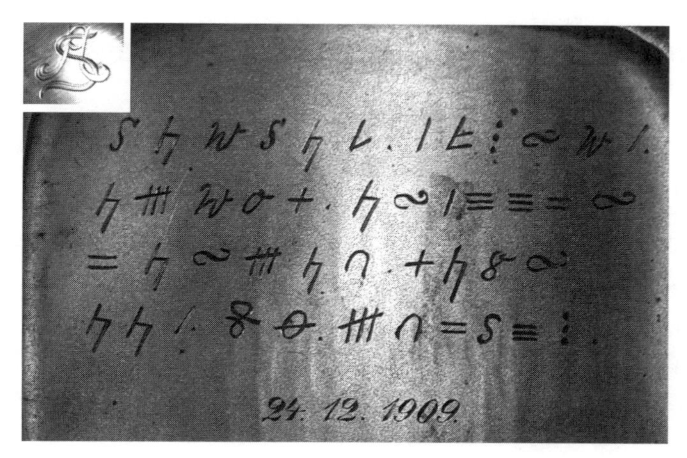

図5.11：ドイツのタバコケースに刻まれたこの銘文はまだ解読されていない。表側には“AS”という文字が刻まれている（左上）

タバコケースの暗号は、暗号化された4行で構成されています。日付は標準的なドイツ語のフォーマット（dd.mm.yyyy）で1909年12月24日と書かれており、クリスマス・プレゼントであることがうかがえます。ドイツでは、クリスマス・プレゼントは通常24日に交換されるのです。持ち主は、代々自分の家にあったもので父親から受け継いだものと説明してくれましたが、その由来についてはよく知らないとのことです。彼の家系は主に古代テューリンゲン（現在のドイツ中央部）に由来し、家族は常にドイツ語を話してきました。ケースの前面には“AS”という文字が刻まれています。これはおそらく元の所有者のイニシャルだと思われます。

タバコケースの暗号文は、もっとも有名な未解決の暗号文の中では比較的新しい部類に入ります。そのため、もしあなたが野心的な暗号解読者であれば、この暗号の謎を研究するのもよいかもしれません。

5.5.3 第4回NSAマンデー・チャレンジ

前述したように、NSAは2014年5月に4つの暗号チャレンジを投稿しました。マンデー・チャレンジと呼ばれるのは、発表された曜日に基づいています[*17]。最初の3つの課題はそれほど難しいものではありませんでした。いずれも単一換字式暗号で、1日以内に解読されました。しかし、2014年5月26日月曜日に行われた4つ目のチャレンジは別物でした。

```
pjbbfcklerfebjppjjlboumcuppelqpfezbjruoqlerdjbcuddbu
kulfjojprfebjbjzfrtmloupraublxpepkurtppdbjcbelfrfebkj
```

文字頻度と一致指数（6.7%）は単一換字式暗号と一致します。なお、英語の一致指数は6.7%です。それにもかかわらず、私たちの知るかぎり、解決策はまだ見つかっていません。

すべての未解決のチャレンジと同様に、どの種の暗号化システムが使用されているのか、また平文言語が何なのかを確実に特定するのは難しいといえます。そのため、このチャレンジを本章に含めました。もちろん、私たちが間違っているかもしれません！

5.5.4 ムスティエ祭壇の碑文

ベルギー東部の小さな町フラーヌ＝レ＝アンヴェン（Frasnes-lez-Anvaing）のムスティエ地区は、未解決の暗号文ミステリーの本場です。聖マーティン教会には、暗号化された碑文の彫刻が2つあります（図5.12参照）[*18]。ムスティエ祭壇の碑文は、2013年にNSAが社内報「Cryptolog」の136版の機密指定を解除したことで、暗号史の愛好家に知られるようになりました。英国の暗号研究者であるNick Pellingがこれらの出版物に目を通したところ、1974年にこの2つの暗号を紹介した記事を発見しました[*19]。彼はそれまで碑文の謎の存在を知りませんでしたが、自身のブログ「Cipher Mysteries」にそのことを書き、暗号解読コミュニティーに自分の発見を知らせました[*20]。

図5.12：ベルギーにある、ムスティエ祭壇の暗号化された碑文

ムスティエの1つ目の暗号文は聖マーティン教会の祭壇、2つ目の暗号文は聖母の祭壇に刻まれています。暗号化された碑文が刻まれた祭壇は、おそらく19世紀前半に建てられたものと推測されています。これらのメッセージを誰が作成したのか、どのような意図があったのかはわかっていません。ドラベッラ暗号やゾディアック・キラーのメッセージなど、他の暗号の謎と比べると、ムスティエ祭壇の碑文は暗号専門家からあまり注目されていません。これはまだ未解決のままです。

第6章

同音字暗号

世界でもっとも有名な暗号文の1つに、1885年に発行された小冊子『The Beale Papers』に掲載された3つの暗号文があります (*1)。この3つはビール暗号（あるいはビール文書）と呼ばれ、1820年代にこれらの暗号文を作成したとされるヴァージニア人のバッファロー・ハンターであるThomas Bealeにちなんで名付けられました。パンフレットによれば、ビール暗号の平文は、Bealeが米国自治連邦区（米国州）のベッドフォード群のどこかに埋めた財宝のありかを示しているといいます。

私たちは、他の多くの暗号専門家とともに、ビール物語全体が単なるデマであると考えていますが（Thomas Bealeはおそらく実存せず、財宝も存在しない）、3つの暗号文は研究するうえでは興味深いといえます。1番目と3番目のメッセージは未解決です。そのため、本章の「未解決の暗号文」セクションで取り上げています。一方、2番目のビール暗号の平文は、パンフレットに記載されている米国独立宣伝を使って解けます。2番目の暗号化されたメッセージは、次のようなものになります。

```
115, 73, 24, 807, 37, 52, 49, 17, 31, 62, 647, 22, 7, 15, 140, 47, 29, 107, 79, 84,
56, 239, 10, 26, 811, 5, 196, 308, 85, 52, 160, 136, 59, 211, 36, 9, 46, 316, 554,
122, 106, 95, 53, 58, 2, 42, 7, 35, 122, 53, 31, 82, 77, 250, 196, 56, 96, 118, 71,
140, 287, 28, 353, 37, 1005, 65, 147, 807, 24, 3, 8, 12, 47, 43, 59, 807, 45, 316,
101, 41, 78, 154, 1005, 122, 138, 191, 16, 77, 49, 102, 57, 72, 34, 73, 85, 35, 371,
59, 196, 81, 92, 191, 106, 273, 60, 394, 620, 270, 220, 106, 388, 287, 63, 3, 6,
191, 122, 43, 234, 400, 106, 290, 314, 47, 48, 81, 96, 26, 115, 92, 158, 191, 110,
77, 85, 197, 46, 10, 113, 140, 353, 48, 120, 106, 2, 607, 61, 420, 811, 29, 125,
14, 20, 37, 105, 28, 248, 16, 159, 7, 35, 19, 301, 125, 110, 486, 287, 98, 117, 511,
62, 51, 220, 37, 113, 140, 807, 138, 540, 8, 44, 287, 388, 117, 18, 79, 344, 34,
20, 59, 511, 548, 107, 603, 220, 7, 66, 154, 41, 20, 50, 6, 575, 122, 154, 248,
110, 61, 52, 33, 30, 5, 38, 8, 14, 84, 57, 540, 217, 115, 71, 29, 84, 63, 43, 131, 29,
138, 47, 73, 239, 540, 52, 53, 79, 118, 51, 44, 63, 196, 12, 239, 112, 3, 49, 79,
353, 105, 56, 371, 557, 211, 505, 125, 360, 133, 143, 101, 15, 284, 540, 252, 14,
205, 140, 344, 26, 811, 138, 115, 48, 73, 34, 205, 316, 607, 63, 220, 7, 52, 150,
44, 52, 16, 40, 37, 158, 807, 37, 121, 12, 95, 10, 15, 35, 12, 131, 62, 115, 102,
807, 49, 53, 135, 138, 30, 31, 62, 67, 41, 85, 63, 10, 106, 807, 138, 8, 113, 20,
32, 33, 37, 353, 287, 140, 47, 85, 50, 37, 49, 47, 64, 6, 7, 71, 33, 4, 43, 47, 63, 1,
27, 600, 208, 230, 15, 191, 246, 85, 94, 511, 2, 270, 20, 39, 7, 33, 44, 22, 40, 7,
10, 3, 811, 106, 44, 486, 230, 353, 211, 200, 31, 10, 38, 140, 297, 61, 603, 320,
302, 666, 287, 2, 44, 33, 32, 511, 548, 10, 6, 250, 557, 246, 53, 37, 52, 83, 47,
320, 38, 33, 807, 7, 44, 30, 31, 250, 10, 15, 35, 106, 160, 113, 31, 102, 406, 230,
540, 320, 29, 66, 33, 101, 807, 138, 301, 316, 353, 320, 220, 37, 52, 28, 540,
320, 33, 8, 48, 107, 50, 811, 7, 2, 113, 73, 16, 125, 11, 110, 67, 102, 807, 33, 59,
81, 158, 38, 43, 581, 138, 19, 85, 400, 38, 43, 77, 14, 27, 8, 47, 138, 63, 140, 44,
35, 22, 177, 106, 250, 314, 217, 2, 10, 7, 1005, 4, 20, 25, 44, 48, 7, 26, 46, 110,
230, 807, 191, 34, 112, 147, 44, 110, 121, 125, 96, 41, 51, 50, 140, 56, 47, 152,
540, 63, 807, 28, 42, 250, 138, 582, 98, 643, 32, 107, 140, 112, 26, 85, 138,
540, 53, 20, 125, 371, 38, 36, 10, 52, 118, 136, 102, 420, 150, 112, 71, 14, 20, 7,
24, 18, 12, 807, 37, 67, 110, 62, 33, 21, 95, 220, 511, 102, 811, 30, 83, 84, 305,
620, 15, 2, 108, 220, 106, 353, 105, 106, 60, 275, 72, 8, 50, 205, 185, 112, 125,
540, 65, 106, 807, 138, 96, 110, 16, 73, 33, 807, 150, 409, 400, 50, 154, 285,
96, 106, 316, 270, 205, 101, 811, 400, 8, 44, 37, 52, 40, 241, 34, 205, 38, 16,
46, 47, 85, 24, 44, 15, 64, 73, 138, 807, 85, 78, 110, 33, 420, 505, 53, 37, 38, 22,
31, 10, 110, 106, 101, 140, 15, 38, 3, 5, 44, 7, 98, 287, 135, 150, 96, 33, 84, 125,
807, 191, 96, 511, 118, 40, 370, 643, 466, 106, 41, 107, 603, 220, 275, 30, 150,
105, 49, 53, 287, 250, 208, 134, 7, 53, 12, 47, 85, 63, 138, 110, 21, 112, 140, 485,
486, 505, 14, 73, 84, 575, 1005, 150, 200, 16, 42, 5, 4, 25, 42, 8, 16, 811, 125,
160, 32, 205, 603, 807, 81, 96, 405, 41, 600, 136, 14, 20, 28, 26, 353, 302,
246, 8, 131, 160, 140, 84, 440, 42, 16, 811, 40, 67, 101, 102, 194, 138, 205, 51,
63, 241, 540, 122, 8, 10, 63, 140, 47, 48, 140, 288.
```

見てわかるように、2番目のビール暗号は1から1005までの数字で構成されています。使用されている暗号化方式はとてもシンプルです。すべての数字は特定の文字を表し、複数の数字が同じ文字を表すこともあります。

以下は、置換表の抜粋です。

```
A: 24, 27, 28, 36, 45, 81, 83 . . .
B: 9, 77, 90 . . .
C: 21, 84, 92, 94 . . .
D: 15, 52, 63 . . .
. . .
```

この抜粋を使えば、平文文字列の"ABC"をさまざまな方法で暗号化できます。たとえば「24, 9, 21」は「27, 9, 92」や「45, 77, 21」と同様に、"ABC"の妥当な暗号文です。

2番目のビール暗号の置換表は、アメリカ独立宣言の1つのバージョンで作成されていました。

```
*1 Thomas *2 Beale *3 (or *4 whoever *5 the *6 real *7 author *8 was) *9 numbered
*10 each *11 word *12 of *13 it, *14 just * 15 like *16 we *17 have *18 done *19
in *20 this *21 sentence.
```

Thomas Beale（あるいは本当の作者）は、この文章に現れる各単語に番号を付けました。

1	2	3	4	5	6	7	8	9	10
Thomas	Beale	(or	whoever	the	real	author	was)	numbered	each
11	12	13	14	15	16	17	18	19	20
word	of	it,	just	like	we	have	done	in	this
21									
sentence.									

それぞれの数字を、対応する単語の頭文字に置き換えるために使ったのです。たとえば、"WE ARE THE WORLD"というメッセージは「11 10, 7 6 10, 20 17 10, 4 3 6 15 18」と暗号化できます[訳注]。

訳注 「11 10」は上記の置換表から「word each」に変換でき、頭文字を抽出すると"we"の単語が得られます。「11 10, 7 6 10」のように登場するカンマは、単語間の空白を意味します。

アメリカ独立宣言に前述の方法を適用すると、2番目のビール暗号は次のように解読できます。

```
I have deposited in the county of Bedford, about four miles from Buford's, in an excavation or vault, six feet below the surface of the ground, the following articles, belonging jointly to the parties whose names are given in number three, herewith: The first deposit consisted of ten hundred and fourteen pounds of gold, and thirty-eight hundred and twelve pounds of silver, deposited Nov. eighteen nineteen. The second was made Dec. eighteen twenty-one, and consisted of nineteen hundred and seven pounds of gold, and twelve hundred and eighty-eight of silver; also jewels, obtained in St. Louis in exchange to save transportation, and valued at thirteen thousand dollars. The above is securely packed in iron pots, with iron covers. The vault is roughly lined with stone, and the vessels rest on solid stone, and are covered with others. Paper number one describes the exact locality of the vault, so that no difficulty will be had in finding it.
```

1885年にビールのパンフレットが出版されて以来、無数のトレジャーハンターがツルハシ、シャベル、ブルドーザーとともにバージニア州ベッドフォードに押し寄せました。多くの穴が掘られましたが、いまだに宝は見つかっていません。私たちは、このパンフレットはデマかフリーメイソンの寓話、あるいは単に落ち目の新聞社の資金集めの手段であった可能性が高いと信じています。しかしながら、ビール暗号とその未発見の財宝に関するアイデアは、今でも世界でもっとも有名な暗号ミステリーの1つです。

6.1 同音字暗号のしくみ

同一の平文文字を複数の暗号文文字（文字でなく数字や記号のこともある）で表すことを、同音字（homophones）[訳注]と呼びます。

訳注 「ホモフォニック」と読みます。音声学では「同音異義語」と呼ばれ、発音が同じで綴り字が異なる語を指す。

文字を同音字で置換する暗号を、同音字暗号と呼ばれています[訳注]。

訳注 同音字置換暗号とも呼ばれます。
2番目のビール暗号は同音字暗号で暗号化されています。なお、第14章で解説しますが、書籍暗号も同音字暗号の一種です。

当然ながら、同音字暗号を作るのにアメリカ独立宣言などのようなテキストは必要ありません。その代わりに、平文文字を複数の暗号文文字に割り当てるために、表を用います【訳注】。

訳注　この種の暗号は多表式暗号とも呼びます。

ここで17世紀の例を示します(*2)。上段の各アルファベットの下に、その文字を暗号化するための記号が複数並んでいます。

A	B	C	D	E	F	G	H	I	K	L	M	N	O	P	Q	R	S	T	U	W	X	Y	Z
2	7	9	11	13	18	20	22	27	29	31	33	32	30	28	23	21	19	17	12	10	8	3	1
♃	⊓	ǂ	I	♄	☉	ʃ	ɸ	⊖	[illegible]	♁	♀	♀	♁	⊗	▽	4	ǂ	⊏	⊐	□	⊔	↑	♅
37				38			76	71			77		70				72	73	39				
☿		...		81			♂	18					[illegible]				♌		+81				

同音字暗号は中世から知られています。その目的は頻度分析に耐性を持たせるためです。

同音字暗号で使われる文字は、かなり違っていることがあります。次の例のように、暗号の中には頻度の高い文字にのみ同音字を用いるものもあります(*3)。

A	B	C	D	E	F	G	H	I	K	L	M	N	O	P	Q	R	S	T	V	W	X	Y	Z
44	45	46	47	48	49	50	51	52	53	54	55	33	34	35	36	37	38	39	40	41	42	43	32
56				57				58					59						60				

ほとんどの同音字暗号は、これよりも多くの文字を使用します。私たちの経験では、50から100の暗号文文字がもっとも一般的なケースです。これは、元のアルファベットを暗号化するために文字・数字・記号の組み合わせが使用されていることを意味しています。

同音字暗号を構築する場合、'E'や'T'のような頻出文字は、頻度の低い文字（たとえば'Q'や'X'）よりも多くの同音字を割り当てるべきであることは明らかです。理想的には、ある文字に割り当てられる同音字の数は、各言語における頻度に比例します。しかしながら、経験上、実際に使われている同音字暗号のほとんどは、そのような精錬された方法で作られていません。

6.2 同音字暗号の判別法

同音字暗号を判別するには、単一換字式暗号と区別する必要があります。暗号文に空白があれば、それはもちろん単なるアリストクラットです。空白がない場合は、パトリストクラットと区別する必要があります。

単一換字式暗号と同音字暗号には明確な違いがあります。そのため、標準的なアルファベット（'A'～'Z'）または約26文字の他の文字体系で書かれた暗号文に遭遇した場合、少なくとも同音字暗号ではないと仮定できます。そうでなければ、そのようなメッセージには同音字があまり含まれていないはずです。文字体系が50文字を超えれば、同音字暗号の可能性はずっと高くなります。

図6.1は、アメリカ建国の父の一人であるBenjamin Franklinが使用した同音字暗号で部分的に暗号化されたメッセージを示しています(*4)。使われている暗号文の文字体系は数字で構成されており、この抜粋でもっとも大きい数字は227です。つまり、'A'から'Z'までの各文字に、多くの同音字が割り当てられてます。このような暗号文は、ノーメンクラター（第7章参照）【訳注】で暗号化されたメッセージと混同されやすいので注意してください。

訳注 ノーメンクラターはコードの進化版であり、コードとサイファーを組み合わせたものといえます。通信においてよく使う単語に対してコードもしくは記号を割り当てます。さらに、コードに存在しない単語を記すために、アルファベットをサイファーで暗号化します。

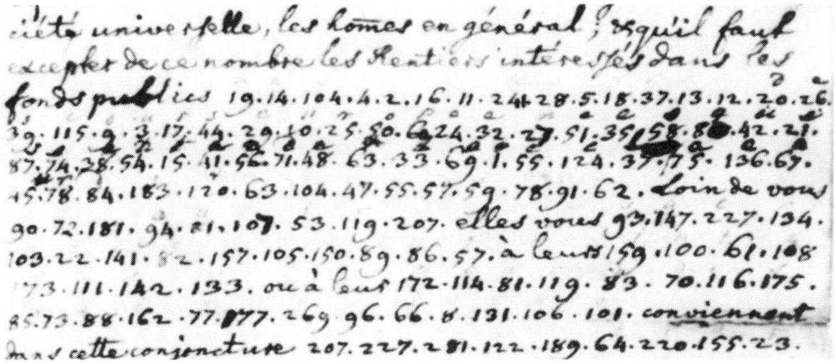
cités universelle, les homes en général; & qu'il faut
excepter de ce nombre les Rentiers intéressés dans les
fonds publics 19.14.104.4.2.16.11.24.28.5.18.37.13.12.20.26.
39.115.9.3.17.44.29.10.25.50.624.32.27.51.35.58.8.42.21.
87.74.28.54.15.41.56.71.48.63.33.69.1.55.124.37.75.136.67.
45.78.84.183.120.63.104.47.55.57.59.78.91.62. Loin de vous
90.72.181.94.81.107.53.119.207. elles vous 93.147.227.134.
103.22.141.82.157.105.150.89.86.57. à leurs 159.100.61.108
173.111.142.133. ou à leur 172.114.81.119.83.70.116.175.
85.73.88.162.77.177.269.96.66.8.131.106.101. conviennent
mais cette conjoncture 207.227.281.122.189.64.220.155.23.

図6.1：同音字暗号で暗号化されたメッセージの抜粋。アメリカの大陸会議の文書に収録されている

私たちが遭遇したいくつかの同音字暗号は、通常の文字と独自の文字の両方から成る文字体系を使用していました。図6.2にその例を示します。1969年に新聞広告を通じてゾディアック・キラーに送られた挑戦的な暗号文です(*5)。この暗号文については、本章のチャレンジ・セクションで触れることにします。このように数十の同音字を持つ文字体系は、理想的な同音字暗号です。しかし、2番目のビール暗号（本章の冒頭を参照）をこの方法で作るのは難しいでしょう。なぜなら、何百種類もの記号を考案するのは大変であるためです。

図6.2：この1969年の新聞広告は、ゾディアックの専門家Dave Oranchakから提供されたものであり、ゾディアック・キラーを挑発する暗号文を示している。これは同音字暗号で暗号化されている

同音字暗号と単一換字式暗号以外をどう判別するのかという疑問が残ります。ヴィジュネル暗号をはじめ、本書で説明する多くの暗号化方式は、通常約26文字から成る文字体系を使用するため、より多くのシンボルを必要とする同音字暗号とは異なります。しかし、同音字暗号はノーメンクラター（第7章参照）と混同されやすいのです。この2つの暗号を判別するのはときとして厄介です。多くのノーメンクラターは同音語を含んでいるため、ある意味ノーメンクラターは同音字暗号を一般化したものと見なせます。

しかし、ノーメンクラターと同音字暗号には、重要な違いが1つあります。事実、歴史的に、同音字暗号を使用することは、ノーメンクラターを使うのと比べてあまり一般的ではありません。もし大きい文字体系に基づいたオリジナルの暗号文（つまり、作られたパズルでない）を調べているなら、ノーメンクラターである可能性が極めて高いといえます。

同音字暗号とノーメンクラターを判別するもう1つの方法があります。同音字暗号は200文字以上の文字体系を使うことはめったにないということです。1,000文字を超える文字体系である、2番目のビール暗号は例外といえます。おそらくこれは書籍暗号（第14章参照）でもあるためです。つまり、1,000以上の異なる数字や文字列に遭遇した場合、その暗号文はノーメンクラター（あるいはコード）である可能性が高いということです。文字体系が小さければ、同音字暗号の可能性が高くなります。

6.3 同音字暗号の解読法

今日、同音字暗号を解くための最良のアプローチは、他の多くの暗号システムと同様に、コンピューターを使った計算を多大に必要とするヒル・クライミング（hill climbing）法です。このテクニックをサポートするソフトウェアやWebサイトはいくつかあります。検索エンジンで"homophonic solver"を指定すれば見つかります。同音字暗号を数秒で解読できます。この方法の詳細については、第16章を参照してください。

コンピューターの手助けなしに同音字暗号を解読する場合、単語間の空白が見えるかどうかで成功の可能性が大きく変わります。そうでない場合はとても長い暗号文を解析しないかぎり、解読作業は非常に難しくなります。しかし、単語の境界が示されていれば、同音字があまり多くないかぎり、解読のチャンスは残されています。次のテキストで同音字暗号の解読を実演します。ジオキャッシングのイベントで遭遇するかもしれない暗号文です。

U3EI0 RH84 MB9Y B3 0GN DEIYP1C DZEX5 KJB4 7ELN1SB XI5JY 3NK AP95U 1F40O HT XFHZSKC0F1 FK IHEL 3MF
0MJ13R TH9ZFM 3GN THH0DBEO KF40G 3OIH8CG 3OJ TFI5U0 ET054 E7H83 F1J YP9HAN05I 3BYN B 4SCG0 EKL MBZY
E9F1C 3OJ T5KXN BT05I USQ O81L4JL AN05IU RH8 MP99 4NEXG B DPX1SX DZBXJ MP3O E D9ERCIF8KL SK 0G5
XN13N4 HT 0O5 DPXKSX DZBXJ 3G5IN PU E OB0 S1 3G5 9FM54 DBI0 HT 3GJ 4NE4 MB9Z FT 0OJ OB3 7JGSKL 0O5
7N1XG RH8 MPZ9 TS1L E UABZ9 D9BU3PX 7FQ XHK0ESKP1C T8I3O5I SKU0I8X3SF1U CFHL Z8XY

以下はそのトランスクリプトになります。

```
U3EI0 RH84 MB9Y B3 0GN DEIYP1C DZEX5 KJB4 7ELN1SB XI5JY 3NK AP95U 1F40O HT
XFHZSKC0F1 FK IHEL 3MF 0MJ13R TH9ZFM 3GN THH0DBEO KF40G 3OIH8CG 3OJ TFI5U0
ET054 E7H83 F1J YP9HAN05I 3BYN B 4SCG0 EKL MBZY E9F1C 3OJ T5KXN BT05I USQ
O81L4JL AN05IU RH8 MP99 4NEXG B DPX1SX DZBXJ MP3O E D9ERCIF8KL SK 0G5 XN13N4
HT 0O5 DPXKSX DZBXJ 3G5IN PU E OB0 S1 3G5 9FM54 DBI0 HT 3GJ 4NE4 MB9Z FT 0OJ
OB3 7JGSKL 0O5 7N1XG RH8 MPZ9 TS1L E UABZ9 D9BU3PX 7FQ XHK0ESKP1C T8I3O5I
SKU0I8X3SF1U CFHL Z8XY
```

ここで使われている暗号文の文字体系は、36文字（'A'～'Z'と'0'～'9'）です。この暗号は約10の同音字を使った同音字暗号であることについて解説します。頻度分析は次のとおりです。

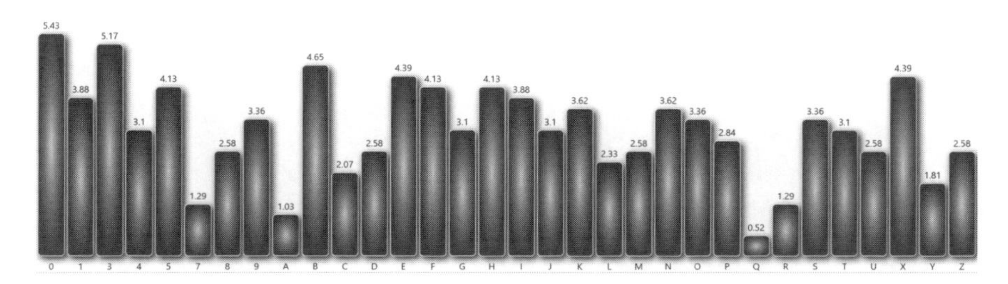

‘E’、‘T’、‘A’、‘O’、‘I’のいくつかの文字は、英語でははるかに高い頻度で出現するにもかかわらず、この頻度分析の結果では5.4%を超える頻度の文字が存在しないことがわかります。作者がもっとも頻度の高い文字に同音字を使い、見破られにくくしているかもしれません。暗号文には空白が含まれているため（空白は単語間の境界を正しく示していることが条件）、各単語の頭文字と末尾文字の頻度分析を利用できます。

ジオキャッシングの暗号文を詳しく見る前に、一般的な英語の統計が必要です。図6.3（a）は、普通の英文の頻度分析です。

次に、普通の英文において‘A’、‘E’、‘I’、‘O’、‘T’の各文字について、2つの異なる表現があると仮定してみます。これらをA1とA2、E1とE2、I1とI2、O1とO2、T1とT2と呼ぶことにします。‘A’、‘E’、‘I’、‘O’、‘T’を選んだのは、英語でもっとも頻度の高い文字であるためです。これら5文字を2つの表現に置き換えて、ほぼ同頻度とすると、典型的な英文の頻度分析は図6.3（b）のようになります。

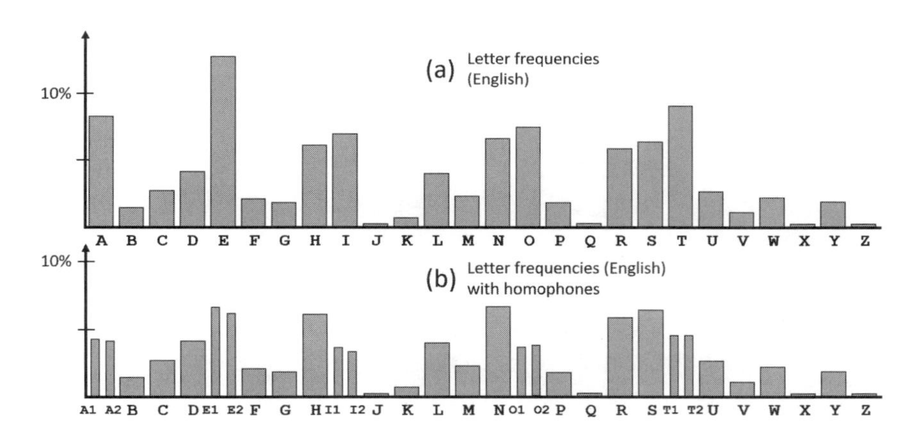

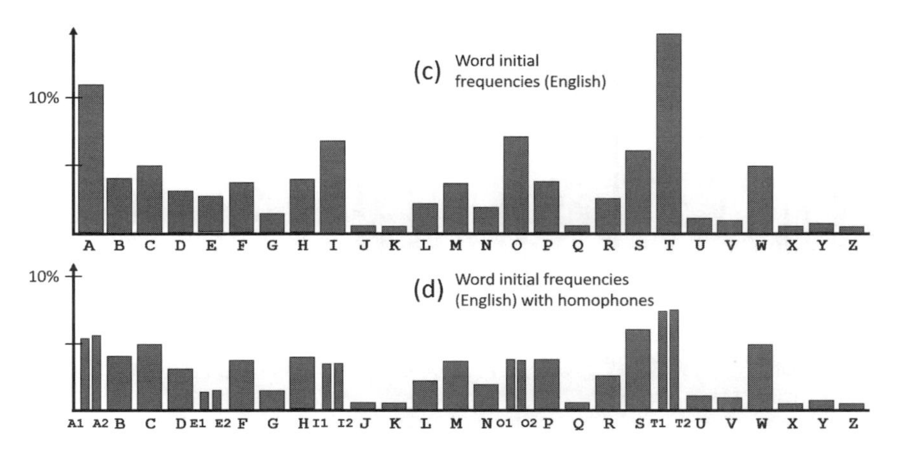

図6.3：（a）は典型的な英文、（b）は同音字込みの頻度分布。（c）と（d）は、（a）と（b）の頭文字の頻度分布

もう1つの参考となる統計を作るために、英文の単語の頭文字だけに注目してみます。図6.3（c）は同音字のない場合の頭文字の頻度を示しています。図6.3（d）は上記と同じく、A1/A2、E1/E2などの同音字を考慮した場合の様子を示しています。

「同音字を含む文字全体の頻度分布である（b）」と「同音字を含む頭文字の頻度分布である（d）」の間には多くの違いがあり、暗号解読に役立つ可能性があります。しかし、私たちにとって、これらの違いのうちの特定の1つを知っていれば十分です。'T'は英語でもっともよく使われる文字の1つであり、その頻度は9%です。単語の頭文字として使われる頻度は、さらに高くなり、14%になります。この増加の影響で、'T'の同音字はもっとも高頻度の頭文字になります。

訳注 頭文字の'T'の頻度が14%であれば、'T'に2つの同音字があったと仮定すると、T1とT2はそれぞれ7%になります。7%というのは全体的に見ても高頻度です。図6.3（d）を見るとT1とT2がもっとも高い棒になっています。

こういった特徴は、この種の暗号の'T'を特定するのに役立つかもしれません。

英文の各単語の末尾文字の頻度を見ると、似たような状況になっています。詳細は省きますが、1つだけ述べておきたい事実があります。'I'は英語で一般的によく使われる文字ですが、末尾文字になることはほとんどありません。これは同音字暗号の'I'を特定するのに役立つでしょう。

こうした情報を持ち合わせたうえで、解読したいジオキャッシングのテキストに戻ります。各単語の全文字の頻度、頭文字の頻度、そして末尾文字の頻度を調べる必要があります。私たちは、頭文字と末尾文字のカウントを補助するCrypTool 2を使いました。その結果が図6.4になります。なお、私たちはこの作業をすべて自動的に行うコンピューター・プログラムを知りません。

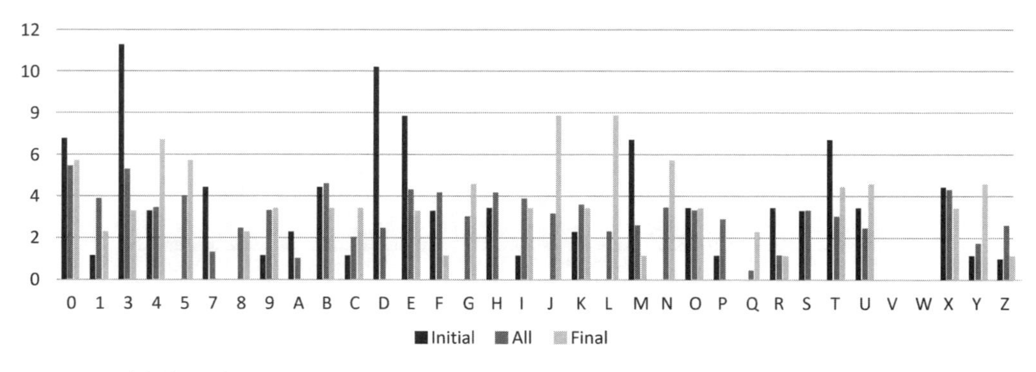

図6.4：調査対象の暗号文に含まれている全文字（中央の棒）、各単語の頭文字（左の棒）、末尾文字（右の棒）の頻度を示している

ここで、いくつかの考察結果を以下に示します。

- 暗号文文字'3'は、もっとも頻度の高い頭文字である。テキスト全体ではそれほど高頻度ではない。つまり、'3'は'T'を意味する同音字かもしれない
- 'T'の同音字が少なくとももう1つあるはず。そうでなければ、'3'の頭文字の頻度は約15%と予想される
- 'E'もよい候補の1つである。'3'と同様に、頭文字の頻度はとても高いが、全体の頻度と末尾文字の頻度が低いからである
- 暗号文文字の'H'と'S'はそれぞれ、テキスト全体と頭文字の頻度がほぼ同じだが、末尾文字としては現れていない。これは文字'I'を意味するかもしれない

それでは、文字ペア（ダイグラフ）の頻度分析を進めましょう。ここでは、2つの文字の間に空白がないダイグラフのみを考えます。1回以上出現する全ダイグラフを以下に示します。なお、この分析にはWebサイトのdCodeを使用しました。

2回	FH, 00, HT, AN, F1, OB, 40, O5, U3, G5, SX, XJ, 1L, YP, ZB, SK, EI, DP
3回	KL, H8, 3O
4回	05

役立ちそうなダイグラフに関連した事実を以下に示します。

- 英語でもっとも頻出するダイグラフは"TH"、"HE"、"IN"である。
- もっとも頻出する接尾ダイグラフは、"ER"と"RE"である（残念ながら、暗号文中に2回以上出現する接尾ダイグラフはない）。この暗号文には、1文字だけで構成される2つの単語が含まれている。'B'（2回出現）と'E'（3回出現）である。一般的な英語の1文字単語は、'A'と'I'の2つしかない。
- 暗号文には、次に示す2文字の単語が出現する。"B3"、"HT"（3回）、"FK"、"SK"、"BU"、"S1"、"FT"である。一方、英文でよく登場する2文字の単語、"OF"、"TO"、"IN"、"IT"、"IS"、"BE"、"AS"、"AT"、"SO"である。

どうすればよいのでしょうか。私たちは、暗号文文字'B'と'E'（どちらも1文字の単語として現れる）が、'A'または'I'（英語で一般的かつ唯一の1文字の単語）を表すことを知っています。また、'I'という文字が末尾文字になることはほとんどないことも知っています。頻度表を見ると、暗号文文字'B'と'E'はいずれも末尾文字として何度か出現しています。したがって、'B'も'E'も'I'に復号されないと結論付けられます。

それ以外にわかることは何でしょうか？　前述したように、暗号文文字'3'は平文文字'T'のよい候補です。もしそうなら、暗号文の4番目の単語である"B3"は、"AT"を意味することに

なります。暗号文の中でも高頻度のダイグラフの1つに、“3O”があることに注意してください。“3O”は、英文において高頻度のダイグラフの“TH”を意味するのでしょうか？　おそらくそうでしょう。

暗号文を見ると、“3OJ”という単語が2回出現します。“3O”が“TH”を表すという仮定が正しければ、“3OJ”は“THE”を表すに違いありません。“TH”で始まる一般的な3文字の単語は他にないからです。これは、‘J’が‘E’に復号することを意味します。暗号文には“3GJ”という単語が含まれており、これを復号すると“T*E”になります。おそらく‘G’も、‘O’のように‘H’を表しているのでしょう。

‘A’、‘E’、‘H’、‘T’の暗号文文字が判明しましたので、他の暗号文文字についても推測できます。たとえば、暗号文の“MP3O”という単語は“**TH”に復号されますが、これは“WITH”を意味するかもしれません。“MP99”という単語は“WILL”であるべきです。“MPZ9”はおそらく同じ意味でしょう。つまり、‘Z’と‘9’は同音字です。“WAL*”と復号されるに違いない“MB9Y”を見てみましょう。“WALK”はよい推測といえます。

以降の推測の続きについては省略し、完全な平文を次に示します。

```
START YOUR WALK AT THE PARKING PLACE NEAR BADENIA CREEK TEN MILES NORTH OF
COOLINGTON ON ROAD TWO TWENTY FOLLOW THE FOOTPATH NORTH THROUGH THE FOREST AFTER
ABOUT ONE KILOMETER TAKE A RIGHT AND WALK ALONG THE FENCE AFTER SIX HUNDRED METERS
YOU WILL REACH A PICNIC PLACE WITH A PLAYGROUND IN THE CENTER OF THE PICNIC PLACE
THERE IS A HAT IN THE LOWER PART OF THE REAR WALL OF THE HAT BEHIND THE BENCH YOU
WILL FIND A SMALL PLASTIC BOX CONTAINING FURTHER INSTRUCTIONS GOOD LUCK
```

6.4 成功談

6.4.1 最初のゾディアック・メッセージ（Z408）

ゾディアック・キラーは、1960年代後半から1970年代前半にかけて北カリフォルニアで事件を起こしていた連続殺人犯です。少なくとも5人を殺害し、2人に重傷を負わせました。地元の新聞社に送られた一連の挑発的な手紙では、警察をあざけり、さらなる殺人と騒ぎを起こすつもりだと宣言したのです。ゾディアック・キラーの正体はいまだに不明です。暗号解読者にとってこの事件が興味を引くのは、犯人の手紙の中に暗号化されたメッセージが含まれていたからです(*6)。ゾディアック・キラーによるものとされる暗号文は全部で4つあります。

ゾディアック・キラーの最初の暗号文は、その文字数からZ408とも呼ばれています（図6.5参照）。このオリジナルは3部構成であり、それぞれ別の新聞社に送られています。警察はプロの暗号解読者に相談しましたが、誰もメッセージを解読できませんでした。ついに、研究者たちは暗号文を新聞に発表しました。

カリフォルニア州サリナスに住むパズル好きのDonaldとBettye Harden夫妻は、新聞でZ408を読み、解読を試みることにしました。Bettyeは、自己中心的で気取った人物であるゾディアック・キラーは、おそらくメッセージを「私」という言葉で始めるだろう、そして暗号文に“KILL”という単語を含んでいるかもしれないという仮定を置き、検証しました。最初の言葉が“I LIKE KILLING”だと彼女が察したとき、それが突破口となりました。

図6.5：ゾディアック・キラーからの最初のメッセージは、DonaldとBettye Hardenによって破られた

Bettye Hardenはすぐに、ゾディアック・キラーがこのメッセージを暗号化するのに同音時暗号を使ったことを突き止めました。以下が平文になります。かなりぞっとする内容です。スペルミスがあります。

```
I LIKE KILLING PEOPLE BECAUSE IT IS SO MUCH FUN IT IS MORE FUN THAN KILLING WILD
GAME IN THE FORREST BECAUSE MAN IS THE MOST DANGEROUE ANAMAL OF ALL TO KILL
SOMETHING GIVES ME THE MOST THRILLING EXPERENCE IT IS EVEN BETTER THAN GETTING
YOUR ROCKS OFF WITH A GIRL THE BEST PART OF IT IS THAE WHEN I DIE I WILL BE REBORN
IN PARADICE AND ALL THEI HAVE KILLED WILL BECOME MY SLAVES I WILL NOT GIVE YOU
MY NAME BECAUSE YOU WILL TRY TO SLOI DOWN OR ATOP MY COLLECTIOG OF SLAVES FOR
MY AFTERLIFE. EBEORIETEMETHHPITI
```

ゾディアック・キラーの残りの3つのメッセージについては、本章の後半で取り上げます。

6.4.2 Ferdinand 3世の手紙

ハプスブルク家の神聖ローマ皇帝Ferdinand（フェルディナンド）3世（1608－1657）は、ヨーロッパでもっとも壊滅的な戦争の1つである三十年戦争で重要な役割を果たしました。ウィーンのLeopold Auerなどの歴史家は、彼の生涯を研究する際に、暗号化された手紙に何度も遭遇しました。Ferdinand 3世が使用したシステムは、数字と単純な幾何学記号の対をベースにしたものでした。図6.6を見てください。Ferdinandの手紙は暗号化された文章と平文が混在していますが、歴史家の間では未解決のままでした。

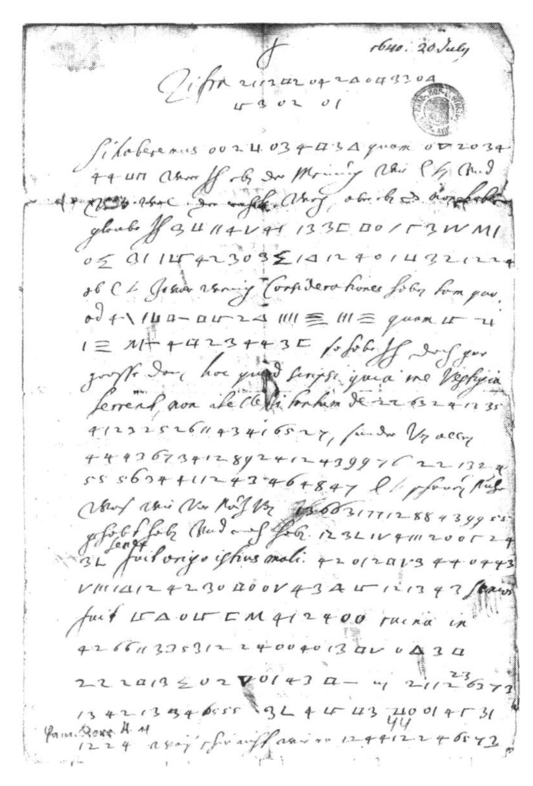

図6.6：1640年、神聖ローマ皇帝Ferdinand 3世が弟Leopold Wilhelmに宛てた暗号化された手紙の最初のページ。ドイツの言語学者で歴史家のThomas Ernstがこの暗号文を解読した

アメリカで教鞭をとるドイツ人の暗号学者であるThomas Ernstが、この謎に挑みました。Ernstは1990年代にJohannes Trithemius（1462－1516）の『The Third Book of the Steganographia』第3巻を解読し、すでに名を馳せていました（第15章参照）。Ferdinandの手紙の一部はすでに書き起こされており、平文の文字と単語、暗号化された部分、数字、記号が混在していました。

言語学者（言語を研究する人）であり歴史学者でもあるErnstは、17世紀のドイツ語とラテン語が混じった勅命を簡単に読めました。残りの部分については、Ernstはいくつかの仮説を立てました。彼の大きな発見は、それぞれの幾何学記号が、構成する線や半円の数を表しているということでした。たとえば、四角形の4辺は数字の4、三角形は数字の3といった具合です。そこで、Ernstは数字のペアだけを扱い、次のトランスクリプトを作成しました。

```
1640, 20 July /
Zifra 21 13 42 04 23 14 33 13 / 43 02 01
Si haberemus 00 23 03 44 33 quam 13 20 34 / 44 33 were Ich eben der meinung wie
E L vnd / were wol der rechte weg, aber eben das non habere / glaube Ich 33 11
42 41 13 33 41 12 34 41 / 14 31 14 42 30 34 13 12 40 13 32 12 24 / ob E L zwar
wenig Considerationes haben tam quo: / ad 41 13 41 44 23 44 33 quam 44 / 13 41
44 23 44 33 / so habe Ich doch gar grosse Dann hoc quod scripsi quia me Vestigia
/ terrent, non intellexi tantum de 22 63 24 13 35 / 41 23 25 25 11 43 41 65
27, sunder von allen / 44 43 67 34 12 89 24 12 43 99 76 22 13 24 / 55 56 34 41
12 43 46 48 47 E L schauen nuhr / was wir vor nuz von 13  66 31 77 12 88 43 99
55 / gehabt haben Vnd noch haben. 12 32 12 43 20 12 24 / 32 senex fuit origo
istius mali. 42 01 24 23 44 04 43 / 23 13 12 42 30 41 12 43 34 12 13 43 / fuit
43 14 34 41 24 00 ruina in / 42 66 11 33 53 12 24 00 40 13 42 13 34 / 22 24 13
41 23 01 43 41 in 21 12 23 63 73 / 13 42 13 34 65 55 32 44 43 41 01 42 31 / 12
24 wais schir nicht wie er 12 44 12 24 65 73
```

2つ目の突破口は、ハプスブルク家のAEIOUの標語が暗号の役割を果たしていることに気づいたことでした。標語の数ある解釈のうちの1つは『Austria erit in orbe ultima』です。これを英文に訳すると、“Austria will exist until the end of the world”(「オーストリアは世界の終わりまで存在する」)になります。AEIOUの標語から、ErnstはFerdinandの暗号における次の対応を導き出しました。

- A: 01, 11
- E: 02, 12
- I: 03, 13
- O: 04, 14

彼は手紙の冒頭にある「21 13 42 04 23 04 33 03 43 02 01」という並びを見て、「－I－O－O－I－E A」の母音を識別しました。ここで、ダッシュは子音の欠落を表しています。母音のパターンから、“PICOLOMINEA”という形容詞しか考えられません。Octavio Piccolominiは、皇帝の弟Leopold Wilhelm(レオポルト・ヴィルヘルム)とともに、当時の帝国陸軍の最高司令官でした。“Picolominea”は二重の‘c’なしで暗号化されていました。“Zifra Piccolominea”とは、Piccolominiを主な話題にする暗号文を意味します。

次にErnstは、“fuit 43 04 34 41 24 00 ruina”の中に欠けている単語を“NOSTA”（ラテン語で「私たちの」という意味）であることを特定しました。残りの文字も容易に導き出せます。こうして、Ernstは次の置換表を作成しました。

A	B,W,P	C,K,Z	E	F	G	H	I/J	K	L	M	N	O	P	R	S	D,T	U/V	Z
00	20	42	02	22	32	30	03	30	23	33	43	04	21	24	34	40	44	10
01	21		12			31	13					14				41		
11																		

Ernstが解読した、手紙の冒頭の平文を次に示します。

```
Zifra PICOLOMINEA
Si haberemus ALIUM quam IPS
UM were Ich eben der Meinung wie E L Vnd
Were Wol der rehte Weg, aber eben das non habere
glaube Ich MAC<H>T IM DEST
O HOCHSIEDIGER
ob E L zwar wenig Considerationes haben tam quo:
ad TITULUM quam U
ITULUM so habe Ich doch gar
grosse Dann hoc quod scripsi quia me Vestigia
terrent, non intellexi tantum de FRI
DLANT, sunder Von allen
UNSEREN FIR
STEN E L schauen Nuhr
Was wir vor nuz von IH<N>EN
gehabt haben Vnd noch haben. EGENBER
G senex fuit origo istius mali. CARL UON
LIECHTENS<T>EIN senior
fuit NOSTRA ruina in
CAMERADICIS
FRIDLAND in BEL
ICIS<.> GUNDACK
[. . .]
```

残念ながら、このメッセージの翻訳はできません。略語やスペルミスに加えて、古いドイツ語とラテン語が混じった難解な文章で書かれています。本書の執筆時点では、Ferdinandの暗号化された手紙に関する、Thomas Ernstの詳細な論文“Die zifra picolominea: eine Geheimschrift der Habsburger während des Dreißigjährigen Krieges”が2020年後半に予定されており、私たちはそれを心待ちにしているところです[*7]

6.4.3 ハワイからのはがき

図6.7の暗号文は、1886年にハワイから送られたはがきに書かれていました[*8]。

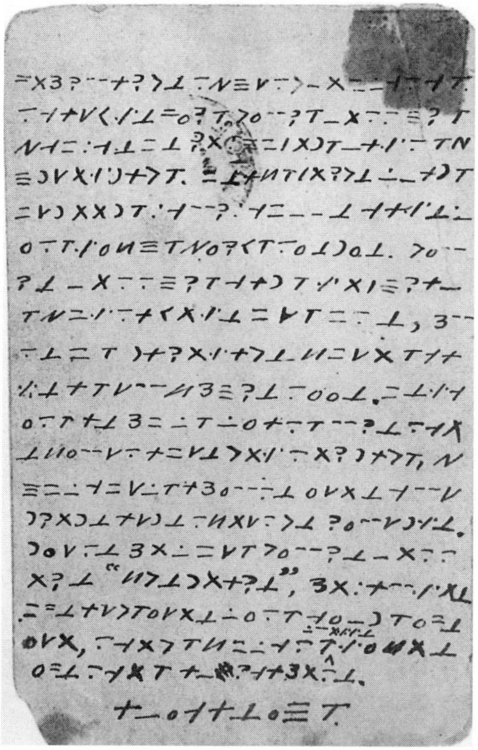

図6.7：このハワイからの1886年のはがきは、空白文字と'E'の同音字を含む文字の置換で暗号化されている

メリーランド州にある国立暗号博物館から提供されたものです。本書で何度か登場する、非常に熟練したドイツの暗号解読者であるArmin Kraußがこれを解読しました。Arminは暗号化されたはがきのほとんどが単一換字式暗号で暗号化されていることを確認しました。ただし、通常は空白を含みますが、今回は含まれていません。つまり、これはアリストクラットではなく、パトリストクラットの暗号なのです。そこで彼は、記号の1つが空白を表すのではないかと考えました。いくつかの分析の結果、Arminは空白に2つの同音字があり、それが'T'と、その逆さバージョンであることに気づきました。次のステップでは、Arminは文章中に4回出現する1文字の単語を'I'と特定しました。

続いて、Arminは英語でもっとも頻度の高い文字である'E'を特定しようとしました。しかし、どの記号も'E'を意味するほど頻繁に出現していませんでした。そこで、Arminは'E'を表す記号（同音字）が2つあるかもしれないという別の仮説を立てました。この仮説は正しいことが証明されました。頻度分析といくつかの推測に基づき、Arminは'X'と3本の平行な水平線から成る記号の両方ともが'E'を表していることを見抜いたのです。残された作業はルーティンワークそのものです。Arminが復号した平文は以下になります。

```
FEBRUARY TWENTY-EIGHTH.
THANKS FOR YOUR LETTER
WHICH I RECEIVED LAST W
EDNESDAY. I AM VERY GLAD
INDEED CHURCHILL HAS G
OT SOME WORK TO DO. YOU
R LETTER HAD SEVERAL
WISTAKES IN IT , BU
T I DARESAY MINE HA
S A NUMBER TOO. I SH
OT A BIG GOAT UP THE
MOUNTAIN YESTERDAY , W
EIGHING ABOUT ONE HUN
DRED AND TMENTY POUNDS.
DONT BEGIN YOUR LETT
ER "MY DEAR" , BECAUSE
IF ANY ONE GOT HOLD OF
ONE, THEY MIGHT GUESS SOME
OF THE ALPHABET.
ALOHA OE.
```

6.5 チャレンジ

6.5.1 ゾディアック・キラーへのメッセージ

本章の前半で、1960年代後半のゾディアック殺人事件の頃に、カリフォルニアの新聞広告に警察が掲載したゾディアック式暗号のメッセージを紹介しました（図6.2参照）。メッセージは単一換字式暗号で暗号化されており、平文には電話番号が含まれていました。警察は、犯人がメッセージの解読に成功し、自分の優位性を示すためにその番号に電話を掛けてくることを期待していたのです。この計画は失敗しましたが、少なくとも暗号文としてはよい暗号チャレンジになりました。あなたはそれを解読できますか？

6.5.2 Edgar Allan Poeの第2の挑戦

アメリカの作家Edgar Allan Poeは暗号学に長い間魅了されていました。

訳注　Edgar Allan Poe（エドガー・アラン・ポー）はアメリカの文学作家です。代表作に「アッシャー家の崩壊」「黒猫」「モルグ街の殺人」などが挙げられます。特に「モルグ街の殺人」はミステリーの原点ともいわれており、その後の多くの作家に影響を与えました。

彼の1843年の短編小説『The Gold Bug』[訳注]は、暗号解読を描いたもっとも有名なフィクション作品です。なお、取り扱っているシステムは、単一換字式暗号です。

訳注　邦題は『黄金虫（こがねむし）』です。1843年に発表されたポーの短編小説です。青空文庫で読めます。
https://www.aozora.gr.jp/cards/000094/files/2525_15827.html

その数年前の1839年、Poeが『Alexander's Weekly Messenger』に寄稿したとき、読者に暗号文を送ってもらい、彼がその解読にチャレンジするという暗号コンテストを始めました(*9)。このチャレンジのために設けられたルールは、単一換字式暗号の暗号文を送るというものです。今日ではすでにわかっていますが、この種の問題を解くのはかなり容易です。彼は1841年に『Graham's Magazine』でも同様の呼びかけを行っています(*10)。Poeは約100通の暗号文を受け取り、そのすべてを解いたといわれています。1840年頃の暗号コンテストを経て、彼はW. B. Tylerが提出したとされる2つの暗号文を発表しました。

この暗号文は150年以上も未解決のままでした。

1985年、ダートマン大学のLouis Renza教授は、W. B. Tylerという人物は存在せず、本当はPoeが自分でメッセージを作ったことを発表しました。Renzaの著作によって、2つのチャレンジ暗号文は新たに世間の注目を集めることになりました。そして、1992年に、Poeの専門家であるイリノイ大学シカゴ校のTerence Whalenによって、1番目の暗号文が解読されました（第9章参照）。

2つ目の暗号文は図6.8になります。2000年、カナダのソフトウェア・エンジニアであるGil Brozaが正しい解読法を発見し、同音字暗号が使われていることを特定しました。この暗号文が解かれるまで160年を要したことから推測できるように、この暗号文は必ずしも初心者向けの問題ではありません！

このチャレンジのトランスクリプト、いくつかのヒントを知りたい場合は、https://codebreaking-guide.com/challenges/を参照してください。

To Edgar A. Poe, Esq.

Dr ⅂ix OGXEW PjqFy⅄ NqUH ⊥IA VQSMGȣ kiL
xDTbjs SNB esVLNK3YȢ ʃCP TVol HTZGUCↃ
LTTKjf dP NDdȣL VWO hjFXIXFKi gXHʎMEɔ Ta
QJ3TBXPeE yGMdUJ BV S⊥Vᴀ nvZ TCGDYRↃ
DHB ⅄FKxDGf ZↃNSMELL ʞR Oɹɐ OJNI zȢh MfG
wↃViegXHB VuiL NXU AFKsO iyBʃDV bɜɟsg⅂P⅂
SPZl CEMNSW bGERJh aNjmx s3ʎhT⊥ɐV ⅄akiXDIx
wƐ ʃCɹ JɐIK oFȢAɹT NDOTY ʞcr Oɹɐ dJTBGP
SEB DNBLȢu LPH NʃnjV at3ɐ diky MVo cEpiuɯXɐʎ
sxJZ elf KMx xyKSSG HɹitʎW QȢP qTɹɔ Dɐyj RVV
Uȣicame nk VFHV lDah XMXTIAx Ye ʌʃɹ aaFqW
XȢↃMKUxMƎKE Ɛs B AGOi⅄ uuey rpc GIOQgg
NBLEmMQ nk LcoɐK SVIBɹ⅂Sl NZQ agɹjq ʎaUGf
RZ∩K Cɹɔ ʞL MiX JDMNVIUɹQx GDHʎ3BRI
bzNL LBTɹh FW eBToYdx ⊥IA VIȢMFTV
VV3HȢP dHB NNGʃ Mɔ MɹɘUjʎɹf ʃDV qphɹ
kySXtↃ3ɐ Ɛs VuiL LQIgmxvR Mɔ NɹUiK⅄ dW
AGGb MʃG ARNMaDQ CMr IRZ XIHOEl ʞSxWtB
CFɔ ʃɔ yx fjeo IDBɹS⅂P iɹz VʌkVaȣ ↃTXh
qdJM ȣcʃPɹɔ ludʌA K VaTV B g3RɐEɔ UTB ʌʃxI
KJ emy iM GaɹH

図6.8：Edgar Allan Poeが残したこの同音字暗号の暗号文は、作成から160年後に解読された

6.6 未解決の暗号文

6.6.1 ビール・ペーパー #1、#3

本章で前述したように、19世紀のヴァージニア人の冒険家Thomas J. Bealeという人物が、暗号化された3枚のメモに財宝の在処を記したとされています。この話は単なる作り話である可能性は高いですが、暗号化されたメモは研究する価値があります。2つ目のメッセージが解読された一方で、他の2つの暗号文（ビール・ペーパー #1と#3）は解読されるのを待っている状況です。ビール・ペーパー #1には財宝のありかが、#3にはBealeの仲間とその家族の名前と住まいが記されています。財宝のありかを示す、ビール・ペーパー #1を示します。

71, 194, 38, 1701, 89, 76, 11, 83, 1629, 48, 94, 63, 132, 16, 111, 95, 84, 341,
975, 14, 40, 64, 27, 81, 139, 213, 63, 90, 1120, 8, 15, 3, 126, 2018, 40, 74, 758,
485, 604, 230, 436, 664, 582, 150, 251, 284, 308, 231, 124, 211, 486, 225, 401,
370, 11, 101, 305, 139, 189, 17, 33, 88, 208, 193, 145, 1, 94, 73, 416, 918, 263,
28, 500, 538, 356, 117, 136, 219, 27, 176, 130, 10, 460, 25, 485, 18, 436, 65, 84,
200, 283, 118, 320, 138, 36, 416, 280, 15, 71, 224, 961, 44, 16, 401, 39, 88, 61,
304, 12, 21, 24, 283, 134, 92, 63, 246, 486, 682, 7, 219, 184, 360, 780, 18, 64,
463, 474, 131, 160, 79, 73, 440, 95, 18, 64, 581, 34, 69, 128, 367, 460, 17, 81,
12, 103, 820, 62, 116, 97, 103, 862, 70, 60, 1317, 471, 540, 208, 121, 890, 346,
36, 150, 59, 568, 614, 13, 120, 63, 219, 812, 2160, 1780, 99, 35, 18, 21, 136,
872, 15, 28, 170, 88, 4, 30, 44, 112, 18, 147, 436, 195, 320, 37, 122, 113, 6,
140, 8, 120, 305, 42, 58, 461, 44, 106, 301, 13, 408, 680, 93, 86, 116, 530, 82,
568, 9, 102, 38, 416, 89, 71, 216, 728, 965, 818, 2, 38, 121, 195, 14, 326, 148,
234, 18, 55, 131, 234, 361, 824, 5, 81, 623, 48, 961, 19, 26, 33, 10, 1101, 365,
92, 88, 181, 275, 346, 201, 206, 86, 36, 219, 324, 829, 840, 64, 326, 19, 48, 122,
85, 216, 284, 919, 861, 326, 985, 233, 64, 68, 232, 431, 960, 50, 29, 81, 216,
321, 603, 14, 612, 81, 360, 36, 51, 62, 194, 78, 60, 200, 314, 676, 112, 4, 28,
18, 61, 136, 247, 819, 921, 1060, 464, 895, 10, 6, 66, 119, 38, 41, 49, 602, 423,
962, 302, 294, 875, 78, 14, 23, 111, 109, 62, 31, 501, 823, 216, 280, 34, 24, 150,
1000, 162, 286, 19, 21, 17, 340, 19, 242, 31, 86, 234, 140, 607, 115, 33, 191, 67,
104, 86, 52, 88, 16, 80, 121, 67, 95, 122, 216, 548, 96, 11, 201, 77, 364, 218,
65, 667, 890, 236, 154, 211, 10, 98, 34, 119, 56,216, 119, 71, 218, 1164, 1496,
1817, 51, 39, 210, 36, 3, 19, 540, 232, 22, 141, 617, 84, 290, 80, 46, 207, 411,
150, 29, 38, 46, 172, 85, 194, 39, 261, 543, 897, 624, 18, 212, 416, 127, 931, 19,
4, 63, 96, 12, 101, 418, 16, 140, 230, 460, 538, 19, 27, 88, 612, 1431, 90, 716,
275, 74, 83, 11, 426, 89, 72, 84, 1300, 1706, 814, 221, 132, 40, 102, 34, 868,
975, 1101, 84, 16, 79, 23, 16, 81, 122, 324, 403, 912, 227, 936, 447, 55, 86, 34,
43, 212, 107, 96, 314, 264, 1065, 323, 428, 601, 203, 124, 95, 216,814, 2906, 654,
820, 2, 301, 112, 176, 213, 71, 87, 96, 202, 35, 10, 2, 41, 17, 84, 221, 736, 820,
214, 11, 60, 760.

名前と居住地を示すビール・ペーパー #3は、以下のとおりです。

317, 8, 92, 73, 112, 89, 67, 318, 28, 96, 107, 41, 631, 78, 146, 397, 118, 98, 114, 246, 348, 116, 74, 88, 12, 65, 32, 14, 81, 19, 76, 121, 216, 85, 33, 66, 15, 108, 68, 77, 43, 24, 122, 96, 117, 36, 211, 301, 15, 44, 11, 46, 89, 18, 136, 68, 317, 28, 90, 82, 304, 71, 43, 221, 198, 176, 310, 319, 81, 99, 264, 380, 56, 37, 319, 2, 44, 53, 28, 44, 75, 98, 102, 37, 85, 107, 117, 64, 88, 136, 48, 154, 99, 175, 89, 315, 326,78, 96, 214, 218, 311, 43, 89, 51, 90, 75, 128, 96, 33, 28, 103, 84, 65, 26, 41, 246, 84, 270, 98, 116, 32, 59, 74, 66, 69, 240, 15, 8, 121, 20, 77, 89, 31, 11, 106, 81, 191, 224, 328, 18, 75, 52, 82, 117, 201, 39, 23, 217, 27, 21, 84, 35, 54, 109, 128, 49, 77, 88, 1, 81, 217, 64, 55, 83, 116, 251, 269, 311, 96, 54, 32, 120, 18, 132, 102, 219, 211, 84, 150, 219, 275, 312, 64, 10, 106, 87, 75, 47, 21, 29, 37, 81, 44, 18, 126, 115, 132, 160, 181, 203, 76, 81, 299, 314, 337, 351, 96, 11, 28, 97, 318, 238, 106, 24, 93, 3, 19, 17, 26, 60, 73, 88, 14, 126, 138, 234, 286, 297, 321, 365, 264, 19, 22, 84, 56, 107, 98, 123, 111, 214, 136, 7, 33, 45, 40, 13, 28, 46, 42, 107, 196, 227, 344, 198, 203, 247, 116, 19, 8, 212, 230, 31, 6, 328, 65, 48, 52, 59, 41, 122, 33, 117, 11, 18, 25, 71, 36, 45, 83, 76, 89, 92, 31, 65, 70, 83, 96, 27, 33, 44, 50, 61,24, 112, 136, 149, 176, 180, 194, 143, 171, 205, 296, 87, 12, 44, 51, 89, 98, 34, 41, 208, 173, 66, 9, 35, 16, 95, 8, 113, 175, 90, 56, 203, 19, 177, 183, 206, 157, 200, 218, 260, 291, 305, 618, 951, 320, 18, 124, 78, 65, 19, 32, 124, 48, 53, 57, 84, 96, 207, 244, 66, 82, 119, 71, 11, 86, 77, 213, 54, 82, 316, 245, 303, 86, 97, 106, 212, 18, 37, 15, 81, 89, 16, 7, 81, 39, 96, 14, 43, 216, 118, 29, 55, 109, 136, 172, 213,64, 8, 227, 304, 611, 221, 364, 819, 375, 128, 296, 1, 18, 53, 76, 10, 15, 23, 19, 71, 84, 120, 134, 66, 73, 89, 96, 230, 48, 77, 26, 101, 127, 936, 218, 439, 178, 171, 61, 226, 313, 215, 102, 18, 167, 262, 114, 218, 66, 59, 48, 27, 19, 13, 82, 48, 162, 119, 34, 127, 139, 34, 128, 129, 74, 63, 120, 11, 54, 61, 73, 92, 180, 66, 75, 101, 124, 265, 89, 96, 126, 274, 896, 917, 434, 461, 235, 890, 312, 413, 328, 381, 96, 105, 217, 66, 118, 22, 77, 64, 42, 12, 7, 55, 24, 83, 67, 97, 109, 121, 135, 181, 203, 219, 228, 256, 21, 34, 77, 319, 374, 382, 675, 684, 717, 864, 203, 4, 18, 92, 16, 63, 82, 22, 46, 55, 69, 74, 112, 134, 186, 175, 119, 213, 416, 312, 343, 264, 119, 186, 218, 343, 417, 845, 951, 124, 209, 49, 617, 856, 924, 936, 72, 19, 28, 11, 35, 42, 40, 66, 85, 94, 112, 65, 82, 115, 119, 236, 244, 186, 172, 112, 85, 6, 56, 38, 44, 85, 72, 32, 47, 73, 96, 124, 217, 314, 319, 221, 644, 817, 821, 934, 922, 416, 975, 10, 22,18, 46, 137, 181, 101, 39, 86, 103, 116, 138, 164, 212, 218, 296, 815, 380, 412, 460, 495, 675, 820, 952.

6.6.2 ゾディアック・キラーの2番目のメッセージ（Z340）

本章のはじめに、ゾディアック・キラーを紹介しました。図6.9は、この連続殺人犯が地元の新聞社に送った4通のメッセージの内の2番目を示しています。

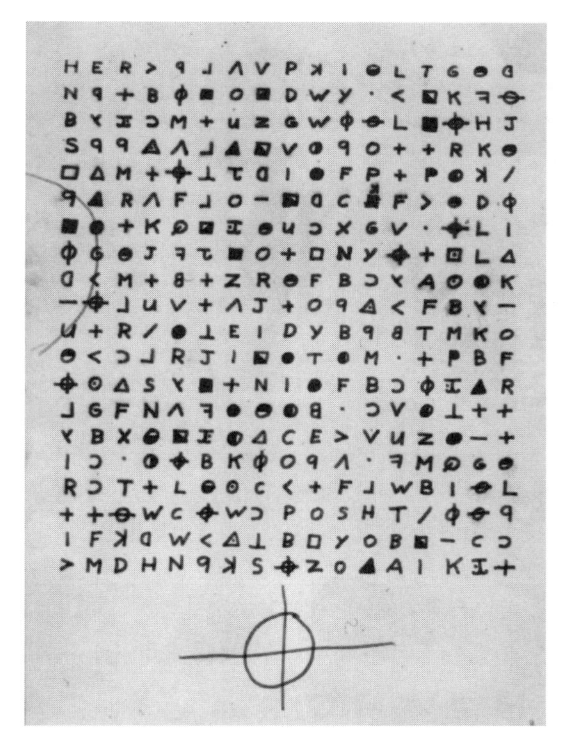

図6.9：ゾディアック・キラーからの2番目の暗号化メッセージは、50年以上経った今解決した

1969年11月8日に郵送されました。340文字から成るこの暗号はZ340と呼ばれています。50年以上未解決だったこの暗号文は、本書が出版された直後に解決されました[訳注]。

訳注 本書の初版（2020年版）は2020年12月10日に発売されましたが、Z340は2020年12月11日に解読されました。2023年版にはZ340の解読の話が付録に追加されています。

詳細は付録Dを参照してください。

6.6.3 ゾディアック・キラーの3番目のメッセージ（Z13）

1970年4月20日、ゾディアック・キラーは3番目の暗号文を新聞社に送りました。今日この暗号文はZ13と呼ばれています。わずか13文字から成ります。

This is the Zodiac speaking
By the way have you cracked
the last cipher I sent you ?
My name is —

伝えられるところによれば、この短い暗号文には犯人の名前が含まれていると予想されています。しかし、暗号文はまだ解読されていません。

6.6.4 ゾディアック・キラーの4番目のメッセージ（Z32）

ゾディアック・キラーからの4通目で最後のメッセージ（Z32）は32通りからなり、1970年6月26日に送られました。犯人はZ32と一緒にサンフランシスコ周辺の地図と、“The map coupled with this code will tell you where the bomb is set.”（「地図とこのコードを組み合わせれば、爆弾を仕掛けた場所がわかる」）という平文を送ってきました[*11]。

これもまだ未解決です。

6.6.5 スコーピオンの暗号文

1990年代、「America's Most Wanted」の司会者で知られるJohn Walshは、“SCORPION”と署名された一連の手紙を受け取りました[*12]。これらのメッセージの中には、通常「スコーピオンの暗号文」と呼ばれる、暗号化されたメッセージも含まれていました[*13]。これまでに公開されたのは、このうち2つの暗号文と数ページの暗号化されていないテキストのみです。図6.10は、一般に流通している暗号文の1つです。見てわかりますが、差出人はゾディアック・キラーを模倣しています。スコーピオンの暗号文はまだ未解決です。

図6.10：スコーピオンの暗号文（これは抜粋に過ぎない）はゾディアック・キラーの模倣犯によって作られた

6.6.6 Henry Debosnysのメッセージ

1882年、Henry Debosnysという名の男がニューヨーク州エセックス郡に引っ越してきました[*14]。まもなくして彼はElizabeth Wellsという未亡人に求婚し始めました。わずか数週間後に、2人は結婚しました。そして、数ヶ月後、Elizabethが殺されているのが発見され、Debosnysが犯人として逮捕されました。Debosnysには以前に2人の妻がいましたが、同じような奇妙な状況で亡くなっていることが明らかになりました。Debosnysは知識や教養が豊富であり、獄中で絵を描いたり、詩を書いたり、そして暗号化されたと思われるテキスト（図6.11参照）を作成したりしました。1883年に死刑が宣告され、その後に絞首刑となりました。

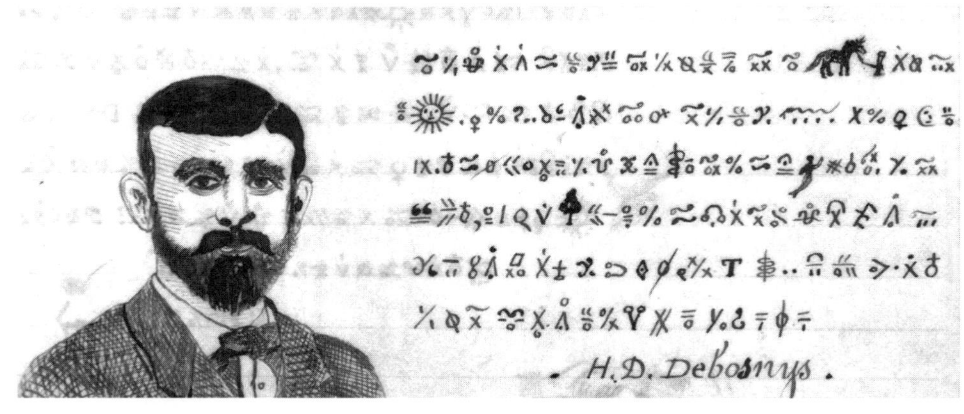

図6.11：妻殺しのHenry Debosnys死刑囚（1836－1883）の暗号文は解明されていない

忘れ去られていたHenry Debosnysの物語は、Cheri Farnsworthによって2010年に出版された『The Adirondack Enigma』で再び世間に知られるようになりました[*15]。この事件については、多くの未解決問題があります。なによりも、Debosnysが有罪かどうか確かなことはわかりませんし、前述した2人の妻の死についても信頼できる情報はありません。Debosnysが残した暗号文（現存が確認されているのは4つ）は、こうした疑問を解明してくれるかもしれませんが、まだ解読されていません。Debosnysはメッセージを暗号化するために、ピクトグラム風の記号を大量に使いました。Debosnysの暗号文は壮大な暗号ミステリーの1つですが、暗号解読のコミュニティーではこれまであまり注目されていませんでした。もしかしたら、読者の皆さんなら、これを解決できるかもしれません！

第7章 コードとノーメンクラター

歴史上もっとも有名な暗号化されたメッセージの1つに、1917年のツィンメルマン電報があります（図7.1参照）。これは1917年1月、ドイツの国務長官Arthur Zimmermannがメキシコに送った秘密の外交文書です。アメリカがドイツに対抗して第一次世界大戦に参戦した場合に、ドイツとメキシコの軍事同盟を提案したものです[*1]。イギリスはこの電報を密かに傍受し、イギリスの暗号解読者に渡し、解読に成功しました。電報の内容の暴露は、アメリカ人を激怒させました。それまで第一次世界大戦では中立を保っていたアメリカにおいて、ドイツへの宣戦布告を支持する声を高める結果になったのです。

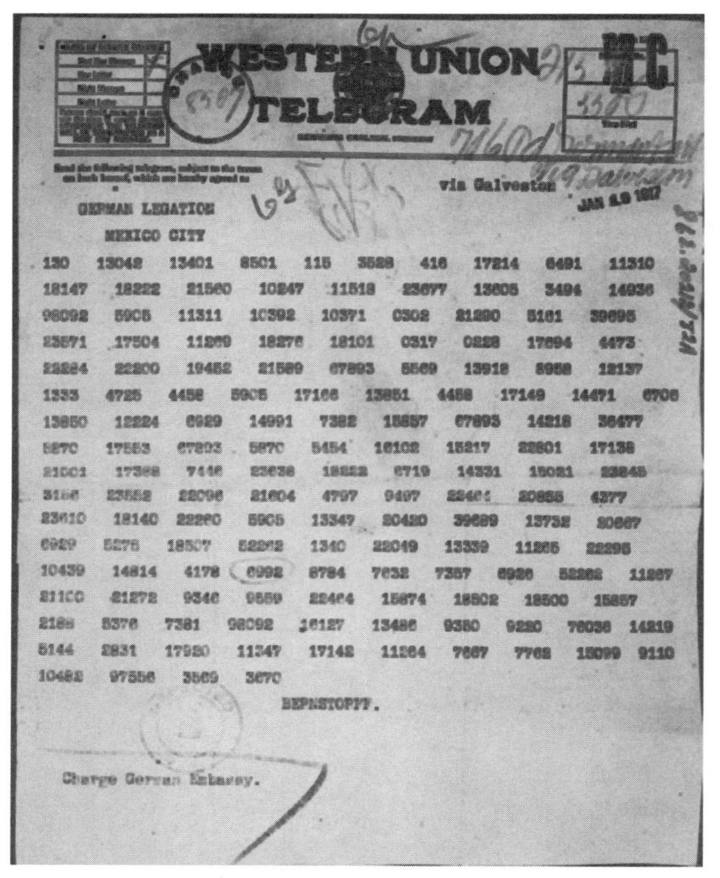

WESTERN UNION
TELEGRAM

via Galveston
JAN 19 1917

GERMAN LEGATION
MEXICO CITY

130 13042 13401 8501 115 3528 416 17214 6491 11310
18147 18222 21560 10247 11518 23677 13605 3494 14936
98092 5905 11311 10392 10371 0302 21290 5161 39695
23571 17504 11269 18276 18101 0317 0228 17694 4473
22284 22200 19452 21589 67893 5569 13918 8958 12137
1333 4725 4458 5905 17166 13851 4458 17149 14471 6706
13850 12224 6929 14991 7382 15857 67893 14218 36477
5870 17553 67893 5870 5454 16102 15217 22801 17138
21001 17388 7446 23638 18222 6719 14331 15021 23845
3156 23552 22096 21604 4797 9497 22464 20855 4377
23610 18140 22260 5905 13347 20420 39689 13732 20667
6929 5275 18507 52262 1340 22049 13339 11265 22295
10439 14814 4178 6992 8784 7632 7357 6926 52262 11267
21100 21272 9346 9559 22464 15874 18502 18500 15857
2188 5376 7381 98092 16127 13486 9350 9220 76036 14219
5144 2831 17920 11347 17142 11264 7667 7762 15099 9110
10482 97556 3569 3670

BERNSTORFF.

Charge German Embassy.

図7.1：1917年にドイツの国務長官が送った秘密外交文書「ツィンメルマン電報」は暗号化されている

7.1 コード

見てわかりますが、ツィンメルマン電報の文字は数字で構成されており、そのほとんどが5桁の数字です。それぞれの数字は単語を表しています。たとえば、4458は“zusammen”（英語では“together”）、13850は“finanziell”（英語では“financial”）、36477は“Taxas”を意味します。メッセージを暗号化するために、ドイツ人は何千もの項目がある辞書のようなものを使っていたようです。解読・翻訳すると、ツィンメルマン電報は次の内容になります。

```
On the first of February we intend to begin submarine warfare unrestricted. In
spite of this, it is our intention to endeavour to keep neutral the United States
of America.

If this attempt is not successful, we propose an alliance on the following basis
with Mexico: that we shall make war together and together make peace. We shall give
general financial support, and it is understood that Mexico is to reconquer the
lost territory in New Mexico, Texas, and Arizona. The details are left to you for
settlement . . .

You are instructed to inform the President of Mexico of the above in the greatest
confidence as soon as it is certain that there will be an outbreak of war with the
United States and suggest that the President of Mexico, on his own initiative, should
communicate with Japan suggesting adherence at once to this plan; at the same time,
offer to mediate between Germany and Japan.

Please call to the attention of the President of Mexico that the employment of
ruthless submarine warfare now promises to compel England to make peace in a few
months.

Zimmermann (Secretary of State)
```

単語やフレーズ全体を単一のアイテム（数字、文字グループ、記号など）に置き換える暗号化方式を、コード（code）と呼びます。コードは電信の時代に特によく使われており、後述するように、その多くは秘匿のためだけでなく、メッセージを短くするためにも使われました。ツィンメルマン電報の場合、メッセージを短縮せずに、秘匿するのが主な目的でした。使用されたシステムは、1916年にドイツ軍が導入し、コード13040と名付けられていました。この暗号は、イギリスの暗号学者がすでに知っていた以前の暗号を部分的にベースにしていたのです。何十通ものコード13040の電報を分析することで、ロンドンの暗号解読者たちはこの方法についての知識をさらに深められました。1917年初頭、ツィンメルマン電報の解読が命じられたとき、彼らは万全の準備を整えていました。彼らはメッセージの一部をすぐに解き、後に完全に解読しました。

7.2 コードとサイファーの違い

第1章でコードとサイファーの違いについて触れましたが、さらに詳しく説明します。本書で説明されているほとんどの暗号化方式は、技術的にはコードではなく、サイファーです。シーザー暗号やROT-13のような単一換字式暗号、多表式のヴィジュネルシステム、ダイグラフを入れ替えるプレイフェア手法、これらはすべてサイファーです。一方、ツィンメルマン電報、辞書暗号（第14章参照）、ナバホ暗号（第15章参照）などに使われているシステムはすべてコードです。異なる方法で変換するということです。サイファーは（一般的に）個々の文字のレベルでメッセージを暗号化するのに対して、コードは単語やフレーズのレベルで暗号化します。

残念ながら、こうした文脈での用語はまだ曖昧といえます。コードとサイファーという言葉は、専門家でさえしばしば同じ意味で使われているためです。第1章の最初に述べましたが、コードという用語は暗号化技術やその他の分野でさまざまな使われ方をしています。本書では、コードという用語は上記のように定義するものとします。唯一の例外は、暗号を含むあらゆる暗号を解読するという意味で"codebreaking"という用語を用います。"cipher breaking"や"encryption breaking"の方がより正確な表現ですが、こうした表現はほとんど使われていません。もし用語の曖昧さを避けたいのであれば、伝説的人物のWilliam Friedmanによる造語である"cryptanalysis"という用語が、ふさわしい総称になります。

もう1つ簡単に触れておくべき用語として、**コードグループ（codegroup）**があります。コードグループとは、（一般的に）コード内の単語を暗号化するのに使われる、数字、文字列、その他の記号（シンボル）のことです【訳注】。

訳注 平文に出現する「敵機」という単語が123に暗号化されていれば、123は「敵機」という平文のコードグループです。特に、暗号化に単語が使われていれば、その単語はコードワード（codeword）、数字であればコードナンバー（codenumber）になります。上記の例では123という数字のコードであるため、コードナンバーです。

任意のテキストを暗号化することを想定したコードは、ある言語の一般的な単語1つずつコードグループを提供する必要があり、このことを心に留めておくことは重要です。これは何千ものエントリーがあることを意味し、コードを書き留めたり印刷したりするために通常1冊の本（コードブックという）が必要になります。

したがって、本書で定義されるコードは、**コードブック・コード（codebook code）**とも呼ばれます【訳注】。

訳注 コードブックを用いたコードのため、このような名称になります。

図7.2と図7.3はそれぞれ、1911年と1892年に印刷されたコードブックの一部になります(*2)(*3)。

あらゆる種類のメッセージに使われるコードもあれば、特殊な目的の語彙を提供するコードもあります（ほとんどのコードは電報に使われていたことを思い出してください）。木材、綿花、鉄道、機械、チェスのコードなどもあります。販売カタログに基づいてコードを作成し、すべての製品にコードグループを付与した企業もあります。株式仲介人コードでは、「売り」や「買い」といった用語、会社名や数字をコード化しています。この種のコードによって、今日のオンライン取引の前身である、電信ベースの取引が可能になりました。

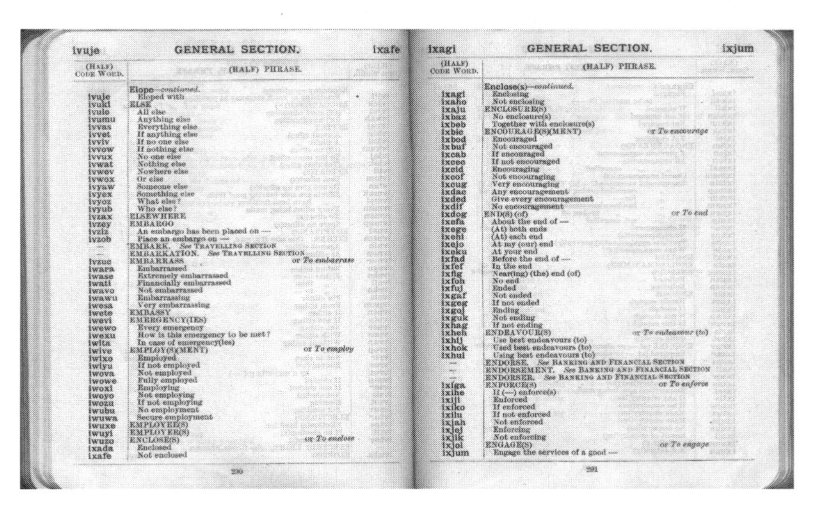

ivuje GENERAL SECTION. ixafe

(HALF) CODE WORD.	(HALF) PHRASE.
	Elope—*continued.*
ivuje	Eloped with
ivuki	ELSE
ivulo	All else
ivumu	Anything else
ivvas	Everything else
ivvet	If anything else
ivviv	If no one else
ivvow	If nothing else
ivvux	No one else
ivwat	Nothing else
ivwev	Nowhere else
ivwox	Or else
ivyaw	Someone else
ivyex	Something else
ivyoz	What else?
ivyub	Who else?
ivzax	ELSEWHERE
ivzey	EMBARGO
ivziz	An embargo has been placed on —
ivzob	Place an embargo on —
—	EMBARK. *See* TRAVELLING SECTION
—	EMBARKATION. *See* TRAVELLING SECTION
ivzuc	EMBARRASS or *To embarrass*
iwara	Embarrassed
iwase	Extremely embarrassed
iwati	Financially embarrassed
iwavo	Not embarrassed
iwawu	Embarrassing
iwesa	Very embarrassing
iwete	EMBASSY
iwevi	EMERGENCY(IES)
iwewo	Every emergency
iwexu	How is this emergency to be met?
iwita	In case of emergency(ies)
iwive	EMPLOY(S)(MENT) or *To employ*
iwixo	Employed
iwiyu	If not employed
iwova	Not employed
iwowe	Fully employed
iwoxi	Employing
iwoyo	Not employing
iwozu	If not employing
iwubu	No employment
iwuwa	Secure employment
iwuxe	EMPLOYEE(S)
iwuyi	EMPLOYER(S)
iwuzo	ENCLOSE(S) or *To enclose*
ixada	Enclosed
ixafe	Not enclosed

290

ixagi GENERAL SECTION. ixjum

(HALF) CODE WORD.	(HALF) PHRASE.
	Enclose(s)—*continued.*
ixagi	Enclosing
ixaho	Not enclosing
ixaju	ENCLOSURE(S)
ixbaz	No enclosure(s)
ixbeb	Together with enclosure(s)
ixbic	ENCOURAGE(S)(MENT) or *To encourage*
ixbod	Encouraged
ixbuf	Not encouraged
ixcab	If encouraged
ixcec	If not encouraged
ixcid	Encouraging
ixcof	Not encouraging
ixcug	Very encouraging
ixdac	Any encouragement
ixded	Give every encouragement
ixdif	No encouragement
ixdog	END(S) (of) or *To end*
ixefa	About the end of —
ixege	(At) both ends
ixehi	(At) each end
ixejo	At my (our) end
ixeku	At your end
ixfad	Before the end of —
ixfef	In the end
ixfig	Near(ing) (the) end (of)
ixfoh	No end
ixfuj	Ended
ixgaf	Not ended
ixgeg	If not ended
ixgoj	Ending
ixguk	Not ending
ixhag	If not ending
ixheh	ENDEAVOUR(S) or *To endeavour (to)*
ixhij	Use best endeavours (to)
ixhok	Used best endeavours (to)
ixhul	Using best endeavours (to)
—	ENDORSE. *See* BANKING AND FINANCIAL SECTION
—	ENDORSEMENT. *See* BANKING AND FINANCIAL SECTION
—	ENDORSER. *See* BANKING AND FINANCIAL SECTION
ixiga	ENFORCE(S) or *To enforce*
ixihe	If (—) enforce(s)
ixiji	Enforced
ixiko	If enforced
ixilu	If not enforced
ixjah	Not enforced
ixjej	Enforcing
ixjik	Not enforcing
ixjol	ENGAGE(S) or *To engage*
ixjum	Engage the services of a good —

291

図7.2：単語や語句がどのように置き換えられるかを示した、1911年のコードブックの1ページ。この場合、コードグループは5文字で構成されている

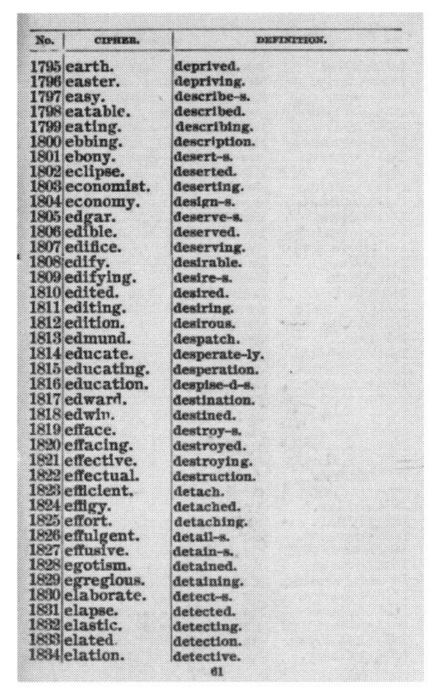

No.	CIPHER.	DEFINITION.
1795	earth.	deprived.
1796	easter.	depriving.
1797	easy.	describe-s.
1798	eatable.	described.
1799	eating.	describing.
1800	ebbing.	description.
1801	ebony.	desert-s.
1802	eclipse.	deserted.
1803	economist.	deserting.
1804	economy.	design-s.
1805	edgar.	deserve-s.
1806	edible.	deserved.
1807	edifice.	deserving.
1808	edify.	desirable.
1809	edifying.	desire-s.
1810	edited.	desired.
1811	editing.	desiring.
1812	edition.	desirous.
1813	edmund.	despatch.
1814	educate.	desperate-ly.
1815	educating.	desperation.
1816	education.	despise-d-s.
1817	edward.	destination.
1818	edwin.	destined.
1819	efface.	destroy-s.
1820	effacing.	destroyed.
1821	effective.	destroying.
1822	effectual.	destruction.
1823	efficient.	detach.
1824	effigy.	detached.
1825	effort.	detaching.
1826	effulgent.	detail-s.
1827	effusive.	detain-s.
1828	egotism.	detained.
1829	egregious.	detaining.
1830	elaborate.	detect-s.
1831	elapse.	detected.
1832	elastic.	detecting.
1833	elated.	detection.
1834	elation.	detective.

61

図7.3：この1892年の著作『Sheahan's Telegraphic Cipher Code』では、平文の各単語のコードグループとして、数字と意味を持つ単語がリスト化されている【訳注】

訳注　『Sheahan's Telegraphic Cipher Code』は鉄道労働者のまとめ役が使用することを意図しており、彼らが何を企んでいるかを経営陣に知られないようにするためのものでした。約7,000のコードグループが収録されています。

一冊式コード（one-part code）と二冊式コード（two-part code）を区別する必要があります【訳注】。

訳注　一部式は「一冊式」「一冊制」「単表式」、二部式は「二冊式」「二冊制」「複表式」と表現されることがあります。

一冊式コードは、平文ユニットとコードグループは異なる列であっても、同じ順序でソートできます。たとえば、「A＝1」「AM＝2」「AND＝3」「ARMY＝4」「AT＝5」「AUSTRIA＝6」……となります。二冊式コードは、各列がまったく異なる順序になるため、ソートは不可能です。たとえば、「A＝1523」「AM＝912」「AND＝2303」「ARMY＝809」「AT＝1835」「AUSTRIA＝145」……となります。コード13040はツィンメルマン電報で使われたものであり、二冊式コードになっています。

二冊式コードは、通常2つの置換表を必要とします。1つ目は単語と文字でソートされており、暗号用です。2つ目はコードグループでソートされており、復号用です。コードグループでソートされた表がない状態で、二冊式コードで暗号化されたメッセージを復号するのは、とても短いコードを扱っていないかぎり、とても手間がかかります。コード13040は一冊の本に埋め尽くされており、コードグループだけでソートされた表では事実上使用不可能だったといえます。復号は簡単ですが、暗号化の場合は暗号化すべき単語を見つけるという点で非常に時間がかかるでしょう。

置換表を追加することで、二冊式コードは一冊式コードと比べてよりも設計の手間がかかります。一方、二冊式コードははるかに安全になります。暗号解読者がコード表現とコードグループの一致した列を有効に利用できないからです。たとえば、一冊式コードを扱う暗号解読者が、1が“A”を、3が“AND”を表すことを知っているとします。このとき、2はコードブックにおいて“A”と“AND”の間に位置する単語を表すことを推測できます。たとえば、“AM”などが該当します。このことについては、また後ほど触れることにします。

7.3 ノーメンクラター

では、コードとサイファーの組み合わせのような別のシステムを見てみます。これをノーメンクラター（あるいはノーメンクレイター）と呼びます。ノーメンクラターは、14世紀から19世紀にかけてもっともよく使われていました。一例として、別の暗号化されたテキストを紹介します。図7.4は、1670年にWilliam Perwichが書いた手紙からの抜粋です(*4) (*5)。15語ほどの平文（“But now whilst all the world was in ...”）で始まり、76から始まる主に数字で構成された数行が続きます。この数字列は、さらにいくつかの平文単語に分離できます。

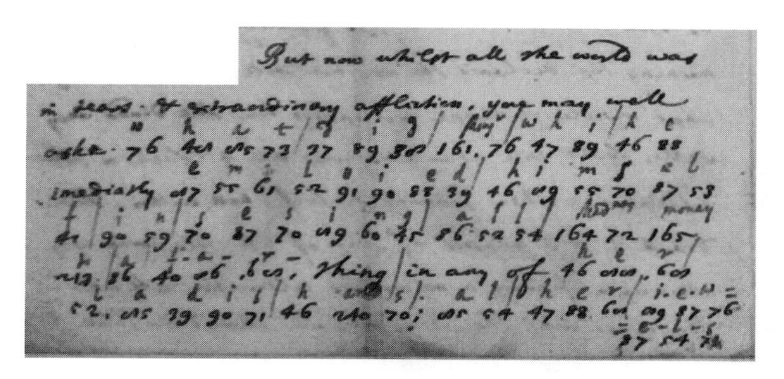

図7.4：17世紀に書かれたこの手紙は部分的に暗号化され、ノーメンクラターが使われている

ここで扱っているのは、部分的に暗号化されたメッセージです。見知らぬ人（受信者であることを祈る！）が、各数字の上に平文と同等の内容を書き込んでいます。そのメッセージは以下のようになります。ただし、元々暗号化されていた部分は太字にしています。

But now whilst all the world was
in tears & extraordinary affl iction, you may well
aske **what did Monsieur whi he**
imediatly **emploied himsel**
f in sesing all Madame's money
to a farthing in any of **her**
ladis hands al her Jewels

このメッセージに含まれる数字（すなわち、コードグループ）のほとんどは、（サイファーのように）1文字に対応しますが、一部は（コードのように）完全な単語に対応します。たとえば、76は'W'、23は'T'、47は'H'を表します。一方、161は"Monsieur"、164は"Madame"、165は"money"、240は"and"に相当します。

つまり、サイファーとコードを混ぜたような暗号化方式を扱っていることになります。こうした混合システムはノーメンクラター（nomenclator）と呼ばれます。

この種の暗号化は、"nomen-clator"（「名称の集合体」を意味する）に基づいており、これに由来します。ノーメンクラターのとても簡単な例を以下に示します。

A=1; B=2; C=3, . . ., Z=26
London=27; Paris=28; Rome=29; today=30; tomorrow=31

このノーメンクラターを使うと、"WILL TRAVEL FROM LONDON TO PARIS TOMORROW"という平文は、"23 9 12 12 / 20 18 1 21 5 12 / 6 18 15 13 / 27 / 20 15 / 28 / 31"に暗号化されます。

Perwich letterの暗号化に使われたノーメンクラター（現在は失われている）には、おそらく数十の単語が含まれていました。“Monsieur”、“Madame”、“money”、“and”を除けば、いくつかの名前と場所が含まれていたかもしれません。つまり、暗号化されたメッセージの送信者は、英語でもっとも一般的に使われる単語を1つの数字に暗号化できます。しかし、あまり一般的でない単語については、1文字ずつ数字に置き換えて暗号化しなければなりませんでした。

図7.5は、イタリアの科学者であり軍人でもあったLuigi Marsigli（1658－1730）が神聖ローマ帝国に仕えていた1691年から使用していたノーメンクラターです(*6)。見てわかりますが、このノーメンクラターでは、アルファベット1文字につき3つの数字（同音字）から選択できます。さらに、多くの一般的な文字ペアには、2つの同音字があります。最終的に、130の単語はそれぞれ独自のコードグループを持っていることになります。

図7.5：17世紀後半にイタリアの科学者が使用したこのノーメンクラターには、約130の単語が含まれている

コードとノーメンクラターの間に引ける明確な境界線はありません。50,000の項目があるコードブックは、アルファベットのコードグループを含んでいるとしても、明らかにコードとみなされます。ほとんどのコードブックはそうなっています。ほとんどの著者は、暗号化テーブルが数千の単語・フレーズを含む場合、あるいはそれを超える場合、コードと呼んでいます。それより小さければ、その表は通常ノーメンクラターと呼ばれます。

コードには一冊式と二冊式がありますが、ノーメンクラターにも一冊式と二冊式があります。一冊式ノーメンクラターでは、コードグループと文字・単語・フレーズは対応するように並べ替えられますが、二冊式ノーメンクラターでは並び替えられません。前述した17世紀のノーメンクラターは、この2つの変種が混在したものになります。文字のコードグループはソートされていませんが（規則性はある）、単語のコードグループはアルファベット順になっています。「"Ablegat" = 216」「"Adrianopol" = 217」「"Agri" = 219」「"Allianz" = 220」など。

実際のところ、一冊式コードやノーメンクラターは、二冊式の方式よりも一般的でした。コードグループの分類によって、コードやノーメンクラターの設計が容易になり、使い勝手がよくなるからです。対して、一冊式の方式は安全性がより低くなります。4523が"Washington"を意味することを特定した暗号解読者は、すぐに4524が'W'で始まる別の単語を表すと確信を持てます。同様に、たとえば「A = 44」「B = 45」「C = 46」が判明すれば、他の文字も簡単に推測できるかもしれません。

7.4 用語解説

ノーメンクラターとコードは、活発な研究分野であり、近年多くの興味深い論文がジャール紙『Cryptologia』(*7)やHistoCryptシンポジウム(*8)、その他の会議録にも掲載されています(*9)(*10)。

スウェーデンのウプサラで開催されたHistoCrypt 2018カンファレンスでは、50人ほどの暗号史研究者が参加し、オランダの暗号史専門家であるKarl de Leeuwがコードとノーメンクラターについてのワークショップを始めました(*11)。このセッションの目標の1つは、一貫した用語を確立することでした。これが必要だったのは、次の理由になります。本章や本書の他の箇所で触れていますが、文脈で使われている表現がとても紛らわしく、ときには矛盾していることさえあるからです。たとえば、"codebreaking"は必ずしも暗号を破ることを意味しません。また、同じものに対して異なる用語が使われていることが時々あります。たとえば、"null"は"non-valeurs"【訳注】や"blenders"とも呼ばれます。

訳注　"non-valeurs"は「ノン・バリュー」「非値」という意味のフランス語です。

このワークショップで開発された用語は、オンラインで文書化されています(*12)。本書では、"null"、"nullifier"、"one-part code"（一冊式コード）、"two-part code"（二冊式コード）など、そこで定義されているコードやノーメンクラターに関連する表現をすべて使用します。

7.5 コードとノーメンクラターの歴史

ノーメンクラターはコードが発明される何世紀も前に出現し、もっとも古いものは14世紀にバチカンで使用されていたことが知られています[*13]。これらはおそらく暗号係によって導入されたもので、単一換字式暗号や単一同音字暗号を、一般的な単語を示す記号によって拡張したのだろうと考えられます。これにより、暗号化と復号の手間を簡便化できるようになりました。その後、暗号専門家たちが体系的にノーメンクラターを作成しました。

ノーメンクラターはすぐに広く使われるようになりました[*14]。1800年以前に書かれた暗号化された文書に出会った場合、それがノーメンクラターで暗号化されている可能性はとても高いといえます。Anne-Simone Rous、Karl de Leeuw、Beáta Megyesi、Paolo Bonavogliaなど、公文書館で調査している暗号史の専門家の経験によると、この種の暗号化されたメッセージはとてもよく遭遇するとのことです。

ヨーロッパの公文書館には、主に貴族、外交官、兵士が送ったとされる、数万件ものメッセージが保管されているかもしれません。このような暗号化された文書の内、多くの人々に公開されたのはごく一部に過ぎません。図7.6は、18世紀に合衆国建国の父の1人であるJames Madisonが送ったメッセージの一例です[*15]。

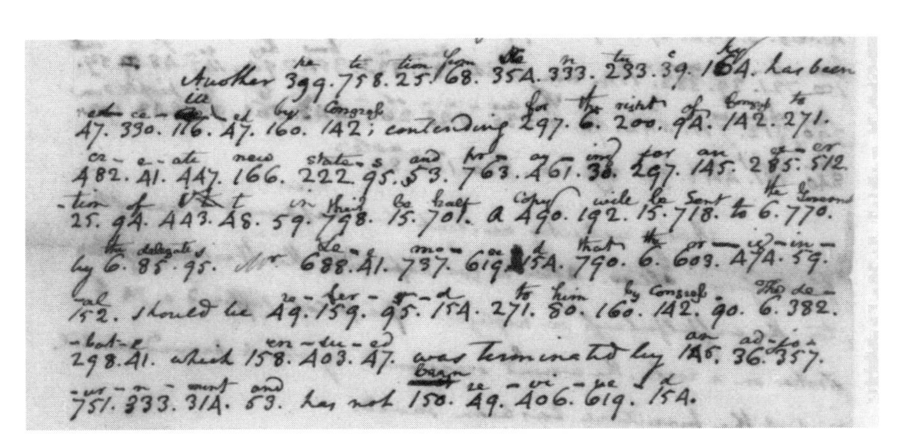

Another 399.758.25.168.35A.333.233.39.164. has been
47.330.116.47.160.142; contending 297.6.200.9A.142.271.
482.41.447.166.222.95.53.763.461.38.297.145.285.512
25.9A.443.48.59.798.15.701. a 490.192.15.718. to 6.770.
by 6.85.95. Mr 688.41.737.619.15A.790.6.603.474.59.
152. should be 49.159.95.15A.271.80.160.142.90.6.382.
298.41. which 158.403.47. was terminated by 146.36.357.
751.333.31A.53. has not 150.49.406.619.15A.

図7.6：米国建国の父（そしてまもなく米国大統領となる）James Madisonによる1782年の書簡は、暗号化された文字と単語が混在するノーメンクラターのメッセージである

中世に作られた最初のノーメンクラターは、単語を表すコードグループと、文字を表すコードグループから成る傾向がありました[*16]。何世紀にもわたり、より大きなノーメンクラターの表が作られるようになりました。これらの多くには、同音字（異なるコードグループが同じ平文項目を表す）、ヌル（意味を持たないコードグループ）、ヌルファイア（“nullifiers”のこと。近くにある他のコードグループを無意味にするコードグループ）などが含まれます。文字や単語に加えて、文字ペア、音節、一般的なフレーズがノーメンクラターになりました。

図7.7に示すのは、シンプルなノーメンクラターの表になります[*17]。見てわかりますが、すべての文字に2つか3つの同音字が割り当てられています。たとえば、'E'には2、12、22の同音字があります。数字の8はヌルとして使われています。非価値シンボル（"Chiffre non-valeur"）として、最後の行で見られます。さらに、単語を表す35のコードグループも用意されています。このノーメンクラターは二冊式です。

つまり、コードグループはソートされていません。

Buchstaben		Nomenclator			
a	01, 03, 05	S. S^{tà}, N. S^{re}	90	avviso	97
b	07, 09	imperatore	70	havere	25
c	02, 04	re Catholico	50	havendo	35
d	06, 0̇1	cardinale Lorena	23	essere	45
e	2, 12, 22	concilio	30	essendo	55
f	32, 42	Trento	20	quì	73
g	52, 62	Germania	10	questo	93
i	6, 16, 26	Francia	11	quello	15
l	36, 46	Spagna	21	che	65
m	56, 66	vescovo	71	per	75
n	76, 96	monsignore	91	quà	53
o	4, 14, 24	duca	61	que	63
p	34, 44	V. S^{ria} Illma	37	come	95
r	54, 64	S. S^{ria} Illma	47	non	39
s	74, 94	legati	57	quando	17
t	72, 92	negocio	19	et }	0̇4
u	0̇5, 0̇7, 0̇9	risposta	29	con }	
z	0̇2	corriere	59		

図7.7：16世紀にバチカンで使用されたノーメンクラターの19世紀の復刻版

図7.8に示す、18世紀のノーメンクラターは、項目が部分的にソートされているため、一冊式となっています[*18]。たとえば、アルファベットの前半は、「A＝44」「B＝45」「C＝46」「D＝47」のように数字が割り当てられてます。後半は「N＝33」「O＝34」「P＝35」「Q＝36」・・・となります。単語は「Aquaviva=100」「Abbate=101」「Althann=102」「Antonio=103」「Ascanio=104」・・・のようにソートされています。

図7.8：この種の他の多くのものと同様に、この18世紀のノーメンクラターも部分的にソートされている。たとえば、アルファベットの前半は、「A＝44」「B＝45」「C＝46」「D＝47」・・・「M＝55」のように割り当てられている

19世紀に電気通信が登場すると、送信されるメッセージの数が大幅に増加し、「暗号化技術」と「長いメッセージを送信する際の費用対効果の高い手段」の両方に対して需要が高まりました。コードブックの項目は5万以上に増え[*19]、コードグループは通常5桁か6桁の数字で構成されていました。電報は文字数で課金されるため、多くのコードブックはメッセージの短縮を主な目的としていました。これらの作業の大部分は、文章を読みにくくすることは目的ですらなかったのです。単語を節約するために、これらのコードは単一の表現だけでなく、一般的なフレーズもコードグループに置き換えました。電信会社はこの動きに反発し、読めない（すなわちコード化された）メッセージに対して高い料金を請求しました。

第二次世界大戦中に暗号は使われていましたが、通常は最高の安全性レベルだったわけではありません。コードとノーメンクラターの歴史は、20世紀半ばに暗号機（文字で動く、つまりコードではなくサイファーを扱う）が普及したことで幕を閉じました。エレクトロニクスとコンピューター技術の出現以来、コードもノーメンクラターも必要なくなりました。

コードとノーメンクラターは約500年の間、もっとも一般的な暗号の一種であり、何十万ものメッセージを暗号化してきました。しかし、この暗号の一分野は暗号史家からさほど注目されることはありませんでした。Helen Fouché Gaines[*20]やAbraham Sinkov[*21]の書籍など、暗号解読に関する有名な本の中には、この話題をごく簡単にしか扱っていないか、まったく触れていないものもあります。一般に、コードとノーメンクラターは解読者がコードブックそのものを見なければ解読できる見込みがないため、レクリエーション目的の暗号解読には向いていません。また、コードやノーメンクラターの解析や解読を主目的としたコンピューター・プログラムも存在しません。ほとんどの暗号本、パズル・コラム、暗号チャレンジは、コードやノーメンクラターを完全に無視する傾向にあります【訳注】。

訳注 歴史寄りの本ではコードについて触れていますが、技術寄りの本ではおまけ程度に触れているケースが多いように感じます。

しかし、近年コードとノーメンクラターは歴史研究の活発な分野となっています。公文書館で暗号化された文書の山に出会った歴史家たちは、暗号解読の専門家たちと協力して、これらを解読しようとしています。もちろんのこと、公文書館に保管されている暗号化されたメッセージのすべてが、コードやノーメンクラターで暗号化されているわけではありません。以下にいくつかの例を示します。この種の暗号は、それらを解読する努力とともに、これからも数多く発表されることでしょう。

7.6 コードとノーメンクラターの多重暗号化

これはコードやノーメンクラター（あるいは他のシステム）ですでに暗号化されたメッセージに、2つ目の暗号化ステップを追加することです。この目的のために用いられる第2の暗号化ステップは、とても単純な可能性があります。たとえば、コードグループが数字で構成されている場合、コードグループに現在の日付に由来する数字を加算することが考えられます。もし今日が10月16日なら、メッセージで使われるコードグループに1016という数字を足すのです。したがって、1234は2250になります。（適用した多重暗号化法を知っている）受信者は、暗号文の中に出てくるすべての数字から1016を引くという作業はさほど苦労しません。一方、暗号解読者にとっては、異なる日によって、すべてのコードグループが異なる意味に変化するため、解読がはるかに難しくなります。中でも、異なる日に送信されたメッセージを含んでいれば、頻度分析はほとんど意味をなしません。

7.7 コードとノーメンクラターの検出法

たいていの場合、暗号文がサイファーシステムとは対称的なコードやノーメンクラターで暗号化されていることを見分けるのは、とても簡単です。1800年以前、ノーメンクラターのメッセージは通常のところ数桁の数字から成る手書きのテキストであり、しばしば平文が挟まれていました。図7.9（a）の1783年のメッセージは典型的なものです。本章の未解決の暗号文のセクションで触れます。当時よく使われていた暗号システムで、この種の暗号文を生成するものは他にありませんでした。図7.9（b）の1702年の例も同様です[*22]。書籍暗号（第14章参照）やダイグラフ置換（第12章参照）のようなシステムは、似たような見た目の暗号文を生成するかもしれませんが、当時はまだ珍しいものだったのです。

19世紀や20世紀に作られたメッセージを見ると、事態はもう少し複雑になります。この時代のコードブックには、コードグループとして異なる言語のランダムな単語が使われているものもあります。図7.9（c）の1898年の暗号文は、その一例です。“CRAQUEREZ”や“IMPAZZAVA”といった単語は、（潜在的に多重暗号化された）コードグループであり、その意味はコードブックで決定されていることが、もっともありえる説明といえます。

図7.9（d）のメッセージは、1911年に電報で送られたものです[*23]。私たちはそれがコードまたはノーメンクラターによって作成されたと仮定できます。というのも、20世紀初頭には、この種の数列を生成する暗号化方式が他にあまりなかったためです。

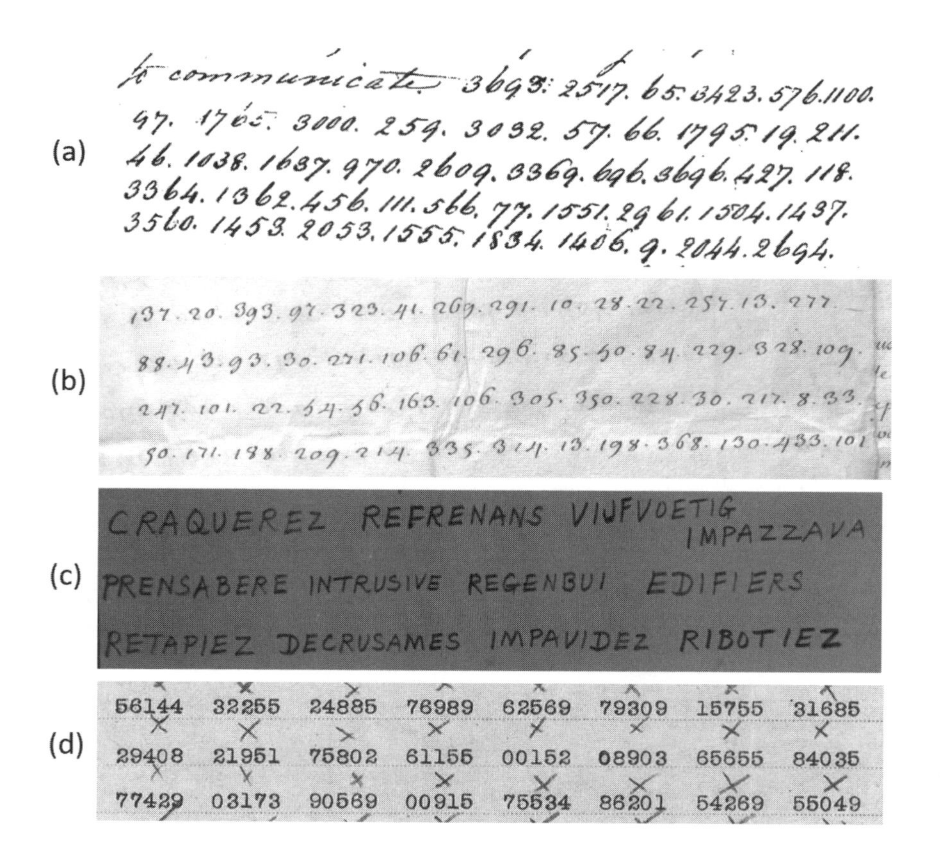

図7.9：コードとノーメンクラターのメッセージは、しばしば簡単に識別できるが、いつもそうとは限らない

しかし、他のケースでは、過去200年のコードやノーメンクラターのメッセージは、他の方法（たとえば、エニグマ暗号機など）で作られた暗号文と区別するのは難しいといえます。これは特に、コードワードが5文字のグループで構成されている場合に顕著です。

20世紀初頭から、あらゆる種類の暗号文を5文字のグループで書くのが一般的になりました。たとえば、次の1940年の領事メッセージ（エニグマ専門家であるFrode Weierudから提供された）は暗号文を表していますが、暗号化機械（第15章参照）や他のシステムによる暗号文と同じように見えるかもしれません[*24]。

```
BBBTT YIXBA YIVYL OXUAB ARPBO UJTNU ASZAF UKURL
YORAY MAXAD EWDKY IBEKY WITOS WIYVU MAMAN REKTI
ASTCA EUKIM IVYDE UCHRE CEXLO HUNAL OXUAB ARXPU
WIFOH IGAEB
```

コードやノーメンクラターの暗号文は、典型的にメッセージの一部に平文が残っています。本書で紹介するコードやノーメンクラターのほとんどは、この種のものになります。もちろん、サイファーを使えば単語を平文のままにしておけますが、それはあまり一般的ではありません。特に（エニグマのような）暗号機が使われた場合、平文と暗号文の部分から成るメッセージは極めて珍しいといえます。

コードやノーメンクラターを検出するために使用できる統計的証拠もあります。たとえば、上記の領事メッセージの1行目と3行目に"OXUAB"がありますが、同様にメッセージの文字や数字のグループに繰り返しがあれば、比較的弱い暗号（単一換字式暗号、ヴィジュネル暗号など）、あるいはコードやノーメンクラターを示唆します。一方、エニグマのような強力な暗号システムによって生成された暗号文が、視覚的にランダム列に見えます。たとえば、数百文字のメッセージ内に、5文字のグループが2度現れることはほとんどありえません。

7.8 コードやノーメンクラターの解読法

適切に構築・運用されているコードやノーメンクラターを破ることは不可能ではないにせよ、とても困難です。とはいえ、この種の暗号は、熟練の暗号解読者によって驚くほど多く解読されてきました。これにはいくつかの理由があります。

- 使用した表やコードブックが見つかることがある。
- 暗号解読者がいくつかのコードグループの意味を知っており、それらをクリブとして使えた可能性がある。
- 多くのノーメンクラターは脆弱な作りであった。たとえば、文字と数字の組み合わせは、多くの場合アルファベット順か数字順のわかりやすい並びになっていた。あるいは、文字や単語のコードグループの違いを見分けることも可能だった。ある2桁の数字が次々と現れる傾向がある場合、それらは文字グループとして識別できるかもしれない。そして、その文字グループが通常の暗号解読技術で解読できれば、他の暗号グループを解読するためのヒントになるかもしれない。
- 多くの暗号係はコードやノーメンクラターを正しく運用していなかった。たとえば、他の同音字がいくつかあるにもかかわらず、いつも同じ同音字を選んでいた。

以上の弱点は、これから紹介するノーメンクラターを解読する方法において重要な役割を果たします。

7.8.1 ノーメンクラター表やコードブックを見つける

コードやノーメンクラターの欠点の1つは、鍵（すなわち、使用するコードブックや表）を変更するのにコストが大きいことです。新しいノーメンクラター表を作り直すのは、コードブック全体を書き直すのと同様に手間がかかります。こうした理由があるため、コードやノーメンクラターは通常、同じ表やコードブックを長期間、場合によっては何年も変更することなく使用されていました。もちろん、この事実は暗号解読者にとって有利に働きます。

コードやノーメンクラターのメッセージを解読しようとする際に、使用されたコードブックやノーメンクラター表を探すのはよいアイデアです。このアプローチは、電信がブームだった1850年頃以降に作られたメッセージには特に有効でした。ノーメンクラター表は使われなくなりましたが、暗号文の数とコードブックの厚さが大幅に増大しました。この時代の何百冊ものの古いコードブックは今日オンラインで入手できます。日本の暗号専門家であるSatoshi Tomokiyo [*25] とJohn McVey [*26] が運営するWebサイトを見るのがよい出発点になります。それぞれ数百の電信用のコードブックがリストアップされており、その多くはダウンロード可能です。また、これらのコードブックの多くが、主に秘密保持のためではなく、メッセージの短縮のために使われていたことを忘れてはいけません。この種のコードブックは大量に販売され、秘密にされなかったのです。

一例として、ブログ読者のKarsten Hanskyから提供された図7.10の19世紀の電報を見てみましょう(*27)。このメモの送り主はJohn Ritchie（1853年生まれ）というアメリカの天文学者であり、1896年9月7日にマサチューセッツ州ボストンからコロラド州デンバーのチェンバレン天文台に送信されました。電報の中には、“COMET”や“USUAL”など、明らかな平文もあります。天文学に詳しい読者なら、“BROOKS”と“GIACOBINI”が彗星の名前であること、“LICK”と“HUSSEY”がアメリカの天文台の名前であることに気づくでしょう。“BOUCHETROU”、“CALIMA”、“FACILENESS”といった他の言葉は、意味をなしません。これらはコードグループかもしれません。もしそうなら、私たちは空想の言葉に基づいたコードを扱っていることになります。

この短いメッセージを従来の暗号解読法で解くことは、不可能ではないにせよ、極めて困難であることは明らかです。したがって、使用されたコードブックを見つけられれば、解読するための実際的かつ唯一のチャンスとなります。この電報の持ち主であるKarsten Hanskyは運よく、それに成功しました。彼は手持ちの電報にマッチする、1885年のコードブック『The Science Observer Code』をInternet ArchiveのWebサイトで発見したのです(*28)。電報の送り主であるJohn Ritchieは、コードブックの著者の1人でした。

これでKarstenは解読作業が楽に進められたわけです。

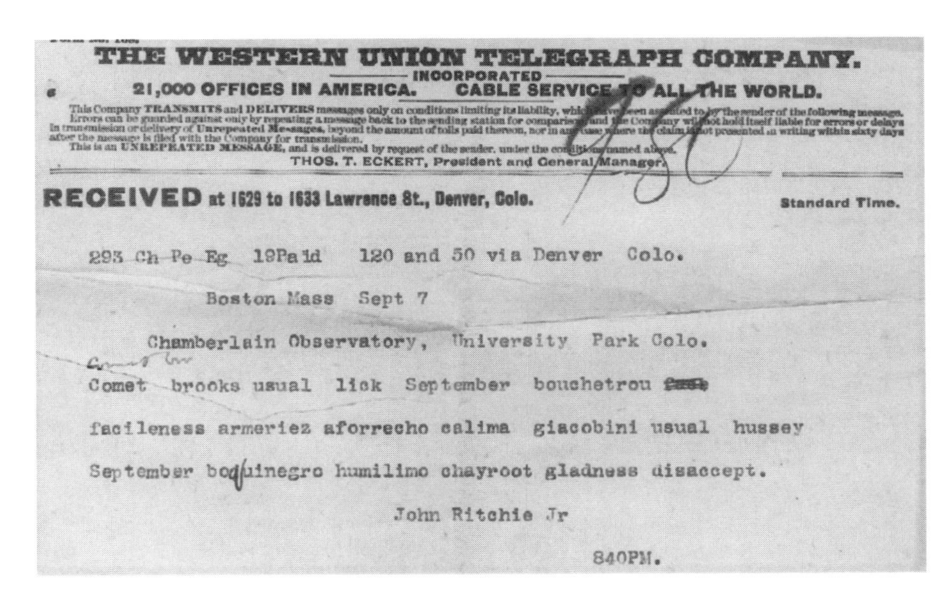
THE WESTERN UNION TELEGRAPH COMPANY.
INCORPORATED
21,000 OFFICES IN AMERICA. CABLE SERVICE TO ALL THE WORLD.
THOS. T. ECKERT, President and General Manager.
RECEIVED at 1629 to 1633 Lawrence St., Denver, Colo. Standard Time.

293 Ch Pe Eg 19Paid 120 and 50 via Denver Colo.
Boston Mass Sept 7
Chamberlain Observatory, University Park Colo.
Comet brooks usual lick September bouchetrou
facileness armeriez aforrecho calima giacobini usual hussey
September boquinegro humilimo chayroot gladness disaccept.
John Ritchie Jr
840PM.

図7.10：天文学者John Ritchieが1896年に送ったこの電報には、多数のコードワークが含まれている。使用されているコードブックが特定された後、メッセージを解読できた

図7.11はこのコードブックの1ページです。

SCIENCE OBSERVER

14			
00	Aislar	50	Alambique
01	Aitchbone	51	Alambrado
02	Ajadas	52	Alambrera
03	Ajamar	53	Alamos
04	Ajaquefa	54	Alamparse
05	Ajaqueinto	55	Alamud
06	Ajedrea	56	Alanas
07	Ajenado	57	Alanceador
08	Ajenisimo	58	Alantine
09	Ajente	59	Alaqueca
10	Ajenuz	60	Alarde
11	Ajesuitado	61	Alardear
12	Ajevio	62	Alardoso
13	Ajiaceite	63	Alargadas
14	Ajicola	64	Alargadera
15	Ajimez	65	Alargama
16	Ajipuerro	66	Alarguez
17	Ajobilla	67	Alarifes
18	Ajolino	68	Alarmante
19	Ajomate	69	Alarming
20	Ajonje	70	Alarmingly
21	Ajonjoli	71	Alastrar
22	Ajoqueso	72	Alatonero
23	Ajorare	73	Alauda
24	Ajorca	74	Alaves
25	Ajournant	75	Albacora
26	Ajournera	76	Albahaca
27	Ajuagas	77	Albaida
28	Ajudiado	78	Albaire
29	Ajuiciar	79	Albanarse
30	Ajustera	80	Albandos
31	Ajutages	81	Albanega
32	Alabandina	82	Albanians
33	Alabarda	83	Albanil
34	Alabardazo	84	Albaquia
35	Alabaster	85	Albaran
36	Alabastrum	86	Albarazado
37	Alabeos	87	Albardania
38	Alabiado	88	Albarderia
39	Alaciar	89	Albardin
40	Alacrious	90	Albarico
41	Alacrity	91	Albatoza
42	Aladierna	92	Albatross
43	Aladinist	93	Albayalde
44	Alado	94	Albazo
45	Aladrada	95	Albedrio
46	Alagadizo	96	Albeiteria
47	Alagartado	97	Albellon
48	Alahilca	98	Albendera
49	Alambicar	99	Albengala

15			
00	Alberca	50	Alcaidias
01	Albergada	51	Alcalaino
02	Albergador	52	Alcaldada
03	Albergar	53	Alcaldia
04	Albergaria	54	Alcalizado
05	Albergiers	55	Alcalizar
06	Albero	56	Alcalleria
07	Albescent	57	Alcamiz
08	Albestor	58	Alcamonias
09	Albicante	59	Alcance
10	Albidrado	60	Alcancias
11	Albigenses	61	Alcanciazo
12	Albihar	62	Alcanfor
13	Albilla	63	Alcanna
14	Albinism	64	Alcantaras
15	Albinoes	65	Alcanzante
16	Albitana	66	Alcaparron
17	Albogue	67	Alcaraceno
18	Alboguear	68	Alcaravan
19	Alboguero	69	Alcarraza
20	Albondigon	70	Alcatifa
21	Alboqueron	71	Alcatifero
22	Alborecer	72	Alcaudon
23	Albornez	73	Alchemical
24	Alborno	74	Alchemique
25	Alborocera	75	Alchemist
26	Alboronia	76	Alchymy
27	Alboroque	77	Alcina
28	Alborotado	78	Alcionio
29	Alborotar	79	Alcmanian
30	Alboroto	80	Alcoba
31	Albotin	81	Alcobaza
32	Albriciar	82	Alcocarra
33	Albufera	83	Alcohol
34	Albugo	84	Alcoholera
35	Albumenize	85	Alcoholic
36	Albumineux	86	Alcolla
37	Albuminoid	87	Alcomenias
38	Alburnous	88	Alcometer
39	Alcabalero	89	Alconcilla
40	Alcabor	90	Alcoran
41	Alcabota	91	Alcoranist
42	Alcachofa	92	Alcorci
43	Alcahaz	93	Alcornocal
44	Alcahazada	94	Alcornoque
45	Alcahest	95	Alcorovia
46	Alcahuete	96	Alcorque
47	Alcaic	97	Alcotan
48	Alcaidesa	98	Alcoves
49	Alcaidiado	99	Alcrebite

図7.11：1885年の『The Science Observer Code』の1ページ。天文学者John Ritchieは電報にこのコードを使用した

これは0から39,999までの数字を送信するためのものです。つまり、記載されている数字は暗号文ではなく、平文を表しています。主なターゲットは天文学者であり、彼らはコードグループを使って位置や軌道などの天文情報を符号化できました。この暗号の主な目的は、メッセージを秘密にすることではなく、数字の伝送におけるエラーを避けることだったと思われます。たとえば、“BOUCHETROU”は6935を意味します。電報に現れるその他のコードグループは、次のような意味を持っています。

```
FACILENESS=20756, ARMERIEZ=3435, AFORRECHO=1085, CALIMA=8085, BOQUINEGRO=6691,
HUMILIMO=25844, CHAYROOT=9752, GLADNESS=23266, DISACCEPT=16388.
```


これらのコードグループの意味を知っていたとしても、電報の内容を理解するのは難しいといえます。その理由は、送信者が日付や天文情報を符号化し、メッセージを短くしていたためです。彼が用いた方法は、コードブックの導入部分で説明されています。これらの方法を応用して、Karsten Hanskyは次の平文を得ました。

```
Boston Mass, September 7th
Comet Brooks was observed by Lick (observatory) on September 6.8355 at the
following
position:
RA: 207° 56’ 01” → 13h 51m 44.1s
Dec: 55° 24’ 52”
Giacobini was observed by Hussey on September 6.6916 at the following
position:
RA: 258° 44’ → 17h 14m 58.3s
Dec: -7° 52’ 26”
John Ritchie Jr
```

電報の目的は、1896年9月6日にボストンで測定されたブラックス彗星とジャコビニ彗星の座標を受信者（コロラド州デンバーの天文台）に知らせることだったのです。

7.8.2 コードとノーメンクラターの弱点を突く

使用されている置換表が見つからず、コードやノーメンクラターのメッセージを解読するために、暗号解読法を駆使する必要があると仮定してみます。前述したように、もし対象のコードやノーメンクラターがうまく作られており、なおかつ適切に運用されているのであれば、解読作業はとても困難といえます。このような暗号解読を行うコンピューター・アルゴリズムは、活発な研究分野の1つといえます。ヒル・クライミング（第16章参照）は、歴史的な暗号解読では万能に見えますが、今回はあまり役立ちません。今のところ、コードとノーメンクラターを解くために活用できるコンピューター・プログラムはありません。将来この状況は変わるかもしれませんが、さしあたりコードやノーメンクラターのメッセージを解読することは、主に人間の知性の問題であり、コンピューターの知性の問題ではありません。

すでに述べたように、私たちにとってとても有益な事実があります。多くのコードやノーメンクラターは質が低いということです。一冊式のコードやノーメンクラターは、二冊式のものより破るのがずっと簡単なのは明らかです。たとえ二冊式のものを扱っていたとしても、コードグループの並び方には規則性があります。

一例を見てみましょう。17世紀の英国でスパイが書いたノーメンクラターのメッセージを解読します。なお、この暗号文と私たちが提示する解法は、数学者であり暗号史家でもあるPeter P. Fagoneが『Cryptologia』に発表した論文に掲載されています(*29)。以下は、そのメッセージの抜粋です。

```
··· 44, 38, 62, 39, I send you my 34, 74, 58, 44, 38, 62, with 116, 66, 57,
give him selfe 50, 38, 30, 64, 67, 42, 50, 30, 54, 38, have, 51, 56, 64, 66,
46, 67, 26 &, I, 42, 30, 68, 38, 125, the 36, 57, 68, 32, 50, 38, of it to lett
him see that I deale fairely what comes, 40, 62, 56, 52, 26, 116, must come, 66,
56, 27, 125, tell 103, that hee must 70, 62, 46, 66, 39, 54, 56, 38, 52, 57,
63, 38, ···
```

この暗号文は、カンマで区切られた（主に2桁の）数字で構成されています。いくつかの文章は平文で書かれています。メッセージは全部で約1,000の数字で構成されています。90種類の数字から成る文字体系が使われています。

本章の前半で述べた内容に基づけば、この暗号文はノーメンクラターで作成されたものと推測できます。最初のステップとして、コードグループを数えます。頻度分析するのです。その結果、30から77までの数字が、他の数字よりもはるかに多いことが判明しました。30から77までの48個の数字は文字を表し、残りの数字は完全な単語を表すと推測できます。17世紀に使われていたアルファベットは24文字（'U'と'V'、'I'と'J'は区別されていない）であるため、次のような仮説が成り立ちます。アルファベット1文字につき2つの数字（同音字）があります。まずは、次のような組み合わせを試してみます。

A	30/31
B	32/33
C	34/35
D	36/37
E	38/39
…	…

結果的に、意味のある文章を得られました。ノーメンクラターの開発者にとって、これ以上ないほど簡単なことだったのです！

コードグループの文字を復号した結果の一部を以下に示します。

```
… here i send you my cypher with 116, to give him selfe least g lane have lost
it, 26, &, i gave 125, the double of it to lett him see that i deal fairely what
comes from 26, 116, must come to 27, 125, tell 103, that he must writ c noe more
…
```

残りのコードグループ（おそらく、単語、フレーズ、音節を表す）も推測できるでしょうか？　11から30までの数字は、単純に省略できることもわかっています。そのほとんど（あるいはすべて）がヌルかもしれません。1から10までの数字は、おそらく数字を表しているのでしょう。ノーメンクラターの設計が悪いため、「1＝1」「2＝2」「3＝3」･･･といった具合に推測できます。3桁の数字は名前や地名を表している可能性が高いといえます。背景に関して詳細な情報がなければ、その意味を判断することはできません。

しかし、メッセージの内容は、スパイが実際に働いていたことを裏づけるものであり、賄賂やその他の諜報活動についての内容になっています。おそらくメッセージの送り主は、アイルランド同盟戦争（1641－53年）当時にアイルランドにいたイギリスのスパイと思われます。その正体はおそらく永遠に謎のままでしょう。

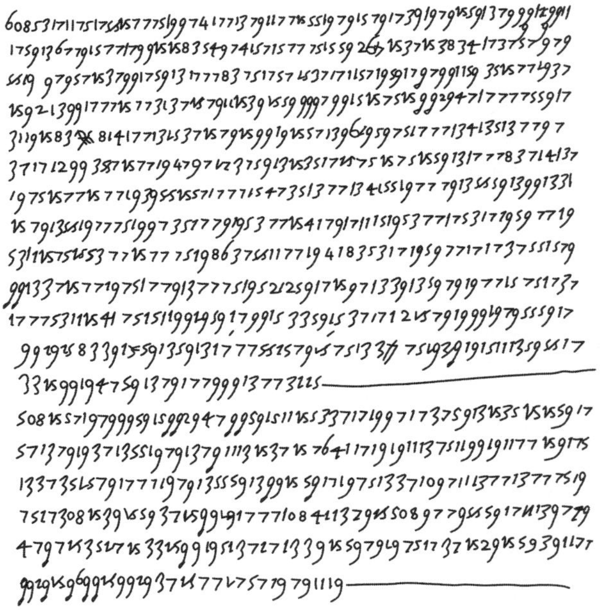

図7.12：この16世紀のノーメンクラターのメッセージは、使用されたノーメンクラターがとても単純であったため、解読されてしまった

次に、図7.12に示した、16世紀のローマ法王の暗号を見てみましょう。そして、1573年にバチカンがポーランドの法王外交官に送ったノーメンクラターのメッセージを分析します。このメッセージは1969年に暗号史家のAlbert Leightonによって解読されました(*30)。

暗号文は明らかに切れ目のない数字の羅列で構成されています。よく観察してみると、数字は2つ1組で結ばれている傾向にあります。いくつかの例外もあります。3桁のグループだったり、グループの1桁目の上にドットがあったりといった具合です。以下は最初の2行の書き起こしになります。ただし、ドットのある数字は下線の数字に置き換えています。

608 53 17 11 75 17 55 25 77 75 29 97 41 77 13 79 11 77 15 59 19 79 15 79 17 39
19 79 15 59 13 79 99 58 99 11 17 59 13 67 79 15 77 17 99 15 15 83 54 97 41 57
15 77 75 15 59 26 99 15 37 15 38 34 17 37 57 19 79

この文章が書かれた時代と、ルネサンス期にバチカンが多くのノーメンクラターを使用していたことを考えると、このメッセージはノーメンクラターによって暗号化されたものと推測できます。仮に、このような稚拙なノーメンクラターを扱っているとすると、3桁の数字と点の付いた数字が単語を表し、それ以外の数字のペアが文字を表している可能性があります。以下は、文字の頻度分析の計算結果になります。

25	29	17	77	13	79	59	99	37	75	11	55	57	97	41	27	39	53	35	19	83	23	31	15	33	86	91	10	51	96
78	45	43	42	38	33	32	29	25	24	21	15	12	12	11	10	9	9	8	7	6	5	4	4	3	1	1	1	1	1

見てのとおり、2桁の数字が30個使われています。もし本当にアルファベットを表しているのであれば、'A'から'Z'までのアルファベットを符号化するのに十分な数であり、ヌルもいくつかあることになります。もっとも頻繁に使用されている5つの数字のうち4つは、1または2で始まります。25、29、17、13です。これらは暗号文中で長い列を形成していません。母音を表しているかもしれません。イタリア語（付録B参照）では、母音'E'、'A'、'I'、'O'はすべてほぼ頻度（10〜12%）であり、'U'（古いテキストでは通常'V'と同じ）はわずか3%程度になります。したがって、'U'のコードグループは1つしかなく、それがもっとも希少な母音のコードグループ、すなわち数字の11である可能性が高いといえます【訳注】。

訳注 'U'は母音であり、頻度は3%と低くなっています。1または2で始まる数字だけを抽出すると、頻度が5番目の数字が11です。

もっとも一般的な子音は77です【訳注】。

訳注 頻度が4番目の数字が77です。

この数字は'N'を意味しているに違いありません。なぜならば、'N'はイタリア語でもっとも頻度の高い子音であるからです。次の3つの数字59、79、99は子音に対応します。子音の候補は、'R'、'S'、'T'になります。試行錯誤の結果、「59＝R」「79＝S」「99＝T」であることが確かめられました。これらの子音とイタリア語のもっとも頻度の高いダイグラフ（付録B参照）を知っていれば、前述した母音が25、29、17、13のどれに対応するかが導かれます。

```
「A = 25」「E = 13」「I = 17」「O = 29」
```

これまでにわかったことは、メッセージの大半を解読するのに十分なものです。

```
(608) giudicando che con nessuna cosa si possa restituire piu sanita a questo
regno che con mandar costoro a la guerra ricuperation de' beni regii il mosco per
smaltire in questo modo i mali umori turbano la religion cattolica et inanz(i)
la sua partita ha dato molto indrizzo a questo consiglio et ne ha lassato a me
particolar ordine et benche li heretici temano molto che il re abbia da dare in
questo sua santita et lo dannano nondimeno cammina molto bene et con sucretezza
secondo che bisogna et si va ogni giorno guadagnando qualcuno con questi giorni
il castellano di sendomiria que e' persona di lingua et d'autorita' fra li
heretici ha sottoscritto a questo parere in casa de' ? dopo averci fatto molto
resistenza

(508). ha mostrato molto travaglio que il re abbia rimesso le cose sue a la dieta
et io ho veduto una lettera del basino secretario del re christianissimo che
venendo di (308) ha parlato in (108) con essa (508) che scrive che per molto che
abbia fatto non li e parso di lassar punto aquetato l'animo suo
```

最初の数文を訳すると、次のようになります。

```
(608) judging that by no other means it is possible to restore sanity to this
kingdom than by sending a deputation to the war [for the] recovery of the royal
goods, IL MOSCO, to purge in this way the evil honours that disturb the Catholic
faith and before his departure, did much to implement this decision and left to
me particular responsibility for its implementation; and although the heretics
are afraid that the king may thus have to forfeit his sanctity and blame him for
it, none the less it is going very well and with the necessary secrecy and each
day we win over someone.
```

他の多くのコードやノーメンクラターも同様の方法で解かれてきました。

7.8.3 クリブによるコードやノーメンクラターの解読

暗号解読者が、同じ環境で使用されていた関連のコードやノーメンクラターの意味を知っていたり、暗号を再構築するための暗号文と平文のペアを持っていたりする状況もあります。この種の暗号解読に成功したという報告は、Paolo Bonavoglia (*31) やLuigi Sacco (*32) らによって発表されました。このテクニックは、他の多くの暗号化方式でも役立ちます。暗号が作られた背景を調べることは、とても強力なツールとなり得るのです。

7.9 成功談

7.9.1 テルアビブに送られた電報

図7.13の暗号化された電報は、Karsten Hanskyから提供されたものです (*33)。1948年6月5日、ニューヨークからロンドン経由でテルアビブ（Tel Aviv）に送られました。電報フォームに記載された受取人は“GOVTT MEMISRAEL TEL AVIV”であり、イスラエル政府を意味します。イスラエル政府の独立が1948年5月14日にテルアビブにて宣言されたことを考えると、この電報は興味深い時期かつ興味深い場所に送られたことになります。暗号文には、“VERTICALLY”、“BANK”、“ANGLO”、“PALESTINE”など、いくつかの平文単語が含まれています。

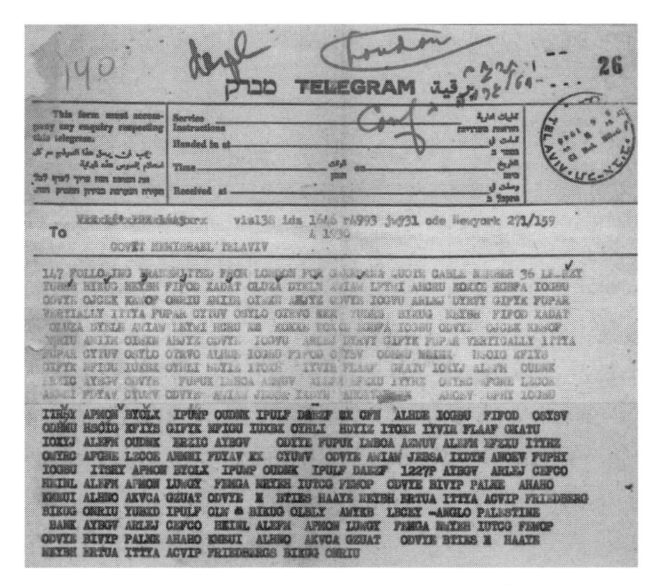

TELEGRAM 26

This form must accompany any enquiry respecting this telegram.

Service Instructions

Handed in at

Time

Received at

TEL AVIV

To GOVTT MEMISRAEL TELAVIV

147 FOLLOWING TRANSMITTED FROM LONDON FOR ... QUOTE CABLE NUMBER 36 ...

VERTICALLY ITTYA FUPAR CYTUV OSYLO OTRVO ...

... GIPYK FUPAR VERTICALLY ITTYA

... APMON BYOLX IPUMP OUDNK IPULF DAREF ... ALHDE IOGBU FIFOD OSYSV

... GIPYK MPIGU IUKRK OYRLI HDYIZ ITOKH IYVIR FLAAF GKATU

IOKYJ ALEFM OUDNK ERZIO AYBGV ODVYE FUPUK LMBOA AZMUV ALEFM EFEKU ITYHZ

OMYRC AFGNE LZCOK ANGNI FDYAV EK CYUMV ODVYE AMIAW JEBSA IXDYN AHOEV FUPHY

IOGBU ITSHY APMON BYOLX IPUMP OUDNK IPULF DAREF 1227P AYBGV ARLEJ CEFCO

HEINL ALEFM APMON LUMGY FEMGA NEYEH IUTCG FEMOP ODVYE BIVYP PALME AHAHO

KMBUI ALHBO AKVCA GZUAT ODVYE E BTIES HAAYE NEYEH ERTUA ITTYA ACVIP FRIEDBERG

BIKUG ONRIU YUBKD IPULF OLN & BIKUG OLELY AMYKB LBCEY -ANGLO PALESTINE

BANK AYBGV ARLEJ CEFCO HEINL ALEFM APMON LUMGY FEMGA NEYEH IUTCG FEMOP

ODVYE BIVYP PALME AHAHO KMBUI ALHBO AKVCA GZUAT ODVYE BTIES E HAAYE

NEYEH ERTUA ITTYA ACVIP FRIEDBERGS BIKUG ONRIU

図7.13：1948年にニューヨークからテルアビブへ送られた暗号化された電報。使用されたコードブックはオンラインで入手できるので、このメッセージを解読するのはさほど難しくない

イスラエル政府がよくできた暗号を使用しているという前提であれば、この暗号は使用されているコードブックを見つけることでしか解けないことは明らかです。実際、こうしたことが起きました。コードブックの専門家であるJohn McVeyは、『Peterson International Code』（1929年、第3版）が採用されていることを突き止めました[*34]。Richard van de Wouwも同じ結論を出しました。Karsten Hanskyは次のような平文を導き出しました。ただし、冗長なのでいくつかの部分を省略してあります。

```
Cable sent from Haifa, Palestine 28th May Currency of board regrets unable to
agree with proposal destruction of notes - They are prepared to accept the following
arrangements - Notes to be cut in half vertically, one half consigned uninsured
to us and if notes from unissued stocks are preserved in serial orders with labels
on
parcel giving indication of serial numbers and values, each bundle is to be retained
by you and dispatched only when advice received from safe arrival of first
consignment
- Board will pay out on arrival of first half of notes on our bank certificates of
the value of contents 1127P bundles to be checked later and bank is responsible for
shortage or forgery - Cable whether you agree this procedure and if so exact
amount of involved - This cable is being sent in duplicate of one in accordance
with FRIEDBERGS cable to ANGLO PALESTINE BANK.
```

7.9.2 スコットランド女王Maryの暗号化されたメッセージ

1569年、イングランド女王Elizabeth（エリザベス）1世は、従姉妹のスコットランド女王Mary（メアリー）を幽閉しました。しかし、何年もの捕虜生活の後でも、Maryにはまだ支持者がいました。その中には、Maryをイギリスの王位に就かせるためにElizabeth 1世を殺害しようとした、イギリスのカトリック教徒のグループも含まれていました。Maryと共謀者たちは、ビール樽のコルクに隠された暗号化された手紙で連絡を取り合いました。しかし、そのメッセージを運んだ使用人は、英国のスパイマスターFrancis Walsinghamに仕える諜報員でした。手紙は暗号化されていたため、Walsinghamは暗号解読者Thomas Phelippesにコピーを提供しました。

Phelippesは、Maryと共謀者たちが約40の記号から成る文字体系で暗号化された手紙を書いているのを見ました。彼は、約25文字の記号で構成され、約15文字が単語や空白を表していると推測しました。わずか40のコードグループから成るノーメンクラターは、16世紀にはごく一般的なものだったのです。後になって初めて、ノーメンクラターははるかに大きなサイズに成長しました。

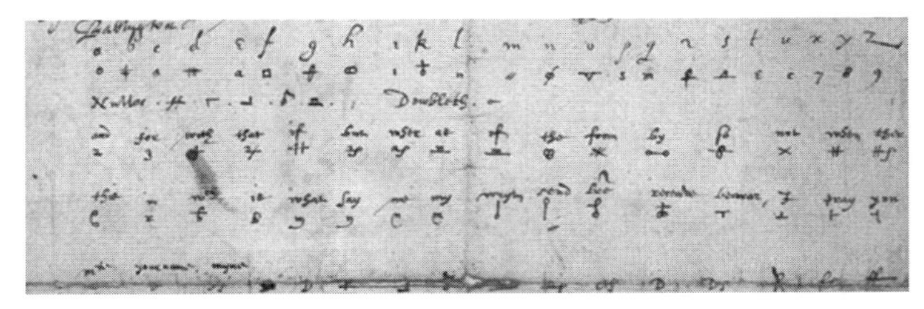

a b c d e f g h i k l m n o p q r s t u x y z

Nulles　　Dowbleth

and for with that if but where as of the from by so not when there

this in wich is what say me my wyrt send lr̃e receave bearer I pray you

Mte your name myne

図7.14：スコットランド女王Maryが使用した16世紀のノーメンクラター

40のコードグループのノーメンクラターは、頻度分析で解読できます。Phelippesがどのように解読作業を進めたのか正確にはわかりませんが、おそらく彼は、もっとも頻度の高い記号が英語のもっとも頻度の高い文字を表していると考えたのでしょう。いくつかの分析の後、Phelippesは図7.14に示すように、ノーメンクラター全体を再構築できました(*35)。

暗号システムが破られたことで、WalsinghamはMaryと陰謀家たちの間のメッセージのやりとりを容易に監視できるようになり、ますます集中的になりました。最終的に、WalsinghamとPhelippesは、Maryに共謀者のリストを提供するように求めるメッセージを偽造し、この計画は成功しました。この証拠に基づき、Maryの陰謀者たちは逮捕され、死刑を宣告され、1586年に処刑されました。そののち別の裁判の結果、スコットランド女王Mary自身が1587年2月8日に斬首されてしまったのです。

7.9.3 Franklin卿の捜索探検

1850年から1855年にかけて、ロンドンを拠点とする新聞『The Times』に、50近くの広告シリーズが定期的に掲載されました。以下に1851年10月1日の例を挙げます。

```
No. 16th.-S.lkqo. C. hgo & Tatty. F. kmn at npk1 F. qgli lngk S mhn F. olhi E
qkpn. S. niql S mnhq, F. qgli. Austin S pgqn C. kioq 6th F. iqhl. born. 13th F.
kipo a F khg. hmip. to E. mlhg by D oi. S. pkqg C omgk B. hkq. qkng F. ioph. to
hnio. S. ompi C. mkop F. oiph to Mr. C. nhmg & F. mpkh. nmkq E. lhpq. J. de W.
```

経験豊富な2人の暗号解読者は、お互い独立に数年をかけて、これらのメッセージを解読しました。その一人であるJohn Rabsonは、1992年に科学ジャーナル『Cryptologia』で自身のアプローチを報告しています(*36)。

Rabsonは、コードに文字ベースの暗号化（や多重暗号化）が追加されているのではないかと疑っていました。いろいろと調査した結果、国際信号コード（Universal Code of Signals）【訳注】がよい候補であることを発見しました。

訳注　国際信号コードは、船舶が互いに交信するために信号旗を使用するシステムです。使用する信号旗は18で、送達する信号は7万になります。

暗号化は、コード内の数字を一定の方法に従って文字列に変換するために用いられていました。上記のメッセージは次のように解読されました。

```
No. 16th. your wife and family were all well when I left Bernard & Tatty both
at home Captain Penny arrived at from Baffin's Bay early in September without
success Captain Austin hourly expected Margarets 6th son born 13th September a
box went to Sandwich Isles by Antelope early in January Emily Sophia Thomason go
to Wales early in October James goes to Mr. Hawk & lives in Gateshead. J. de W.
```

これで広告シリーズの背景が明らかになりました。暗号化されたメッセージは、1850年から1855年にかけて北米北極探検を率いたイギリス人航海士Richard Collinson（1811－83年）の家族によって発表されました。この旅の目的は、北西航路探検の調査旅行から帰らぬ人となった極地探検家John Franklin卿とその乗組員を救出することでした。

どうやら暗号化された広告は、Collinsonに遠征中の家族や友人について知らせるためのものだったようです。メッセージの作成者は、当時世界でもっとも有名な新聞であった『The Times』が、遠く離れた場所でも入手できることを望んでいたようです。残念なことに、このコミュニケーションのしくみが実際にどの程度機能したかはわかりません。

7.9.4 日本のJN-25コード

第二次世界大戦の太平洋戦争中、アメリカ軍は数多くの日本軍の暗号システムに遭遇しました。米英の暗号解読者は日本軍の暗号システムの解読で大きな成功を収めました。もっとも有名な2つの成果は、日本の主要な海軍暗号であるJN-25の解読と、日本の外交メッセージに使われた機械ベースの暗号システムであるPURPLEの解読です(*37)。伝説的なWilliam Friedman率いる米陸軍SIS（信号情報部）は、Frank Rowlett率いるチームが暗号機の複製を一度も見ることなくPURPLE（第15章参照）を破ったとき、大きな勝利の1つを手にしました。

歴史を変えたもう1つの成功は、JN-25を破ったことです。（PURPLEのような）暗号機の他に、日本人は通信を暗号化するために多くの手動暗号を使っていました。その中でもっとも重要だったのはJN-25です。日本海軍の暗号システムとして25番目に確認されたことから、アメリカの暗号学者によってJN-25と名付けられました[*38]。JN-25は、ドイツのポーランド侵攻と第二次世界大戦開戦の数ヶ月前、1939年初めに導入されました。この暗号システムは、英米のグループによって直ちに暗号解読の監視下に置かれました。

ブレッチリー・パークのJohn Tiltmanが1939年9月までにJN-25の最初の解読に成功しました。それとは別に、アメリカでは「海軍暗号学のファースト・レディ」と呼ばれたAgnes Meyer Driscoll率いる米海軍OP-20-Gの同種のグループが1940年に同様の解読法を発見しました[*39]。彼らはJN-25が5桁のグループを生成する多重に暗号化されたコードであることを発見しました。この非常に複雑なシステムは、コードブックに記載された50,000ものコードグループから構成され、さらに多重暗号化用のその他の数字（加算用）を収録したページが数百もありました。

暗号解読に役立ったのは、JN-25に暗号解読者が利用できる誤り検出のしくみが含まれていることを知ったことです。すべてのコードグループは3で割り切れる数でした[*40]。しかし、それを知っていたとしても、解読できたのは日本からのメッセージの10～20%程度でした。連合軍の暗号解読者が傍受・解析できるトラフィックが少なかったため、解読の進展はやや遅かったのです[*41]。

1941年12月7日の日本軍による真珠湾攻撃後、アメリカは第二次世界大戦に参戦し、資源は飛躍的に増大しました。アメリカ人はIBM製のパンチカード集計機を使用し、さらに暗号解読攻撃を支援するためにまったく新しい暗号解読機を設計しました。

日本軍はコードブックや加算数を随時変更したため、複数システムを並行して解読する必要がありましたが、真珠湾攻撃後の数ヶ月でJN-25のメッセージの約90%が読めるようになりました[*42]。

1942年半ば、日本の暗号無線を傍受していると、"AF"というコードネームを持つ標的への攻撃が計画されていることが判明しました。これは特に重要な事件でした。米海軍の情報専門家は、'A'で始まるコードネームが一般的にハワイ周辺の島々に使われていることを知っていました。たとえば、"AH"はオアフ島が割り当てられていました。しかし、"AF"がどの場所を指すのかはまだ特定できていませんでした。彼らはそれがミッドウェーの小さな島を表していると推測しましたが、確信を持てませんでした。

この疑惑を裏付けるために、暗号解読者のJasper HolmesとJoseph Rochefortは、ミッドウェーの米軍基地の浄水システムが故障し、新鮮な水が緊急に必要であるという「平易な言葉」の無線メッセージを放送する案を計画しました。この計画はEdwin T. Layton司令官とAdmiral Chester W. Nimitz提督によって承認され、実行に移されました。日本軍は罠にかかってしまいます。24時間以内に、アメリカの暗号解読者たちは「AFは水不足である」というJN-25で暗号化された日本の情報報告書を入手したのです。その結果、"AF"がミッドウェーの略ではないかという疑惑は確信に変わりました。

この情報により、アメリカは艦隊を正しく配置し、ミッドウェー付近で日本海軍と交戦できました[*43]。この戦いは、第二次世界大戦の大きな転換点となりました。暗号史家の間では、たった1つのメッセージの解読が戦況を変えることになった事例の1つとしてよく引き合いに出されます。

7.10 チャレンジ

7.10.1 エベレスト山電報

図7.15に描かれている電報は、1924年に英国の遠征隊がエベレストのベースキャンプからロンドンに送ったものです(*44)。“MALLORY IRVINE NOVE REMAINDER ALCEDO”の部分に暗号化されたメッセージが含まれています。George Mallory（「なぜエベレストに登りたかったのですか」という質問に「そこにあるから」と答えたことで有名）とAndrew Irvineは、遠征参加者の2人です。“NOVE”と“ALCEDO”という単語は、コードグループです。使用されたコードブックを見つけられますか？　もしそうなら、この電報を解読できるはずです。

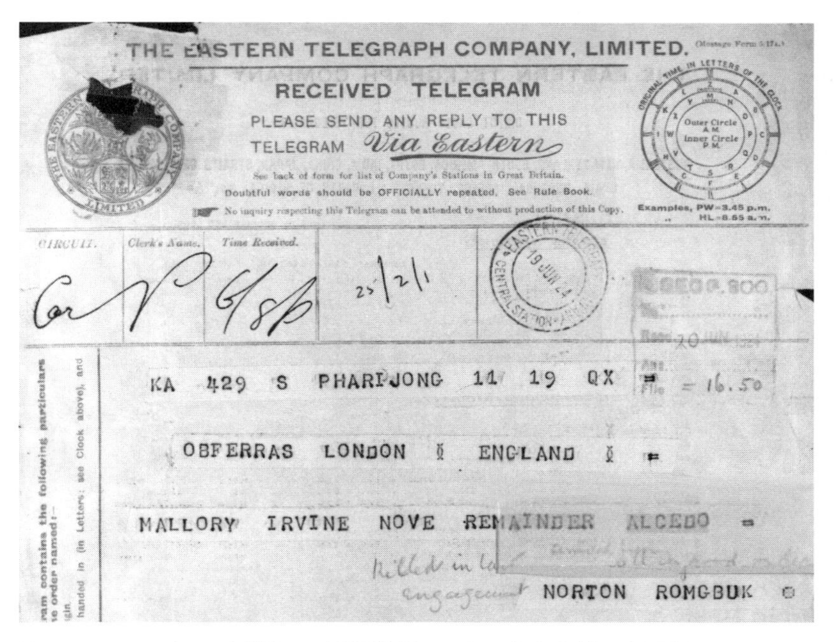

THE EASTERN TELEGRAPH COMPANY, LIMITED.

RECEIVED TELEGRAM

PLEASE SEND ANY REPLY TO THIS TELEGRAM *Via Eastern*

See back of form for list of Company's Stations in Great Britain.

Doubtful words should be OFFICIALLY repeated. See Rule Book.

No inquiry respecting this Telegram can be attended to without production of this Copy.

Outer Circle A.M. Inner Circle P.M.

Examples, PW=3.45 p.m. HL=8.65 a.m.

CIRCUIT.	Clerk's Name.	Time Received.	
			25/2/1

19 JUN 24

KA 429 S PHARIJONG 11 19 QX = 16.50

OBFERRAS LONDON ENGLAND

MALLORY IRVINE NOVE REMAINDER ALCEDO =

NORTON ROMGBUK

図7.15：1924年、イギリスの遠征隊がエベレストから送った電報

7.10.2 シルクのドレスの暗号文

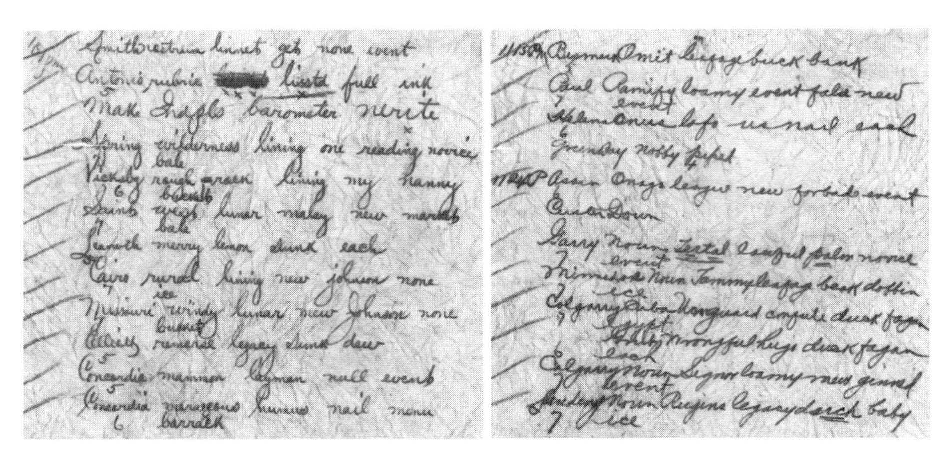

図7.16：暗号化されたこのメッセージは、19世紀後半のドレスの隠しポケットに入っていた

2013年、アンティーク衣装のコレクターであるSara Rivers-Cofieldは、自身のブログで「1880年代半ばのブロンズ・シルクのツーピース・バッスル・ドレスで、ストライプの錆びたベルベットがアクセント、袖口にレースがあしらわれている」と紹介したシルクのドレスを手に入れました[*45]。スカートを裏返すと、隠しポケットがあり、そこには暗号化された文字が書かれた紙が2枚入っていました（図7.16参照）。次は1枚目の書き起こしです。

```
Smith nostrum linnets gets none event
101pm Antonio rubric lissdt full ink
Make Snapls barometer nerite
Spring wilderness lining one reading novice bale
Vicksbg rough rack lining my nanny bucket
Saints west lunar malay new markets bale
Seawoth merry lemon sunk each
Cairo rural lining new johnson none ice
Missouri windy lunar new Johnson none bucket
Celliette memorise legacy Dunk dew
Concordia mammon layman null events
Concordia meraccons humus nail menu barrack
```

そして、次が2枚目の書き起こしになります。

```
1113 PM Bismark Omit leafage buck bank
Paul Ramify loamy event false new event
Helena Onus lofo usual each
Greenbay nobby peped
1124 P Assin Onays league new forbade event
Cusin Down
Harry Noun Lertal laubul palm novice event
Mimedos Noun Jammyleafage beak dobbin ice
Calgary Duba Unguard confute duck tagan egypt
Knit wrongful hugs duck fagan each
Calgary Noun Signor loamy new ginnet event
Landing Noun Rugins legacy duch baby ice
```

このメッセージが暗号文であることを理解するのは難しくありません。一見ランダムなテキストや数字ではなく、コードグループは意味のある単語です。"Cairo"(「カイロ」)、"Greenbay"(「グリーンベイ」)、"Calgary"(「カルガリー」)、"duck"(「ダック」)、"loamy"("ローム")など、19世紀後半には珍しくないものばかりです。各行の下に単語数が記されていることから、この文章はおそらく電報として送られることを意図したものです。ただし、上記の書き起こしでは、この数字を省略しています。このシルクのドレスの暗号文はまだ解読されていません【訳注】。

訳注　シルクのドレスの暗号文は2024年に解読されました。暗号文は、アメリカ陸軍信号局(後のアメリカ気象局)が気象観測結果を送信するために使用した電信符号であることが判明しました。解読されたメッセージは、1888年のアメリカとカナダにある観測所の気象観測結果だったのです。詳細は次の記事を参照してください。

- Cryptologiaに投稿された研究論文"Breaking the Silk Dress cryptogram"(https://www.tandfonline.com/doi/abs/10.1080/01611194.2023.2223562)
- NOAA.govの記事"'Cryptogram' in a silk dress tells a weather story"(https://www.noaa.gov/heritage/stories/cryptogram-in-silk-dress-tells-weather-story)

7.10.3 鉄道駅強盗の暗号

1916年6月27日、オハイオ州リマにあるウェスタン・オハイオ鉄道の切符売り場に男が強盗に入りました。強盗は係員に銃を突きつけ、金庫の中身を渡すように強要しました。彼は265ドル(現在のレートで約6,000ドル)を持って逃げました。その数週間後、全米パズル連盟(National Puzzlers' League)【訳注】発行の雑誌『The Enigma』に、次の文章が掲載されました。

訳注 https://www.puzzlers.org

```
The police department of Lima, O., is greatly puzzled over a cryptic message
received in connection with the robbery of a Western Ohio ticket agent. Here it
is: WAS NVKVAFT BY AAKAT TXPXSCK UPBK TXPHN OHAY YBTX CPT MXHG WAE SXFP ZAVFZ
ACK THERE FIRST TXLK WEEK WAYX ZA WITH THX.
```

この興味深い話は、ゾディアック・キラーの専門家であるDave Oranchakが2013年に発見し、イギリスの暗号ミステリーブロガーであるNick Pellingが自身のWebサイトで広めたものです(*46)。Nickは『Lima Times Democrat』の古い号で、この暗号に関する2つの記事を見つけました。そこに書かれている暗号文バージョンは、全米パズル連盟が出版したものとは若干異なっています。『The Enigma』の筆者はおそらく新聞『The Times-Democrat』からコピーと思われますので、私たちはコピー元の新聞バージョンを参考にすべきでしょう。

訳注 https://ohiomemory.org/digital/collection/p16007coll71

それを以下に示します。

```
Was nvlvaft by aakat txpxsck upbk txphn ohay ybtx cpt mxhg wae sxfp zavfz ack
there fi rst txlk week wayx za with thx
```

残念なことに、私たちはこの暗号と強盗の関係を完全に暴いていません。このメッセージは暗号化された電報である可能性がとても高いといえます。送信者は、いくつかの重要ではない単語（“WAS”、“BY”、“FIRST”、“THX”、……）を平文に残し、他の単語にはコードブック（まだ発見されていない）を使ったようです。

もし駅強盗の暗号文が本当に電報だとしたら、犯人が犯行前後に送った可能性があります。おそらく電報を送った後に、電信係が不審に思い、犯罪に関連するかもしれないと警察に知らせたのでしょう。

この駅強盗の暗号はまだ解読されていません。

7.10.4 Pollakyの新聞広告

Ignatius Pollaky（1828－1918）はヴィクトリア朝イギリスで成功した私立探偵であり、Arthur Conan Doyleがシャーロック・ホームズを創作する際に影響を与えた人物の1人です(*47)。Pollakyは目的者を探すため、あるいは暗号化されたメッセージを伝えるために、新聞広告を頻繁に利用しました。図7.17の広告は、1871年2月20日付の『The Times』紙（ロンドン）に掲載されたものです(*48)(*49)。この暗号文は、コードで暗号化されたメッセージによく似ています。おそらく、何らかの多重暗号化が施されたのでしょう。ヴィクトリア朝時代には多くのコードブックが使われていましたので、Pollakyは多くの選択肢の中から選べたのです。

今のところ、誰もこのメッセージを解読できていません。

20. Februar 1871

TELEGRAM. – 56. 717. 9362. 81720.
19736. 14. 618. 9:77314. 390. 400. 272.
20 = 211. 59. 91. 881. 460. - 80. 401. 70.
447 415. 91 437. . 801 10031. 874. 92.
871. 2391. 941. 72050. 67321. 438921.
150. – Pollaky. Private Inquiry Office,
13 Paddington Green.

図7.17：私立探偵Ignatius Pollakyが新聞広告に出した暗号文

7.10.5 Manchester卿の手紙

図7.18に描かれているのは、1783年に駐仏英国大使のManchester卿が送った手紙です[*50]。

Fontainbleau Nov. 20. 1783

Sir,

I received your Letter dated Sept. 2. and should not have delayed so long sending an answer to it, had I any thing very material to communicate. 3693. 2517. 65. 3423. 576. 1100. 97. 1765. 3000. 259. 3032. 57. 66. 1795. 19. 211. 46. 1038. 1637. 970. 2609. 3369. 696. 3696. 427. 118. 3364. 1362. 456. 111. 566. 77. 1551. 2961. 1504. 1437. 3560. 1453. 2053. 1555. 1834. 1406. 9. 2044. 2694. 3423. 678. 1359. 493. 809. 1094. 956. 636. 1618. 61. 1437. 1369. 2316. 497. 314. 684. 1205. 193. 685. 2072. 65. 39. 3459. 3937. 2108. 2615. 1359. 766. 2450. 880. 1291. 647. 3339. 1175. 3714. 809. 184. 564. 2101. 1581. 566. 2323. 2066. 823. 665. 2401. 1692. 3560. 1444. 2734. 970. 330. 3601. 3263. 1612. 3000. 1291. 2000. 1936. 3056. 3278. 1618. 2894. 3438. 233. 2424. 3137. 3928. 1501. 3364. 434. 492. 566. 1998. 2450. 3560. 1603. 3905. 3082. 1504. 1242. 1624. 987. 2615. 1306. 350. 1245. 1504. 1145. 9. 3658.

Sr John Stepney &c &c &c

2622.

2622. 122. 3901. 1350. 758. 1986. 3905. 2496. 2051. 3791. 678. 498. 2109. 3438. 3536. 3487. 2999. 2694. 3892. 3056. 1350. 1397. 2485. 1778. 1719. 3739. 1753. 2126. 566. 77. . 956. 3000. 56. 9. 576. 3006. 10.

The Court is now at Fontainbleau where it is said it is to remain till late in November notwithstanding the Pregnancy of the Queen.

I am
Sir,
With great regard.
Your Most Obedient
Humble Servant
Manchester

図7.18：1783年に駐仏英国大使が送った書簡の1ページ

以下はその書き起こしです。

```
Fontainbleau Sep 20, 1783

Sir,

I received your letter dated Sep 2nd and
should not have delayed so long sending an
answer to it, had I anything very material
to communicate. 3693.2517.65.3423.576.1100.
97.1765.3000.259.3032.57.66.1795.19.211.
46.1038.1637.970.2609.3369.696.3696.427.118.
3364.1362.456.111.566.77.1551.2961.1504.1437.
3560.1453.2053.1555.1834.1406.9.2044.2694.
3423.678.1359.493.809.1094.956.636.1618.61.
1437.1369.2316.497.314.684.1205.193.685.2072.
65.39.3459.3937.2108.2615.1359.766.2450.880.1291.
647.3339.1175.3714.809.184.564.2101.1581.566.2323.
2066.823.665.2401.1692.3560.1444.2784.970.830.
3601.3263.1612.3000.1291.2000.1936.3056.3287.1618.
2894.3498.233.2424.3137.3928.1501.3364.434.492.
566.1998.2450.3560.1603.3905.3082.1504.1242.
1624.987.2615.1306.350.1245.1504.1145.9.3658.
S John Stepney 2622.

2622.122.3901.1350.758.1986.3905.2426.2051.3791.
678.498.2109.3438.3536.3487.2999.2694.3892.
3056.1350.1397.2985.1778.1719.3739.1753.2126.
566.77.956.3000.56.9.576.3006.10.
The Court is now at Fontainebleau where
it is said it is to remain till late in
November notwithstanding the Pregnancy
of the Queen
I am
Sir
With great regard

Your most obedient
Humble Servant
Manchester
```

この書き起こしと同じ内容である手紙は、高解像度スキャンされており、本書の公式サイト（https://codebreaking-guide.com）で入手できます。この手紙は暗号化されている可能性が高いといえます。このコードにはおそらく数千のコードグループが含まれています。

解析のための暗号化されたテキストが2ページしかないことを考えると、従来の暗号解読ツールでこのメッセージを解読できる可能性は低いと思われます。そのため、解読する現実的なチャンスは、コードブックを見つけるだけなのです。

第8章 多換字式暗号

バージニア州ラングレーのCIA本部にある彫刻クリプトス（Kryptos）に刻まれた碑文は、過去40年の間に作られた暗号ミステリーの中でももっとも有名な未解決の暗号文の1つです。この作品に描かれた4つの暗号文のうち3つは解けていますが、4つ目は謎のままです。クリプトスの概要については、付録Aで解説します。彫刻家であるJim Sanbornが制作した、クリプトスと少なくとも2つのその他の芸術作品には、本章で紹介する多換字式（polyalphabetic）とよばれる暗号化の一種が使われています。

まずはクリプトスの生みの親であるJim Sanbornが、実際に彫刻を制作する前の1980年代後半に製作した模型から見てみましょう（図8.1参照）。この靴箱サイズの模型は、オリジナルに似ていますが、メッセージはまったく異なります。Jim Sanbornの暗号コンサルタントであるEd Scheidtが、2015年にElonkaが主催したクリプトス会議の参加者に見せるまで、この模型は何十年もの間、一般には知られていませんでした(*1)。

図8.1：単純な暗号を施したクリプトスの模型であり、靴箱サイズ。使用されている暗号は、もっとも一般的な多換字式暗号であるヴィジュネル暗号である

暗号化された部分は以下のとおりです。

```
TIJVMSRSHVXOMCJVXOENA
KQUUCLWYXVHZTFGJMKJHG
DYRPMASMZZNAKCUEURRHJ
KLGEMVFMOKCUEURKSVVMZ
YYZIUTJJUJCZZITRFHVCT
XNNVBGIXKJNZFXKTBVYYX
NBZYIAKNVEKPYZIUTJYCA
```

Jew-Lee Lann-BriereとBill Briereは、夕食会が終わってから数時間後に、紙と鉛筆だけを使って暗号を解読してしまいました。出版された後に、Christoph Tenzerも解決策を見つけました。芸術家のJim Sanbornがこのメッセージを暗号化するのに、いわゆるヴィジュネル暗号を使っていたことが判明したのです。

8.1 ヴィジュネル暗号

16世紀にGiovan Battista Bellaso（1505－?）が開発した暗号は、今日ヴィジュネル暗号（Vigenère cipher）として知られています。19世紀になると、Bellasoと同時代のBlaise de Vigenère（1523－1596）による発明と誤認されるようになりました。クリプトスの模型に描かれた暗号文の平文を用いて、この暗号化方式がどのようなしくみなのかを説明します(*2)。ただし、スペルミスがいくつか含まれており、特に最後の単語はSanbornのミスによるものです。

```
CODES MAY BE DIVIDED INTU TWO DIFFERENT CLASSES, NAMELY SUBSTITUTIONAL AND
TRANSPOSITIONAL TYPES, THE TRANSPOSITIONAL BEING THE HARDEST TO DECHPHER WHTHOUT
TPNQJHFCDZDHIU.
```

Sanbornはどうやら“GRU”というキーワードを使うつもりだったようです。しかし、彼は鍵の2文字目で暗号化を始めてしまい、結果的に“RUG”という鍵に変わりました。今回のデモンストレーションでは、“RUG”というキーワードを使うことにします。キーワードを繰り返した平文を下の行に書き、列ごとに文字を足し合わせます。ここで、「A＝0」「B＝1」「C＝2」・・・として考えています。結果が25より大きくなれば、26を引きます。

```
CODES MAY BE DIVIDED INTU TWO DIFFERENT CLASSES NAMELY SUBSTITUTIONAL ･･･
RUGRU GRU GR UGRUGRU GRUG RUG RUGRUGRUG RUGRUGR UGRUGR UGRUGRUGRUGRUG ･･･
-----------------------------------------------------------------------
TIJVM SRS HV XOMCJVX OENA KQU UCLWYXVHZ TFGJMKJ HGDYRP MASMZZNAKCUEUR ･･･
```

すると、ミニチュアの彫刻に描かれた暗号文と同じメッセージが得られます暗号文を復号するには、暗号文からキーワードを引くことになります【訳注】。

訳注　ここでいう「引く」とは、暗号化の逆操作であり、文字を数字化して、列ごとに引くということです。

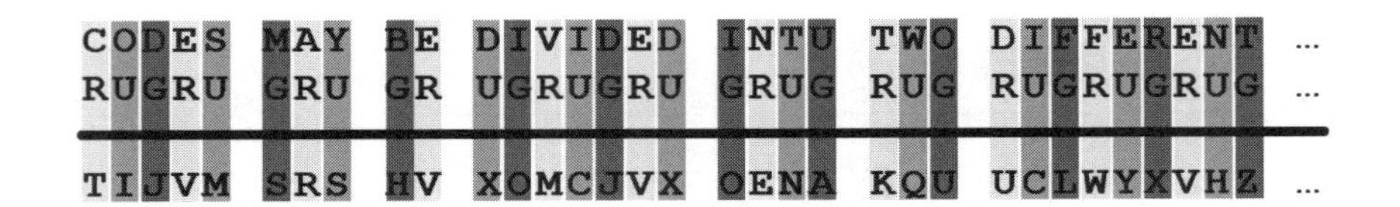

図8.2：3文字のキーワード（ここでは“RUG”）を持つヴィジュネル暗号は、3つのシーザー暗号から構成されていると見なせる

ヴィジュネル暗号が複数のシーザー暗号から構成されているとみなせるのは、簡単に理解できます（図8.2参照）。ここでは、3文字のキーワード（“RUG”）を扱っています。

つまり、平文の1文字目、4文字目、7文字目、10文字目、・・・を‘A’→‘R’、‘B’→‘V’、‘C’→‘W’、・・・のようにシーザー暗号で暗号化します。そして、平文の2文字目、5文字目、8文字目、・・・を‘A’→‘U’、‘B’→‘V’、‘C’→‘W’、・・・のようにシーザー暗号で暗号化します。3番目のシーザー暗号は‘A’→‘G’、‘B’→‘H’、‘C’→‘I’、・・・となります。

ここで重要なのは、Sanbornは「A＝0」「B＝1」「C＝2」・・・と定義したことです。これは現在よく使われているヴィジュネル暗号の仕様です。というのも、コンピューターに精通した人たちは、カウントをゼロから始める傾向にあるからです。しかし、コンピューターの登場以前、ほとんどすべてのヴィジュネル暗号は「A＝1」「B＝2」「C＝3」・・・と定義します。

今日、ヴィジュネル暗号を実装する数多くのコンピューター・プログラムや、一般に入手可能なユーティリティー・ツールがあります。

8.2 多換字式暗号

単一換字式暗号は頻度分析で簡単に破れるという洞察から、ヴィジュネル暗号が生まれました。こうした解読テクニックに耐性を持たせるためには、1つの置換表ではなく、複数の置換表を切り替えながら使用することが有効です。たとえば、5つの置換表があるとします。平文の最初の文字に最初の置換表を適用し、2番目の文字に2番目の置換表を適用するのです。

平文の6文字目に到達したら、再び最初の置換表から始めます。

置換表【訳注】における2行目は、暗号学において**暗号アルファベット（cipher alphabet）**あるいは単にアルファベット（alphabet）と呼ぶことがあります。ただし、紛らわしい定義なので、本書の他の箇所では使用しません。

訳注　置換表の1行目には平文文字、2行目には対応する暗号文文字があるものとしています。

単一換字式暗号は、唯一の置換表に基づいています。これが**モノアルファベティク（mono alphabetic）**と呼ばれる理由です。異なる置換表を切り替える暗号は、**ポリアルファベティク（polyalphabetic）**と呼ばれます【訳注】。

訳注　この種の暗号は、日本で多換字式暗号や多表式暗号と呼ばれます。本書では多換字式暗号を採用します。

ヴィジュネル暗号は多換字式暗号の1つです。なぜなら、平文文字に鍵文字を加えることと、ある置換表に基づいて（図8.2参照）暗号文文字に置き換えることは同等であるためです。たとえば、任意の平文の文字に鍵文字'C'を加算することは、それを2増加させることと等価であり、以下の置換表で表せます。ただし、ここでは「A＝0」「B＝1」・・・と仮定しています。

```
ABCDEFGHIJKLMNOPQRSTUVWXYZ
--------------------------
CDEFGHIJKLMNOPQRSTUVWXYZAB
```

ヴィジュネル暗号は、キーワードの文字数と同じ数の置換表を使用します。たとえば、（クリプトスの模型のように）"RUG"というキーワードが使われた場合、3つの表が適用されます。

```
ABCDEFGHIJKLMNOPQRSTUVWXYZ
--------------------------
RSTUVWXYZABCDEFGHIJKLMNOPQ
```

```
ABCDEFGHIJKLMNOPQRSTUVWXYZ
--------------------------
UVWXYZABCDEFGHIJKLMNOPQRST
```

```
ABCDEFGHIJKLMNOPQRSTUVWXYZ
--------------------------
GHIJKLMNOPQRSTUVWXYZABCDEF
```

この3つの表を1つにまとめると便利です。これをヴィジュネル表と呼びます。

```
  ABCDEFGHIJKLMNOPQRSTUVWXYZ
 --------------------------
1 RSTUVWXYZABCDEFGHIJKLMNOPQ
2 UVWXYZABCDEFGHIJKLMNOPQRST
3 GHIJKLMNOPQRSTUVWXYZABCDEF
```

この統合された表には、3つのアルファベット行があり、1、2、3と番号が付けられています。ヴィジュネル暗号の他にも、暗号学の文献には多くの多換字式暗号が記載されています。概要については、暗号化方式を分類しているAmerican Cryptogram Association（ACA）のWebサイトを参照してください(*3)。本書では、私たちが実際に遭遇した多換字式暗号に限定します。これらはすべてヴィジュネル暗号の亜種と見なせます。

8.3 ワンタイムパッド

ヴィジュネル暗号はキーワードが長くなるほど安全性が増すことは明らかです。最大限の安全性を得るために、メッセージと同じ長さの鍵を選ぶこともできます！　たとえば、詩や小説の段落など、とても長い文章をキーワードにできます。

しかし、平文と同じ長さであり、なおかつランダムな文字列である鍵を使うほうがはるかに一般的です。たとえば、平文を"I TRAVEL OVER THE SEA AND RIDE THE ROLLING SKY"（1975年のFairport Conventionの歌「Rising for the Moon」の一節から）とし、ランダム文字列の"LAVBF HJHWQ UIELS KJFLS JFKSA JHFQI UDAJL KX. Now, the plaintext I TRAVEL OVER THE SEA AND RIDE THE ROLLING SKY"で暗号化すると、次のようになります。

```
Plaintext:  ITRA VELOVE RT HESEAAN DRIDE THER OLLINGS KY
Key:        LAVB FHJHWQ UI ELSKJFL SJFKS AJHF QIUDAJL KX
-----------------------------------------------------------------------
Ciphertext: TTMB ALUVRU LB LPKOJFY VANNW TQLW ETFLNPD UV
```

この種の暗号はワンタイムパッド（one-time pad）と呼ばれています。初期の実装では、ランダム文字列がはぎ取り式の用紙（パッド）として配布されており、使用後に一番上の紙を破って破棄できました。これが名称の由来です。

ワンタイムパッドは、適切に運用されれば（すなわち、鍵がランダムであり、一度しか使用されなければ）、解読不能な暗号化方式です【訳注】。

訳注　理論的に最高の安全性である、情報理論的な安全性を満たすことが証明されています。

ワンタイムパッドは、どんな平文も同じ長さのありとあらゆる暗号文に暗号化できるのです。別の見方をすれば、1つの暗号文があったとき、復号結果の平文は複数の候補があり、その区別が付かないのです。

その安全性から、ワンタイムパッドはかつてとても人気がありました。冷戦初期（つまり、1950年代）には軍や外交機関で多用されていたのです。多くのスパイは、担当官とワンタイムパッド暗号で連絡を取り合っていました。この目的のために、スパイには鍵として使用するランダムな文字や数字の長いリストが提供されていました。

ワンタイムパッドを応用した暗号機もありました。そのほとんどがタイプライター風でした。この種の機械は事実上すべて、バイナリ版のワンタイムパッドを使用しています。この種のワンタイムパッドは、Gilbert S. Vernam（1890－1960）にちなんでバーナム暗号とも呼ばれます【訳注】。

訳注　ワンタイムパッドとバーナム暗号は同等のものとして扱う文献も多数あります。その場合は、文脈で読み替えれば、本質を見失わないはずです。

つまり、すべての文字は0と1のシーケンスにエンコードされ、鍵も0と1のシーケンス（通常はパンチテープから取り出される）でした。暗号文に平文を加えるということは、排他的論理和（用語集を参照）を適用することを意味します。

しかし、ワンタイムパッドの利用者は皆、深刻な問題に直面していました。彼らは膨大な量の鍵を必要とします。そして、利用者に鍵を配布するための精巧なプロセスが必要なのです。なぜなら、ワンタイムパッドの各鍵は定義上一度しか使用できず、鍵は常に暗号化されるメッセージと同じ長さであるためです。1960年代にエレクトロニクスとコンピューター技術が台頭し、新世代の暗号化方式が利用できるようになりました。その一方で、ワンタイムパッドは存在意義を失い始めたのです。

8.4 多換字式暗号の検出法

ヴィジュネル暗号を検出するには、頻度分析と一致指数が必要になります。図8.3は、クリプトスの模型上のヴィジュネル暗号の暗号文テキストの文字頻度、そして比較のために典型的な英語のテキストの文字頻度を示しています。ヴィジュネル暗号ではもっとも高頻度のものが7.48%であるのに対して、通常の英文では11.89%であることに注目してください。一般的に、ヴィジュネル暗号の頻度分布は、単純な平文や単一換字式暗号で暗号化されたテキストよりも平坦になります。つまり、高頻度の文字は頻度がより低くなり、低頻度の文字はより頻度が高くなります。

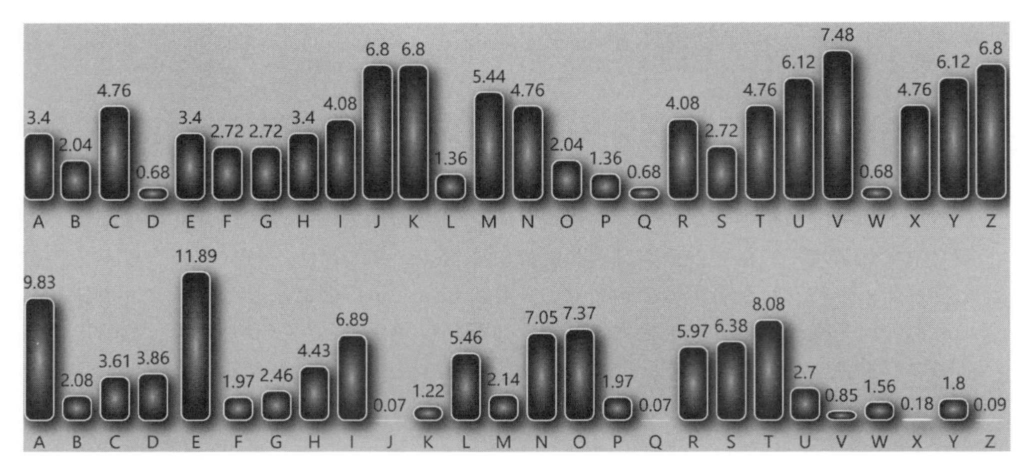

図8.3：ヴィジュネル暗号文（上）と英文（下）の文字頻度のグラフ。見てわかるが、ヴィジュネル暗号文の頻度分布はより平坦である。ただし、各グラフはスケールが若干異なることに注意

英文の一致指数（すなわち、暗号文から2文字をランダムに選んだ際に一致する確率）は、約6.7%であることは覚えておきましょう。この事実は、テキストが単一換字式暗号で暗号化されたテキストでも変わりません。クリプトスの模型のテキストの一致指数は約4.3%であり、かなり低い値でした。なお、一致指数は、`https://rumkin.com/tools/cipher/`のCipher Toolsユーティリティー、あるいはdCodeのWebサイトで計算できます。完全にランダムなテキストの一致指数は約3.8%です。一般にヴィジュネル暗号の一致指数は、普通の英文とランダムテキストそれぞれの一致指数の中間にあります。ワンタイムパッド暗号文はランダムなテキストと区別がつかないため、一致指数は約3.8%です。

多換字式暗号は文字ペア置換と混同されやすいので注意が必要です。2つの手法（頻度分析と一致指数）をどのように使い分けるかについては、第12章で説明します。

8.5 多換字式暗号の解読法

何世紀もの間、ヴィジュネル暗号とその他の多換字式暗号は、多くの人々によって解読不可能な暗号（フランス語で"le chiff re indéchiffrable"）と見なされてきました。もちろんですが、この呼称が正当化されるにはほど遠く、この種のシステムを解く方法として17世紀にはすでに単語の推測が使われていたからです(*4)。19世紀には、Kasiski（カシスキー）法（詳細は後述）が開発されました。

今日では単一換字式暗号を破るアプローチはたくさんあります。ワンタイムパッドでない限り、そのほとんどのアプローチはうまく機能します。これらの暗号解読法のいくつかは、手作業で行えます。その他はコンピューターのサポートが必要です。本書で扱う他の多くの暗

号化アルゴリズムと同様に、ほとんどの多換字式暗号はコンピューターによるヒル・クライミング（hill-climbing）法で攻撃できます（第16章参照）。

以降では、ヴィジュネル暗号に焦点を当てて、その解読法をいくつか紹介します。これらのほとんどは、他の多換字式暗号にも転用可能であり、たとえ手作業で実行できたとしても、長い間コンピューター・プログラムに実装されてきました。検索エンジンに“Vigenère solver”を入力すると【訳注】、さまざまな方法でヴィジュネル暗号を解読する数多くのWebサイトを見つけられます。ただし、どの解読法が使われているかを明記していないこともあります。

訳注　‘è’を入力しにくい場合は、“Vigenere Solver”で検索してもよいでしょう。

加えて、CrypTool 2やdCodeのようなユーティリティーを使えば、さまざまな方法でヴィジュネル暗号を解けます。

8.5.1 単語の推測

1990年代、Klausがドイツ大学でコンピューター・サイエンスを学んでいた頃、宿題として暗号文を解かなければなりませんでした。使用された暗号方式はヴィジュネル暗号であり、本文とキーワードは英語であることは知らされていました。文字から数字へのマッピングは、「A＝0」「B＝1」「C＝2」のしくみに従って実行しました。以下はその暗号文の抜粋です。

```
“VMFA CKT ZM, KK ZSSH,”, YX QTER, “DCL VYG’P KNB PHS DJCB. MFN ATJ’H QWV BL
YNCSH FY RAA PZZCWMSAF NBUXDBJWYSCR.” FX PFNSU MM FWYJ VZL CRAG GZRSC YESWQVEW
UQH YVVR HNOH BCLEBG’P RT WK.

TPMDIW ZRR GG PVJ ALW YGZ GVIVEAAAR FH YBK
.
“B’I UFAV,” AC LWWI, “KV’EJ LAS BVF KSLPG KWILR.”
```

見てわかりますが、句読点と空白があります。これによって、アリストクラットの暗号と同様に、単語の推測が可能になります。たとえば、“YX QTER”という文字列は、引用符に囲まれた2つの文章の間にあります。そのため、Klausは“HE SAID”がうまい推測ではないかと思ったのです。この仮説を検証するために、彼は暗号文から推測した平文を引きました。

```
YX QTER
HE SAID
-------
RT YTWO
```

コンピューターサイエンスの学生にとって、残りのキーワードを推測するのは難しいことではありませんでした。キーワードは“FORTYTWO”であり、Douglas Adamsの1979年のベストセラー小説『The Hitchhiker's Guide to the Galaxy』に出てくる全質問に対する答えなのです【訳注】。

訳注 『The Hitchhiker's Guide to the Galaxy』に出てくる「生命、宇宙、そしてすべてに関する究極の疑問に対する答え」として、数字の42（forty-two）が登場します。Deep Thoughtという名の巨大なスーパーコンピューターが750万年の歳月をかけて算出したものとされています。

日本ではなじみがないかもしれませんが、米Wikipediaに載るほど有名な話のようです。
`https://en.wikipedia.org/wiki/42_(number)#The_Hitchhiker's_Guide_to_the_Galaxy`

このキーワードで全文を解読すると、平文も小説から引用されていることがわかりました。課題は解決され、Klausが暗号解読に対して生涯続く興味を持つきっかけとなりました。

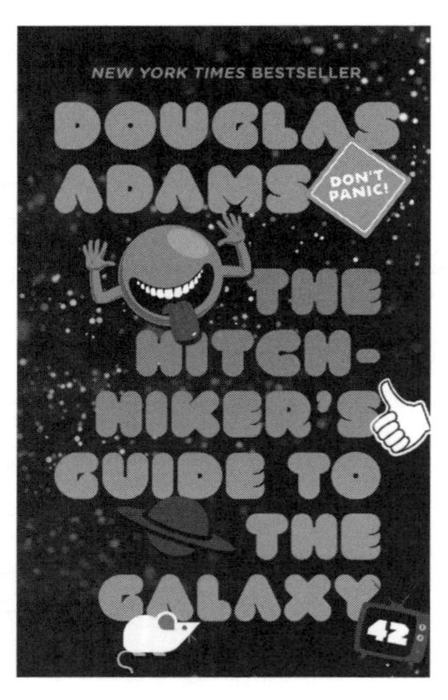

図8.4：Douglas Adamsの有名な1979年の小説の一節をヴィジュネル暗号で暗号化したものは、著者のKlaus Schmehが初めて解読した暗号である。キーワードは“FORTYTWO”だった

8.5.2 繰り返しパターンをチェックする（Kasiski法）

句読点や空白がない場合、ヴィジュネル暗号の解読は少し困難になります。とはいえ、熟練した暗号解読者であれば、コンピューターのサポートがなくても、簡単なヴィジュネル暗号なら20分もかからず解けるでしょう。以下は、前述の例から暗号化された部分を抜粋したものです。ただし、句読点と空白は省略しています。

```
KWWMC XJGJQ FGBLH OYSIA CPWGT IKHDM DSMCL LCTJR QMZGE BJTWC
EMMYW PNUPX JEKKG ICEBH VSWHY TRPWG FRMTL VEBLI GAGLC OWRVG
NTPVR FCIPH OGJFN TQTOH MSPLY RKBQM YNKTJ WSCKA CKSCW RJACP
WGFQR KZHJP FGVWJ BBSKC IFBXO QJBUX BYNCR OETNX ICWSJ ICVET
NQREJ RDSBO JYMKP MKOKT LWOVF PSRYG ZKTFB XBYKF YVVEM VWZHC 5
LGABH QZFZH SLHMJ BFNEA PVTIX AFXZW IBKDL HSWYV VPYLW ZXCRW
GKAQY ARECE EBJRV LAXJR FBKHD ZABLV ZLIAW BYVFN EAEBY SIOCG
EBLUV GCKWH NCELY GZFFQ ZTJFE LNBXA YWOCO IXZJX ZVNGX XLXOH
MOKAC AWRSC UBQVA FSWSE CFKBL CCHGW YVFFR VRXNW XHZVQ TJRYV
VHLEU JJGKB EXOZJ TKBLF NZUFF LQXNC KVZLK BCVYM RGAXO HWMNX 10
PXWDW CEHSG YSIGK HSMJS XGRUM NPHMS KNKTJ RFDIX BBHSH HZHLY
KFQWK MJXBI WVRMQ AAKFG SRLHI SFBJT EKAOY KRKPB KFNBW TAMDS
BOJTL XNJTI JPMKN WJRDT LMKRF MYXUT ODFFK BANHO WZPGC KRCZG
RGBPK FWWVW ZXYOZ GVLMF AHMWE ZFTZU TBVLC KECZG CRUKK BLKZM
FAEGO CSPFB YVBOJ MMLAS YVRMY KPVZF UXLMO VTIJX EHPQQ SRKCW 15
KIYCW MFXSO DPVYM KAHMS UTWPW GTIKV MFACK TZMKK ZSSHY XQTER
DCLVY GPKNB PHSDJ CBMFN ATJHQ WVBLY NCSHF YRAAP ZZCWM SAFNB
UXDBJ WYSCR FXPFN SUMMF WYJVZ LCRAG GZRSC YESWQ VEWUQ HYVVR
HNOHB CLEBG PRTWK TPMDI WZRRG GPVJA LWYGZ GVIVE AAARF HYBKB
IUFAV ACLWW IKVEJ LASBV FKSLP GKWIL RBIOK FRBBR KIWSX HGGCH 20
TVROC MKOHQ VIRBP GFWUF PINCX GVKEK EDUWE ZFBOT ZFYTR TJRWC
CEGGC WYFFN LWPVJ HFIMY DWXVV TBMDW XPPIY LOVFG XHRMK PJPLB
JMWBI WKLEH EBLHF UCUQW QHWBP LPWAS YXYKZ CKWKL YBZOW HYNPP
DMXWK ZMBJU YCSXZ NEZYA IIPHO GJFJA MHGVN GWBLZ AFFHY BKYKF
FPZMR AABXH FINXZ OSRGN RBPOB OPTET EBBVR MBHUC ZAVTL PDMXW 25
KZMMP CGSSN GEPVJ GRBBB PGFPP IYLOM TIMXE HPHTP LBJWX MUOJL
CLXMU OJLCL WFJRV OGVAG BVZVF THZTK JHKXL STDCX RHZFN JVYPH
IDTWE MYMKD TWEMZ OAFDT RLRPD WQGKH RAAFU SFIJX ZOXVW KMFLC
NBKUR HLCNB KTTXN MKOJM NXKDQ SCBTB JUFHG HGGPQ GSZGE TLCNB
KWGKA QYZPB LUAHB SVGYK ACKHV GEBRS SHFPM GZSWK YTRLO CLFVT 30
RTXCZ HGHGG POYVR MQHIO SMGXM IHSTT GHGGP PFFVL MDASS HFZCM
PVJFV TLWSV FHJLM ZNSFH RUMNP DTWEM ZMDOY GFFYG UDJCG ECHBD
TWEMY TNSXC BXCGP CLSKM FXNSY VVRMY PSSKZ LFMDO YDVHN EAKTI
CWHNO HTBTX YGZTT FREJP KFPCL MUAAF JHYXF XHZYV VRUTJ HJRKH
ZXIFU FFLQX NKFBK XBMKP JOKIM BJHID FBLMZ KFGEM YGUKM SIXGG 35
LOWHZ VSEWF NHNTQ CQGYO ERAHJ JJBZX LMLCN BKTTX NMQCE ZUTUT
WCDIM BJHXO STLWY VJKFN JWDOA SRGGV AZNHK ECVKH YOXXY MLCNB
KWUBP VFLVL MOAFY VVWMH NOSRJ ICGZO UZVTQ TJHFA FNLMK TYWDX
YMLCN BKXUA EQMKF NJWXS YVVGC TNSXH GNZMK DTWEM BAEGB WWXMY
YCZFJ XUTJH JRTEG FXWSU IHQXO PZHYX UTJHJ RRQCL DSIWU GRDJC 40
BKYRF XFIXH CBIXZ OCSJA CYHIX VVWFH PZDIE WCKPV JRVKG LEJJU
IBLLK TYVV
```

解読のコツは、最初にキーワードの長さを特定することです。このことがわかれば、ヴィジュネル暗号を解くということは、いくつかのシーザー暗号を解くということになります。ヴィジュネル暗号はいくつかのシーザー暗号から構成されていると考えられることを覚えておいてください。キーワードの長さを推測するよい方法は、暗号文の繰り返しパターンを探すことです。これはKasiski（カシスキー）法と呼ばれています。たとえば、22行目から26行目には、繰り返しパターンの“PPIYLO”があります。

```
CEGGC WYFFN LWPVJ HFIMY DWXVV TBMDW XPPIY LOVFG XHRMK PJPLB
JMWBI WKLEH EBLHF UCUQW QHWBP LPWAS YXYKZ CKWKL YBZOW HYNPP
DMXWK ZMBJU YCSXZ NEZYA IIPHO GJFJA MHGVN GWBLZ AFFHY BKYKF
FPZMR AABXH FINXZ OSRGN RBPOB OPTET EBBVR MBHUC ZAVTL PDMXW
KZMMP CGSSN GEPVJ GRBBB PGFPP IYLOM TIMXE HPHTP LBJWX MUOJL
```

このパターンにおける最初と2番目の出現の間隔は、192文字になります。28行目から33行目には、“DTWEMY”という別の繰り返しパターンが見つかります。

```
IDTWE MYMKD TWEMZ OAFDT RLRPD WQGKH RAAFU SFIJX ZOXVW KMFLC
NBKUR HLCNB KTTXN MKOJM NXKDQ SCBTB JUFHG HGGPQ GSZGE TLCNB
KWGKA QYZPB LUAHB SVGYK ACKHV GEBRS SHFPM GZSWK YTRLO CLFVT
RTXCZ HGHGG POYVR MQHIO SMGXM IHSTT GHGGP PFFVL MDASS HFZCM
PVJFV TLWSV FHJLM ZNSFH RUMNP DTWEM ZMDOY GFFYG UDJCG ECHBD
TWEMY TNSXC BXCGP CLSKM FXNSY VVRMY PSSKZ LFMDO YDVHN EAKTI
```

今回、繰り返しが始まるまでの間隔は248文字です。28行目には3個目の繰り返しとして、“DTWEM”があります。

```
IDTWE MYMKD TWEMZ OAFDT RLRPD WQGKH RAAFU SFIJX ZOXVW KMFLC
```

ここでの間隔は8文字です。

以上で、私たちが見つけた間隔は192、248、8になります。これら3つの数字の最大公約数は8です。つまり、鍵長はおそらく8、あるいは8の約数といえます。キーワードの長さが8ということは、8つのシーザー暗号を扱っていることを意味します。次のステップは、頻度のカウントを8回行います。まず、1番目、9番目、17番目、25番目、33番目、41番目、・・・にある文字をカウントします。以下がその結果です。

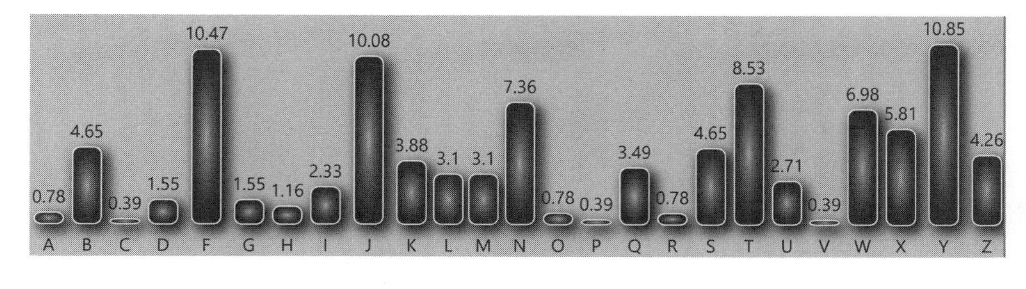

これを普通の英文の頻度（付録B参照）と比較してください。今回使われているシーザー暗号は「A→F」「B→G」「C→H」・・・のように1対1対応に完全一致していることがわかります。つまり、キーワードの頭文字はおそらく'F'になります。

次に、2番目、10番目、18番目、・・・の文字をカウントします。

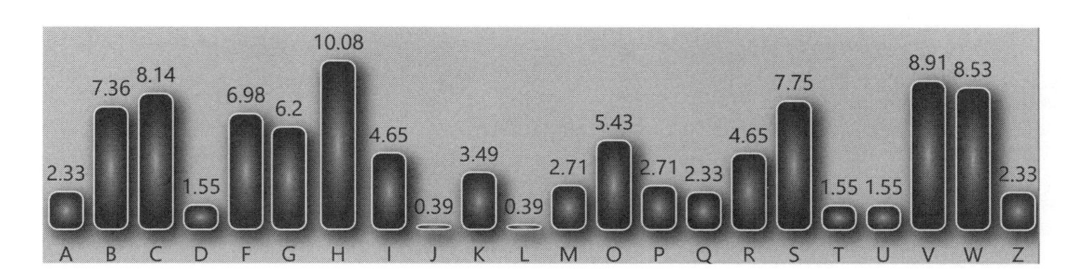

今回は「A→O」「B→P」「C→Q」・・・となります。したがって、キーワードの2文字目は'O'である可能性が高いといえます。

この手順をあと6回繰り返すと、'F'、'O'、'R'、'T'、'Y'、'T'、'W'、'O'の文字が得られます。これは、キーワードの長さが実際には8文字であることを意味します。もし"FORTFORT"のようなキーワードが得られたら、実際のキーワードは"FORT"であると判断できます。"FORTYTWO"というキーワードを使えば、暗号文を簡単に解読でき、『The Hitchhiker's Guide to the Galaxy』の一節が得られます。

8.5.3 一致指数を使う

Kasiski法は、ヴィジュネル暗号のキーワード長を手作業で特定する最善の方法の1つといえます。コンピューターを使えるのであれば、もっとよい方法があります。多くの場合、一致指数（付録B参照）がキーワードの文字数を決定するのに役立ちます。異なるキーワード長（たとえば3から25まで）を想定し、それぞれの場合の一致指数を計算するのは、よい方法です。英語の平文を想定した場合、もっとも高い一致指数、つまり通常の英語の一致指数である6.7%にもっとも近い一致指数がおそらく正しいものとなります。

dCodeのWebサイト（`https://www.dcode.fr/en`）では、この種のテスト・ツールを提供しています。前述の『The Hitchhiker's Guide to the Galaxy』の抜粋（"KWWMC XJGJQ・・・"）

における結果は次のとおりです。

キーワード長	一致指数
24	6.4%
8	6.3%
16	6.2%
4	4.6%
12	4.6%
20	4.8%
26	4.6%
14	4.6%

キーワード長が24の場合、一致指数がもっとも高くなります。英語にもっとも近い6.7%です。前述のとおり、キーワード長が24は誤りですが、8の倍数になっているので、この結果を受け入れられます。次のステップで24個のシーザー暗号を使って解くと、キーワードとして“FORTYTWOFORTYTWOFORTYTWO”が得られます。キーワード長が8文字である、2番目の一致指数の結果が正しいことがわかりました。

キーワード長が判明したので、dCodeユーティリティーに暗号を解くように指示できます。キーワードの各文字に対してシーザー暗号を解くことで、dCodeは正しい解を表示します。それを図8.5に示します。

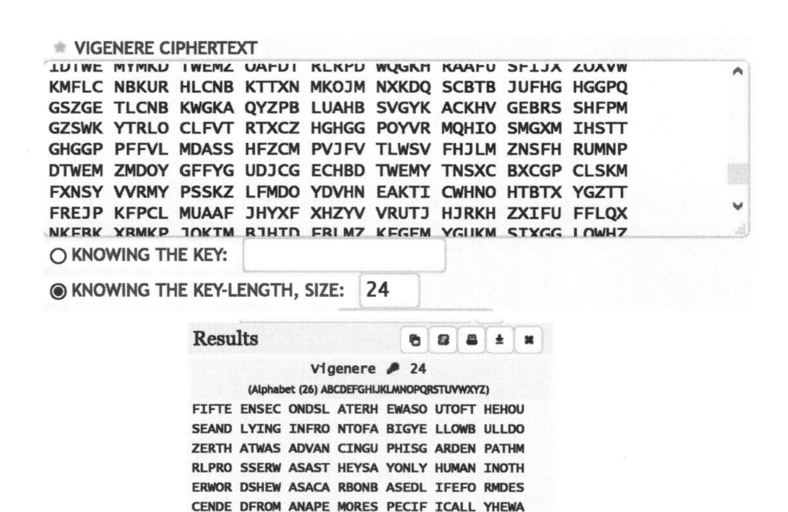

図8.5：dCodeのWeサイト（https://www.dcode.fr/en）は、ヴィジュネル暗号を段階的に解くツールを提供している

クリプトスの模型に刻まれた文字も同様に解読してみましょう。dCodeは以下の結果を表示してくれます。

キーワード長	一致指数
3	6.3%
6	6.2%
9	5.9%
13	5.2%
11	4.9%
12	5.5%
15	5.8%
18	5.9%
8	4.3%
1	4.3%

見てわかるように、キーワード長は3のときに最良の結果となっています。キーワードは"RUG"でしたので、この結果は正しいことがわかります。

暗号解読に一致指数を導入したWilliam Friedmanは、暗号文からキーワード長を推定する公式を開発しました。これはフリードマン・テスト（Friedman test）として知られています。この手法は、これまで実施してきた一致指数の比較よりも少ない計算で済みますが、特に平文の言語がわからない場合には精度が落ちます。一致指数法とフリードマン・テストに関する詳しい論考については、Craig Bauerの2013年の著書『Secret History』(*5)をおすすめします。

8.5.4 辞書攻撃

ヴィジュネル暗号を破るもう1つの可能性として、いわゆる辞書攻撃（dictionary attack）が挙げられます。この方法は、実行できるコンピューター・プログラムが手元にある場合にのみ試せます。辞書攻撃には、大量の単語のリスト、すなわち辞書が収録されたファイルが必要です。インターネット上には、あらゆる種類の辞書ファイルが大量に出回っています。たとえば、英語でもっともよく使われる2万語を含むファイルがあります。多くの他言語、地理的表現、氏名、略語などを収録した辞書ファイルもあります。さらに、ある単語の何十もの別の表現を生成するプログラムもあります【訳注】。たとえば、"Word"、"WORD"、"W0RD"、"word"、"drow"、・・・などです。

訳注　拙著『ハッキング・ラボで遊ぶために辞書ファイルを鍛える本』では辞書ファイルを生成するツールを多数紹介しています。https://akademeia.info/?page_id=22508

ヴィジュネル暗号に対して辞書攻撃を実行するプログラムは、辞書ファイルから次々と単語を取り出して、暗号文の解読に試みます。場合によっては取り出した単語から別の表現を生成して使います。そして、その結果が明白な英語（あるいは使用している言語）に見えるかどうかを確認します。意味のあるテキストと意味不明なテキストを区別する方法は、第16章で紹介します。意味のある言語かどうかをテストし、肯定的であれば、解読は成功となります。そうでなければ、次のキーワード候補を用いてテストします。

辞書攻撃でヴィジュネル暗号を攻撃できますが[*6]、あまり一般的ではありません。これはおそらく、ヴィジュネル暗号に対してはより強力なコンピューター・ベースの攻撃（ヒル・クライミングなどについては第16章を参照）を適用できるからでしょう

8.5.5 Tobias Schrödelの方法

2008年、ドイツの暗号専門家Tobias Schrödelが、これまで知られていなかったヴィジュネル暗号の解読法を『Cryptologia』に発表しました[*7]【訳注】。

> **訳注** ヴィジュネル暗号を解読するには、Kasiski法や一致指数などによる鍵長の特定から始まります。どちらの方法も、暗号文が短かったり、繰り返しが含まれていなかったりすると、うまく適用できません。
>
> Tobias Schrödelが提案する方法は、論理、逆ダイグラフの頻度、言語的特性によって、鍵の空間を大幅に縮小することで、繰り返しの有無にかかわらず、短い暗号文と長い暗号文を破ることができます。

この攻撃は、平文とキーワードの両方において、珍しい文字の組み合わせを排除することに基づきます。そのためには、それを実行するコンピューター・プログラムが必要です。CrypTool 2の前身である、CrypTool 1に実装されています。Tobiasの方法は、キーワード長と比べてメッセージ長の割合が小さいときに役立ちます。たとえば、15文字の平文を7文字のキーワードで暗号化するという場合が該当します。しかし、キーワードがランダムな文字列ではなく、実際の単語でなければ解読に成功しません。

彼は論文においてヴィジュネル暗号の暗号文“IZRUOJVREFLFZKSWSE”を紹介しています。ヴィジュネル暗号に対する従来の攻撃法を使っても、今回は通用しません。たとえば、空白が含まれていないため、単語の推測は通用しません。加えて、暗号文が短く、キーワード長を特定するような繰り返しはありません。キーワード長がわかっていても、あるいは推測できたとしても、役に立ちません。なぜなら、たとえばキーワード長が6だとしたら、6つに分けて頻度分析をするわけですが、カウントする文字が足りなすぎて、分析しようがないのです。

しかし、Tobias法であれば、この暗号文を解読できます。まれな文字【訳注】の組み合わせを排除することで、高頻度のトリグラフである“BLA”と“HOR”は、一方が他方で暗号化されて、“IZR”（暗号文の最初の3文字）を表すことがわかります。

> **訳注** ここでいうまれな文字の組み合わせを排除するというのは、（英語という前提であれば）平文が意味をなす英文、キーワードが存在する英単語ということです。

頻度を考慮して、2つのトリグラフを拡張して“BALCK”と“HORSE”が候補になります。どちらがキーワードでどちらが平文なのかは不明ですが、さらにテストしてみるとキーワードが“HORSE”であれば復号した結果が意味をなすことがわかりました。暗号文を復号すると、“BLACK CHAMBER IS OPEN”という平文が得られます。

8.5.6 その他のヴィジュネル暗号の破り方

Helen Fouché Gainesは、1939年の著書『Cryptanalysis』の中で、ヴィジュネル暗号を解読する別の方法として、言語的アプローチについて言及しています(*8)。このアプローチが成功するには、運が必要ですし、試行錯誤を何度もしなければなりません。Richard Hayesは、1943年に彼女の方法と似ていますが、頻度の高いトリグラフをベースにしたより高度なテクニックを発表しています(*9)。コンピューター技術の出現以来、より強力な代替手段が誕生したため、今日ではどちらの方法もほとんど使われていません。

本書では取り上げませんが、隠れマルコフ・モデル【訳注1】に基づくビタビ分析【訳注2】もあります。

訳注1 隠れマルコフ・モデル(Hidden Markov Model:HMM)を理解するには、まずマルコフ・モデルについて知っておく必要があります。
マルコフ・モデルとは、ある状態から次の状態へ移る確率を使って一連の事象を表すモデルです。対して、隠れマルコフ・モデルは、観測できる事象から観測できない事象の状態を予測するモデルです。
たとえば、晴れ・曇り・雨という天気の変化を考えます。晴れの次の日に晴れる確率、晴れの次の日に雨になる確率、晴れの次の日に曇る確率があるとします。このように、今の状態がわかっていれば、次の状態を予測するモデルがマルコフ・モデルです。
しかし、世の中には直接観察できない(隠れた)状態が影響している場合があります。こういった状況では隠れマルコフ・モデルの出番となります。
たとえば、部屋の中から直接外を見ずに天気を知りたいとしたとき、部屋の訪問者が傘を持ってきたかどうかが参考になります。傘を持っているかどうかという観測から、実際の天気(隠れた状態)を推測できるのです。

訳注2 ビタビ・アルゴリズム(Viterbi algorithm)とは、動的計画法アルゴリズムの一種であり、観測された事象系列を結果として生じる隠された状態のもっともらしい並び(これをビタビ経路と呼ぶ)を探すために用いられます。ビタビ・アルゴリズムは、隠れマルコフ・モデルに基づいています。

このアプローチに関する興味深い記事が科学雑誌『Cryptologia』に掲載されました(*10)(*11)。

8.5.7 ワンタイムパッドの破り方

前述したように、ワンタイムパッドを破るには、鍵が規則性のないランダムな文字列で、一度しか使われない場合にはうまくいきません。しかしながら、歴史の中でこの要件が満たされずに解読されてしまうことは少なくありませんでした。よくある失敗の1つは、同じ鍵を何度も使ってしまうことです。

以降、2つのメッセージに同じ鍵が使われた場合、ワンタイムパッドがどのように破られるかを説明します。実証のために、まず平文"WASHINGTON"を（ランダムな）鍵の"KDFYDVKHAP"で暗号化します。

```
WASHINGTON
KDFYDVKHAP
----------
GDXFLIQAOC
```

次に、平文"CALIFORNIA"を同じ鍵で暗号化します。

```
CALIFORNIA
KDFYDVKHAP
----------
MDQGIJBUIP
```

ここで、1番目の平文を2番目の平文で復号してみます。

```
WASHINGTON
CALIFORNIA
----------
UAHZDZPGGN
```

もし1番目の暗号文を2番目の暗号文で復号するなら、上記と同じ結果を得られます。

```
GDXFLIQAOC
MDQGIJBUIP
----------
UAHZDZPGGN
```

つまり、暗号解読者が両方の暗号文（"GDXFLIQAOC"と"MDQGIJBUIP"）を知っており、平文の一方が"WASHINGTON"であることも知っていれば、2つ目の平文である"CALIFORNIA"を簡単に導き出せるということです。これは逆も成り立ちます。"CALIFORNIA"を知っていれば、"WASHINGTON"を導き出せます。

このアプローチは長いメッセージにも簡単に一般化できます。暗号学者が、同じ鍵で暗号化された2つのワンタイムパッド暗号文を知っていて、2つの暗号文のうちその片方のクリブ【訳注】があれば、もう一方の平文の一部を簡単に導き出せます。

訳注 クリブ（crib）とは、暗号解読の手がかりとなる平文に関する部分情報を意味します。たとえば、平文と暗号文の関連性についても、クリブの一種です。

たとえばクリブが"E UNITED S"であれば、"THE UNITED STATES"に拡張でき、"TH"と"TATES"が新しいクリブになります。この方法を使えば、両方の平文を完全に導き出せるかもしれません。

8.6 成功談

8.6.1 Diana Dorsからのメッセージ

イギリス人の女優Diana Dors（1931－1984）は、かつてイギリスのMarilyn Monroeと形容されていました。何十本もの映画で魅惑的なブロンドを演じ、私生活は映画の歌姫にふさわしいものでした。彼女はガンにより52歳で亡くなりましたが、生前息子のMark Dawsonに暗号化されたメッセージを渡し、そこには彼女が隠していた200万ポンドという大金の行方が記されていると伝えました。

本文の見出しは、ピッグペン暗号で暗号化されていました。

調査の結果、Dawsonは"LOCATIONS AND NAMES"と解読しました。彼の母親は次のような置換表を使っていたことを突き止めました。

暗号文の主要な部分は、次のように普通の文字で書かれています。

```
EAWVL XEIMO RZTIC SELKM KMRUQ
QPYFC ZAOUA TNEYS QOHVQ YPLYS
OEOEW TCEFY ZZEPI NYAUD RZUGM
SSONV JDAER SZNVS QSHRK XPVCC
WUAEJ JTWGC WQRCC NRBKZ VIITF
RZLTS VOAIB NQZOK VANJJ TFAJO
GYUEB XZHRY UFSDM ZEBRK GIECJ
QZHFY QBYVU FNEGD EDIXF YZHOM
PMNLQ XFHFO UXAEB HZSNO EAUIL
JXIWD KTUDN MCCGC EURDG SRBCW
GMNKC RLHER HETVP GWOGC WANVJ
NGYTZ RALTM TAYTL UUSKM QIRZH
```

Dawsonはこの暗号文を解読できなかったため、Andrew Clarkを含むイギリスの暗号学者チームに相談しました。暗号文は解読されましたが、メッセージの意味は謎のままでした。このチームの活動は、後に2004年のテレビのドキュメンタリー番組で紹介されました[*12]。

手始めに、Clarkたちは暗号文についていくつかの統計分析を実施しました。その結果、ヴィジュネル暗号と一致することが示され、解読に苦労することはありませんでした。おそらく本章で紹介した方法のいずれかを使って、始めにキーワード長を決定したのでしょう。キーワードは“DMARYFLUCK”（Dorsの本名“Diana Mary Fluck”に由来すると思われる）と判明しました。

最初の行がどのように復号されるかは次のとおりです。

暗号文	EAWVL XEIMO RZTIC SELKM KMRUQ . . .
鍵	DMARY FLUCK DMARY FLUCK DMARY . . .
平文	BOWEN STOKE ONTRE NTRIC HARDS . . .

暗号文は姓のリストに解読されました。それぞれの姓の後にイングランドかウェールズの都市が続いています。

```
Bowen, Stoke On Trent
Richards, Leeds
Woodcock, Winchester
Wilson, York
Downey, Kingston Upon Hull
Grant, Nottingham
Sebastian, Leicester
Leigh, Ipswich
Morris, Cardiff
Mason, Slough
Edmundson, Portsmouth
Padwell, London
Pyewacket, Brighton
McManus, Sunderland
Coyle, Bournemouth
Humphries, Birmingham
Dante, Manchester
Bluestone, Liverpool
Cooper, Bristol
```


このリストが何を意味するのかは不明であり、これらの名前が実在の人物を指しているかどうかもわかっていません。Diana Dorsの息子は、母親が残したとされる数百万ドルを見つけることはできず、この遺産が本当に存在したのかどうかさえ疑わしいといえます。芸能活動の初期には十分な収入がありましたが、1968年に破産を宣告せざるを得なくなり、それ以降は1984年に亡くなるまで細々とした仕事で生活したといいます。

8.6.2 クリプトス1と2

バージニア州ラングレーのCIA本部にある彫刻、クリプトスについてはすでに紹介しました。付録Aに、その背景を説明してあります。クリプトスの右側にある2つのパネルには、ヴィジュネル暗号の置換表があり、次の順序でアルファベットが並んでいます。つまり、“KRYPTOS”という単語の文字数だけシフトしています。

```
KRYPTOSABCDEFGHIJLMNQUVWXZ
```

そして、左上のパネルには、次のような暗号文があります。

```
EMUFPHZLRFAXYUSDJKZLDKRNSHGNFIVJ
YQTQUXQBQVYUVLLTREVJYQTMKYRDMFD
VFPJUDEEHZWETZYVGWHKKQETGFQJNCE
GGWHKK?DQMCPFQZDQMMIAGPFXHQRLG
TIMVMZJANQLVKQEDAGDVFRPJUNGEUNA
QZGZLECGYUXUEENJTBJLBQCRTBJDFHRR
YIZETKZEMVDUFKSJHKFWHKUWQLSZFTI
HHDDDUVH?DWKBFUFPWNTDFIYCUQZERE
EVLDKFEZMOQQJLTTUGSYQPFEUNLAVIDX
FLGGTEZ?FKZBSFDQVGOGIPUFXHHDRKF
FHQNTGPUAECNUVPDJMQCLQUMUNEDFQ
ELZZVRRGKFFVOEEXBDMVPNFQXEZLGRE
DNQFMPNZGLFLPMRJQYALMGNUVPDXVKP
DQUMEBEDMHDAFMJGZNUPLGEWJLLAETG
```

付録Aにあるように、この暗号文は、互いの成果を知らない暗号解読者たちによって、少なくとも3回は独自に解読されました。ここでは、2人目の解読者であるCIA職員のDavid Steinが発見した解読法を紹介します。彼の研究は、オンラインで入手可能な論文に記録されています[*13]。

Steinはまず頻度分析を実行しました。彼は、暗号化されたメッセージがヴィジュネル暗号のようであることに気づきました。（一致指数に基づく）Friedmanの方法を使って、Steinはもっとも可能性が高いキーワード長が8であることを発見しました。これは、4行目の8文字の後にトリグラフの"DQM"が繰り返されることから特定したのです。この手法はKasiski（カシスキー）法とも呼ばれています。

```
DQMCPFQZDQM
12345678
```

Steinは最初に"DQM"は英語でもっとも一般的なトリグラフである"THE"を表してると推測しました。暗号文に対するもう1つの攻撃として、彼はさらに頻度分析を続けました。8文字のキーワードを持つヴィジュネル暗号は8つのシーザー暗号と等価であることを知っていたSteinは、8文字ごとに頻度をカウントしました。しかし、どちらのアプローチも完全な解読には至りませんでした。

Steinは、彫刻の反対側に"KRYPTOS"とあるように、この文字列で始まる順列のアルファベットを持つヴィジュネル暗号が使われていると推測しました。この仮定に基づいて、Steinは再度頻度分析で8つのシーザー暗号を解こうと試みました。彼が見つけたキーワードは

“ABSCISSA”であり、暗号文の“DQM”は“THE(Y)”と“THE”になりました。

しかし、暗号化されたメッセージの3行目から13行目だけが意味のある平文になり、最初の2行目は意味不明な平文に復号されてしまったのです。Steinは、この2行は同じ方法で暗号化されているが、キーワードが異なると推測しました。最終的にこの推測は正しいことが証明され、Steinは最初の2行のキーワードが“PALIMPSEST”（パリンプセスト）であることを突き止めました。パリンプセストとは、テキストを別のテキストに再利用できるように、古いメッセージの断片が新しいメッセージを通して見えるように、テキストを削ったり洗ったりした写本のページのことです。1行目と2行名を暗号化するために使用できるヴィジュネル表を次に示します。1列目を見ると、キーワードの“PALIMPSEST”と一致することに注意してください。

```
KRYPTOSABCDEFGHIJLMNQUVWXZ
--------------------------
PTOSABCDEFGHIJLMNQUVWXZKRY
ABCDEFGHIJLMNQUVWXZKRYPTOS
LMNQUVWXZKRYPTOSABCDEFGHIJ
IJLMNQUVWXZKRYPTOSABCDEFGH
MNQUVWXZKRYPTOSABCDEFGHIJL
PTOSABCDEFGHIJLMNQUVWXZKRY
SABCDEFGHIJLMNQUVWXZKRYPTO
EFGHIJLMNQUVWXZKRYPTOSABCD
SABCDEFGHIJLMNQUVWXZKRYPTO
TOSABCDEFGHIJLMNQUVWXZKRYP
```

最初の2行の平文は次のとおりです【訳注】。ただし、スペルミスを含みます。

```
BETWEEN SUBTLE SHADING AND THE ABSENCE OF LIGHT LIES THE NUANCE OF IQLUSION
```

訳注 次のような関係になっていることをトレースしてみてください。全文でなくても構いませんが、最初の数文字と最後の文字ぐらいはチェックしておきましょう。

```
平文    BETWEEN SUBTLE SHADING AND THE ABSENCE OF LIGHT LIES THE NUANCE OF IQLUSION
鍵      PALIMPS ESTPAL IMPSEST PAL IMP SESTPAL IM PSEST PALI MPS ESTPAL IM PSESTPAL
-------------------------------------------------------------------------------------
暗号文  EMUFPHZ LRFAXY USDJKZL DKR NSH GNFIVJY QT QUXQB QVYU VLL TREVJY QT MKYR
```

Sanbornは3行目から13行目まで、次のヴィジュネル表（"ABSCISSA"というキーワードに基づきます。"ABSCISSA"はグラフ上のX座標を意味する用語）を利用しました。

```
KRYPTOSABCDEFGHIJLMNQUVWXZ
--------------------------
ABCDEFGHIJLMNQUVWXZKRYPTOS
BCDEFGHIJLMNQUVWXZKRYPTOSA
SABCDEFGHIJLMNQUVWXZKRYPTO
CDEFGHIJLMNQUVWXZKRYPTOSAB
IJLMNQUVWXZKRYPTOSABCDEFGH
SABCDEFGHIJLMNQUVWXZKRYPTO
SABCDEFGHIJLMNQUVWXZKRYPTO
ABCDEFGHIJLMNQUVWXZKRYPTOS
```

対応する平文の結果は次のとおりです。ただし、別のスペルミスを含んでいます。

```
IT WAS TOTALLY INVISIBLE HOWS THAT POSSIBLE? THEY USED
THE EARTHS MAGNETIC FIELD X THE INFORMATION WAS
GATHERED AND TRANSMITTED UNDERGRUUND TO AN UNKNOWN
LOCATION X DOES LANGLEY KNOW ABOUT THIS? THEY SHOULD
ITS BURIED OUT THERE SOMEWHERE X WHO KNOWS THE EXACT
LOCATION? ONLY WW THIS WAS HIS LAST MESSAGE X THIRTY
EIGHT DEGREES FIFTY SEVEN MINUTES SIX POINT FIVE SECONDS
NORTH SEVENTY SEVEN DEGREES EIGHT MINUTES FORTY FOUR
SECONDS WEST ID BY ROWS
```

公開されてから数年後の2006年、クリプトスの生みの親であるJim Sanbornは、暗号文の最終行の'S'が欠けていることを公表しました。最後の3つの単語を"ID BY ROWS"とするのは誤りであり、"X LAYER TWO"を意図としていたのです。この間違いについて公表以前に解読者たちは気づきませんでした。単なる偶然ですが、"ID BY ROWS"という表現に意味があるように思えたためです。

8.6.3 キリル文字投影機

Jim Sanbornはクリプトス（1990年）の生みの親であるだけでなく、その後も暗号化された作品をいくつか作っています。たとえば、1990年代には、暗号化されたメッセージの彫刻「キリル文字投影機」（the Cyrillic Projector）を制作しています。最初は彼のギャラリーで展示され、1997年にノースカロライナ大学シャーロット校のキャンパス内に移されました。キリル文字投影機は、高さ2メートルを超えるブロンズ製の円筒であり、数百文字が刻まれています。彫刻の中央にある明るい光が、文字を照らして、その像を中庭に映し出します。

クリプトス同様、キリル文字投影機の文字は4つのパネルに彫られており、それらが組み合わさってシリンダー状を形成しています。片側に位置する2枚のパネルは“ТЕНЬ”（「影」の意味のロシア語）の文字が先頭にくるように、ロシア語（キリル文字）のヴィジュネル表を映し出します（図8.6参照）。キリルアルファベットの（転置されていない）順序は使用される地域によって異なることに注意することが重要です。キリル文字投影機で使用されている文字順は、一般的なものではありません。

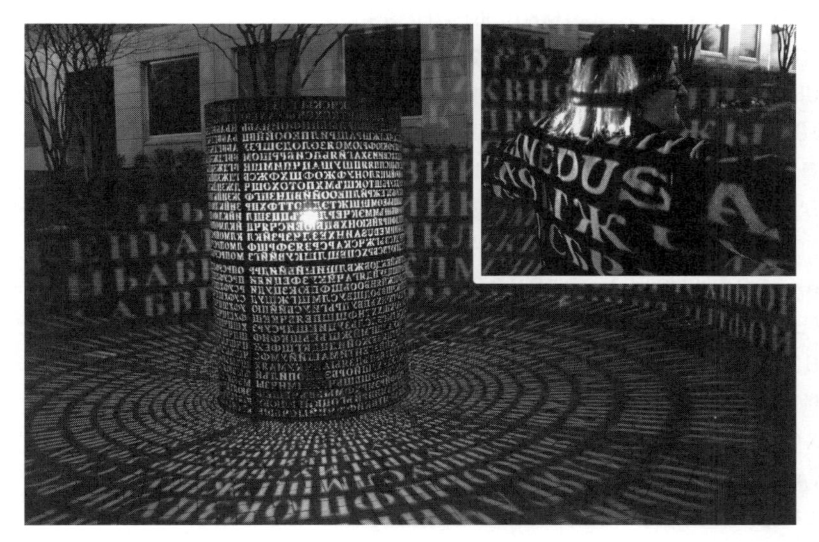

図8.6：ノースカロライナ大学シャーロット校のキャンパスにあるキリル文字投影機は、暗号化された碑文が刻まれた彫刻である。右上の写真は、Elonkaに映し出された“MEDUSA”の文字（キリル文字で書かれていない唯一の部分）

他の2つのパネル（写真では手前側）にあるテキストは、暗号化されたメッセージを表しています。“MEDUSA”という単語（14行目）以外はキリル文字で書かれていますが、これはキリル文字では“MEДУЗА”と綴られると予想されます。なぜなら、‘D’、‘U’、‘S’の文字はキリル文字になく、これらの文字に相当するのは‘Д’、‘У’、‘З’であるためです。この文字列がキリル文字ではなくラテン文字で表現されていることは、鍵の1つについてヒントを与えてくれているのです！

キリル文字投影機の暗号文は、次のように再現されます。

ЛТФЕЮТФЯЙЯ М П Х ЦФ А Ч Н ЩП В БГЖЧ С КЬГГЛЗДЭЙП

ЪК ХС Й Р Э А Ф Н ФПЩ В П Е Ц Р ДФ А ЩШ Т К СХС ЧЫУ ХХЕ Ю

КУ М Л Е ЧЛЫ ТО Б НЕ ЯЖЖИЬ Н ЭЗЩЦ Р ЛЫБП Н Ф О ИИ А БЬ

ПИКЛ Е У Р Ы СМЪШЛЛБ ХМХ ЛЖШ РА Щ Р ЙЛП ЕОО ЙЙ В Ц

ИЪЛБ Х Ц Р ЫЧ С К АРСРВ ЯЭФКЮФ Р Ю МО ЯЗ О Л О ДЭШ Р ЗУ

Д ХМА Э ХО ЙГЙЮФ М Щ ХХСВ ИИЗ ХА ГЙЯЬП С ИБ РР Ш ОМ

К ТС УЯГ Х УЬЛ Е У Р Ы СМЪШ С ППЯЯЦШУШ А ЦЧПИ М Ш Н

Р БЧ Р ЯЫ М ИУ РА ДФ А ИЮЙЫЦЯЛ ОН УФЖ О ФШ Х ФЖ С Б

В ЪЧДЦ С ФБ М ДЭШ Р ЗУД Х У Р БШ ТО КЩЪ МХ П ОТОХО ЩЧ

Ж А ЦДЩ РА ЮГ О Й ВР БГЮБЗГ Е Ж Р ЙЛП ЕОО ЙЙ В Ц Н ЗПГФ

ЦЗ А И В ЯЮФЛЪЦ ХС ЧЫШЬБ ЕОМ ЩШЖ Т ЭДЙ ОТТ Ф Х П Р

ПЛ О ДЭЩ Р ЗУД Х КПГФ О ЦБЩЪ ММ ЭКЧ ЕР Л М КЪЦЦЗЩЛ

ФЦЧЪЩК ВН Ф АЕС ДП Т ДФП Р ЯЙКЮ НХВ ЦБЮ Е И С ЧЯЧЦ

ХМ ЖЛ С П Р ЧУЛЭШЖЫИИ MEDUSA И НХЕ ЗЛЧЗ Р ЗЙКЛ

ПП ЕВ ЛЧ СХ ЦЫ О Й ВР БУД ХСВ ЪГЖЧ С К АРСРВ ЯЭФ Р ЩФ

ЯЦЩПЪЗЫ Т Ф О ЙЙУ С Д Т Ю ТВС Б РХС ПБЩЛШКУ В ЙЙГЗ

Й А ЧЛЬ Р ЙЭ М ДЧЧ Р Ь СТН КЙ Е КД О БЖБЛШИЫЙБЙИД РР

Ц ХО ЩЖ В ЪКБЧКЖ Н ФПШЦЗУЙДЯГ А ЧЙКУЗФ Е ЦИЯИ

ЙФЭБЛ С Д Т ГЗШ Р Ж Е ДФЩЖЙЯ Н Б ОО ЬШФПЮКЗЦУДИ

НХЕОХ П О Й АХ ДЭ С БЩЙЖЭШ В Ъ О ДЩ В У С Л М ЩГЖШУД

ИГЛ Е ШКПУУ Е ЧДЛ С УЦЮ Т Ю НХ ЪПБУП Р ЬГИУ С БЙЙПЮ

Г А ФФ Е ШБФБ М ЙПИ М ЪЮКЩ ХХТН ФЩШП Е ЯБЧККЩ

В ЙЩЗЛЮ СВ ЮЙКУКФ С Ы Т Ы СВ Л С ЛЬЗУЦИКЩД РС У Р З

ХР ФЙ Р Э МРХ ФЛКФ А ЙЙКУ А ЛЩГ М ЙЖШЪЙЬЩКФ Н Ф

ИДЙ Р ФГКУК А ЯЙ О У МАТ Э Т ЦК ВЕ Ж О ЙИДЦДКГЩФ Е Ж

БЮ Х Л ЕСС Э СН ЩЩ Х П О ЬДЖЙЙЗГ Е И Т Й МА ШЙЙУ М Ф С

Ы Т Ы СВС ИД С Д Р БФ Н У ОР УШ Т БЗПЪДЗЯЫ АА ЧКУ МА Я Х

ТМ Ц Р ИЦЗЩЛЛ Е УУПФЖ Т ЭДУ ХР ШЙ ОР БЭЦЙ О ПЙЛЪЙ

Т ЧШЙ А Ф Н ПШФЭ М БЩЪЖ Т ПДЛ Р ШБШБЧ Р ЖЫ МН ЧЗЫ

Т ЙЖЪ СМ ЪЧД Х КЛ Н ЦПЗ ХР ФЙ Р Э МРХ Ф М ЫБ В ЪЧБШ Е Ф

БЖ Т Щ ВВ ЪУБЧКЖ А ЦПЫГШ АМ ИП Р ЙЪГ О ЦКЙГ Р ЛЮБУ

С ПБЮ РРХ Ф Т Ы Х Ж Т ГИЙК А Ф МТН КЙФФ Н ЦЙЫ С ЧБШ Е

Sanbornがこの彫刻を一般公開した後、誰かが本気で暗号を解こうとするまでには数年かかりました。2003年、Elonka率いる70人の暗号愛好家グループが、ついに解読活動を開始しました。グループのメンバーであるRandall Bolligはキリル文字投影機の写真を何枚も撮影しました。他の3人のメンバーである、Elonka、Bill Houck、Brian Hillは、何週間もかけて丹念に作業し、3つの独立のトランスクリプトを作成しました。そして、これらのトランスクリプトを見比べて、完全に正確なものを作成したのです。円筒形の彫刻の逆向きの画像からキリル文字を書き写すことの難しさを想像してほしいものです！　そして、Elonkaは最終的に修正したトランスクリプトを自身のWebサイトで公開しました(*14)。

このトランスクリプトが公表された後、趣味で暗号解読する2人、Frank CorrとMike Balesがそれぞれ独立に暗号を解読しました。どちらも平文のロシア語を話せず、翻訳もできなかったため、完全な英語での解決策を発表しませんでした。Elonkaは、彼らの成功の見込みを知り、彼女の父Stanley Duninの同僚で、世界銀行で働いていたときに知り合ったネイティブ・スピーカーのAnatoly Kolkerに接触を試みました。Anatolyは、解答がロシア語で書かれていることを裏づけ、最終的な英訳を提供しました。平文は、冷戦時代の2つのテキストで構成されていることが判明しました。平文の始まりは次のとおりです。

```
В Ы С О Ч А Й Ъ И М И С К У С С Т В О М В Т А Й Н О Й Р А З В Е
Д К Е С П И Т А Е . . .
```

使用された暗号は、“МЕ Д У З А”（“MEDUSA”）をキーワードとし、ヴィジュネル表と同じようにアルファベットを並び替えた（すなわち、‘T’、‘E’、‘H’、‘ Ь ’の文字を先頭に移した）ヴィジュネル暗号の変種であることが判明しました(*15)。暗号化に必要なヴィジュネル表を作るには、まず次に示す表が必要になります。

```
  АБВГДЕЖЗИЙКЛМНОПРСТУФХЦЧШЩЪЫЬЭЮЯ
----------------------------------
А ТЕНЬАБВГДЖЗИЙКЛМОПРСУФХШЦЧЩЪЫЭЮЯ
Б ЕНЬАБВГДЖЗИЙКЛМОПРСУФХШЦЧЩЪЫЭЮЯТ
В НЬАБВГДЖЗИЙКЛМОПРСУФХШЦЧЩЪЫЭЮЯТЕ
Г ЬАБВГДЖЗИЙКЛМОПРСУФХШЦЧЩЪЫЭЮЯТЕН
Д АБВГДЖЗИЙКЛМОПРСУФХШЦЧЩЪЫЭЮЯТЕНЬ
Е БВГДЖЗИЙКЛМОПРСУФХШЦЧЩЪЫЭЮЯТЕНЬА
Ж ВГДЖЗИЙКЛМОПРСУФХШЦЧЩЪЫЭЮЯТЕНЬАБ
З ГДЖЗИЙКЛМОПРСУФХШЦЧЩЪЫЭЮЯТЕНЬАБВ
И ДЖЗИЙКЛМОПРСУФХШЦЧЩЪЫЭЮЯТЕНЬАБВГ
Й ЖЗИЙКЛМОПРСУФХШЦЧЩЪЫЭЮЯТЕНЬАБВГД
К ЗИЙКЛМОПРСУФХШЦЧЩЪЫЭЮЯТЕНЬАБВГДЖ
Л ИЙКЛМОПРСУФХШЦЧЩЪЫЭЮЯТЕНЬАБВГДЖЗ
М ЙКЛМОПРСУФХШЦЧЩЪЫЭЮЯТЕНЬАБВГДЖЗИ
Н КЛМОПРСУФХШЦЧЩЪЫЭЮЯТЕНЬАБВГДЖЗИЙ
О ЛМОПРСУФХШЦЧЩЪЫЭЮЯТЕНЬАБВГДЖЗИЙК
```

```
П МОПРСУФХШЦЧЩЪЫЭЮЯТЕНЬАБВГДЖЗИЙКЛ
Р ОПРСУФХШЦЧЩЪЫЭЮЯТЕНЬАБВГДЖЗИЙКЛМ
С ПРСУФХШЦЧЩЪЫЭЮЯТЕНЬАБВГДЖЗИЙКЛМО
Т РСУФХШЦЧЩЪЫЭЮЯТЕНЬАБВГДЖЗИЙКЛМОП
У СУФХШЦЧЩЪЫЭЮЯТЕНЬАБВГДЖЗИЙКЛМОПР
Ф УФХШЦЧЩЪЫЭЮЯТЕНЬАБВГДЖЗИЙКЛМОПРС
Х ФХШЦЧЩЪЫЭЮЯТЕНЬАБВГДЖЗИЙКЛМОПРСУ
Ц ХШЦЧЩЪЫЭЮЯТЕНЬАБВГДЖЗИЙКЛМОПРСУФ
Ч ШЦЧЩЪЫЭЮЯТЕНЬАБВГДЖЗИЙКЛМОПРСУФХ
Ш ЦЧЩЪЫЭЮЯТЕНЬАБВГДЖЗИЙКЛМОПРСУФХШ
Щ ЧЩЪЫЭЮЯТЕНЬАБВГДЖЗИЙКЛМОПРСУФХШЦ
Ъ ЩЪЫЭЮЯТЕНЬАБВГДЖЗИЙКЛМОПРСУФХШЦЧ
Ы ЪЫЭЮЯТЕНЬАБВГДЖЗИЙКЛМОПРСУФХШЦЧЩ
Ь ЫЭЮЯТЕНЬАБВГДЖЗИЙКЛМОПРСУФХШЦЧЩЪ
Э ЭЮЯТЕНЬАБВГДЖЗИЙКЛМОПРСУФХШЦЧЩЪЫ
Ю ЮЯТЕНЬАБВГДЖЗИЙКЛМОПРСУФХШЦЧЩЪЫЭ
Я ЯТЕНЬАБВГДЖЗИЙКЛМОПРСУФХШЦЧЩЪЫЭЮ
```

見てのとおり、表における行インデックスにはキリル文字（‘А’、‘Б’、‘В’、‘Г’、・・・）が使われています。今回のメッセージの暗号化には、‘М’、‘Е’、‘Д’、‘У’、‘З’、‘А’の行だけが関係します。“МЕДУЗА”という単語を形成するように並べます。

```
  АБВГДЕЖЗИЙКЛМНОПРСТУФХЦЧШЩЪЫЬЭЮЯ
------------------------------------
М ЙКЛМОПРСУФХШЦЧЩЪЫЭЮЯТЕНЬАБВГДЖЗИ
Е БВГДЖЗИЙКЛМОПРСУФХШЦЧЩЪЫЭЮЯТЕНЬА
Д АБВГДЖЗИЙКЛМОПРСУФХШЦЧЩЪЫЭЮЯТЕНЬ
У СУФХШЦЧЩЪЫЭЮЯТЕНЬАБВГДЖЗИЙКЛМОПР
З ГДЖЗИЙКЛМОПРСУФХШЦЧЩЪЫЭЮЯТЕНЬАБВ
А ТЕНЬАБВГДЖЗИЙКЛМОПРСУФХШЦЧЩЪЫЭЮЯ
```

次の行は、上記の縮小版の表を使って、平文がどのように暗号文に変換されていくかを示しています。

平文	ВЫСОЧАЙЪИМИ . . .
暗号文	ЛТФЕЮТФЯЙЯМ . . .

冷戦スタイルでキリル文字の解読に挑戦したい読者のために、完全な解答は練習問題として残しておくことにします！

8.6.4 死後の世界からのThoulessの2つ目の暗号文

1948年、イギリスの心理学者で超心理学者でもあるRobert Thouless（1894－1984）は、一風変わった実験を始めました[*16]。彼は短いテキストを暗号化し、その暗号文を公開しました。一方、平文と鍵は秘密にしていました。彼の計画は、死後、霊媒であの世から鍵を流すことだったのです。もし誰かが超能力を使って正しい鍵を受け取れば、暗号文は解読できるというわけです。この実験が成功すれば、死後の世界が存在すること、そして死者が生者に交信できることが証明されます【訳注】。

訳注 お互いに交信できなくても、死者から生者に一方通行の交信ができれば、実験は成功となります。

私たちが知るかぎり、Thoulessの実験は成功しませんでした。誰も、死後の世界から受け取った正解を導き出せなかったのです。これは、Thoulessの仲間の霊能者T. E. Wood（1887－1972）が作成した同様のメッセージにも当てはまります。この暗号文については後述します。

念のために、Thoulessは1948年に異なる方法で暗号化した2つの暗号文を公表しています。しかし、彼の計画は頓挫しました。わずか数週間後、彼の最初の暗号文が未知の暗号解読者によって解かれてしまったからです。そのため、Thoulessは同じ目的で3つ目の暗号文を作成しました。つまり、1948年にRobert Thoulessが残したメッセージは全部で3つあります。1つ目と3つ目はプレイフェア暗号の変種で暗号化されています。これらについては第12章で解説しています。2つ目の暗号化方式は複雑ですが、ヴィジュネル暗号に似た要素がいくつかあります。彼の暗号化システムでは、フレーズやテキストの一節を鍵として使っていました。以下はその例になります。

```
TO BE OR NOT TO BE THAT IS THE QUESTION
```

第1段階として、すでに登場した単語（今回の場合は“TO”と“BE”）は削除されます。そのため、テキストは次のように短くなります。

```
TO BE OR NOT THAT IS THE QUESTION
```

次に、各文字を「A＝1」「B＝2」「C＝3」･･･「Z＝26」のように数字に変換します。

```
20.15 2.5 15.18 14.15.20 20.8.1.20 9.19 20.8.5 17.21.5.19.20.9.15.14
```

各単語の数字をすべて足します。"NOT"という単語は「14＋15＋20＝49」となります。もし計算結果が26より大きい場合は、1から26の間の値になるまで、26ずつ引いていきます。こうして鍵として次の数列が得られます。

```
9 7 7 23 23 2 7 16
```

暗号化するために、鍵の各数字は平文の各文字に加算されます。ここでも結果が26より大きい場合は26を減算します。平文が"NEBRASKA"の場合は、次のようになります。

平文	N E B R A S K A
鍵	9 7 7 23 23 2 7 16
暗号文	W L I O X U R Q

つまり、この例では"NEBRASKA"が"WLIOXURQ"に暗号化されます。

Thoulessがこの方法でメッセージを暗号化したとき（彼の実験の2回目）、生成された暗号文は次のとおりです。

```
INXPH CJKGM JIRPR FBCVY WYWES NOECN SCVHE GYRJQ
TEBJM TGXAT TWPNH CNYBC FNXPF LFXRV QWQL
```

Thoulessは、鍵として使用した文章を「出版物に登場する一節」と表現しました。暗号文は74文字で構成されていますので、重複を無視すれば、この文章には少なくとも（最近証明されたように）74の単語があることになります。

Thoulessは1984年に死去し、2つ目と3つ目の暗号は未解決のまま残されました。2つ目については、10年後に（超自然学的でない方法で）解決されました（第12章参照）。この2つ目の暗号文は何十年もの間、未解決のままだったのです。2019年8月Klausは、オーストラリアのブリスベンに住むコンピューター専門家で暗号解読者でもあるRichard Bean [*17] から、この未解決問題を解読したという通知を受け取りました。Klausと彼の読者たちは、Richardの解答を精査し、それが正しいことが証明されたのです。

Richardは、Thoulessの2つ目のチャレンジを解く唯一の方法は、鍵として使われたテキストを見つけることだと考えていました。

Richardは、Troulessは例の文章（前述のとおり「出版物で特定できる一節」）を一般に入手可能な本から引用したのではないかと推測し、インターネット上で利用できる最大のデジタル・ブック・コレクションであるプロジェクト・グーテンベルグで検索を始めることにしました。1948年当時、Robert Thoulessが知っていたであろう、ほとんどの本が今日ではプロジェクト・グーテンベルグのコレクションで読めます。

Richardはプロジェクト・グーテンベルグから37,000冊（！）の本をダウンロードしました。そして、コンピューター・プログラムを使って、（繰り返しを除いて）44語から成る可能性のあるフレーズをすべて抽出し、その結果何億もののキー候補が集まりました。次に、Richardはプログラムに、Thoulessの暗号文を候補となるフレーズで次々に復号し、その結果が英語のように見えるかどうかをチェックしました。このテストでは、ヘキサグラフ頻度を使いました（第16章参照）。

数日間に及ぶ計算の結果、Richardのコンピューター・プログラムは、もっとも英文らしいものとして、次の平文を返しました。

```
CEVHH ZGMKL UCCES SFULE XPERI MENTS OFTNE KKIWT DXDAU
GIVES TRVMG EVIDE NCEFO ROXRV IVAL
```

この文字の並びは正確には見えませんが、その中に認識できる英文の断片があるのは明らかです。Richardは“UCCESSFULEXPERIMENTSOF”と“EVIDENCEFOR”の断片を見つけたとき、解決に近づいていることを確信しました。何度か調整した後、次の平文が導かれました【訳注】。

```
A NUMBER OF SUCCESSFUL EXPERIMENTS OF THIS KIND WOULD
GIVE STRONG EVIDENCE FOR SURVIVAL
```

訳注 「この種の実験が何度も成功すれば、生存の強力な証拠となるだろう」と訳せます。

71年後、Thoulessの2つ目のチャレンジは破られたのです！　もちろん、彼が意図したような形ではありませんでしたが。

結局のところ、Thoulessが鍵として使ったのは、プロジェクト・グーテンベルグのbook 41215の『Poems of Francis Thompson』（1908）の一節でした。問題となった文章は、「The Hound of Heaven」（天国の猟犬）というタイトルの詩の最初の74語（替え歌を除く）で構成されていました。この詩を抜粋します。ただし、~~二重線~~は重複単語なのでカウントしていません。

I FLED HIM, DOWN THE NIGHTS AND ~~DOWN THE~~ DAYS;
~~I FLED HIM, DOWN THE~~ ARCHES OF ~~THE~~ YEARS;
~~I FLED HIM, DOWN THE~~ LABYRINTHINE WAYS
OF MY OWN MIND; ~~AND~~ IN ~~THE~~ MIST ~~OF~~ TEARS
I HID FROM ~~HIM, AND~~ UNDER RUNNING LAUGHTER
UP VISTAED HOPES ~~I~~ SPED;
~~AND~~ SHOT, PRECIPITATED,
ADOWN TITANIC GLOOMS ~~OF~~ CHASMÈD FEARS,
~~FROM~~ THOSE STRONG FEET THAT FOLLOWED, ~~FOLLOWED~~ AFTER.
BUT WITH UNHURRYING CHASE
~~AND~~ UNPERTURBÈD PACE
DELIBERATE SPEED, MAJESTIC INSTANCY,
THEY BEAT~~—AND A~~ VOICE ~~BEAT~~
MORE INSTANT THAN ~~THE FEET—~~
'ALL THINGS BETRAY THEE, WHO BETRAYEST ME.'
~~I~~ PLEADED, OUTLAW-WISE,
BY MANY ~~A~~ HEARTED CASEMENT, CURTAINED RED,
TRELLISED . . .

Richard Beanは、この詩を知っていたのです。作者のFrancis Thompson（1859－1907）は、ヴィクトリア朝時代の有名なイギリスの詩人であり、『The Hound of Heaven』が彼の代表作でした。

1995年、Thoulessの3つ目のメッセージ（第12章参照）を解いたJim GilloglyとLarry Harnischは、2つ目のチャレンジに対して、とてもよく似た攻撃を開始しました[*18]。彼らはプロジェクト・グーテンベルグから数百冊の本を入手しようとしましたが、効果はありませんでした。結論からいうと、タイミングが早すぎたのです。彼らが探していた一節が書かれた本がプロジェクト・グーテンベルグに収録されたのは、その数年後だったのです。

8.6.5 Smithy Code

2006年初め、作家のMichael BaigentとRichard Leighは、Dan Brownの2003年のベストセラー小説『The Da Vinci Code』の出版社であるランダムハウス社を相手取って訴訟を起こしました。彼らは、このベストセラーの一部が、1982年に出版された彼らのノンフィクション『Holy Blood, Holy Grail』からの盗作であると主張したのです。裁判長を務めたPeter Smith判事は、小説家であるDan Brownにはノンフィクション作品のアイデアをフィクションの文脈で使う自由があると主張し、BaigentとLeighに不利な判決を下しました。

判決文の中で、Smithは自身のコードを埋め込んだのです！　彼はテキスト全体を通して

41文字をイタリック体にし、その結果次のような文字列になりました。

```
smithycodeJaeiextostgpsacgreamqwfkadpmqzv
```

"smithy code"という見出しの後は、次の暗号化されたメッセージになっています。

```
Jaeiextostgpsacgreamqwfkadpmqzv
```

このセリフが暗号であるという仮説は、Smithの文章に含まれる、「この判決が提起した難問を解く鍵は、"HBHG"と"DVC"を読み解くことである」という一文によって裏付けられました。"HBHG"と"DVC"は、裁判に関係した本のタイトル、すなわち『Holy Blood, Holy Grail』と『The Da Vinci Code』の略称です。

世界中の多くの暗号学者が"Smithy Code"のメッセージの解読に挑みました。そして、英国の弁護士でジャーナリストのDan Tenchが、裁判官からのいくつかのヒントを得た後に、最初の解読に成功しました(*19)。頻度分析に基づき、Tenchはヴィジュネル暗号、あるいはそれに類似した多換字式暗号の方式を扱っていると推測しました。8文字の後にダイグラフ"MQ"が繰り返されていることから、Smithは8文字のキーワードを使ったと考えられます（この推測はKasiski法の応用です）。

課題の解答は関係する2冊の本の中にあるというSmithのヒントにしたがって、Tenchはフィボナッチ数を鍵として使おうとしました。フィボナッチ数列は「1, 1」から始まる有名な数列です。それぞれの数字は、前の2つの数字の和になります。その結果、1, 1, 2, 3, 5, 8, 13, 21, 34, 55, 89, ・・・となります。フィボナッチ数は『Holy Blood, Holy Grail』と『The Da Vinci Code』の両方に登場するため、Smithがある種の鍵としてフィボナッチ数を使ったというのはもっともらしく思えました。

8文字のヴィジュネル暗号のキーワードが適用されていたと仮定して、Tenchはフィボナッチ数列の前半8つの数字「1, 1, 2, 3, 5, 8, 13, 21」を試しました。試行錯誤の末、彼はこのキーワードが暗号文に（通常の減算ではなく）加算されたときに意味のある単語を生成することを発見しました。さらに、鍵の数字を1ずつ減らしていかなければなりませんでした。つまり、「1, 1, 2, 3, 5, 8, 13, 21」の代わりに、「0, 0, 1, 2, 4, 7, 12, 20」になり、これが繰り返されました。しかし、判事が実際に使った鍵は「0, 0, 24, 2, 4, 7, 12, 20」だったというオチがあったのです。復号のプロセスは次のとおりです。

暗号文	J	a	e	i	e	x	t	o	s	t	g	p	s	a	c	
鍵	0	0	24	2	4	7	12	20	0	0	24	2	4	7	12	
平文	J	A	C	K	I	E	F	I	S	T	E	R	W	H	O	
暗号文	g	r	e	a	m	q	w	f	k	a	d	p	m	q	z	v
鍵	20	0	0	24	2	4	7	12	20	0	0	24	2	4	7	12
平文	A	R	E	Y	O	U	D	R	E	A	D	N	O	U	G	H

復号結果は次のとおりです。

```
JACKIEFISTERWHOAREYOUDREADNOUGH
```

どうやらこの文章には2つの間違いがあるようです。'T'は'H'であるべきですし、最後に'T'が欠けています。ゆえに、正しい平文は次のようになります。

```
JACKIE FISHER WHO ARE YOU DREADNOUGHT
```

この言葉は、イギリスの提督Jackie Fisher（1841－1920）と戦艦ドレッドノート（HMS Dreadnought）を指しています。この戦艦は、イギリス海軍史上重要な人物であるJackie Fisherが設計を依頼したのです。Peter Smith判事はJackie Fisherの大ファンとして知られており、イギリス史上最高の戦艦の1つであるドレッドノート1番艦の進水は、この裁判の100年前に行われていたのです。

8.7 チャレンジ

8.7.1 Schoolingからの課題

1896年、イギリスの統計学者でジャーナリストのJohn Holt Schooling（1859－1927）が課題暗号を発表しました[*20]。それは2桁の数字の羅列です。少し簡単にするために、次の表に基づいて、各数字がアルファベットを表していることも明らかにしましょう。ただし、'J'が欠けていることに注意してください。

```
  12345
  -----
1|ABCDE
2|FGHIK
3|LMNOP
4|QRSTU
5|VWXYZ
```

つまり、「A=11」「B=12」「C=13」・・・「Y=54」「Z=55」のような置換になります。そして、この数値体系に基づいてヴィジュネル暗号を定義できます。たとえば、平文"CODEBREAKING"（「13 34 14 15 12 42 15 11 25 24 33 22」）をキーワード"ABC"（「11 12 13」）で暗号化すると、次のようになります。

```
13 34 14 15 12 42 15 11 25 24 33 22
11 12 13 11 12 13 11 12 13 11 12 13
-----------------------------------
24 46 27 26 24 55 26 23 38 35 45 35
```

Schoolingが"TYRANT"をキーワードにしてこの手法で作った暗号文は、次のとおりです。

```
76 69 57 55 65 59 68 87 77 22 75 68 87 88 75 43 67 77 58 65 96
```

あなたはこの課題暗号を解けますか？

8.7.2 第二次世界大戦中のドイツの無線メッセージ

1941年10月、ドイツのハンブルクからブラジルのリオデジャネイロに送信された、次の無線メッセージをアメリカの沿岸警備隊が傍受しました[*21]。

```
DDLUX CQSFV INNNW FRFZA GQBGI
WREKU ZPRIY HJXFS JRUJP TYXRH
SABWC GQFYD MIWYP VHJBE KMEHJ
WGQAI JYNPV USQLJ DHOIV HQXRN
HSJRU VJKTY NPPBI SEKKV OIVSC
GQBTS NUPXS FVHQU WBFFS PTXQT
FSXJQ FWJSW UWPTC JIWHH PJHQD
HUVFZ DPJBF XFAVH URBHQ TLDLU
XCQSD ESQXU
```

アメリカの暗号解読者たちは、このメッセージがヴィジュネル暗号で暗号化されていることをすぐに突き止めました。平文はドイツ語です。鍵は単語ではなく、数学の定数に由来します。あなたはこの暗号文を解読できますか？

8.8 未解決の暗号文

8.8.1 あの世からのWoodの暗号文

Robert Thouless（本章の前セクションを参照）は、珍しい死後生還実験を行いましたが、他の人々にも同様の試みを始めるようにうながしました。暗号鍵を墓場まで持って行く人が多ければ多いほど、誰かがあの世から情報を流してくれる可能性が高くなると考えたのです。この呼びかけに応じた1人が、イギリスのボーンマス出身のT. E. Wood（1887－1972）です。WoodはThoulessと同じ方法で暗号化しました。つまり、彼の鍵は一般に入手可能なテキスト（本の章など）の一節です。しかし、彼は平文が複数の言語で書かれており、鍵となるテキストが英語以外の言語で書かれているというひねりを加えたのです。Woodの暗号文は、次のとおりです。

```
FVAMI NTKFX XWATB OIZVV X
```

Woodの暗号化されたメッセージは現在も未解決のままです。どうやら、まだ誰もあの世から鍵を受け取っていないようです！

第9章

完全縦列転置式暗号

訳注　ドアのメッセージの“FUNERAL”は「葬儀」、“REAL FUN”は「本当のお楽しみ」を意味します。

1935年、匿名の人物がアメリカのFranklin D. Roosevelt大統領にメッセージを送りました（図9.1参照）(*1)(*2)。

図9.1：1935年にFranklin D. Roosevelt大統領に送られた匿名の暗号化メッセージ

2行目"OR ELSE YOU DIE"は読み取れますが、1行目は明らかに暗号化されています。メッセージを2文字ずつ行を分けて書くと、次の平文が得られます。

```
ND
OI
MD
EY
LO
AU
EE
TV
IE
BR
```

2列目には"DIDYOUEVER"、1列目（下から上へ）には"BITEALEMON"となります。どうやら意図する平文は"DID YOU EVER BITE A LEMON? "であるようです[訳注]。

訳注　「レモンをかじったことはあるかい？」という内容になります。

この匿名のメッセージは、おそらくRooseveltがポリオ（あるいは、当時はポリオと区別がつかなかった同様の病気）を患っていたことを指していると想像できます。ある説によれば、レモン汁はポリオを治すとされていたのです。おそらくこのメッセージの送り主は、このような型破りの方法でRooseveltにレモンジュース療法を勧めたかったようです。

Rooseveltへのメッセージの匿名の送付者が使用した暗号化方式について、平文の文字や単語が置換されていないことが特徴的といえます。その代わり、文字の順番だけが変わっているのです。この性質を持つ暗号は転置式暗号と呼ばれています。

9.1 完全縦列転置式暗号のしくみ

メッセージの文字の順序を変える方法の数だけ、さまざまな転置式暗号があります。Rooseveltの平文は20文字で構成されており、その並べ替えは2,432,902,008,176,640,000通り（2,500億通り以上）あることになります！　一般に、n個の文字を持つメッセージは、nの階乗（n! = 1×2×3×4×5×・・・×n）通りで転置できます。しかし、暗号化にランダムな転置を使うのは現実的ではありません。その代わりに、便利な転置の規則を定義する必要があります。図9.2のはがきは、使い勝手がよい一方であまり安全ではない転置の規則で書かれています(*3)。

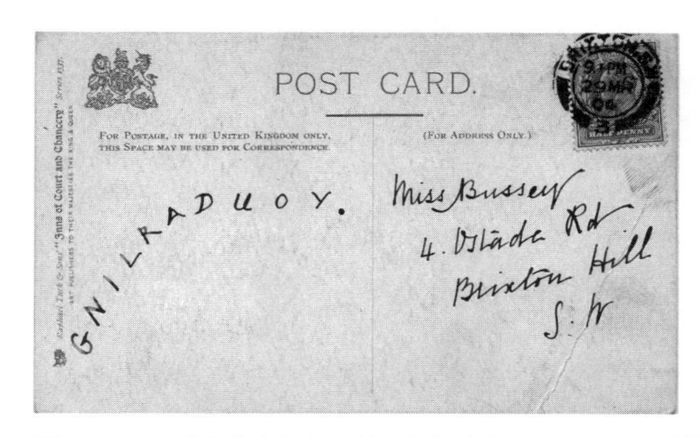

図9.2：この暗号化されたはがきを解読するのはそれほど難しくない

少し見ればわかりますが、はがきに書かれたメッセージは逆向きに書かれているだけです。この方式は、とりわけ単純な転置式暗号の一種といえます。もう1つの方法は、平文のすべての単語を逆に書くことです。この方法は、1888年4月4日の『The Morning Post』に掲載された新聞広告の作者によって使われました。その内容は次のとおりです(*4)。

```
Ma gniyrt ym tseb ot esaelp uoy.
```

望まない受信者に対してメッセージを隠すことが目的であれば、暗号化に使われる転置の規則はより複雑であるべきなのは明らかです。加えて、鍵によって変化させることもできます。たとえば、メッセージを5文字のブロックに分け、各ブロック内において定義された方式に従って並べ替えられます。このような方式を使えば、平文“SWISS CHEESECAKE”は次のように暗号化できます。

これは、パーティーで見た図9.3の看板がどのように暗号化されているかを示しています。

図9.3：このケーキの名前は転置式暗号で暗号化されている

ここで使われている鍵は、(1→5, 2→1, 3→2, 4→4, 5→3) と表記したり、単に (5, 1, 2, 4, 3) と表記したりもできます。この方法は、キーワード "TABLE" を使用する次に示す方法と同等です。まず、キーワードの下の行にメッセージを書きます。

```
TABLE
-----
SWISS
CHEES
ECAKE
```

次に、キーワードの文字がアルファベット順になるように、列を並び替えます。

```
ABELT
-----
WISSS
HESEC
CAEKE
```

これにより、暗号文は "WISSS HESEC CAEKE" となります。これは最初に示した結果と同じです。単純に行単位で読む代わりに、列単位で文字を読むこともできます。

すると、"WHC IEA SSE SEK SCE" という暗号化メッセージが得られます。もちろん下から上へ、右から左へ、あるいは他の方法でメッセージを読み取ることもできます。

転置式暗号は長い間過小評価されてきました。どうやら多くの暗号設計者は、文字の並び替えは文字の置き換えよりも安全性が低いと考えていたようです。20世紀になって初めて、転置式暗号が極めて安全であることが知られるようになりました。

本章では、平文が等しい長さの行で書かれ、列方向に転置され、任意の方向に読み出す場合に限定します。さらに最後の行は完全に埋まっているものと仮定します。この種の転置を完全縦列転置（complete columnar transposition）と呼ぶことにします。前述したRooseveltの暗号文は、この定義に従えば完全な縦列転置です（行の長さは2）。そして、逆文字のはがきも同様です（行の長さはメッセージの長さに等しい）。すべての単語を逆に綴った新聞広告は間違いなく転置ですが、完全な列方向の転置ではありません。

9.2 完全縦列転置の検出法

暗号解読者から見て、転置式暗号のよいところは（どんな種類であれ）文字の頻度が変わらないことです。したがって、頻度分析はこの種の暗号を検出するのに役立ちます。たとえば、1882年6月16日に発行された『The Evening Standard』紙の暗号化された広告を見てみましょう[*5]。

```
ECALAP Ardnaxela eht ta sekal elpirt eht no strecnoc ocserf la
eh tot og syadrutasdna syadsruht syadseut no.
```

頻度分析すると、次の結果が得られます。

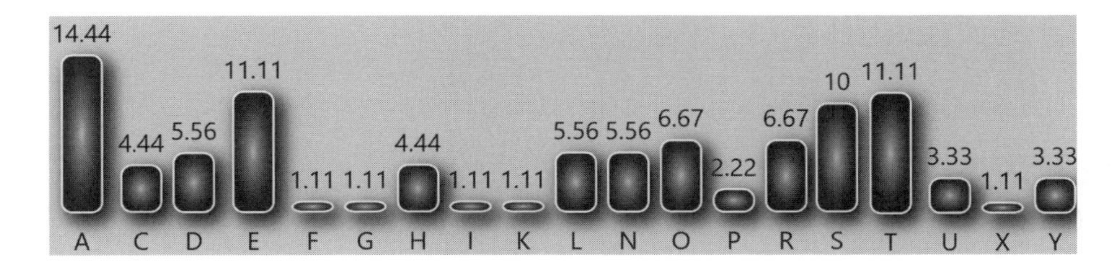

‘A’、‘E’、‘T’が特に多く、‘B’、‘Q’、‘J’、‘M’、‘V’、‘W’、‘Z’はまったく現れていません。この分布は、英語で書かれた短い文章と一致します。なお、長い文章であれば、‘E’が‘A’よりも頻出すると予想できます。こうした性質を持つ暗号文を生成する一般的な暗号化アルゴリズムは、転置式暗号のみです。

文字頻度と同様に、転置式暗号を適用しても一致指数は変わりません。ソフトウエアのCrypTool 2や、WebサイトのDcode.frを用いると、1882年の新聞広告の一致指数は7.0%と計算できます。

また、完全縦列転置（すなわち、すべての行の長さが等しい行ベースの転置）を他の転置と区別する方法もあります。しかし、こうした検査はこの種の暗号を解読する第一歩になっています。

9.3 完全縦列転置式暗号の解読法

行の長さが一定である行ベースの転置、すなわち完全縦列転置式暗号を解読するには、さまざまな方法があります。いずれにせよ、行の長さを調べることが重要な役割を果たします。

9.3.1 アレンジ&リード法

Roosevelt大統領に送られた暗号化されたメモをもう一度見てみましょう。"NDOIMDEYLOAUEETVIEBR"というメッセージは20文字で構成されています。完全縦列転置式暗号を扱っていると仮定すれば、行の長さは20の約数、つまり2、4、5、10といういくつかの可能性しかありません。

最初の試みとして、1行10文字でメッセージを書いてみます。

```
NDOIMDEYLO
AUEETVIEBR
```

では、この2行の文章を左から右へ、逆順で、上から下へ、下から上へという4方向から読んでみてください。しかし、どのように読んでも意味をなしません。次は1行5文字に挑戦してみます。

```
NDOIM
DEYLO
AUEET
VIEBR
```

まだ何も読み取れません。今度は1行4文字にしてみます。

```
NDOI
MDEY
LOAU
EETV
IEBR
```

もう一度、このメッセージを4通りの方法で読んでみても、何の意味もなしません。では、1行2文字にしてみます。

```
ND
OI
MD
EY
LO
AU
EE
TV
IE
BR
```


それでは、下から読み上げると、最初の列には"BITE A LEMON"とあります。あるいは、まず2列目を下に"DID YOU EVER."と読む方がわかりやすいかもしれません。暗号は解けました。これほど単純なこともあるのです！

別の例をもう1つ見てみましょう。図9.4の暗号文は、英国の諜報機関GCHQが2013年に発表したチャレンジ暗号文です(*6)。頻度分析の結果、'Q'が多いことを除けば、文字頻度が英語とよく一致していることがわかりました。したがって、この暗号文は'Q'を空白文字に見立てた転置式暗号で作成されたと推測できます。暗号文は143文字で構成されています。143の因数は2つしかなく、どちらも素数であり、「143 = 11×13」となります。完全縦列転置を扱っていると仮定して、11と13のブロック長をチェックする必要があります。11から始めます。

```
AWVLI QIQVT QOSQO ELGCV IIQWD LCUQE EOENN WWOAO
LTDNU QTGAW TSMDO QTLAO QSDCH PQQIQ DQQTQ OOTUD
BNIQH BHHTD UTEET FDUEA UMORE SQEQE MLTME TIREC
LICAI QATUN QRALT ENEIN RKG
```

図9.4：英国の諜報機関GCHQが公表したチャレンジ暗号文

```
AWVLIQIQVTQ
OSQOELGCVII
QWDLCUQEEOE
NNWWOAOLTDN
UQTGAWTSMDO
QTLAOQSDCHP
QQIQDQQTQOO
TUDBNIQHBHH
TDUTEETFDUE
AUMORESQEQE
MLTMETIRECL
ICAIQATUNQR
ALTENEINRKG
```

左から右へ、逆順で、上から下へ、下から上へ、…とどう読んでも、本当の言葉には見えません。13文字のパターンをチェックしてみます。

```
AWVLIQIQVTQOS
QOELGCVIIQWDL
CUQEEOENNWWOA
OLTDNUQTGAWTS
MDOQTLAOQSDCH
PQQIQDQQTQOOT
UDBNIQHBHHTDU
TEETFDUEAUMOR
ESQEQEMLTMETI
RECLICAIQATUN
QRALTENEINRKG
```

最初の列（上から下へ）を読むと、"AQCOMPUTERQ"のようになります。ただし、'Q'は空白を意味することを覚えておいてください。これは意味をなしています。実際、'Q'を空白文字に置き換えて、列ごとに読むと、次のようになります。

```
A COMPUTER WOULD DESERVE TO BE CALLED INTELLIGENT IF IT COULD
DECEIVE A HUMAN INTO BELIEVING THAT IT WAS HUMAN WWWDOTMETRODOT
CODOTUKSLASHTURING
```

もっと読みやすくすると、"A computer would deserve to be called intelligent if it could deceive a human into believing that it was human. www.metro.co.uk/turing."となります。この平文は、一般にチューリング・テスト（Turing Test）として知られているものの要約であり、優れた数学者Alan Turing（1912－54）にちなんで名付けられました。

注意： この暗号文は2013年にGCHQのWebサイトで公開されたものであり、平文に記載されているURLは現在使われておりません。

9.3.2 母音の頻度とマルチプル・アナグラム

アレンジ&リード法はとても単純ですが、完全な列の入れ替え（列の並び替え）の第2段階を省略した場合のみにうまくいきます。もしそうでないなら、もっと精錬された暗号解読法が必要です。以降では、英語の母音と子音の比率がおよそ40対60であること、母音や子音が3つ以上並ぶことはあり得るが、めったに遭遇しないことを知っておくと役立つでしょう。

1959年に出版されたWilliam Friedman著『Military Cryptanalysis IV』に掲載されていた暗号文を見てみましょう[*7]。

```
ILHHD TIEOE UDHTS ONSOO EEEEI OEFTR
RHNEA TNNVU TLBFA EDFOY CAPDT RRIIA
RIVNL RNRWE TUTCU VRAUO OOFDA ONAJI
UPOLR SOMTN FRANF MNDMA SAFAT YECFX
RTGET A
```

頻度分析の結果、これは英語の頻度分布と非常によく似ていることがわかりましたので、この暗号文はおそらく転置式暗号で作られたと推測できます。まず、完全縦列転置であると仮定します。メッセージは126文字から構成されていますので、可能なブロック長は2、3、7、9、14、18、42、63です。経験上、2文字や3文字のブロックについては転置する文字が少なく不安定であり、一方42文字や63文字のブロックについては行が長くなりすぎて実用的ではありません。つまり、これらのブロックはほとんど使われないことがわかります。そこで、まずブロック長として、7、9、14、18を検討します。暗号文を1行7文字で書くと、次の表が得られます。ただし、暗号文は列ごとに読み出されると仮定しているため、行ではなく列に沿って書いています【訳注】。

訳注　暗号文の始めの'I'からスタートして、右に18文字（＝126÷7）分を抽出します。それを、表の1列目（左のインデックスは行番号なので無視）として縦に並べます。これを繰り返して、表を作ります。

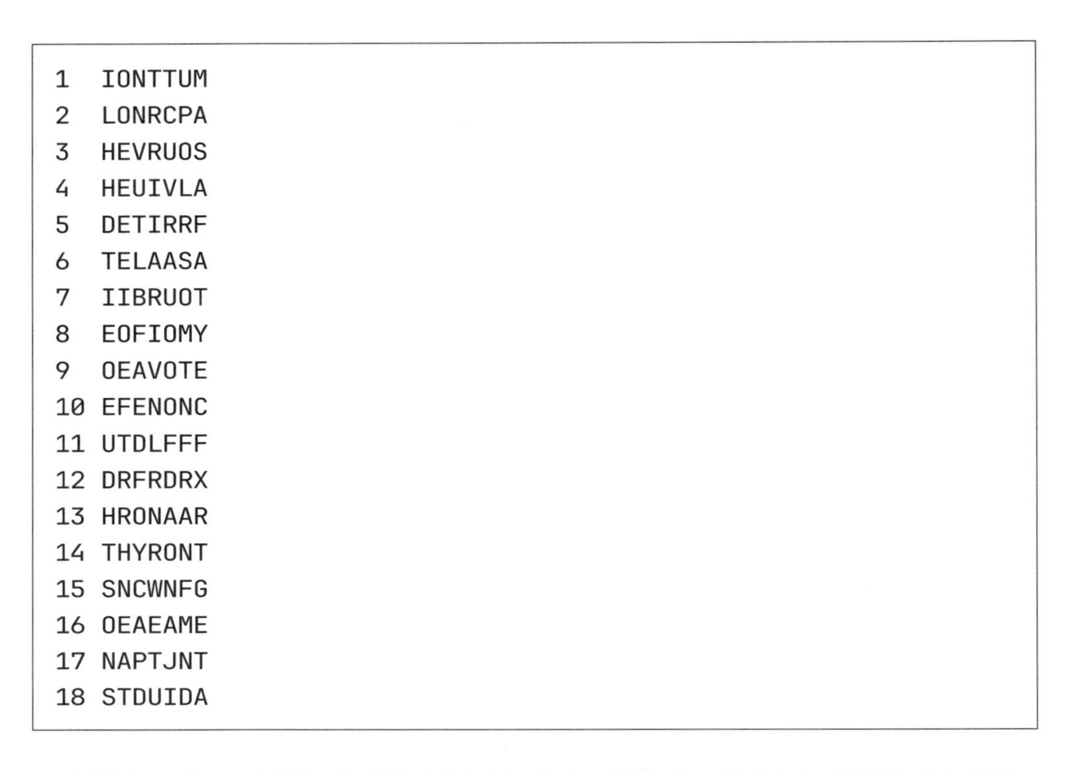

```
1  IONTTUM
2  LONRCPA
3  HEVRUOS
4  HEUIVLA
5  DETIRRF
6  TELAASA
7  IIBRUOT
8  EOFIOMY
9  OEAVOTE
10 EFENONC
11 UTDLFFF
12 DRFRDRX
13 HRONAAR
14 THYRONT
15 SNCWNFG
16 OEAEAME
17 NAPTJNT
18 STDUIDA
```

12行目と15行目は子音のみで構成されています。子音が7つ並ぶことは英文においてほとんどありえないため、間違った方向に進んでいると結論付けられます。今度は1行9文字にして、上から下に並べていきます。

```
1  ISTBRTATF
2  LORFIUONA
3  HNRAITNFT
4  HSHEACARY
5  DONDRUJAE
6  TOEFIVINC
7  IEAOVRUFF
8  EETYNAPMX
9  OENCLUONR
10 EENAROLDT
11 UIVPNORMG
12 DOUDROSAE
13 HETTWFOST
14 TFLREDMAA
```

こちらの方が良さそうです。各行の母音の数は妥当といえます。そこで、9文字を有力な候補として覚えておきます。

次の候補は14文字のバージョンです。

```
1 IFOFNETNTOUNMC
2 LUOTNDRLCFPFAF
3 HDERVFRRUDORSX
4 HHERUOINVALAAR
5 DTEHTYIRRORNFT
6 TSENLCAWANSFAG
7 IOIEBAREUAOMTE
8 ENOAFPITOJMNYT
9 OSETADVUOITDEA
```

7行目に10個の母音があります。これが正しい可能性がまったくないとは言い切れませんが、ほとんどありえないといえます。よって、この推測は最初の選択にふさわしくないといえます。最後の候補は1行18文字です。

```
1 IESETTBYRNTAAPTMFX
2 LOOERNFCILUUOONNAR
3 HENERNAAIRTONLFDTT
4 HUSIHVEPANCOARRMYO
5 DDOONUDDRRUOJSAAEE
6 THOEETFTIWVFIONSCT
7 OTEFALORVERDUMFAFA
```

これもよさそうです。

これで、有力な候補は2つ（1行9文字と1行18文字）、可能性の低い候補が1つ（1行14文字）、極めて可能性の低い候補が1つ（1行7文字）となりました。この2つの候補について、マルチプル・アナグラムと呼ばれる手法を適用します。この方法は、意味のある単語がいずれかの行に現れるように、ブロックの列を並べ替えます。そして、他の行も英文から引用された可能性があるかどうかをチェックします。今回のケースでは、私たちはおそらく正しい道を進んでいるでしょう。もしそうでないなら、別の言葉を試すことになります。

それでは、1行18文字の候補（これは2つの有力な候補の1つ）の行を並べることによって綴れる単語を探してみましょう。

```
1 IESETTBYRNTAAPTMFX
2 LOOERNFCILUUOONNAR
3 HENERNAAIRTONLFDTT
4 HUSIHVEPANCOARRMYO
5 DDOONUDDRRUOJSAAEE
6 THOEETFTIWVFIONSCT
7 OTEFALORVERDUMFAFA
```

興味を引くアナグラムの単語が含まれていそうな行を探すと、4行目に“ARMY”のスペルに必要な文字があります。これは軍事メッセージに使われそうな用語です。最初のマルチプル・アナグラムに挑戦します。4行目には、2つの‘A’と、2つの‘R’があるため、この単語を構成する可能性は4通りあります。

9	14	16	17	13	14	16	17	9	15	16	17	13	15	16	17
R	P	M	F	A	P	M	F	R	T	M	F	A	T	M	F
I	O	N	A	O	O	N	A	I	N	N	A	O	N	N	A
I	L	D	T	N	L	D	T	I	F	D	T	N	F	D	T
A	**R**	**M**	**Y**	**A**	**R**	**M**	**Y**	**A**	**R**	**M**	**Y**	**A**	**R**	**M**	**Y**
R	S	A	E	J	S	A	E	R	A	A	E	J	A	A	E
I	O	S	C	I	O	S	C	I	N	S	C	I	N	S	C
V	M	A	F	U	M	A	F	V	F	A	F	U	F	A	F

最初の可能性は非常に低いといえます。なぜなら、1行目の“RPMF”、最終行の“VMAF”は、英語において一般的な4文字符（テトラグラフ）ではないからです。2つ目はあまりよくありません。というのも、1行目に“ARPF”、5行目に“JSAE”とあるためです。同様の理由により、3つ目と4つ目の組み合わせも意味をなしません。どうやら行き詰ってしまったようです。

綴りとして正しい、別の単語に気をつけてください。文字群の中からいくつかの単語を簡単に見つけられます。そして、その多くの単語からは様々なパターンを形成できます。たとえば、6行目の‘T’、‘T’、‘T’、‘T’、‘O’、‘O’、‘W’は、“TWO”と綴るかもしれません。軍事のメッセージ文では、数字が選択肢の有力候補となります。この単語を組み立てるには、次の8つの可能性があります。

1	10	3
I	N	S
L	L	O
H	R	N
H	N	S
D	R	O
T	**W**	**O**
I	E	E

6	10	3
T	N	S
N	L	O
N	R	N
V	N	S
U	R	O
T	**W**	**O**
L	E	E

8	10	3
Y	N	S
C	L	O
A	R	N
P	N	S
D	R	O
T	**W**	**O**
R	E	E

18	10	3
X	N	S
R	L	O
T	R	N
O	N	S
E	R	O
T	**W**	**O**
A	E	E

1	10	14
I	N	P
L	L	O
H	R	L
H	N	R
D	R	S
T	**W**	**O**
I	E	M

6	10	14
T	N	P
N	L	O
N	R	L
V	N	R
U	R	S
T	**W**	**O**
L	E	M

8	10	14
Y	N	P
C	L	O
A	R	L
P	N	R
D	R	S
T	**W**	**O**
R	E	M

18	10	14
X	N	P
R	L	O
T	R	L
O	N	R
E	R	S
T	**W**	**O**
A	E	M

これら8つはそれぞれ“HNR”、“VNR”、“XNP”などといった、英文にはあまり出現しない文字の組み合わせが存在します。よって、どうやらまた間違った方向に進んでいるようです。

次に、2行目に出てくるであろう“AIRFORCE”を試してみます。‘O’が4つ、‘R’が2つあるので、スペルは8通りあります。その他、1行目の“BY TRAIN”、6行目の“THOSE”、7行目の“OVER”などが考えられます。しかし、これらはすべて、他の行にありえない文字の組み合わせが出現してしまいます。そこで私たちは仕方がなく、候補として挙げた18列のブロックはおそらく正しいものではないと結論付け、9列のブロック（有力な候補の2つ目）に目を向けます。

```
 1 ISTBRTATF
 2 LORFIUONA
 3 HNRAITNFT
 4 HSHEACARY
 5 DONDRUJAE
 6 TOEFIVINC
 7 IEAOVRUFF
 8 EETYNAPMX
 9 OENCLUONR
10 EENAROLDT
11 UIVPNORMG
12 DOUDROSAE
13 HETTWFOST
14 TFLREDMAA
```

候補になりそうな単語を探すと、数字に関する単語がいくつか見つかります。最初の行には“FIRST”という単語を作るのに必要な文字があります。6行目と7行目には“FIVE”という文字があります。‘V’は比較的珍しい文字なので、6行目の“FIVE”を最初の推測とします。この行には2つの‘I’が含まれているので、単語の綴りは2通りあります。

4 5 6 3	4 7 6 3
B R T T	B A T T
F I U R	F O U R
A I T R	A N T R
E A C H	E A C H
D R U N	D J U N
F I V E	**F I V E**
O V R A	O U R A
Y N A T	Y P A T
C L U N	C O U N
A R O N	A L O N
P N O V	P R O V
D R O U	D S O U
T W F T	T O F T
R E D L	R M D L

2番目のブロックがとても有力な候補であることをすぐに判断できます。“FIVE”に加えて、“FOUR”と“EACH”、そして“BATT”、“OURA”、“COUN”、“ALON”、“PROV”といった有力な単語の断片が現れています。最後の行（“RMDL”）だけがよく見えませんが、これは省略によるものかもしれません。では、この推測が正しいと仮定してみます。

どうすればよいのでしょうか。4、7、6、3の列はわかっていますので、残りの5つの列（1、2、5、8、9）について、どれを前に置くと理にかなっているかをチェックします。選択肢は5つあります。

1 4 7 6 3	2 4 7 6 3	5 4 7 6 3	8 4 7 6 3	9 4 7 6 3
I B A T T	S B A T T	R B A T T	T B A T T	F B A T T
L F O U R	O F O U R	I F O U R	N F O U R	A F O U R
H A N T R	N A N T R	I A N T R	F A N T R	T A N T R
H E A C H	S E A C H	A E A C H	R E A C H	Y E A C H
D D J U N	O D J U N	R D J U N	A D J U N	E D J U N
T **F I V E**	O **F I V E**	I **F I V E**	N **F I V E**	C **F I V E**
I O U R A	E O U R A	V O U R A	F O U R A	F O U R A
E Y P A T	E Y P A T	N Y P A T	M Y P A T	X Y P A T
O C O U N	E C O U N	L C O U N	N C O U N	R C O U N
E A L O N	E A L O N	R A L O N	D A L O N	T A L O N
U P R O V	I P R O V	N P R O V	M P R O V	G P R O V
D D S O U	O D S O U	R D S O U	A D S O U	E D S O U
H T O F T	E T O F T	W T O F T	S T O F T	T T O F T
T R M D L	F R M D L	E R M D L	A R M D L	A R M D L

4番目の選択肢（84763）は、“REACH”、“NFOUR”、“MYPAT”など、ほとんどの5文字グループは英文からの抜粋であることが容易に想像でき、最良の結果をもたらすことは明らかです。残りの列（1、2、5、9）も同様に、既存ブロックの前後をチェックしながら、もっとも理にかなったものを追加できます。最終的に、次が得られました。

```
FIRSTBATT
ALIONFOUR
THINFANTR
YHASREACH
EDROADJUN
CTIONFIVE
FIVEFOURA
XENEMYPAT
ROLENCOUN
TEREDALON
GUNIMPROV
EDROADSOU
THWESTOFT
ATEFARMDL
```

この平文は行に沿って読み取ることができます。ただし、‘X’はピリオドとして使われています。

```
FIRST BATTALION FOURTH INFANTRY HAS REACHED ROAD JUNCTION FIVE
FIVE FOUR A. ENEMY PATROL ENCOUNTERED ALONG UNIMPROVED ROAD
SOUTHWEST OF TATE FARM DL
```

前述した子音の4連符“RMDL”は、“Farm”の語尾として出てきています。残りの“DL”という文字列が何を意味するのかは定かではありません。おそらく署名でしょうか？　あるいは、メッセージ長を調整するための穴埋め文字かもしれません。

明らかになったように、マルチプル・アナグラムは非決定論的な手法であり、複数の解の候補が出てくる可能性があります。事実、ゴールに到達するには、ある程度の創造性と試行錯誤を要します。しかしながら、暗号解読のプロセスを簡略化できるかもしれない方法がいくつかあります。

1）Q’という文字は通常‘U’の後に続くため、複数のアナグラムを作成する際にとても便利。しかし、今回の例において‘Q’は出現しなかった

2）‘J’、‘V’、‘Z’の後には必ず母音が続く

3）'A'、'O'、'U'の後には子音が続くのが一般的である
4）'H'は通常、子音が先行し、母音が続く

マルチプル・アナグラムについてもっと知りたい方は、Helen Fouché Gainesの1939年の古典的名著『Cryptanalysis』(*8) をおすすめします。

9.4 成功談

9.4.1 Donald Hillの日記

Donald Hill（1915－95）は、第二次世界大戦の英国軍パイロットでした。香港に駐留していた彼は、日本軍の捕虜となり、捕虜収容所に送られました。4年間の収監後、彼は釈放されました。囚われの身となる以前から、Hillは日記を書いていました。イギリスの兵士は私的なメモを残すことが許されなかったため、彼は日記を文字ではなく数字で書き、乗算表の選集にカモフラージュするために、小冊子に"Russels Mathematical Tables"というタイトルを付けました。ポケット計算機が発明される前は、乗算表がごく一般的なものだったため、疑われることはありませんでした。Hillは監禁中も日記を書き続けました。

イギリスに戻ったHillは、婚約者と結婚しました。しかし、彼は生涯、日記やその内容について語ることはありませんでした。1995年にHillが亡くなってから、彼の妻は彼が残した小冊子の奇妙な数列の意味を探ろうとし、サリー大学のPhilip Aston数学教授に分析を依頼しました。その後、彼は日記の解読に関する論文を発表しました(*9)。Donald Hillの物語は、Andro Linklaterの2001年の著書『Code of Love』でも語られています(*10)。

Astonが最初にHillの乗算表とされるものを調べたとき、ほとんどのページが4桁の数字で埋め尽くされていました（図9.5参照）。これらの数字は乗算の結果を表しているとされていますが、乗算の結果と一致していませんでした。Astonは、これらの数字の本当の目的はテキストを暗号化することだと結論づけたのです。

数字を解明するもっとも明らかな方法は、各4桁のグループが2つの文字を符号化している、すなわち各桁のペアが1文字を符号化しているということでした。ほとんどすべての数字のペアが10と35の間の数であり、符号化は「A＝10」「B＝11」「C＝12」「D＝14」…となっていることに、Astonは気づきました。Astonは、この符号化に基づいて頻度分析を行い、今回の文字頻度が英語の頻度とほぼ一致することを確かめました。しかし、彼が受け取った手紙の数々は意味をなしませんでした。そこで、彼はHillが置換暗号に加えて転置式暗号を使ったと仮定しました。

図9.5：捕虜のDonald Hillは日記を数表に偽造し、さらに転置式暗号を使っていた

日記の数字をよく見てみますと、時折4つのゼロから成るグループ（0000）が現れることにAstonは気づきました。Astonは、このゼロブロックをセパレーターと推測しました。そして、2つのセパレーターの間には、ちょうど561個の4桁グループ、すなわち1122文字があることがわかりました。このことから、Hillは1122文字単位での転置式暗号を適用した可能性が高いと考えました。

1122という数字は多くの約数を持つため、1122の文字を長方形にうまく並べられます。よって、Hillは、本章で前述した完全縦列転置式暗号を適用した可能性が高いといえます。いちばんわかりやすい長方形のサイズは、66×17、11×102、33×34です。日記の最初のページには、340と書かれた右向きの矢印と、330と書かれた下向きの矢印があります。そこでAstonは、これらの数字に含まれるゼロは読者を混乱させるためにあるだろうと考え、1122文字の単位を33列34列の表に並べました。この表にテキストを行に沿って書くと、列の中に意味のある単語がすぐに出てきました。残念なことに、Astonの論文には具体的に何を見たのか書かれていませんが、33×34の表は次のような感じだったのかもしれません。

```
DMSTIINSKDSEATALDSGMTOOARNRRBUENDE
IBABLAWTBAARMRLEETHEOENPTIEESTAOOF
WEFLMMESYMBSEALTTWTIASEPWSTTANRTAT
AREAADDTTALCRTWEHEENSUPEEIAHMOAUNR
KSTZCIAHHGAOTEELEARDHPLANMREOCNNYE
EEYIHSSEEEZMCDVYBRSIETARTMYINAOSTP
TSANITHBFBEEAFEBLESALNNHYIRRGSMCHR
HCNGNUDOTOAONIGUATWNTSEEMNILSUIAIA
EODAEROMGTNVCRORZOOTEMIATENETANRNY
ORBNSBWBHHOELETNELORRONDNNGWTLORGI
TTYDAENETWTRIIWETDPOTKTIUTSIATUEEN
HEASROTREAHAPNHDSTDONEANTHUSEISDXG
EDMIEEOSRLEGPTIWTHOPTACGEEPGRERWCT
RBINBAFPSRRAEOCTOAWSHNTOSLTUUSOEEH
OYRKURLATUBIROHTOTNGEDWUOLONITAHPA
FOAFRLISHSANIUIHFWOETITRFTSTNOROTT
FVCINYGSEADBNRSTIENTRHAWCHAHSPOPTT
IELNTAHOBRLOTPPWEAUPEETAOEYEOEFEOH
CREAOSTVEEYMHLRORRSAXTTYNRTRNRPAME
ETNLUTSEEGDBEAERCEANCWETCEHEESLNAB
RHOLTHJRSOATANCEEANITOMHEGATAOADNO
SIOYIEUHTNMWFETDATDCTWPENOTSINNWOM
ORNTNCSEEEAGTSOHNWPKEATRTEWARNEEUB
VTEHCOTAWOGTEWUODAOYMLTERSAMCESTRS
EYIELLLDINERHRSTSRUAEROSAMRARLANDW
RFSYUONBTEDENGLHHWNNNUPNTYWDAENSEO
BIHMDNTUHBLDOTIEETADTSUOESTRFIDPFN
RGIATIIITBEEOOVTATICRTATTDITUTGNEET
EHTKNAMTOEACNETVSHOUHROTAEHSLHICNE
ATAEGLEHMSVKBTLYCJNSEEUMTEJHETNTCX
KEFOTSTEBTISOHEBOACHYLTETPAFFCETEP
FRTFHEOFSENAMESOMPETFETTAAPOTIBHPL
ASEFECHIGIGABMOMPANNIFHOCNARBVOEOO
```

最初の列を上から下に読むと、“I WAKE THE OTHER OFFICERS”とあります。2列目は“MBERSESCORTEDBYOVE”とあり、1列目に直接続くものではありませんが、確かに英語の断片のように見えます。よって、列の順番を変えなければならないのは明らかです。Donald

Hillはこの転置にキーワードを使っていたのでしょうか？ここでも、Astonはそれほど長く探す必要はありませんでした。表紙には、34文字から成る次の言葉（Hillと彼の婚約者のフルネーム）が書かれていました。

```
DONALD SAMUEL HILL PAMELA SEELY KIRRAGE
```

アルファベット順に並べると、次のようになります。

```
AAAAADDEEEEEGHIIKLLLLLLMMNOPRRSSUY
```

復号のために、Astonはこれらの文字をテーブルの最初の行に書き込む必要がありました。

```
AAAAADDEEEEEGHIIKLLLLLLMMNOPRRSSUY
----------------------------------
DMSTIINSKDSEATALDSGMTOOARNRRBUENDE
IBABLAWTBAARMRLEETHEOENPTIEESTAOOF
. . .
```

そして、Astonは、キーワードが再び現れるように列を並び替えなければなりませんでした。

```
DONALDSAMUELHILLPAMELASEELYKIRRAGE
------------------------------------
IRNDSNEMADSGTAMTRSRKOTNDSOEDLBUIAE
AETITWABPOTHRLEOEATBEBOAANFEESTLMR
MTSWWEREPASTALIATFWYSLTMBEITTANMES
DATAEDARENTETWNSHEETUAUALPRHEMOARC
IRMKAANSAYHREEDHETNHPZNGALEELOCCIO
SYMERSOERTESDVIETYTEIISEZAPBYNAHCM
TRITEHMSHHBSFEALRAYFNNCBENRLBGSIAE
UINHTDICEIOWIGNTLNMISGAOAEAAUSUNNO
RNEEOONOANMOROTEEDIGMARTNIYZRTAECV
BGNOLWORDGBOETRRWBNHONRHONIENTLSLE
ESTTDNUTIEEPIWOIIYUTKDEWTTNIEHTAIR
DUHHTTSENXRDNHONSATEESDAHAGSDEIRPA
EPEBHORDGCSOTIPTGMERAIWLECTTWREEPG
ATLRAFOBOEPWOCSHUISSNNERRTHOIUSBEA
ROLOTLAYUPANOHGENROTDKHUBWAOTITURI
LSTFWIRORTSOUIEITAFHTFOSAETFHNORIN
YAHFEGOVWTSNRSTRHCCEHIPADATITSPNNB
AYETAHFEAOOUPPPEELOBENERLTHEWOETTO
STRCRTPRYMVSLRAXRENETAAEYTERONROHM
THEEESLTTAEAAENCENCEWLNGDEBCRESUEB
HAGRAJAHHNRNNCIIIOESOLDOAMOEEAOTAI
ETOSTUNIEOHDEICTSONTWYWNMPMADINIFN
CWEOWSERRUEPSOKEANTEATEEATBNHRNNTG
OASVATSTERAOWUYMMERWLHIOGTSDOCECET
LRMERIAYSDDUESAEAIAIRENNEOWSTRLLRH
OWYRWNNFNEBRGLNNDSTTUYSEDPOHHAEUNE
NISBITDIOFUAITDTRHEHSMPBLUNEEFIDOD
ITLRTINGTETCVTRTUIDBAAEEETTIATGIOO
AHEEHMIHINTOETUHSTAORKCEAOESVLHNNC
LJEAJENTMCHNTLSEHATMEETSVUXCYETGBK
SAPKATEHEEECEEHYFFTBLOTTITPOBFCTOS
EPAFPOBRTPFEESIFOTASEFHENTLMOTIHMA
CANAAHOSOOINMONTRECGFFEIGHOPMBVEBN
```

これで解読は完了しました。列に沿って読み取ります。すると、平文（1941年12月8日の日記）は次のようになります。

```
I am disturbed early as the Colonial Secretary rings up to say
that war with Japan is imminent. Hell there goes my sleep and
I wake the other officers. Over breakfast we are told that we
are at war with Japan. We dash down to flights just in time
to hear an ominous roar of planes and nine bombers escorted by
over thirty fighters appear heading our way. There’s no time
to do anything except to man our defence posts. The bombers
pass overhead but the fighters swoop down on us and pour a
concentrated fire into our planes. We give them all we’ve got
which is precious little. Some Indian troops get panicky and
rush into a shelter, in their excitement they fire their Lewis
gun. There is a mad rush for safety and by a miracle no one is
hit. After twenty minutes of concentrated attack by the fighters
the Beeste with bombs goes up in smoke and the two Walrus are
left blazing and sink. Finally they make off, not unscarred
we hope, and we inspect the damage. Both Walrus are gone, one
Beeste is ablaze, another badly damaged, leaving one plane
intact. We attempt to put out the fire praying that the bombs
won’t explode. The blaze is too fierce and she is completely
burned with two red hot heavy bombs amongst the ruins. One
aircraft left but no casualties to personnel. Eight civil
machines are burnt out including the American clipper. In the
afternoon, bombers come over again bombing the docks an . . .
```

日記の続きについては、Astonの1997年の論文や、Andrew Linklaterの2001年の著書『Code of Love』で読めます。

9.4.2 Pablo Waberskiのスパイ事件

1931年に出版された『The American Black Chamber』[訳注]では、アメリカの暗号解読者Herbert Yardley（1889－1958）が、ドイツの転置式暗号について述べています(*11)。

この本は、アメリカの秘密の暗号解読能力について論じたため、スキャンダルを巻き起こしたものです。

訳注 翻訳本『ブラック・チェンバー 米国はいかにして外交暗号を盗んだか』があります。
https://www.kadokawa.co.jp/product/322306000646/

Yardleyによれば、第一次世界大戦中の1918年2月10日、アメリカの捜査官がメキシコ国境でPablo Waberskiと名乗る男を逮捕しました。捜査当局は、逮捕した男がドイツの諜報員Lothar Witzkeでないかと疑っていました(*12)(*13)。容疑者のコードの左袖に縫い付けられていたのは、次のような暗号化されたメモでした(*14)。

```
SEOFNATUPK ASIHEIHBBN UERSDAUSNN
LRSEGGIESN NKLEZNSIMN EHNESHMPPB
ASUEASRIHT HTEURMVNSM EAINCOUASI
INSNRNVEGD ESNBTNNRCN DTDRZBEMUK
KOLSELZDNN AUEBFKBPSA TASECISDGT
IHUKTNAEIE TIEBAEUERA THNOIEAEEN
HSDAEAIAKN ETHNNNEECD CKDKONESDU
ESZADEHPEA BBILSESOOE ETNOUZKDML
NEUIIURMRN ZWHNEEGVCR EODHICSIAC
NIUSNRDNSO DRGSURRIEC EGRCSUASSP
EATGRSHEHO ETRUSEELCA UMTPAATLEE
CICXRNPRGA AWSUTEMAIR NASNUTEDEA
ERRREOHEIM EAHKTMUHDT COKDTGCEIO
EEFIGHIHRE LITFIUEUNL EELSERUNMA
ZNAI
```

Herbert Yardleyはこの暗号解読を依頼されました。彼と彼のチームは、頻度分析とその他いくつかの統計テストを実施しました。その結果、'E'（次いで'N'）がもっとも多く、'Q'、'X'、'Y'はまったく見られませんでした。これらの特徴はドイツ語の典型といえます（付録B参照）。明らかに、作者は転置式暗号を使っていたのです。

Yardleyは、一般的なダイグラフ（文字ペア）の助けを借りて、このような暗号を破る方法を知っていました。ドイツ語では、文字'C'は特に便利です。通常は'H'の前に、ときには'K'の前に置かれ、他の文字の前に置かれることはめったにありません。そこで、Yardleyは、テキスト中のすべての'C'にタグを付けて、次いで'H'を探しました。そして、各'C'と各'H'の間隔を決定しました。その結果、108文字という距離が際立って頻繁に現れました。Yardleyが108行の長さでメッセージを書き留めると、次のような文字列が得られました。

```
SEOFNATUPK ASIHEIHBBN UERSDAUSNN LRSEGGIESN NKLEZNSIMN . . .
CNDTDRZBEM UKKOLSELZD NNAUEBFKBP SATASECISD GTIHUKTNAE . . .
HPEABBILSE SOOEETNOUZ KDMLNEUIIU RMRNZWHNEE GVCREODHIC . . .
AATLEECICX RNPRGAAWSU TEMAIRNASN UTEDEAERRR EOHEIMEAHK . . .
```

上から順に読むと、ほぼすべての列がドイツ語の典型的な4文字の並びになります。

1列目には“SCHA”、10列目には“KMEX”、20列目には“NDZU”が含まれています。次に、Yardleyと彼のチームは、列を意味のある順序に並べる必要がありましたが、これはかなり簡単なことでした。たとえば、“KMEX”の後に“IKOP”を付けると、“MEXIKO”（“MEXICO”のドイツ語綴り）という単語になります。最終的に、Yardleyは次の平文に解読しました。

```
AN DIE KAISERLICHEN KONSULARBEHOERDEN IN DER REPUBLIK MEXIKO
PUNKT STRENG GEHEIM AUSRUFUNGSZEICHEN DER INHABER DIESES IST
EIN REICHSANGEHOERIGER DER UNTER DEM NAMEN PABLO WABERSKI ALS
RUSSE REIST PUNKT ER IST DEUTSCHER GEHEIMAGENT PUNKT ABSATZ ICH
BITTE IHM AUF ANSUCHEN SCHUTZ UND BEISTAND ZU GEWAEHREN KOMMA
IHM AUCH AUF VERLANGEN BIS ZU EINTAUSEND PESOS ORO NACIONAL
VORZUSCHIESSEN UND SEINE CODETELEGRAMME AN DIESE GESANDTSCHAFT
ALS KONSULARAMTLICHE DEPESCHEN ABZUSENDEN PUNKT
VON ECKHARDT
```

英語に訳すると次のようになります。

```
To the Imperial consular authorities in the Republic of Mexico.
Top secret! The owner of this [paper] is a member of the Reich,
who travels under the name Pablo Waberski as a Russian. He is a
German secret agent. I kindly ask you to grant him protection
and support on request, to pay him up to 1000 Pesos Oro National
on request, and to send his encrypted telegrams to this
consulate as diplomatic correspondence.
Von Eckhardt
```

この手紙は、容疑者であるPablo Waberskiが実際にはドイツのスパイであったことを証明しています。彼は1918年に死刑判決を受けました。しかし、戦後、ドイツとアメリカの関係が改善すると、彼は罪が許され、最終的に1923年に告訴が破棄されました。

9.5 チャレンジ

9.5.1 Lampedusaのメッセージ

2001年に出版されたDonald McCormick著『Love in Code』は、恋人たちによる暗号の使用について書かれた素晴らしい作品です[*15]。暗号化されたラブレター、日記、新聞広告など、ロマンチックなカップルが自分たちのコミュニケーションを秘密にしておくために作成した暗号文が何百年にもわたって網羅されています。「Love at War」と題された章の1つにおいて、McCormickは、1943年に米軍が地中海にあるイタリアのランペドゥーザという小さな島を砲撃した頃、その島に住んでいた女性について報告しています[*16]。この女性は白い布に太い文字で次のようなメッセージを描き、侵入者に見えるように浜辺に置きました。

```
TSURT EM, SYOB. I NEEUQ FO ASUDEPMAL
```

この暗号を解読するのは、その意味を理解するよりもずっと簡単です。その女性の身元は特定されておらず、このメッセージの目的もわかっていません。

9.5.2 Friedman夫妻の愛のメッセージ

WilliamとElizebeth Friedmanは、暗号解読のドリーム夫婦です。二人とも暗号解読者として軍や警察などで長いキャリアを積んできました。

米国人作家のJason Fagoneは、Elizebeth Friedmanについて魅力的な本を書いて、2017年に出版しました。それは、二人の暗号解読の仕事だけでなく、求婚や結婚についても書かれています[*17]。Friedman家に関する他の本は、G. Stuart SmithやRonald W. Clarkによって書かれています[*18][*19]。

William and Elizebethは、私生活でも暗号を使うほどの暗号愛好家だったといいます。図9.6は、1917年頃にWilliamとElizebethがお互いに送り合った愛のメッセージです。どちらのメッセージもシンプルな転置式暗号で暗号化されています。Williamの平文は英文ですが、Elizebethはフランス語のフレーズを書きました。あなたにはこの2つの暗号文を解けますか？

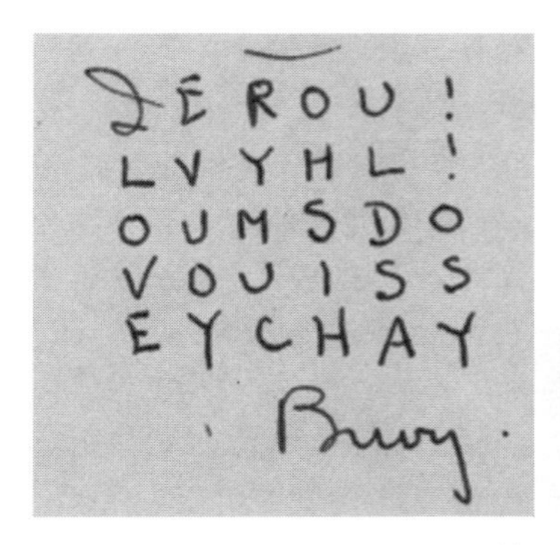

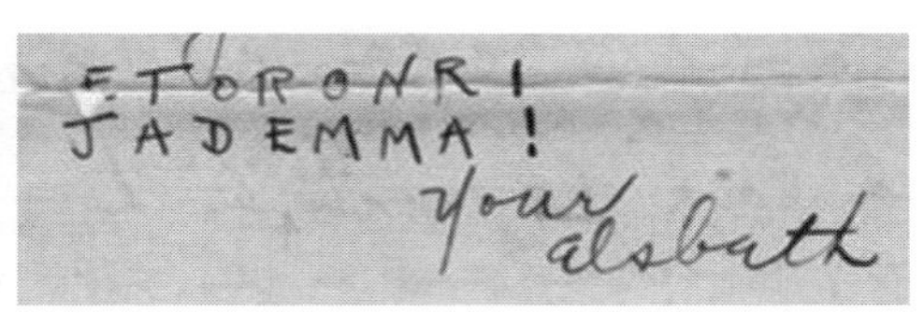

図9.6：William Friedmanから彼の妻宛に1917年に送られたメッセージ（“Biwy”の署名）と、妻から送り返されたメッセージ（“Elsbeth”の署名）。どちらもシンプルな転置式暗号で暗号化されている

9.5.3 暗号化された“agony”広告

Jean Palmerが2005年に出版した『The Agony Column Codes & Ciphers』には、暗号化された1000以上の新聞広告（主に19世紀のもの）が掲載されており、本書でもすでに何度か紹介しています。なお、前述したように、Jean PalmerはTony Gaffneyのペンネームです。Tonyが紹介する広告の一部（あまり多くはない）は、転置式暗号で暗号化されています。1882年に『The British Evening Standard』に掲載されたものを2つ紹介します[*20]。

```
CEM. - I e g c n e h d n h a o a s s b i s e r c g d h l i h u s a
c c b k h e i e .
Mon 31st Jul 1882
```

```
CEM. - Key 11. - L k e o i s v s t e s o e e m l d y o d b v e n s
e d t p l i a a n a e g l m s l y h b r m n e b e m r s e a o u t
f W e y r w o i h o a e u v n l e y e.
Sat 5th Aug 1882
```

最初のメッセージはドイツ語、2番目のメッセージは英語です。あなたはこれらを解けますか？

9.5.4 Yardleyの11番目の暗号文

米国国務省で暗号解読者として成功を収めたHerbert Yardley（1889－1958）と、彼の1931年の著書『Ciphergrams』についてはすでに述べました。暗号パズルのコレクションを、架空の背景物語とともに収録しています。なお、Yardleyはこれを“ciphergrams”（サイファーグラム）と呼んでいます(*21)。第11章で、Yardleyは第一次世界大戦中にメキシコのラジオ局からアメリカにいたドイツのスパイに送られた暗号化されたメッセージについて報告しています。この戦争で、メキシコは親ドイツだったのです。メッセージを含め、この物語はフィクションですが、暗号（完全縦列転置式暗号を含む）を破るのは楽しいものです。

```
TSKGL AATYI LTLPA SAHLM DPLGI ENEAI WTUEN N
```

ヒントはカウントすることです！

9.5.5 Edgar Allan Poeのファースト・チャレンジ

1841年、米国の作家Edgar Allan Poeは、W. B. Tylerが作成したとされる2つの暗号文を発表しました。2つ目は、背景のストーリーとともに第6章で取り上げています。最初のメッセージは、Poeの専門家であるイリノイ大学シカゴ校のTerence Whalenによって1992年に解読されました(*22)。使用された暗号は、空白のない単一換字式暗号に転置を組み合わせたものであることが判明しました。

```
, † § : ‡ ] [ , ? ‡ ) , [ ¡ ¶ ? , † , ) ¡ , § [ ¶ ♭ , : ¶ ! [
§ ( , † § ¡ ‖ ( ? ⸸ ? , * * ( ⸸ ⸸ ¡ ( [ , ¶ * , ⸸ [ § ¡ ¶ § ¡
¶ ] ¿ , † § [ ? ( § [ : : ( † [ · ⸸ ( * ; ( ‖ ( , † § ¡ ‡ [ *
: , ] ! ¶ † ‖ ] ? * ! ¶ ⸸ † § ¶ ‖ , * ( † ¡ ( , ? ‡ § ( ¡
☜ ¡ ¶ [ ? ( , ; § ‡ ☞ ‡ ] † § § : ( † [ † [ ¶ ? ‡ ] :
* ¡ ¶ : ( § ? ] ! ¶ † § ‡ ] ; § ? ‡ † ¡ ‡ ⸸ ¶ ! ( , † § ? ( ‖
* ] [ § ¡ ‘ ¡ , : , , † § ☜ ) , ? ‖ * ] ? , § § ( ! ⸸ ¡ ( ,
† § † [ ‡ ! ) * ] [ ⸸ : ? ] ‖
```

図9.7：1841年にEdgar Allan Poeが発表した暗号文の複製で、150年後に解かれた

Tylerの最初の暗号文を図9.7に示します。見てのとおり、彼は非標準の文字体系を使っており、空白はありません。暗号解読者の中には、空白を使わない単一換字式暗号（つまりパトリストクラット）を考えた者もいましたが、この考えはうまくいきませんでした。WhalenがTylerとPoeの往復書簡を調べたところ、メッセージの各単語の文字が逆になっているとい

う手がかりを見つけました。さらに分析を進めると、特に3連符“, † §”が頻出していることがわかりました。Whalenは、それが“EHT”のことで、英語の3連符の中でもっとも頻出する“THE”の逆順バージョンだと推測しました。

Whalenの推測は正しかったのです。彼はこの3文字と暗号方式を知っていたので、メッセージを解読できました。あなたも解読できますか？

9.5.6 IRAからのメッセージ

暗号解読の名手Jim Gilloglyの好意により、1920年代にIRAのメンバーによって送られた、完全縦列転置式方式で暗号化された追加のメッセージを得ました(*23)。

```
TTSEW UDSEE OOEHS BERTN TCEUG EHYNT CLCER TNMEF KCUFE HDPDE
SIDRN EESDT TREDM EIHUS WHRTB DLETI IEERE TAIRF FLABI FOPWV
EEROI RTLAC OWNOT ATLAE
```

ヒントです。文字を数えて、よい因数をいくつか見つけられますか？

第10章

不完全縦列転置式暗号

前章では完全縦列転置式暗号を扱いましたので、今度はより一般的なケース、すなわち完全に埋まっていない長方形の縦列転置（不完全縦列転置と呼ばれる）に注目します。この方法は第9章で紹介した方式とほとんど同じようなしくみですが、唯一の例外は行の長さがメッセージ長の約数ではないということです。

10.1 不完全縦列転置式暗号のしくみ

不完全縦列転置がどのように機能するかを説明するために、次のような平文から始めてみます。これは1920年代にIRAが暗号化して送ったオリジナルのメッセージです（背景については第16章参照）。

```
ARGUMENTS FOR SUCH MATCHES HELPED BY FACT OF TOUR BEING PRIVATE
ENTERPRISE AND FOR PERSONAL GAIN OF PROMOTERS
```

まず、“CMOPENSATION”（IRAはスペルミスを含めてこのキーワードを使っていた）というキーワードを基に転置します。

```
CMOPENSATION
------------
ARGUMENTSFOR
SUCHMATCHESH
ELPEDBYFACTO
FTOURBEINGPR
IVATEENTERPR
ISEANDFORPER
SONALGAINOFP
ROMOTERS
```

長方形における最終行が完全に埋まっていないことに注意してください。ここで、（第9章でやったように）キーワードの文字がアルファベット順になるように列を並び替えます。

```
ACEIMNNOOPST
------------
TAMFRERGOUNS
CSMEUAHCSHTH
FEDCLBOPTEYA
IFRGTBROPUEN
TIERVERAPTNE
OINPSDREEAFR
ISLOOGPNFAAN
SRT OE M OR
```

ここで列に沿って読み上げると、暗号文は次のようになります。

```
TCFITOIS ASEFIISR MMDRENLT FECGRPO RULTVSOO EABBEDGE RHORRRP
GCPOAENM OSTPPEF UHEUTAAO NTYENFAR SHANERN
```

Jim Gilloglyが1920年代のIRAQの資料から見つけた暗号化されたメッセージは、まさにこれだったのです [*1]。

4. 92 TCFIT OISAS EFIIS RMMDR ENLTF ECGRP ORULT VSOOE
ABBED GERHO RRRPG CPOAE NMOST PPEFU HEUTA AONTY
ENFAR SHANE RN

正当な復号、つまり鍵を知っている意図した受信者による復号であっても、この種の暗号システムは、完全縦列転置に必要な作業よりも多くの作業を要します。受信者はまず、メッセージ長（ここでは92文字）とキーワード長（ここでは12文字）に注目する必要があります。92を12で割ると、商が7、余りが8になります。したがって、受信者は7つの完全な行と、8つの列から成る不完全な行を含む12列の表を必要とします。さらに、キーワードを含むヘッダー行も当然ながら必要となります。

	C	M	O	P	E	N	S	A	T	I	O	N
1												
2												
3												
4												
5												
6												
7												
8									■	■	■	■

次に、受信者は暗号文を列ごとに表に書き込むことになります。その際、キーワードに出現するアルファベットの最初の文字は'A'であるため、A列から始めます。

	C	M	O	P	E	N	S	A	T	I	O	N
1								T				
2								C				
3								F				
4								I				
5								T				
6								O				
7								I				
8								S	■	■	■	■

キーワードの文字はアルファベット順で'C'、'E'、'I'となりますので、受信者はこれらの列に対して処理を進めていきます。ただし、I列は7セルしかないことに注意してください。

	C	M	O	P	E	N	S	A	T	I	O	N
1	A				M			T		F		
2	S				M			C		E		
3	E				D			F		C		
4	F				R			I		G		
5	I				E			T		R		
6	I				N			O		P		
7	S				L			I		O		
8	R				T			S				

そして、'M'、'N'、'N'、'O'、'O'、'P'、'S'、'T'の文字についても、下の列を埋めていきます。

	C	M	O	P	E	N	S	A	T	I	O	N
1	A	R	G	U	M	E	N	T	S	F	O	R
2	S	U	C	H	M	A	T	C	H	E	S	H
3	E	L	P	E	D	B	Y	F	A	C	T	O
4	F	T	O	U	R	B	E	I	N	G	P	R
5	I	V	A	T	E	E	N	T	E	R	P	R
6	I	S	E	A	N	D	F	O	R	P	E	R
7	S	O	N	A	L	G	A	I	N	O	F	P
8	R	O	M	O	T	E	R	S				

これで受信者は行に沿って読み上げることで、平文("ARGUMENTS FOR SUCH MATCHES･･･")を得ます。当然ですが、2つの不完全な列方向転置を連続して行うこともできます。つまり、最初の転置の結果を再び転置するのです。この方法は二重縦列転置法(double columnar transposition：DCT)と呼びます。この種のシステムは、1940年代の第二次世界大戦中、そしてそれに続く1980年代までの冷戦下で頻繁に使用されました。手作業による暗号化手法の中でも最高のものの1つとされており、諜報機関の現場での仕様に特に人気がありました。DCTは2つの異なるキーワード(できれば異なる長さ)を使用すべきであることはいうまでもありません。ベストプラクティスのすすめにもかかわらず、必ずしもそれが守られていたわけではありません。

10.2 不完全縦列転置の検出法

第9章で説明したように、転置式暗号を検出するのは通常簡単です。メッセージ内の文字が転置されても、一致指数や頻度分析の結果は、元の言語(この場合は英語)のメッセージから変わることはありません。そのため、暗号文を見て、そのような違いがあまり大きくなければ、転置がもっとも可能性が高い候補に挙げられます。

こうした基準はさておき、ではどのような転置式暗号が使われたのかをどうやって判断するのでしょうか？　物事を合理的に単純化するために、今のところ完全縦列転置と不完全縦列転置だけを仮定し、他の転置式暗号(第11章参照)を除外します。この場合の主な確認ポイントは、メッセージ長です。たとえば、次に示す、1920年代に送られたIRAのメッセージ（詳細は第16章を参照）を見てください。

```
3.    119.  KSOAA. TNINA. CECTW. UIAAT. OAOAE. BOGTE. TELND.
INETU. SSDEO. DLDHC. PUTNF. UNNWS. TNNOO. MGEEN. ICTBB. OAMDO.
ERUIS. SONDS. RRBDR. TEAIS. TTNDN.EYIAC.  IAEJO. ARTS.
```

119文字から構成されています。119は素数なので、このメッセージが完全に埋まっている長方形で暗号化されていないことは明らかです。長方形の1行の長さが119であれば話は別ですが、その可能性はほぼありません。同じ時期のIRAのメッセージを次に示します。

```
5.     46.  OHOEE. WHDTT. EETWE. AHELI. WTCDO. EHINN. ESFOT.
TOOIE. NCNMT. L.
```

このメッセージは46文字から構成されています。送信者は23×2の長方形を使ったかもしれませんが、経験上IRAは23文字のキーワードを選ばなかったことが知られています。よって、おそらく不完全縦列転置を扱っていると推測できます。

たとえば80文字から成るメッセージに遭遇した場合は事情が異なります。この場合、完全な列の入れ替えができますが、その保証はありません。残念なことに、メッセージ長が両方の選択肢を許容する場合、完全縦列転置と不完全縦列転置を区別する簡単な方法を私たちは知りません。私たちにできることは、（第9章で説明したように）完全縦列転置に対する解読法が機能するかどうかをチェックすることだけです。もしそうでなければ、不完全縦列転置であるか、それ以外の可能性があります。

10.3 不完全縦列転置式暗号の解読法

長方形が不完全に塗りつぶされた転置式暗号は、完全なものより破るのがはるかに難しくなります。これには2つの明白な理由があります。

- 定義上行の長さはメッセージ長の約数にはならないので、行の長さの推測ははるかに難しくなる。
- 列の長さはさまざまで、暗号解読者にはわからないので、マルチプル・アナグラムのテクニックはここではあまり通用しない。

したがって、不完全縦列のような転置を攻略する最良の方法は、第16章で説明するように、コンピューター支援によるヒル・クライミングです。

コンピューターの支援なしで不完全縦列転置を解読したい場合、まだ方法は残されています。

たとえば、複数のアナグラムを実行するために、行の長さを変えてみたり、短い行の空白位置を変えてみたりすることもできますが、この方法はとても手間がかかります。クリプトスK3のメッセージについては、このようなテクニックを使った成功例を紹介します。

より有力な方法は、平文に現れる単語や表現を推測することです。もちろん、この戦略には平文に関する知識と運が必要ですが、代替手段がないことも多いといえます。

一例として、Tom MahonとJim Gilloglyが提供してくれた1920年代のIRA暗号を見てみましょう（第16章参照）。

1. 113: UHTAO, EUESI, YSOIO, OMTOG, OSMNY, DMHRS, OSRAS, NOEEO,
MRYUR, TRRRF, CNTYR, NIRIH, IUSNR, TNENF, UMYOA, SRREO, TOIME,
IPEFR, TIAOT, TRHDT, AOTNP, TOCOA, NMB.

次はその書き起こしになります。ただし、冒頭の数字は省略しました。

```
UHTAO EUESI YSOIO OMTOG OSMNY DMHRS OSRAS NOEEO MRYUR TRRRF
CNTYR NIRIH IUSNR TNENF UMYOA SRREO TOIME IPEFR TIAOT TRHDT
AOTNP TOCOA NMB
```

頻度分析によって、おそらく転置式暗号を扱っていることが確認されました。なお、Jim Gilloglyが解読したIRAメッセージの大半がこの種のものであったため、これは驚くべきことではありません。メッセージには113文字が含まれています。113が素数であるため、これが完全に長方形を埋め尽くすタイプの暗号ではないことは明らかです。したがって、私たちは不完全縦列転置を扱っていると仮定します。

物事を簡単にするために、平文に“DESTROY ANY AMMUNITION”（20文字）が含まれているとクリブを持っていると仮定します。もちろん、連続する3つの平文単語を知ることは、実際のところまれなケースといえますが、そのようなクリブがなければ、暗号を手作業で破るのは極めて難しいのです。

キーワードの文字数が20文字以下とすれば、前述のフレーズは少なくとも2行に広がります。たとえば、キーワードが15文字だとすると、次のようになります。

```
......DESTROYAN
YAMMUNITION....
```

この例では、異なる行の各文字‘D’と‘I’、‘E’と‘T’、‘S’と‘I’、‘T’と‘O’、‘R’と‘N’が接触しています。つまり、もし私たちの推測が正しければ、“DI”、“ET”、“TO”、“RN”の各ダイグラフは暗号文中に現れるはずです。これは実際のケースとは異なりますので、私たちが想定したキーワード長は間違っていると結論付けられます。では、他の可能性を体系的に探してみます。次の表は、暗号文に現れる文字ペアのうち、クリブの最初の4文字のいずれかで始まるものをリストアップしたものを示しています【訳注】。

文字	当該文字から始まる、暗号文内のダイグラフ	フレーズ内のダイグラフ2文字の距離
D	DM	11, 12
	DT	3
E	EE	-
	EI	14, 16
	EF	-
	EN	7, 13, 18
	EO	4
	ES	1
	EU	12
S	SI	14, 16
	SM	9, 10
	SN	6, 12, 17
	SO	16
	SR	2
T	TA	4, 7
	TI	1, 12, 14
	TN	3, 5, 11, 16
	TO	2, 15
	TR	1
	TT	13
	TY	3, 6

訳注　"DESTROY ANY AMMUNITION"をキーワードに含むことを知っていますので、クリブの最初の4文字は'D'、'E'、'S'、'T'です。
暗号文において、これらの4文字を探し、ダイグラフを抽出して、表の2列目に並べます。'D'については、"DM"と"DT"というダイグラフしかありません。

UHTAO EUESI YSOIO OMTOG OSMNY **DM**HRS OSRAS NOEEO MRYUR
TRRRF CNTYR NIRIH IUSNR TNENF UMYOA SRREO TOIME IPEFR
TIAOT TRH**DT** AOTNP TOCOA NMB

最後に表の3列目についてです。これはフレーズ内における、ダイグラフに使われる2文字の距離を記す欄です。この間隔がキーワード長の候補となり得るわけです。

たとえば、"DM"について調べてみます。'D'は1文字目、'M'は11文字目と12文字目に現れています。この数字を3列目に記入するわけです。

```
DESTROYANYAMMUNITION
-          -
-           -
```

よって、暗号文に"DM"というダイグラフが登場するには、キーワード長が11か12ということになるわけです。

表を見るとわかりますが、間隔12は4文字のすべてに少なくとも一度は現れています。したがって、私たちが探しているキーワードは12文字であると強く確信できます。メッセージが113文字で構成されていることを考えると、次のような12列の転置表を設定できます。ただし、まだ中身は空の状態です。

	?	?	?	?	?	?	?	?	?	?	?	?
1												
2												
3												
4												
5												
6												
7												
8												
9												
10												

フレーズ中の間隔12の文字ペアは、“DM”、“EU”、“SN”、“TI”です。次のように表にクリブを書き込めば、上記の事実と一致します【訳注】。

訳注　一番左は文字が入るセルではなく、行番号を示す箇所です。

文字ペア“DM”は暗号文中に一度だけ現れ、その後に‘H’が続きます。他のダイグラフについても同様であり、“EU”には‘E’、”SN”には‘R’、“TI”には‘A’、“YO”には‘A’、“AN”には‘M’が続きます。“RT”と“OI”の文字ペアについては数回出現します。これで先の表に3行目を加えられます。

?		D	E	S	T	R	O	Y	A	N	Y	A
?	M	M	U	N	I	T	I	O	N			

次に、すでにある3行の上下に、新たな行を追加しようと試みます。もちろん、追加しようとした行が本当に存在するかどうかはわかりません。表の一番上や下の行にすでに到達しているかもしれないためです。それでは、欠けた表に行を追加します。

?		Y	O	U	R	F/N/U	S/T	M	O			
?		D	E	S	T	R	O	Y	A	N	Y	A
?	M	M	U	N	I	T	I	O	N			
?		H	E	R	A	I/N/R	O/M	A	M			

新しい行には“YOUR”という単語が含まれています。これは理にかなっているので、この行は本当に存在すると考えてよいでしょう。それでは、これまでに得られた欠けたテーブルにおける、最初の行と最終行における6列目と7列目に注目します。「‘F’か‘N’か‘U’か」「‘S’か‘T’か」「‘I’か‘N’か‘R’か」「‘O’か‘M’か」という選択肢があり、どれが正しいのでしょうか？1行目の“YOURFSMO”が意味をなさないのは明らかです。‘S’と‘T’は子音なので、3つの選択肢の中で唯一の母音である‘U’が正しい可能性が高いといえます。これによって、「1行目が“YOURUSMO”かつ4行目が“HERAROAM”」と「1行目が“YOURUTMO”かつ4行目が“HERARMAM”」の組み合わせから選べるから選べます。“UTMOST”と“ARMAMENT”の語源が

ここからきていることから、後者の可能性が高いといえます。表を新しく更新すると次のようになります。

?		D	E	S	T	R	O	Y	A	N	Y	A
?	M	M	U	N	I	T	I	O	N			
?		H	E	R	A	I/N/R	O/M	A	M			

同様の方法で行を追加していくと、次のようになります。

?		Y	O	U	R	U	T	M	O			
?		D	E	S	T	R	O	Y	A	N	Y	A
?	M	M	U	N	I	T	I	O	N			
?		H	E	R	A	R	M	A	M			

3列目の文字列"UHTAO"が暗号文メッセージの先頭であることより、"OURIO･･･"の行より上は存在し得ないことがわかります。これで一番上の行が決まったので、後は簡単に表を埋められます。

?		O	U	R	I	O	R	E	P			
?		S	H	I	P	M	E	N	T			
?		M	T	H	E	R	E	F	O			
?		N	A	I	F	Y	O	U				
?		Y	O	U	R	U	T	M	O			
?		D	E	S	T	R	O	Y	A	N	Y	A
?	M	M	U	N	I	T	I	O	N			
?		H	E	R	A	R	M	A	M			

次が平文になります。

```
YOURIOREPORT
SSHIPMENTSFR
OMTHEREFORCH
INAIFYOUCAND
OYOURUTMOSTT
ODESTROYANYA
MMUNITIONORO
THERARMAMENT
ORSTORESBEIN
GSINT
```

お気づきかもしれませんが、キーワードを再構築することなく、この暗号を解読できました。表のヘッダー行に疑問符しかないのはそのためです。通常、暗号解読者は平文さえわかれば、キーワードを得ることにはあまり興味を引かれません。事実、キーワードを確実に見つられるとは限りません。わかっているのは、キーワードが12文字であることと、キーワードの文字をアルファベット順に並べると、ある転置が得られるということだけです。Jim Gilloglyはコンピューター・プログラムを使って、今回のケースに当てはまる英単語を探しました。彼が見つけた唯一のもっともらしい候補は“CHAMPIONSHIP”でした。IRAQが使ったこれをキーワードとして使った可能性は非常に高いといえます。これで完全に転置表が完成しました。

	?	?	?	?	?	?	?	?	?	?	?	?
1	Y	O	U	R	I	O	R	E	P	O	R	T
2	S	S	H	I	P	M	E	N	T	S	F	R
3	O	M	T	H	E	R	E	F	O	R	C	H
4	I	N	A	I	F	Y	O	U	C	A	N	D
5	O	Y	O	U	R	U	T	M	O	S	T	T
6	O	D	E	S	T	R	O	Y	A	N	Y	A
7	M	M	U	N	I	T	I	O	N	O	R	O
8	T	H	E	R	A	R	M	A	M	E	N	T
9	O	R	S	T	O	R	E	S	B	E	I	N
10	G	S	I	N	T							

10.4 成功談

10.4.1 クリプトスのK3

バージニア州ラングレーのCIA本部内にある彫刻クリプトスに刻まれた碑文は、過去50年間でもっとも有名な暗号ミステリーの1つです。詳細は付録Aに記載しています。以下では、クリプトス・メッセージの3番目に注目します。これは暗号愛好家の間では“K3”として知られています。この336文字の暗号文は、1998年にCIA職員のDavid Steinによって解かれました[*2]。Steinは暗号解読にコンピューターを使わずに、鉛筆と紙を使った方法だけに専念していました。

クリプトス上の完全な暗号文は869文字であり、すべてが文字であり、疑問符がいくつか含まれています。クリプトスの暗号文が複数のメッセージであることを知らずに、Steinは多くの暗号解読者がするように、頻度のカウントから始めました。彼が最初に成功したのは、上側の暗号文プレートにあるK1とK2の解読でした（第8章参照）。

下側のプレートに狙いを定めたとき、Steinは上側の暗号文と下側の暗号文にはかなりの違いがあることに気づきました。彼はまた、下側のプレートにおいて疑問符の前にある文字の頻度が、疑問符の後にある文字の頻度と異なっていることに気づきました。疑問符については、付録Aにあるクリプトスの書き起こしの全文で見ることができます。下段プレートの最初の文字から、最後の疑問符までの文字列がK3と呼ばれるものになります。その内容は次のとおりです。

```
ENDYAHROHNLSRHEOCPTEOIBIDYSHNAIACHTNREYULDSLLSLLNOHSNOSMRWXMNETPRNGA
TIHNRARPESLNNELEBLPIIACAEWMTWNDITEENRAHCTENEUDRETNHAEOETFOLSEDTIWENH
AEIOYTEYQHEENCTAYCREIFTBRSPAMHHEWENATAMATEGYEERLBTEEFOASFIOTUETUAEOT
OARMAEERTNRTIBSEDDNIAAHTTMSTEWPIEROAGRIEWFEBAECTDDHILCEIHSITEGOEAOSD
DRYDLORITRKLMLEHAGTDHARDPNEOHMGFMFEUHEECDMRIPFEIMEHNLSSTTRTVDOHW
```

SteinはK3の頻度が次のようになることを割り出しました。

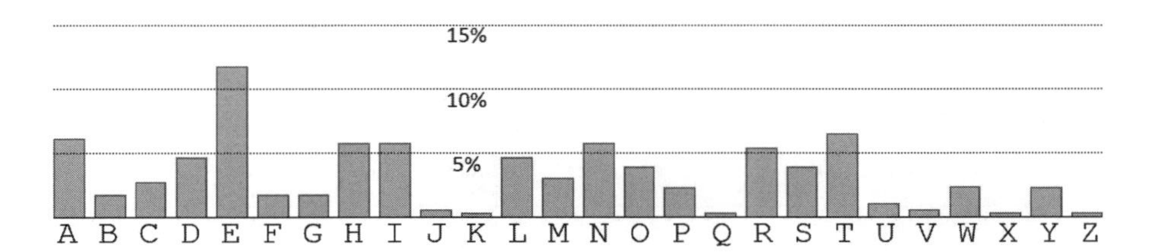

標準的な英語と同じような頻度で文字が出現しているため、彼は転置式暗号が使われていると推測しました。最初Steinは、完全に塗りつぶされた行の配列、すなわち完全縦列転置（第9章参照）を扱っていると推測しました。たとえば、21行16列から成る表ではないかと推測したのです。56行6列という選択肢もありました。しかし、Steinのさらなる調査によると、この仮説は裏づけられませんでした。

次に、Steinは不完全な列の入れ替え、つまり最終行が完全に待っていない表を使用することを検討しました。たとえば、最終行に13文字しかない、7×20の表の可能性があります。本章で前述しましたが、クリブなしで不完全縦列転置を手動で解くのはとても難しいのです。そこで、彼は遠回りをして、もっともらしいと思われる表のサイズをすべてチェックすることにしたのです。暗号文は336文字で構成されているため、理論的には336通り以上の異なる行の長さをテストできます。特に短い列や長い列はほとんどありえないことを考慮しても、少なくとも200の選択肢が残されます。

物事を簡単にするために、Steinは転置表が4行であると仮定しました。このため、表のバリエーションは28種類に限られました。各バリエーションについて、Steinは（4文字ではなく）3文字の列の潜在的な位置をたくさんチェックしなければならなかったのです。以下はその一例です。行の長さは88です。

```
EAHRCODHITYSSOORNRANPNLPAWNEAEUTETSIHOYEAETPHNMGETOIEEAENBDATEEGEBTIHIOSYRKEGANMMHDPMLTD
NHNHPIYNANULLHSWENTRENEICMDEHNDNOFEWAYQNYIBAEAAYREAOTORERSDAMWRRWADLITEDDILHTREGFEMFESRO
DRLETBSACRLLLSMXTGIASEBIATINCERHEODEETHCCFRMWTTELESTUTMRTENHSPOIFEDCSEADLTMADDOFEEREHSTH
YOSOEI  HED NN MP HRL L EWTRT EA LTNIEETR SHEAE BFFUAOATI ITTIA ECHE GORORL HPH UCIINTVW
```

ある行の長さと、3文字の列のある位置が正しいかをチェックするために、Steinはよく見られる文字の組み合わせ（“EN”、“AS”、“LLY”、“THE”など）が現れるように列の並び替えを試みました。言い換えると、彼は列をベースにした、いわゆるマルチプル・アナグラムを使ったのです。たとえば、上記の例において、“EA”、“NH”、“DR”、“YO”はすべて一般的な英語のダイグラフであるため、最初の2列が一緒になっている可能性があります。一方、最後の2列は合いません。“VW”という文字ペアは、英文や単語内でも、2つの単語をつなぐ（単語の終わりと始まる）文字でも、めったに遭遇しないためです【訳注】。

訳注　各行の行頭と行末を太字にしたので、確認しておいてください。

EAHRCODHITYSSOORNRANPNLPAWNEAEUTETSIHOYEAETPHNMGETOIEEAENBDATEEGEBTIHIOSYRKEGANMMHDPMLTD

NHNHPIYNANULLHSWENTRENEICMDEHNDNOFEWAYQNYIBAEAAYREAOTORERSDAMWRRWADLITEDDILHTREGFEMFESRO

DRLETBSACRLLLSMXTGIASEBIATINCERHEODEETHCCFRMWTTELESTUTMRTENHSPOIFEDCSEADLTMADDOFEEREHSTH

YOSOEI HED NN MP HRL L EWTRT EA LTNIEETR SHEAE BFFUAOATI ITTIA ECHE GORORL HPH UCIINT**VW**

“Volkswagen”の略語の可能性がありますが、クリプトスの平文で登場する可能性は極めて低いでしょう！

明らかなように、Steinの方法はかなり手間のかかる方法でした。2列が隣り合っていることのもっともらしさを、3連符や4連符だけでチェックするのは難しいだけでなく、3文字の列をいくつか動かすだけで、列は大きく変化します。とはいえ、Steinは行が84と85の長さを除外できます。この2つの長さは、4行がある場合における最短のものです。

次に、彼は行の長さを86に設定してテストしました。そのため、最終行は78文字で不完全に埋められます。以下が、彼が試したであろう多くの配置の1つです。

EYOSOEIHANULLHSXTGHRLLPCANEAEDNOODEEIQNYIRMWTTEBFOTUTMRTEITTIEIECHEIOSYRKLGANMFEMFESRO

NAHRCODNCRLSLSMMPANPNEIEMDEHNRHELTNOTHCCFSHEAEETAFUAOATIDATERAEBTIITEDDIMETREGEEREHSTH

DHNHPIYAHEDLNNRNRTRENBIWTINCEEATSIHYEETRTPHNMGRESIEEAENBDAMWOGWADLHEADLTLHDDOFUCIINTVW

RLETBSITYS OOWENIASELA WTRTUTEFEWA YEAEBAEAAYLE OTORERSNHSP RFEDCSGOROR AHPHMHDPMLTD

この他にも、最初の3行に86文字、最終行に78文字を含む、数多くの組み合わせに取り組んだとき、Steinはマルチプル・アナグラムを使ったほうが、以前チェックした行の長さよりもよい結果（もっともらしい数字など）が得られることに気づきました。しかし、彼は3文字列の正しい位置を特定できませんでした。さらに検討した結果、Steinは3文字列の空欄は最下段ではなく最上段に置かなければならないと結論づけました。つまり、最終行ではなく、最初の行が不完全ということでした。

そして、多大な時間をかけて手作業でマルチプル・アナグラムを作成しました。誰かに任せることなく、すべて自分で作業したといいます。最終的にSteinは次の組み合わせを突き止めました【訳注】。

YOSOEIHANU LHSXTGHRLLP ANEAEDNOODE IQNYIRMWTTEB OTUTMRTEITT EIECHEIOSYR LGANMFEMFESR
EAHRCODNCRLLLSMMPANPNEICMDEHNRHELTNETHCCFSHEAEETFFUAOATIDATEIAEBTIITEDDIKETREGEEREHSTO
NHNHPIYAHEDSNNRNRTRENBIETINCEEATSIHOEETRTPHNMGREAIEEAENBDAMWRGWADLHEADLTMHDDOFUCIINTVH
DRLETBSITYSLOOWENIASELAWWTRTUTEFEWAYYEAEBAEAAYLESOTORERSNHSPORFEDCSGORORLAHPHMHDPMLTDW

訳注　太字の3文字列を下にずらすと、本文の表が得られます。

EYOSOEIHANU**L**LHSXTGHRLLP**C**ANEAEDNOODE**E**IQNYIRMWTTEB**F**OTUTMRTEITT**I**EIECHEIOSYR**K**LGANMFEMFESR**O**
NAHRCODNCRL**S**LSMMPANPNEI**E**MDEHNRHELTN**O**THCCFSHEAEET**A**FUAOATIDATE**R**AEBTIITEDDI**M**ETREGEEREHST**H**
DHNHPIYAHED**L**NNRNRTRENBI**W**TINCEEATSIH**Y**EETRTPHNMGRE**S**IEEAENBDAMW**O**GWADLHEADLT**L**HDDOFUCIINTV**W**
RLETBSITYS OOWENIASELA WTRTUTEFEWA YEAEBAEAAYLE OTORERSNHSP RFEDCSGOROR AHPHMHDPMLTD

次に示す意味のある文章に並び替えられます。

FLICKERBUTPRESENTLYDETAILSOFTHEROOMWITHINEMERGEDFROMTHEMISTXCANYOUSEEANYTHINGQ
OLEALITTLEIINSERTEDTHECANDLEANDPEEREDINTHEHOTAIRESCAPINGFROMTHECHAMBERCAUSEDTHEFLAMETO
ASREMOVEDWITHTREMBLINGHANDSIMADEATINYBREACHINTHEUPPERLEFTHANDCORNERANDTHENWIDENINGTHEH
SLOWLYDESPARATLYSLOWLYTHEREMAINSOFPASSAGEDEBRISTHATENCUMBEREDTHELOWERPARTOFTHEDOORWAYW

列を規則正しく並び替えることで、先に示した正しい配置が得られます。その規則は次に示すようにそれほど難しくありません。最初の列“END”は79列目の位置に、2列目“YAHR”は72列目の位置に、3列目“OHNL”は65列目の位置に、4列目“SRHE”は58列目の位置に、5列目“OCPT”は51列目の位置に、といった具合にです。つまり、ステップごとに列番号が7ずつ減っています【訳注】。

YOSO ···
EAHRC ···
NHNHP ···
DRLET ···

→

··· DFR**O**MTHEMI**S**TXCANY**O**USEEANY**T**HINGQ
··· RES**C**APINGF**R**OMTHEC**H**AMBERC**A**USEDTH**E**FLAMETO
··· EUP**P**ERLEFT**H**ANDCOR**N**ERANDT**H**ENWIDE**N**INGTHEH
··· THA**T**ENCUMB**E**REDTHE**L**OWERPA**R**TOFTHE**D**OORWAYW

訳注　12列目が「LSL」、13列目が「LLNO」となっています。13列目の1文字目の‘L’を隣の12列目の1文字目として扱います。
つまり、12列目が「LLSL」、13列目が「LNO」になります。
11列目の「ULDS」は、並び替え後に9列目に移動しています。
よって、12列目の「LLSL」は並び替え後に2列目（＝9－7）に移動します。そして、13列目の「LNO」は、80列目に回り込みます。

最後の解読ステップは、4行を逆順に読むことです【訳注】。

訳注　最終行の左から右に読んでいきます。行末まで到達したら、下から2番目の行について左から右へ読んでいきます。以下、同様です。

```
SLOWLY DESPARATLY SLOWLY THE REMAINS OF PASSAGE DEBRIS THAT
ENCUMBERED THE LOWER PART OF THE DOORWAY WAS REMOVED WITH
TREMBLING HANDS I MADE A TINY BREACH IN THE UPPER LEFT HAND
CORNER AND THEN WIDENING THE HOLE A LITTLE I INSERTED THE CANDLE
AND PEERED IN THE HOT AIR ESCAPING FROM THE CHAMBER CAUSED
THE FLAME TO FLICKER BUT PRESENTLY DETAILS OF THE ROOM WITHIN
EMERGED FROM THE MIST X CAN YOU SEE ANYTHING Q
```

この文章は、1922年11月26日にツタンカーメンの墓を発見した考古学者Howard Carteの日記からの抜粋です。David Steinは何百時間もかけてこの暗号文を解読しましたが、多くの暗号解読者の成功がそうであるように、彼の解決策にもやはり運が絡んでいたのです。たとえば、彼が "The "という単語を推測していたある場所では、"They "であることが判明しました。また、表には4行あるという彼の（かなり推測的な）仮定が正しいことが証明されました。そして、彼がチェックした28つの行の長さのうち、3つ目が正しいことが判明しました。ときに、運は勤勉な者の伴侶となるのです。

10.4.2 Antonio Marziの無線メッセージ

Antonio Marzi（1924－2007）は、第二次世界大戦中、北イタリアのウディネでドイツ占領軍に対抗するために活動したスパイであり、パルチザンでもありました(*3) (*4)。

Marziは毎日、街の現状について暗号化された報告を外部の連絡先（おそらく英国情報部員）に無線で送っていました。通常の注意事項に反して、彼は送信後にメッセージを破棄しなかったのです。この行為は非常に危険でしたが、これらのメッセージは暗号史家にとっての宝の山そのものです。彼の報告書のコレクションは、200ページの暗号化された戦記として保存されています（図10.1参照）。特に1944年と1945年の箇所に数多くの暗号化された記述があります。

数十年後に歴史家たちはMarziの報告書に興味を持つようになりましたが、Marzi自身でさえ復号できませんでした。彼は、二重の縦列転置を使ったこと、イタリアの詩人Aleardo Aleardi（1812－1878）の詩『Un giovinetto pallido e bello』（憐れみと美しさ）からキーワードを選んだことを思い出しました。しかし、この方法でメッセージを復号しようとしても、意味のあるテキストは出てきませんでした。2003年、Marziはついにイタリアの暗号専門家Filippo Sinagraにサポートを依頼しました。Sinagraもそのメッセージを解読できなかったので、他の専門家と共有しました。

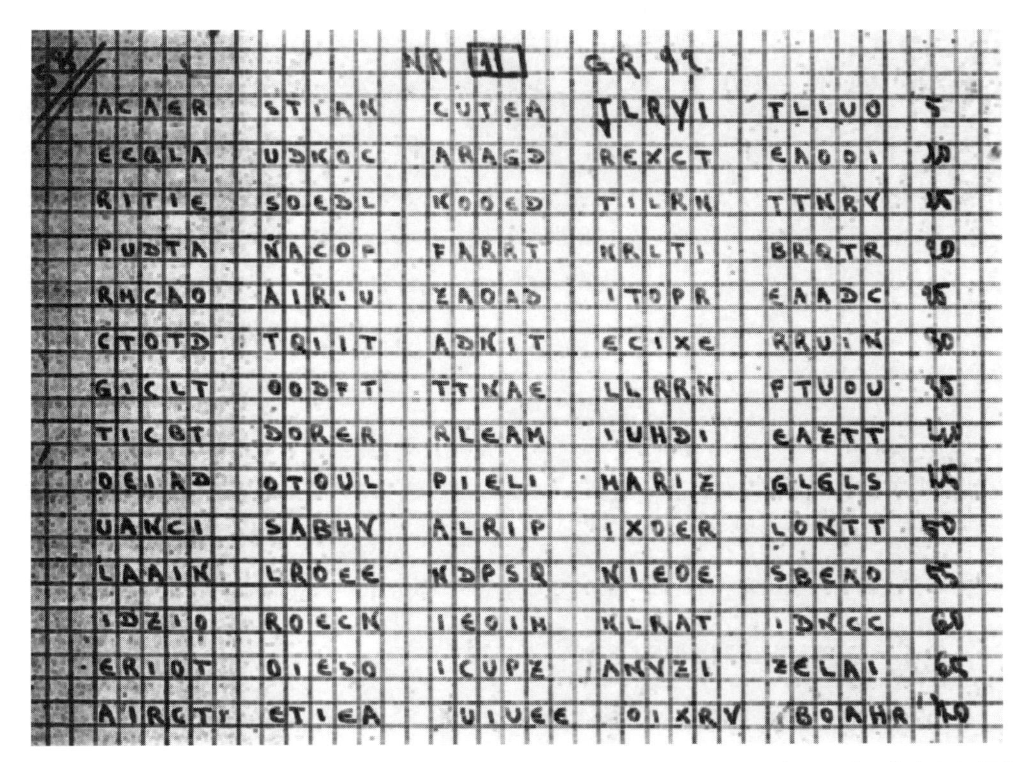
58/ NR 41 GR 97

ACAER STIAN CUJEA JLRYI TLIUO 5
ECQLA UDKOC ARAGD REXCT EAODI 10
RITIE SOEDL KOOED TILRN TTNRY 15
PUDTA NACOP FARRT NRLTI BRQTR 20
RHCAO AIRIU ZAOAD ITOPR EAADC 25
CTOTD TQIIT ADKIT ECIXE RRUIN 30
GICLT OODFT TTKAE LLRRN FTUOU 35
TICBT DORER ALEAM IUHDI EAZTT 40
DEIAD OTOUL PIELI HARIZ GLGLS 45
UANCI SABHY ALRIP IXDER LONTT 50
LAAIN LROEE NDPSQ NIEDE SBEAO 55
IDZIO ROECN IEOIH NLRAT IDNCC 60
ERIOT OIESO ICUPZ ANVZI ZELAI 65
AIRGTY ETIEA UIUEE OIXRV BOAHR 70

図10.1：第二次世界大戦中、イタリアのスパイ、Antonio Marziがウディネ市から暗号化された報告書を連絡先に送った。70年後、これらの暗号文はドイツの暗号解読者Armin Kraußによって解読された

2011年、暗号パズルのWebサイトであるMysteryTwister C3（MTC3）は、Antonio Marziの無線メッセージを未解決課題として公開しました。2年間、このポータルサイトの多くのユーザーの誰も解読できませんでした。そこで、当時MTC3でトップの成績を収めていたArmin Krauß（Krauss）がこの謎を検証しました。彼はまず、二重の縦列転置による復号を実装したコンピューター・プログラムを書くことから始めました。多くの設定の可能性を検討し、Marziの引用した詩に出現する単語を解読のキーワードとして入力し、1語から5語のすべての組み合わせをチェックしました。しかし、260万回試行したにもかかわらず、プログラムは意味不明の内容しか出力しませんでした。

各エントリーの最初と最後の5文字が暗号化されたメッセージではなく、メタ情報（インジケーターとも呼ぶ）であるのではないかと推測したことが突破口となりました。Arminがこの2つのグループを省略すると、解読プログラムは突然意味のある言葉を出力し始めたのです。彼が最初に認識したフレーズは“SITUAZIONE LOCALE TRANQUILLA”（“local situation quiet”）でした。

その時点でArminはすべての無線メッセージを解読すできましたが、驚くほど多くのスペルミスに遭遇し続けました。さらに調査した結果、メタ情報は第1グループではなく第4グループに含まれていたことが原因であることに気づきました。Arminはプログラムを調整し、各メッセージの4番目と最後のグループを省略したところ、スペルミスはほとんどなくなりました。

最後に、Arminはすべてのメッセージの4番目と最後のグループにあるメタ情報の意味について知ろうとしました。もっとも明白な説明は、これらのグループがMarziが詩から選んだキーワードを示しているということでした。この推測が正しかったことが証明され（詳細は後述する）、Marziが使っていた暗号化方式がついに完全に理解されたのです。

一例を挙げます。1945年4月28日、Marziは以下のメッセージを暗号化しました。冒頭の文字列“ZC”と、末尾の“SL”はヌルに相当し、意味がありません。ローマ数字は数字をエンコードするために使われています。“ALT”という単語はピリオドとして機能します。以下が平文です。

```
ZC NR LXXXIV DEL XXVIII ORE DICIOTTO
ALT
QUESTA NOTTE FORZE PARTIGIANE DELLA GARIBALDI ET OSOPPO FRIULI CHE HANNO REALIZZATO
ACCORDO COMANDO UNICO TENTERANNO OCCUPAZIONE UDINE
ALT
PREFETTO MEDIAZIONE RESA COMANDO PIAZZA TEDESCO ANCORA ESITANTE ACCETTAZIONE
ALT
OGGI PATRIOTI TENTATO INVANO PRESA CIVIDALE
ALT
TARCENTO ET CISTERNA GIA POSSESSO PATRIOTI
ALT
TEDESCHI AVVIANO NORD QUANTI AUTOMEZZI POSSIBILE MA PARE ORMAI SICUR O BLOCCAGGIO
PATRIOTI
ALT
TEDESCHI ORDINATO COPRIFUOCO ORE VENTI PERQUISIZIONI STRADE
FINE
SL
```

以下がその翻訳になります。

```
Number 84 from 28th, 6pm Tonight, partisan forces of the
Garibaldi and the Osoppo Friuli who have implemented single
command agreement will try to occupy Udine. Prefect is mediating
surrender. The German place command still hesitating to accept.
Today patriots attempted to capture Cividale, but to no avail.
Tarcento and Cisterna are already owned by the patriots. Germans
start north with as many vehicles as possible, but situation
still seems safe because of the blocking patriots. Germans
ordered curfew with street patrols after 8pm. End.
```

Marziは常に、彼のイタリア語の詩から抜粋した次の言葉をキーワードにしていました。なお、各単語にはアルファベットが記されています。ただし、'R'、'E'、'N'、'A'、'T'、'O'の文字は使われていません。"Renato"はイタリア語で"Reborn"（「生まれ変わり」）を意味する一般的な名前です。

イタリア語のオリジナルの詩
※単語の先頭にアルファベットが添えられている。

$_{B}$UN $_{C}$GIOVINETTO $_{D}$PALLIDO $_{F}$BELLO $_{G}$COLLA $_{H}$CHIOMA $_{I}$DORO $_{J}$COL $_{K}$VISO $_{L}$GENTIL $_{M}$DA $_{P}$SVENTURATO $_{Q}$TOCCO $_{S}$SPONDA $_{U}$DOPO $_{V}$LUNGO $_{W}$MESTO $_{X}$REMIGAR $_{Y}$DELLA $_{Z}$FUGA

英訳された詩

A pale beautiful boy with golden hair and the friendly face of the unfortunate man, touched the shore after a long and sad rowing of his escape.

この場合、Marziは詩の2番目と12番目の言葉をその日のキーに選びました。それぞれのキーは"GIOVINETTO"と"SVENTURATO"であるため、最初のキーワードは"GIOVINETTOSVENTURATO"になります。詩の中にキーワードを示す2文字'C'と'P'があり、これが後に重要になります。キーワードの下に書かれた平文は、次のとおりです。

```
GIOVINETTOSVENTURATO
--------------------
ZCNRLXXXIVDELXXVIIIO
REDICIOTTOALTQUESTAN
OTTEFORZEPARTIGIANED
ELLAGARIBALDIETOSOPP
OFRIULICHEHANNOREALI
ZZATOACCORDOCOMANDOU
NICOTENTERANNOOCCUPA
ZIONEUDINEALTPREFETT
OMEDIAZIONERESACOMAN
DOPIAZZATEDESCOANCOR
AESITANTEACCETTAZION
EALTOGGIPATRIOTITENT
ATOINVANOPRESACIVIDA
LEALTTARCENTOETCISTE
RNAGIAPOSSESSOPATRIO
TIALTTEDESCHIAVVIANO
NORDQUANTIAUTOMEZZIP
OSSIBILEMAPAREORMAIS
ICUROBLOCCAGGIOPATRI
OTIALTTEDESCHIORDINA
TOCOPRIFUOCOOREVENTI
PERQUISIZIONISTRADEF
INESL
```

次に、一番上の文字がアルファベット順になるように列を並び替えます。

```
AEEGIINNOOORSTTTTUVV
--------------------
IXLZCLXXNVOIDXIXIVRE
TOTRECIQDONSATTUAEIL
NRTOTFOITPDAAZEGEIER
ORIELGAELAPSLIBTPOAD
AINOFULNREIEHCHOLRIA
DCCZZOAOARUNDCOMOATO
UNNNITEOCRACATEOPCON
EDTZIEUPOETFAINRTENL
MZEOMIASENNOEIOAACDR
CZSDOAZCPERNDATOOAIE
INEAETATSANZCTETOAIC
EGIEAOGOLATTTIPTNITR
IASATNVAOPAVRNOCDIIE
SAOLETTEAEEINRCTTCLT
RPSRNIAOASOTEOSPIAGS
AEITITTAASOICDEVNVLH
ZATNOQUORIPZANTMIEDU
ALROSBIESASMPEMOIRIA
TLGICOBIUCIAAOCORPRG
ITHOTLTIIEADSEDONRAC
NIOTOPRRCOIECFUETVOO
DSIPEUISRIFAOIZTERQN
  INL  E         S
```

列に沿って読み上げて、Marziは次のような中間メッセージを導き出しました。

```
ITNOA DUEMC IEISR AZATI NDXOR RICND ZZNGA APEAL LTISL TTINC
NTESE ISOSI TRGHO IZROE OZNZO DAEAL RTNOI OTPIC ETLFZ IIMOE
ATENI OSCTO ENLCF GUOTE IATON TITQB OLPUL XIOAL AEUAZ AGVTA
TUIBT RIXQI ENOOP SCTOA EOAOE IIRSN DTLRA COEPS LOAAA RSUIC
REVOP AERRE NEAAP ESSIA CEOIO NDPIU ATNRN TAEOO PSIAI FISAS
ENCFO NZTVI TIZMA DEADA ALHDA AEDCT RNECA PASCO XTZIC CTIIA
TINRO DNEOE FIITE BHOEN OTEPO CSETM CDUZX UGTOM ORAOT TCTPV
MOOOE TIAEP LOPTA OONDT INIIR NTEVE IORAC ECAAI ICAVE RPRVR
RIEAI TONDI ITILG LDIRA OQSEL RDAON LRECR ETSHU AGCON
```

二重の縦列転置を得るためには、Marziは前の手順を繰り返さなければなりませんでした。もちろん、この時点では別のキーワードを使った方がよかったのですが、Marziはおそらくいつも賢明ではなかったかもしれず、同じ表現（この場合は“GIOVINETTOSVENTURATO”）を選びました。

キーワードの下に書かれた中間メッセージは、次のとおりです。

```
GIOVINETTOSVENTURATO
--------------------
ITNOADUEMCIEISRAZATI
NDXORRICNDZZNGAAPEAL
LTISLTTINCNTESEISOSI
TRGHOIZROEOZNZODAEAL
RTNOIOTPICETLFZIIMOE
ATENIOSCTOENLCFGUOTE
IATONTITQBOLPULXIOAL
AEUAZAGVTATUIBTRIXQI
ENOOPSCTOAEOAOEIIRSN
DTLRACOEPSLOAAARSUIC
REVOPAERRENEAAPESSIA
CEOIONDPIUATNRNTAEOO
PSIAIFISASENCFONZTVI
TIZMADEADAALHDAAEDCT
RNECAPASCOXTZICCTIIA
TINRODNEOEFIITEBHOEN
OTEPOCSETMCDUZXUGTOM
ORAOTTCTPVMOOOETIAEP
LOPTAOONDTINIIRNTEVE
IORACECAAIICAVERPRVR
RIEAITONDIITILGLDIRA
OQSELRDAONLRECRETSHU
AGCON
```

最上段がアルファベット順になるように列を並び替えると、表は次のようになります。

```
AEEGIINNOOORSTTTTUVV
--------------------
AUIITADSNCEIZIEIMRTA
EINNDRRGXDLPZCNAAAOZ
OTELTLTSICISNINESIST
EZNTROIZGELAOROOADHZ
MTLRTIOFNCEIEPIZOIOT
OSLATIOCEOECECTFTGNN
OIPIANTUTBLIOTQLAXOL
XGIAEZABUAIITVTTQRAU
RCAENPSOOANIETOESIOO
UOADTACALSCILEPAIRRO
SEAREPAAVEASNRRPIEOE
EDNCEONROUOAAPINOTIT
TICPSIFFISIZESAOVNAN
DEHTIADDZATEAADACAML
IAZRNAPIEOATXSCCICCT
ONITIODTNENHFEOEEBRI
TSUOTOCZEMMGCETXOUPD
ACOORTTOAVPIMTPEETOO
EOILOAOIPTETINDRVNTN
RCAIOCEVRIRPIAAEVRAC
IOIRIITLEIADINDGRLAT
SDEOQLRCSNUTLAORHEER
  AGN  C         O
```

この新しい表を列に沿って読み上げると、Marzi は次のような暗号文を導き出しました。

```
AEOEM OOXRU SETDI OTAER ISUIT ZTSIG COEDI EANSC OCODI NENLL
PIAAA NCHZI UOIAI EINLT RAIAE DRCPT RTOOL IROAT DTRTT AENTE
ESINI TROOI QGARL OIINZ PAPOI AAOOT ACILN DRTIO OTASC ANFDP
DCTOE TRSGS ZFCUB OAARF DITZO IVLCN XIGNE TUOLV OIZEN EAPRE
SCCDC ECOBA ASEUS AOEMV TIINI LILEE LINCA OITAN MPERA UZPSA
IUIII SSAZE THGIT PDTIZ NOEEO TELNA EAXFC MIIIL ECIRP CTVTE
RPSAS EETNA NAMNN OITQT OPRIA DCOTP DADOR AEOZF LTEAP NOACE
XEREG RTASA OTAQS IIOVC IEOEV VRHAA IDIGX RIRET NACBU TNRLE
OOSHO NOAOR OIAMC RPOTA AEOEZ TZTNL UOOET NLTID ONCTR
```

最後のステップで、Marziは使用したキーワードの識別子を含める必要がありました。前述したように、“GIOVINETTO”と“SVENTURATO”はキーワードとして使用された詩の2つの単語であり、‘C’と‘P’の文字で識別できます。Marziは、この2文字にヌル文字の‘R’、‘E’、‘N’を加えて、5文字ブロックの“CRPEN”に拡張しました。‘R‘、‘E‘、‘N‘、‘A‘、‘T‘、‘O‘の文字は詩の中で単語を表さないため、意味を持たさない穴埋めの材料として使えたことを覚えておきましょう。そして、44739を加えました。この数字はすべてのメッセージで常に同一です。

ただし、この加算のためにアルファベットは次の順番で使われました【訳注】。

```
B, C, D, F, G, H, I, J, K, L, M, P, Q, S, U, V, W, X, Y, Z, R,
E, N, A, T, O
```

訳注 送信者と受信者で事前に決めておいた数字を、コードナンバーに加算することで、暗号化を強化することがあります。その際、共有している数字を加算数字といいます。そして、このような操作を行う暗号を加算数字暗号（additive cipher）といいます。特に加算数字が乱数の場合は、乱数式暗号ともいいます。
Marziの無線メッセージにおける44739は、加算数字の一種になります。

```
CRPEN
44739
-----
HTYTH
```

次に、Marziは2つ目のキーワード（1つ目のキーワードと同じもの）でも同じことをしました。今回、“CP”に‘A’、‘T’、‘O’のヌル文字を加えて5文字ブロック“ATOCP”に拡張しました。ここでも‘R‘、‘E‘、‘N‘、‘A‘、‘T‘、‘O‘の文字に意味はありません。そして、44739を加えているわけです（上記と同じ方法）。

```
ATOCP
44739
-----
CDIGR
```

最後に、Marziはメッセージを5つのグループに分け、4番目の位置に1つ目のキーワード（“HTYTH”）を示すブロックを、最後の位置に2つ目のキーワード（“CDIGR”）を示すブロックを書き加えました。

```
AEOEM OOXRU SETDI HTYTH OTAER ISUIT ZTSIG COEDI EANSC OCODI NENLL
PIAAA NCHZI UOIAI EINLT RAIAE DRCPT RTOOL IROAT DTRTT AENTE ESINI
TROOI QGARL OIINZ PAPOI AAOOT ACILN DRTIO OTASC ANFDP DCTOE TRSGS
ZFCUB OAARF DITZO IVLCN XIGNE TUOLV OIZEN EAPRE SCCDC ECOBA ASEUS
AOEMV TIINI LILEE LINCA OITAN MPERA UZPSA IUIII SSAZE THGIT PDTIZ
NOEEO TELNA EAXFC MIIIL ECIRP CTVTE RPSAS EETNA NAMNN OITQT OPRIA
DCOTP DADOR AEOZF LTEAP NOACE XEREG RTASA OTAQS IIOVC IEOEV VRHAA
IDIGX RIRET NACBU TNRLE OOSHO NOAOR OIAMC RPOTA AEOEZ TZTNL UOOET
NLTID ONCTR CDIGR
```

これはまさに1945年4月28日にMarziが送信した暗号文の無線メッセージです。

10.5 チャレンジ

10.5.1 もう1つのIRAメッセージ

図10.2は、1920年代にIRAによって送信された、不完全縦列転置で暗号化されたメッセージです [*5]。あなたは自分で解決できるはずです。

```
4.    65.  BEAIX. EEPIR. ERWAO. EWMEL. GEBSE. TNENN. RITHI.
BRUHO. TEARO. LBNPD. RDSIN. SSCHC. EPISC.
```

図10.2：不完全縦列転置で暗号化されたIRAメッセージ

10.5.2 DCTリローデッド・チャレンジ

本章の前半で言及しましたが、二重縦列転置法（DCT）は知られている中でもっとも優れた手動暗号の1つです。第16章では、イスラエルの暗号解読者George Lasryが2013年にヒル・クライミング・アルゴリズムで解決した、結構難しいDCTの課題を紹介します。この成功の後、Arno Wacker、Bernhard Esslinger、Klausは、新しい（さらに困難な）後継となるチャレンジを作ることにしました。事実、彼らは3つの新しいチャレンジを作り、DCTリローデッド 1、2、3と名付けました。1がもっとも簡単で、3がもっとも難しいものになります。DCTリローデッドや他の二重縦列転置のチャレンジの詳細は、暗号パズルのWebサイトであるMysteryTwister C3（`https://mysterytwister.org/`）で公開されています。

たとえば、ここではDCTリローデッド2を紹介します。この転置で使われるキーワードは、いずれもランダムに選ばれた文字列であり、それぞれ20文字から27文字の長さがあります。

```
NWTDS SHAUI ASOOT LDEDN LTHOB ENHET CWTHE RTPSN TMCTI
AYEIN NIUIY OPLEI RGHMN UTARF ONYML DSERS AELAN NLOSA
WALTO DOCAH UOTOP AREAE EESPD EYATU ENINN CNBDP COFOR
ETSYH AHANT EDERP ERCRS GEANN IHYTT EDNGI COIOL ABSRO
NNWLN TALWL VRIBH KTETE CNPSF HACMI GTYOD EONMT OIVUA
IAEES KKLAR OMBAY KOSRN EEHTH SIMSE OUAWL YAWHS WWSSW
LCIYC EONUP NEESU RSBET DALHD AHLIO AAETO NNDOE LTHHN
HHDCO TUIIT EAYTE RRHOE NKEUC TIRAN ECYQN ACTMB WAPDI
AEXEU TIATA JLITE ALFIS IEATA TAEOT NEESM EUDDA DOROE
GORPE LGPVM ETHHS DDRMS NDERM SLEOA NENHT CHPHS SEASS
EDBHV ESNUG ONIOL ELSUC ASELS TEIES YATRE EELAD IEYOE
OKARE EELET COSDH CSAET STSFR TSELE ITDNH BRINS ERHRT
LNAXY ONAME CAIES ATAEE RIAOT CEENE TFARM RTSRE APAYN
IRTNI TSRAT HIWRI PRTDI IRECS WADSO ATUTE NMVVO AISIS
ONGGW TH
```

この挑戦が極めて困難なものであることは間違いありません！

10.6 未解決の暗号文

10.6.1 『The Catokwacopa』の広告シリーズ

私たちが知るかぎり、もっとも不可解な暗号化された新聞広告の1つは、1875年にロンドンの『The London Evening Standard』紙に掲載されたものです。

本書で取り上げた他の新聞広告のほとんどと同様、私たちはこれらをJean Palmerの2005年の著書『The Agony Column Codes & Ciphers』(*6)で見つけました。この特別なシリーズは、2つの広告で構成されています。最初のものは1875年5月8日号に掲載されたものです。

```
W. Str 53. Catokwacopa. Olcabrokorlested. Coomemega.
Sesipyyocashostikr. Rep. - Itedconlec mistrl. - Hfsclam 54,
3 caselcluchozamot. 1. 6. 9. Mopredisco. Contoladsemot.
Iadfilisat. Qft. Cagap. Balmnopsemsov. Ap. 139. - Hodsam 55,
6. Iopotonrogfimsecharsenr. Tolshr. Itedjolec. Mistrl. - Ding
Declon. Ereflodbr.
```

12日後の5日20日、同じ新聞に同様の広告が掲載されました。

```
W. - Umem 18. Poayatlgerty. Dpeatcnrftin. Nvtinrdn.
Dmlurpinrtrcamur. Etd. - Atndngtnsurs. Otenpu. - Eftdorshpxn.
18. Ndtsfi ndseseo. Cotegr Tavlysdinlge. Ngtndusdcndo.
Edrstneirs. Ui, Ndted. Iolapstedtioc. A. P. 138. - Yxn. 18. 18.
Wtubrff trstendinhofsvmnr. Dily. - Atdwtsurs. Oatvpu. - Y Arati.
Rileohmae. - This will be intelligible if read in connection
with my communication published in this column on the 8th inst.
```

2つ目の広告の最後の1文は、暗号化されていないプレーンテキストであることに注意してください。もしそれが正しければ、最初の広告が2番目の広告を解読する鍵になる可能性があります。あるいはその逆の可能性もあります。文字頻度は通常の英文と同じです。このことから、転置式暗号を扱っている可能性が高いといえます。私たちの推測では、2つの暗号文は何らかの方法で混ぜる必要があります。たとえば、広告1の文字1、広告2の文字1、広告1の文字2、広告2の文字2、・・・といったようにです。しかし、今のところ誰も納得のいく混ぜ合わせ方を見い出せていません。本書の読者はもっとうまくやれるでしょうか？

第11章

回転グリル暗号

転置式暗号（平文中の文字を定義された方法で移動させる暗号化方式）には、前の2つの章で取り上げた完全縦列転置や不完全縦列転置以外にも、もっと多くの種類があることは驚くには当たらないでしょう。以降では、いくつかの例を示します（図11.1参照）。

(a) ルービックキューブ暗号

Douglas W. Mitchellはルービックキューブを使った転置式暗号を提案しました[*1]。平文はキューブの面に書き込まれます。一連の動きが鍵に相当します。その後、キューブから読み取ります。適切に使用すれば、この種の暗号を破るのは困難ですが、不可能ではありません[*2]。

(b) クロスワード暗号

第二次世界大戦では、ドイツのスパイがクロスワードパズルを転置式暗号の鍵として使うことがありました(*3)。送信者は空のフィールドにメッセージを書き、黒いフィールドは空のままとします。その後、列に沿って文字を読み上げるのです。受信者は、同じクロスワードパズルを逆順に同じ手順で解かなければなりません。このシステムは巧妙ですが、今日では当時の敵の暗号解読者によって破られていたことが知られています。

(c) Rasterschlüssel 44 (RS44)

第二次世界大戦で、ドイツ軍は別の種類の転置式暗号、Rasterschlüssel 44も使っていました。これはクロスワードパズルに似ており、長方形の集合体をベースにしています(*4)。このシステムは主に重要度の低いメッセージに使われ、エニグマの代用とされていました。英国はこの種の暗号を解読できましたが、解読には手間がかかり、しばしば日数を要しました。これらの解読結果から得られる情報は、通常重要なものではなかったためRasterschlüssel 44のメッセージの解読は労力に見合わないとして、最終的に断念しました。

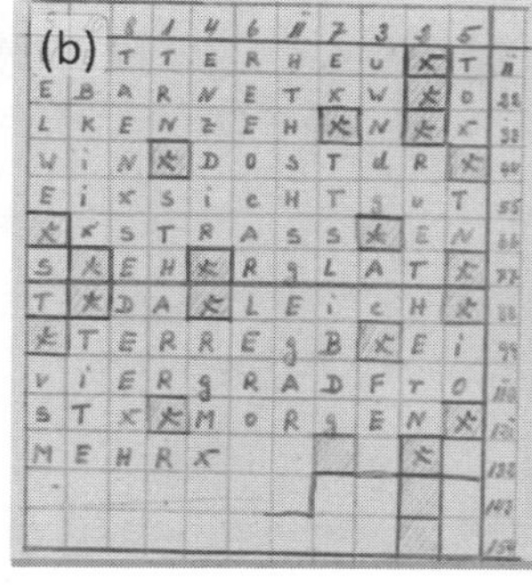

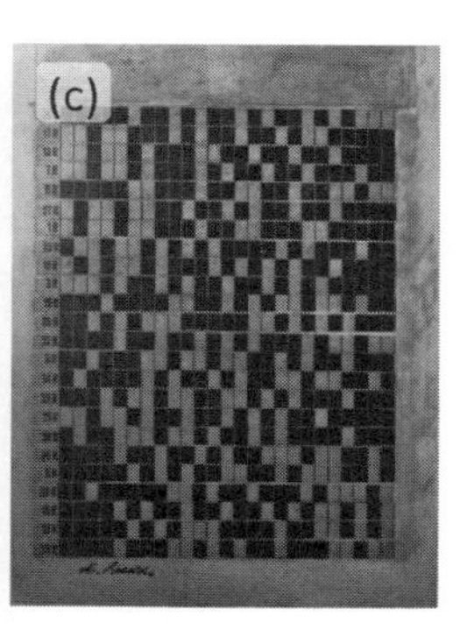

図11.1：さまざまな転置タイプの例
（a）ルービックキューブは暗号装置として使える
（b）クロスワードパズルに基づく暗号化方式（第二次世界大戦で諜報員が使用）
（c）第二次世界大戦のドイツの暗号であるRasterschlüssel 44

暗号の本でよく紹介されている転置式暗号には、他にも多くの種類があります。しかし、暗号マニア向けのパズル・チャレンジとしてのみ使用される傾向があり、実際に使用されることはあまりないため、ここでは割愛します。たとえば、米国暗号協会（ACA）の大会では、レールフェンス暗号やルート転置などのシステムが日常的に使われています(*5)。

これらとは別に、本章で紹介したいほど頻繁に遭遇する回転グリル暗号があります。

11.1 回転グリル暗号のしくみ

図11.2のクリスマスカードのサンプルは、2009年に暗号マニアから別の暗号マニアに送られたもので、36文字から成る暗号化されたメッセージが記されています。

図11.2：回転グリルで暗号化されたクリスマスカード

このメッセージの平文は、"HAPPY HOLIDAYS FROM THE HUNTINGTON FAMILY"です。いわゆる回転グリル（フライスナー・グリルとも呼ばれ、19世紀の暗号書籍の作家のEdouard Fleissner von Wostrowitzにちなんで命名された）【訳注】で暗号化されていました。

訳注 回転グリル暗号では正方形のカードを使用して、暗号化の際には90度ずつ回転させながら文字を埋め込んでいき、復号の際も同様の逆操作で文字を読み取ります。
復号の際に回転せずに穴が空いている文字を読み取るだけの暗号化手法もあります。これをカルダン・グリル（Cardan grille）暗号といいます。暗号化の際には、穴が空いている部分に1文字ずつ平文を書き込み、残りの箇所には不自然にならないように作文します。ただし、これがなかなかの難物であり、ぎこちない文章が頻発していました。それでも人気で400年以上使われたといいます。
回転グリル暗号は転置式暗号ですが、カルダン・グリル暗号は分置式暗号です。
なお、カルダン・グリルは回転しないので、カードが正方形である必要はありません。

回転グリルは通常、穴の空いた四角いステンシルで、4つのステップで使用されます。各ステップにおいて、平文の4分の1が穴に書き込まれ、左から右へ、上から下へと書き込まれます。各ステップの後、グリルを90度時計回りに回転させます。以下では、前述のメッセージ（"HAPPY HOLIDAYS･･･"）を6×6のグリルで暗号化します。

1)
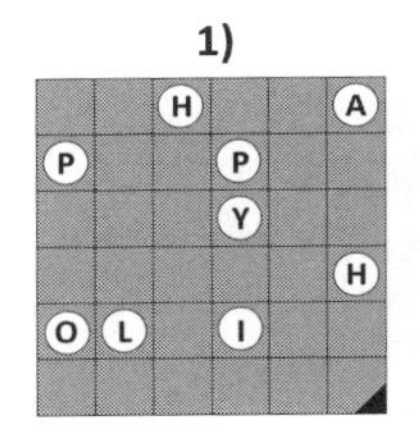

2)
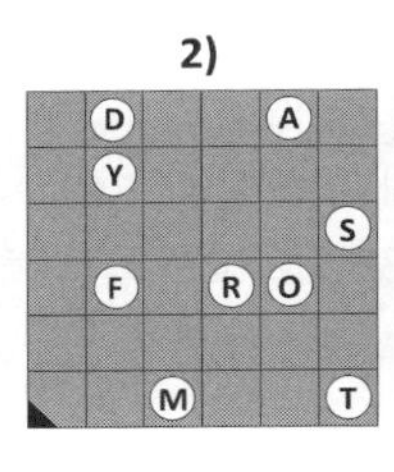

3)
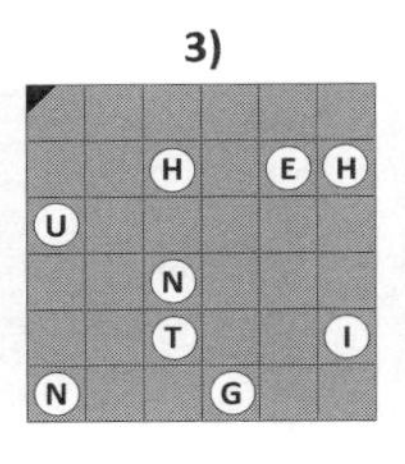

4)
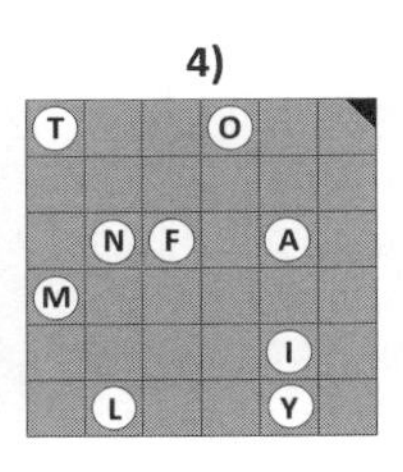

第4ステップの後、ステンシルを剥がすとクリスマスカードに書かれたメッセージになります。

```
T D H O A A
P Y H P E H
U N F Y A S
M F N R O H
O L T I I I
N L M G Y T
```

回転グリル暗号は転置式暗号の一種です。グリルは正方形であれば、どんな大きさでも構いません。私たちが出会った回転グリルのほとんどは、偶数行、そしてもちろん偶数列でした。もしステンシルが奇数の行（と列）を使うのであれば、これは正方形の中央が存在することを意味し、通常は空白として扱われます。回転グリルは大きければ大きいほど、より安全性が高まります。

回転グリルを作るには、図11.3のように処理します。3ステップあります。

1）最終的なグリルから、4分の1の長方形の配列（マトリクス[訳注]とも呼ばれる）を取ります。

訳注　ここでいうマトリクスとは、縦横に区切られたマス目が集まった表のことです。

たとえば、もし最終的なグリルが6×6、つまり4分割（各3×3）した領域が4つであれば、3×3セクションから始めます。この小さなセクションには使える位置が9つあり、1から4までの数字をランダムな位置に記入して、9つの位置をすべて埋めます。グリルの大きさには関係なく、グリルが回転する4方向を表すために、必ず1から4までの数字を使います。

2）小さい方のマトリクスを大きい方のグリルの左上（北西）の角上に重ねる場合、'1'となる部分を大きい方のグリルにコピーします。次に、小さい方のマトリクスをグリルの右上に移動させ、時計回りに90度回転させます。大きい方のグリルに'2'をマークします。なお、反時計回りでもできますが、その場合はできあがったステンシルも同じように回転させる必要があります。小さなマトリクスをグリルの右下に移動させ、再び時計回りに90度回転させて、'3'をマークします。最後に、小さなマトリクスをグリルの左下に移動させ、再び90度回転させて、'4'をマークします。

3）大きい方のグリル上のすべての数字の位置に穴を空けるかカットします。　図11.3で導き出したグリルは、まさにクリスマスカードの暗号化で使われたものです。このステンシルで暗号化されたメッセージは正確に36文字でなければなりません。これより少ない場合は、ヌルをいくつか追加する必要があります。

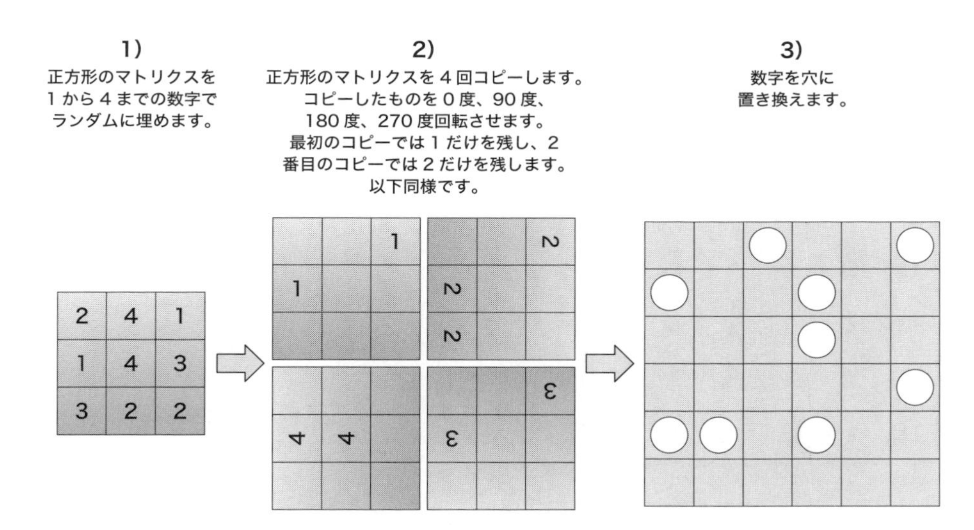

図11.3：回転グリルは、1から4までの数字をランダムに埋めた正方形のマトリクスで構築されている。その結果、グリルは4倍の大きさになる

11.2 回転グリル暗号の検出法

回転グリル暗号は通常、簡単に検出できます。メッセージが正方形で書かれており、頻度分析によって転置式暗号であることが示された場合、回転グリル暗号を扱っている可能性があります。もちろん、この種のメッセージを正方形でなくなるように配置することは簡単です。しかしながら、経験上ほとんどの回転グリルの利用者はこの簡単なセキュリティ対策をないがしろにしています【訳注】。

訳注　暗号文を正方形のままではなく、1行に並び替えるといった工夫をしていないという意味です。1行が長く複数行であっても、正方形ではなく（最終行が欠けた不完全な）長方形になります。これだけでも回転グリル暗号の暗号文メッセージであることをすぐに察知されしにくくなります。

図11.4のメッセージは、オランダの暗号学者Auguste Kerckhoff（1835－1903）が1883年に出版した著書『Cryptographie Militaire』に掲載されたものであり、回転グリル暗号の典型的な例といえます(*6)。

もしメッセージが正方形で書かれていない場合、メッセージ長が指標となる可能性があります。偶数行の回転グリルは、偶数の2乗の長さ（たとえば16、36、64、100）のメッセージを生成します。奇数行で、真ん中の正方形が空白の場合、メッセージ長はその奇数の2乗から1を引いた値（たとえば、24、48）になります。もちろんヌルをいくつか追加するなどして変更することもできますが、私たちの経験上回転グリル暗号のほとんどの利用者は、システムをより安全にするためにこのような余分なステップを踏みません。

図11.4：9世紀にAuguste Kerckhoffが作成した回転グリル暗号

11.3 回転グリル暗号の解読法

回転グリル暗号の解読は、第16章で紹介する段階的なコンピューター・テクニックであるヒル・クライミング攻撃がとてもうまくいきます。それでも、回転グリル暗号を手動で破ることは可能です。通常、クリブか、少なくとも平文から推測できる数文字が必要となります。図11.5の擬似的なバースデー・カードに書かれた暗号文メッセージで、これを実証しましょう。

図11.5：このバースデー・カード（本書のために著書らが作成）に書かれたメッセージは、回転グリル暗号で暗号化されている

以下は、メッセージの書き起こしになります。

```
H L H O D V
T A I A E P
Y [B] P E T T
I Y L O H T
Y [B] O L W Y
I E R U T N
```

'B'が2つ登場する。

この暗号文は、正方形の中に書かれた36の文字で構成されています。分析の結果、英語の文字頻度と似ていることがわかりました。したがって、回転グリル暗号を扱っていると考えるのが妥当です。

平文の単語を推測できるでしょうか？　このメッセージが誕生日の挨拶であることを考えると、“BIRTHDAY”は有望な候補となりえます。‘B’、‘I’、‘R’、‘T’、‘H’、‘D’、‘A’、‘Y’の文字がすべて暗号文に現れていることは、この推測を裏付けています。

すべての回転グリル暗号文が持つ固有の特徴の1つは、グリッドの大きさに関係なく、平文で隣り合う2つの文字の平均間隔が4ということです。つまり、間に3文字があるわけです。これは、グリルは常に4つの異なるポジションを持つためです。そこで、私たちがすべきことは、この平均的な文字間隔を念頭に置きながら、平文にあると予想される単語の文字を見つけることです。

“BIRTHDAY”のクリブを探すなら、メッセージ中に‘B’が2つしかないので、簡単に始められます【訳注】。

訳注　原文ではメッセージに‘B’が1つしかないと書かれていますが、実際には2つあります。今回は下の‘B’を採用したものとして話を進めます。

そのまま右に進むと、5セル後に‘I’が見つかります。最終行には‘R’と‘T’もあります。

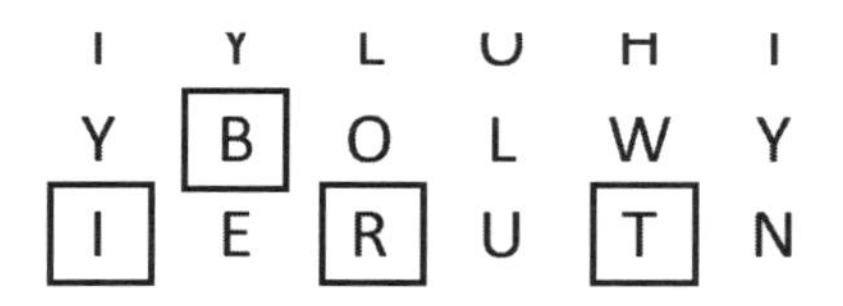

“BIRTHDAY”のうちの“BIRT”の文字列を発見したと仮定して、今度はグリルを180度回転させ、グリッドの上部に沿って置き、どの文字が穴から見えるかを確認します。

4マスには“LOVE”という文字列が浮かび上がりました。この単語はバースデー・カードにふさわしいものといえます。次は、“BIRT”に続く“HDAY”の文字を探します。“BIRT”の‘T’は暗号文の終端近くにあるので、“HDAY”は暗号文の始端近くから探す必要があります。4つの異なる可能性があります。実線の四角で示したのがそうです。点線の四角は、このグリル片を180度回転させたときのものであり、得られる文字の並びを読み取れます。

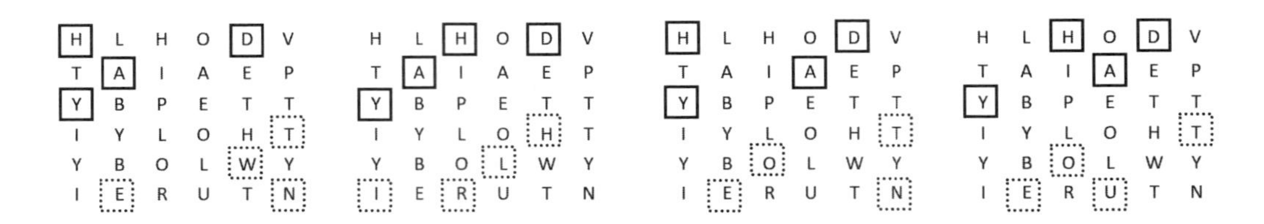

グリルを回すと、“TWEN”、“HLIR”、“TOEN”、“TOEU”の可能性のある4文字が得られます。これらはすべて、英文に登場する可能性があります。しかし、今はバースデー・カードを扱っていることを考えると、“TWEN”がもっとも意味をなしています。なぜなら、“TWENTY”や“TWENTIETH”はカードの受取人の年齢を表している可能性があるからです。つまり、4つの選択肢のうち1番目のものが、もっとも可能性が高いことになります。というわけで、4つの穴を持つグリル片を特定できました。さらに、図11.6に示すように組み合わせることで、5つの穴を持つグリルになります。

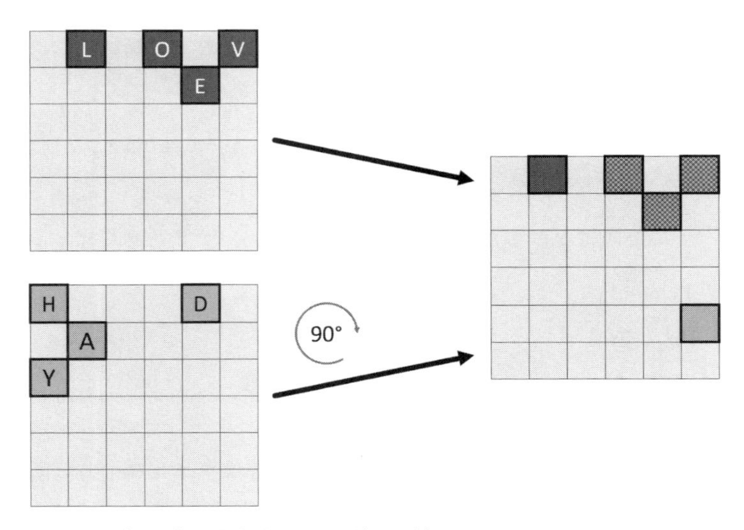

図11.6：組み合わされた2つのグリル片

“TWEN”の‘N’は最終行の最後の文字です。つまり、次にくる文字が（“TWENTY”または“TWENTIETH”の）‘T’であると仮定した場合、グリッドの一番上に注目して続きを探す必要があります。5つ穴のグリル片を90度ずつ回転させていきます。

```
H L H O D V
T A I A E P
Y B P E T T
I Y L O H T
Y B O L W Y
I E R U T N
```

実のところ、グリル片は意味のある位置で'T'を示すようになりました。'T'と"BIRT"の間の文字は何でしょうか？ "IETH"であれば、"TWENTIETH BIRTHDAY"となるので、理にかなっています。"IETH"の'I'と'H'の位置は明白です。なお、4行目頭の'I'は、その後に"ETH"がないため、正しいものではないことに注意してください。'E'は2つありますが、最初の'E'はすでに使われています。しかし、2つの'T'のうちどちらが正しいかは不明です。

```
H L H O D V
T A I A E P
Y B P E T? T?
I Y L O H T
Y B O L W Y
I E R U T N
```

どちらの'T'が正しいかを判断するために、グリル片を再び180度回転します。

```
H L H O D V
T A I A E P
Y B P E T T
I? Y? L O H T
Y B O L W Y
I E R U T N
```

"BILLY"という文字列は"BYLLY"よりも可能性が高いことは明らかです。つまり、2番目の'T'が正しいことになります。

これでグリルの9つの穴のうち、8つの位置が判明しました。残りの1つには4つ（'I'、'T'、'Y'、'L'）の選択肢があります。

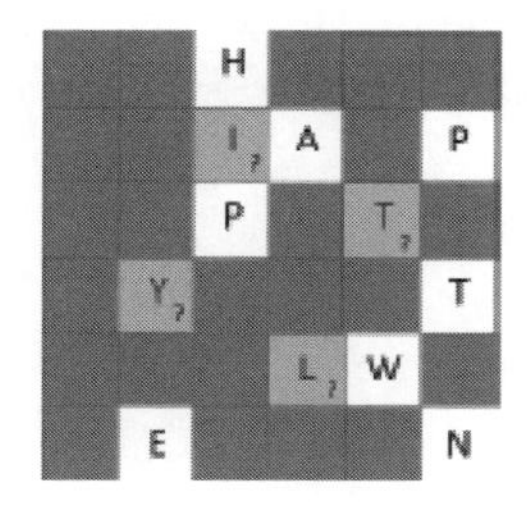

平文の最初の9文字を“HAPPYTWEN ”とするためには、‘Y’を選べばよいことは明らかでしょう。これで完了です。

図11.7は、導き出したグリルです。平文は“HAPPY TWENTIETH BIRTHDAY TO YOU LOVE BILLY”になります。

図11.7：バースデー・カードの暗号化に使われたグリル

11.4 成功談

11.4.1 Paolo Bonavogliaによる回転グリルの解決策

Paolo Bonavogliaは、イタリアの暗号史に関する記事を数多く執筆している現代作家であり、Luigi Sacco（1883－1970）の孫でもあります。Saccoは著名なイタリアの暗号学者で、第一次世界大戦中、オーストリア軍とドイツ軍からのメッセージを解読するため、イタリア軍に暗号局を設置しました。

Paoloは祖父Luigi Saccoが残したノートの中から、図11.8に描かれたものを含む数多くのドイツ語の暗号文を発見しました[*7]。Paoloはこの未解決のメッセージの解読に乗り出したのです。Paoloは、1行目に出てくる‘Ö’という文字によって、このメッセージがドイツ語であることを確信しました。左下隅辺りに‘X’と‘Y’の文字がありますが、ドイツ語のテキストでは珍しいといえます。Paoloは、この2文字はグリルを完成させるために使われたヌルではないかと考えました。

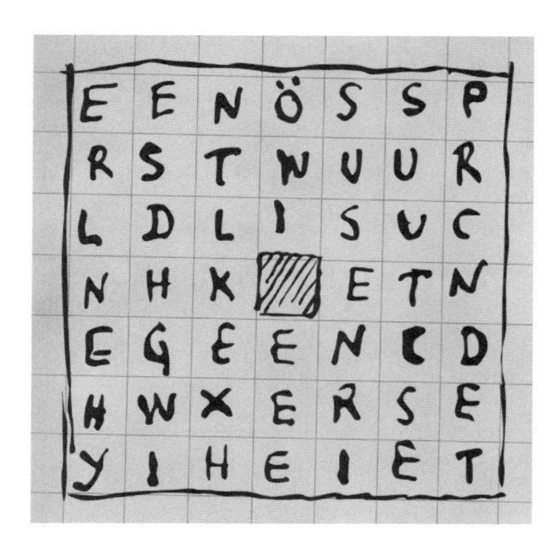

図11.8：Paolo Bonavogliaが祖父Luigi Saccoの手帳から見つけた回転グリルの暗号文

さらに、Paoloは右側から"SUCHE"（「検索」）または"SUCHEN"（「検索する」）という単語が含まれていると推測しました。4つの'S'、3つの'U'、4つの'E'、そして2つの'N'が、これらの単語の1つを形成する可能性があります。そのため、Paoloは何十通りもの組み合わせをチェックしなければなりませんでしたが、試行錯誤の末、次のような解決策を発見しました。

```
ES WURDEN DREI PUNKTE GESEHEN ÖTLLICH WEITESRSSUCHEN XY
```

"ÖTLLICH"という単語はスペルミスであり、"ÖSTLICH"（英語では"east of"であり、訳すると「東の」）であるべきです。このメッセージを英語に訳すと、"THREE POINTS HAVE BEEN SEEN. KEEP ON SEARCHING IN THE EAST XY"となります。

Paoloは2017年に解決策を発表し、その直後にニュージーランドを拠点とする暗号専門家Bart Wenmeckersがコンピューター・ベースのヒル・クライミング法で同じ暗号を解読しました（第16章参照）。

興味深い余談となるが、私たちは本書を執筆した際に、優秀な暗号解読者たちにレビューしてもらいました。2020年にTobias Schrödelが本章を校正した際、これまで知られていなかったことを発見したのです！　上記の回転グリル暗号文が元になっているSaccoのノートのページをダブルチェックしていたところ、彼は「1, 37, 25, 26, 38, 2」で始まる48個の数字の並びがあること、そしてこれが実際の暗号文の解であることに気づきました。暗号文の文字1（'E'）は平文のポジション1、暗号文の文字2（'E'）は平文のポジション37、暗号文の文字3（'N'）は平文のポジション25に、といった具合です。Tobiasはこの情報をPaoloに送りましたが、Paoloは祖母がこの暗号文を解く、暗号化された手がかりを残したということには気づかなかったのです！

11.4.2 André Langieによる回転グリルの解決策

スイスの暗号学者André Langie（1871－1961）は、1922年に出版した『Cryptography』という素晴らしい本の中で、“the North Pole”（「北極」という意味）という名のホテルに滞在中に暗号化されたメッセージを受け取った紳士の話をしています[*8]。差出人はこの紳士が知っている人物でした。2人の間で合意した暗号は回転グリルでした。しかし、ホテルにいた紳士はグリルの説明が書かれたメモを紛失していたため、メッセージを解読できなかったのです。そのため、彼はAndré Langieに連絡をしました。ここで、64文字の英語版のメッセージを示します。ただし、当該書籍の各言語版には異なるバージョンが掲載されています。

```
AITEG FLYTBO EEHRE AUWNA NOARR DRTEE THOSH FPETA POTOY
HLRET IHENE MGAOA RNT
```

Langieはメッセージの解読を試みながら、それを正方形の形式で書き留め、識別しやすいように64個の正方形に番号を振りました（図11.9参照）。“AT”は英語でよく使われる単語であり、メッセージの冒頭を容易に形成しそうな単語だったため、Langieの目はすぐに‘A’（1マス目）と‘T’（3マス目）の文字に向けられました。そこで、彼はトレーシングペーパーにこの2文字の場所をマークし、グリルを180度回転させました。

I　II

1 A	2 I	3 T	4 E	5 G	6 F	7 L	8 Y
9 T	10 B	11 O	12 E	13 E	14 H	15 R	16 E
17 A	18 U	19 W	20 N	21 A	22 N	23 O	24 A
25 R	26 R	27 D	28 R	29 T	30 E	31 E	32 T
33 H	34 O	35 S	36 H	37 F	38 P	39 E	40 T
41 A	42 P	43 O	44 T	45 O	46 Y	47 H	48 L
49 R	50 E	51 T	52 I	53 H	54 E	55 N	56 E
57 M	58 G	59 A	60 O	61 A	62 R	63 N	64 T

IV　III

図11.9：20世紀初頭にAndré Langieが解いた回転グリル暗号

トレーシングペーパーのマークは、‘R’（62マス目）と‘T’（64マス目））の文字と一致します。“RT”は一般的な語尾であり、最後の2行から“HEART”という単語（53マス目、53マス目（または56マス目）、59マス目（または61マス目）、62マス目、64マス目）を容易に抽出できることは明らかです。これらをマークし、再びトレーシングペーパーを逆回転させることで、対応する‘A’（1マス目）、‘T’（3マス目）、‘E’（4マス目）（または‘F’（6マス目））、‘T’（9マス目）（または‘O’（11マス目））、‘E’（12マス目）の組み合わせが得られます。この結果はあまり満足のいくものではなかったので、彼はこの結果を捨てて、別の組み合わせを試すことにしました。

次にLangieは2行目に目を向けて、英語でもっとも一般的なトリグラフである“THE”（9マス目、14マス目、16マス目）をマークしました。トレーシングペーパーを回転させると、マークが6行目の49マス目、51マス目、56マス目に位置し、“RTE”という文字列が示されました。その前にある母音を探していましたので、Langieが最初に気づいたのは‘O’（45マス目）です。そして、その3マス先に‘P’（42マス目）がありました。グループ“PORTE”が得られ、最後の行の62マス目にある‘R’がつながりそうです。

再びトレーシングペーパーを180度回転させると、‘T’（3マス目）と“NO”（20マス目、23マス目）が浮かび上がってきました。彼はグループ“TTHENO”を得ました。最初の1文字は間違いなく最後の1文字であり、最後の2文字は新しい単語の始まりになります。

次のステップは、グリルの構築に暫定的に着手することでした。Langieは“PORTER”（42、45、49、51、56、62）の各文字の周りに四角（以下の図ではマス目いっぱいの丸印）を描きました。そして、上記の6文字それぞれに小さな印（以下の図では濃い実線の丸印）を付けました。次に、トレーシングペーパーを90度だけ回転させると、マークされた6つの四角が“IOUSAG”（2、11、18、35、41、58）の各文字を覆いました。これらには別のマーク（以下の図では破線の丸印）を付けました。

さらに90度回転させると、“TTHENO”（3、9、14、16、20、23）を指し、これもマークします（以下の図では長めの破線の丸印）。

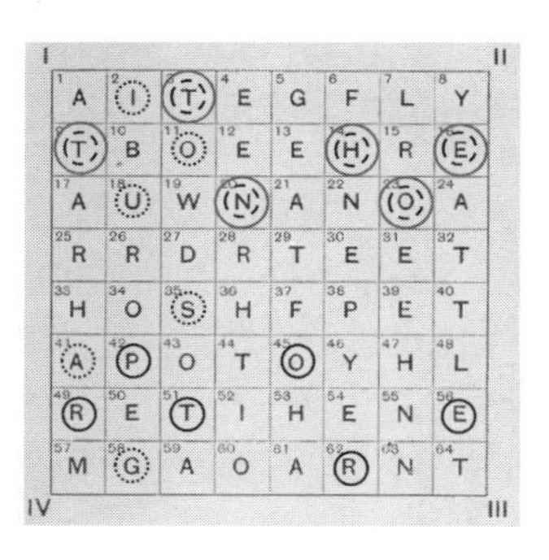

最後の回転の結果、“LAEHEN”（7、24、30、47、54、63）が得られます（以下の図では破線と実線の組み合わせ）。

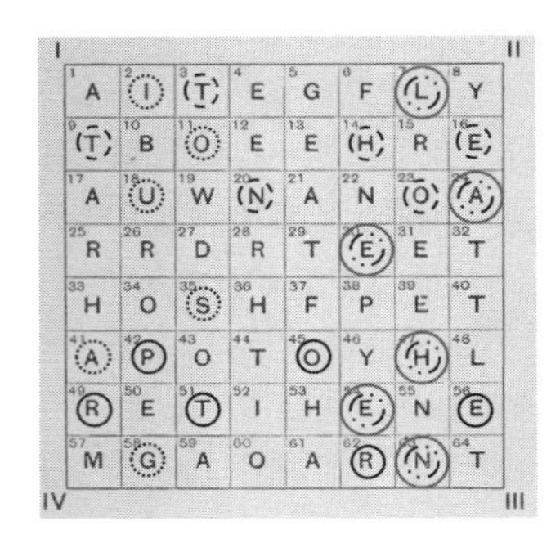

ここまでで64マス中24マスを無力化でき、調査の対象を絞り込めました。最初のグループである“PORTER”に戻り、その前に続きそうな単語を探したところ、“THE”（32、36、39）が有力候補に感じられました。‘T’と‘E’の間には2つの‘H’があり、彼は試しに2番目の‘H’を採用しました。

これらをマークし、トレーシングペーパーを回転させると、対応する3文字“RTH”（26、29、33）が得られます。この結果、“TTHENO”というグループは“T THE NORTH”へと拡大します。彼が正しい道を歩んでいることを示しています。したがって、彼は4つの位置に対応する文字を4色でマークし、特定できたマスの合計は36になりました。

その後は飛躍的に解読を進められました。たとえば、まだマークされていない文字の中から“THE NORTH”に続く文字を調べたとき、彼は‘P’と‘O’を見つけ、“POLE”を思い浮かべました。これらの文字は、38マス目、43マス目、48マス目、50マス目にあります。この4文字と、これらに対応する文字をマークした後、12マスしか残っていないことに気づきました。さらに推測を重ねて、最終的に彼は次のような平文を導き出したのです。

```
IF YOU ARE STAYING AT THE NORTH POLE HOTEL BEWARE OF THE MANAGER
AND THE PORTER
```

11.4.3 Karl de Leeuwによる回転グリルの解決策

1993年、暗号の専門家であるKarl de LeeuwとHans van der Meerは、オランダ総督でオレンジ公William 5世（1748－1806）がアムステルダムの文書館に残した暗号化されたメッセージを発見しました（図11.10参照）(*9)。暗号文の形状から、暗号作成者は16×16の回転グリルを使用したものと思われます。メッセージは256のフィールドに完全に収まらなかったため、いくつかのフィールドに2文字が書き込まれていました。この手紙の頻度は、平文の言語がドイツ語であることを示しています。‘Ü’（3行目の最後から2番目の位置）という文字には特有な点が備わっており、この推測は確信に変わりました。

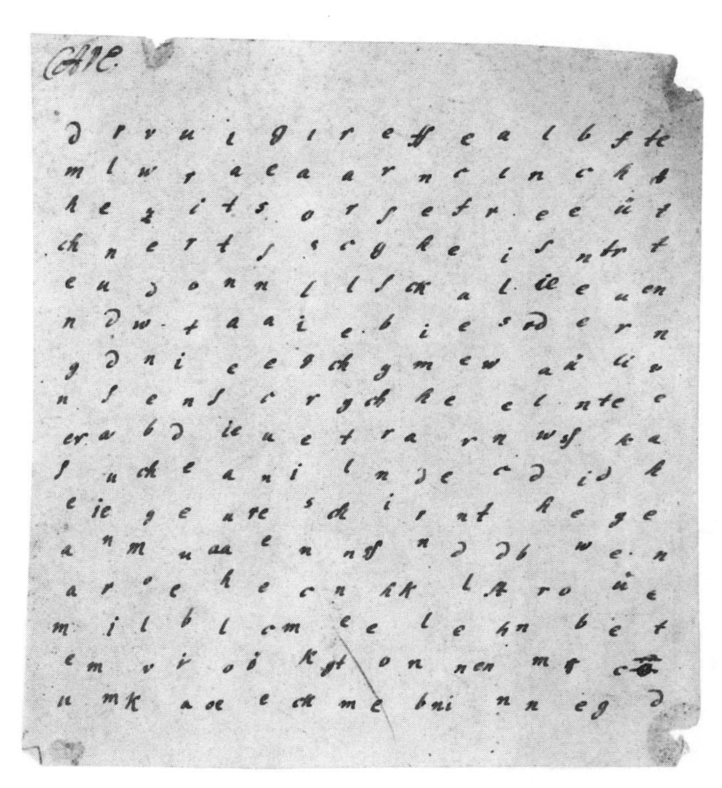

図11.10：20世紀にKarl de LeeuwとHans van der Meerが解明した、18世紀の回転グリル暗号

1993年当時、コンピューターのサポート（ヒル・クライミングなど）により回転グリル暗号を解くことは、まだ始まったばかりでした。そのため、KarlとHansは手作業を試みましたが、通常ステンシルが大きいとかなり難しくなります。それでも2人は、驚くほど簡単な暗号解読法を発見しました。彼らは、穴の中に文字を書き込む際に杜撰だったという事実を利用したのです。これは6行目でもっともはっきりとわかります。そこでは、'e'（ポジション8）、'l'（ポジション10）、'n'（ポジション16）が他の文字よりも少し低い位置に書かれています。

これは、ステンシルが特定の位置にある状態で書かれたことを意味します。

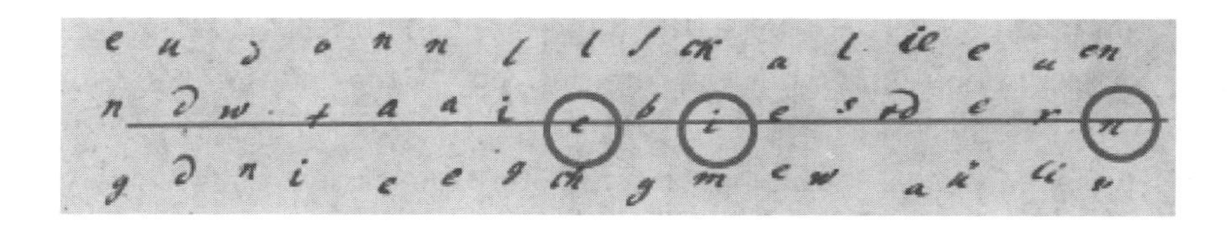

7行目の'g'、'e'、'g'、'a'も同様です。

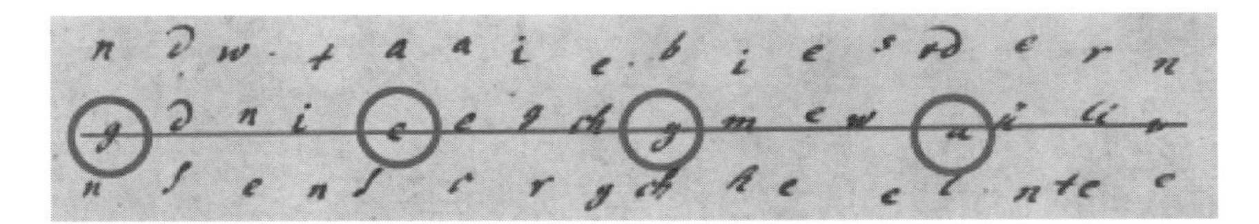

8行目ではそれほど明確ではありませんが、'n'、'g'、'e'、'n'も少し下がっています。したがって、これらの文字を合わせると"eingegangen"になります。ドイツ語の"eingegangen"は、英語の"gone in"を意味します。

ステンシルを回転させると、"bierwelchesi"が得られます。ドイツ語の"bier"は英語の"beer"(「ビール」)、"welches"は英語の"which"(「どの」)を意味します。こうした観察により、KarlとHansは11個の穴の位置を復元できました。本章で前述した手段を使えば、残りのメッセージも解決できるでしょう。彼らが導き出したグリルは図11.11になります。

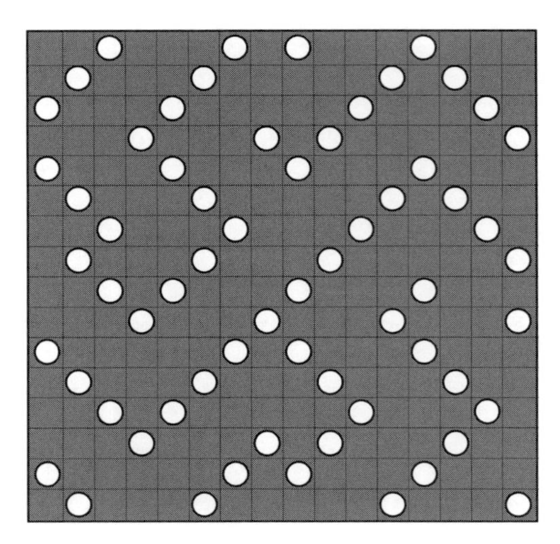

図11.11：Karl de LeeuwとHans van der Meerが、オランダ総督William 5世が残したメッセージを解読した際に導き出した回転グリル。この暗号化されたメッセージは、ややずさんな方法で書かれていたため、より簡単に解けた。さらに、穴の規則的なパターンは暗号解読者にとって助けになる

平文は次のとおりです。

```
die franszosen sind laut eingegangener erkundigung und nach
richt von camberg abmarchiret es sollen aber dem verlaut nach
andere an deren stelle einrucken vielleicht fürchten sie das
en gelische bier welches ihnen wohl übel bekommen durfte wan es
recht getruncken wird ich wünschet dass sie die rechte maass be
kommen mögten [separation mark] koenig
```

これを英訳すると次のようになります。

```
According to an inquiry that has arrived and a message, the
French have left Camberg. However, according to rumours, others
will replace them soon. Perhaps they fear the English beer,
which will make them sick when it is drunk. I hope they will get
the right amount of it. Koenig
```

どうやら、このメモの作者はイギリスのビールについて冗談を言っているようです。特に、ジョークを暗号化するのに時間をかけたことは興味深いといえます！

11.4.4 Mathias Sandorfの暗号文

フランスの作家Jules Verne（1828－1905）は、1885年に発表した有名な小説『Mathias Sandorf』の中で、伝書鳩の脚に暗号化されたメッセージが付けられているのを見つけた2人の小悪党が、後にその暗号を解読するための回転グリルを発見するという話を書いています。暗号文のメッセージは、次の内容になります。


```
IHNALZ ARNURO ODXHNP AEEEIL SPESDR EEDGNC
ZAEMEN TRVREE ESTLEV ENNIOS ERSSUR TOEEDT
RUIOPN MTQSSL EEUART NOUPVG OUITSE ERTUEE
```

2000年、ドイツの暗号学教授Klaus Pommereningは、グリルを知らなくてもメッセージを解読できたことを説明する論文を発表しました[*10]。Pommereningが説明する暗号解読のプロセスは、本書で完全に説明するには長すぎますので、何度かショートカットをします。「メッセージの平文はフランス語である」「各行（36文字）は6×6回転グリルで別々に暗号化された」「各行に同じグリルが使われた」という、Pommereningによる仮定から始めます。

暗号解読者にとってフランス語のよいところは、“QUE”、“QUOI”、“QUEL”といった短い単語で‘Q’という文字が頻繁に使われること、そして他の多くの言語と同様に‘Q’の後にはたいてい‘U’がくることです。ただし、“FIVE”を意味する“CINQ”という単語は唯一の例外です。つまり、フランス語の平文を扱う場合、‘Q’を探すことから始めるのがよいということです。見てのとおり、3行目の9番目に‘Q’があります。不運なことに、同一行に‘U’が5つもあり、物事を少し複雑にしています。Pommereningは、3行に同じグリルが使われていることを知っていましたので、マルチプル・アナグラム（第9章参照）のテクニックを応用して、もっとも妥当な組み合わせをチェックできました。

IHNALZ ARNURO ODXHNP AEEEIL SPESDR EEDGNC
ZAEMEN TRVREE ESTLEV ENNIOS ERSSUR TOEEDT
RUIOPN MTQSSL EEUART NOUPVG OUITSE ERTUEE

図11.12：Jules Verne（1828 – 1905）の1885年の小説『Mathias Sandorf』には、回転グリルで暗号化されたメッセージが書かれている

この方法により、3行目の'Q'につながる'U'は5つの候補が挙げられ、1行目と2行目から次に示す5つの選択肢を導き出せます【訳注】。

訳注 たとえば1番目の候補は、3行目の'Q'（9番目）と'U'（2番目）のペアを選びます。1行目と2行目から同じ列の文字を抽出すると、1行目からは'N'と'H'、2行目からは'V'と'A'が得られます。以降では、これらの文字ペアでもっともらしいものを選んで絞り込んでいきます。

NH	NX	NE	NP	NG
VA	VT	VN	VR	VE
QU	QU	QU	QU	QU

フランス語において"NH"、"NX"、"VT"、"VN"という文字ペアは珍しいですが、"NG"と"VE"は一般的です。こうした理由から、Pommereningは5つの選択肢のうち最後の候補がもっとも妥当だと考えました。続いて、フランス語では"QU"の後に'E'か'I'が付くことが多いので、8つの候補が挙げられます。

NGN	NGO	NGD	NGE	NGR	NGE	NGN	NGC
VEE	VEE	VES	VES	VER	VET	VED	VET
QUI	QUE	QUE	QUI	QUE	QUE	QUE	QUE

4番目、5番目、6番目は候補として有望です。通常のところ暗号解読者は3つの選択肢をすべてチェックしなければなりませんが、物事を簡単にするために5番目の候補を選択してみましょう。なお、後で明らかになるように、これが正しい選択になります。もう1つのショートカットとして、小説の内容から、"NGR"はフランス語で"HUNGARY"を意味する"HONGRIE"の一部であると仮定します。この仮定は、暗号文の1行目にも'H'と'O'の文字が含まれ、それぞれ2つずつもあることからも裏付けられます。その結果、Pommereningは次の4つの可能性が挙げられます。

HONGR	HONGR	HONGR	HONGR
AEVER	AEVER	LEVER	LEVER
ULQUE	UEQUE	ALQUE	AEQUE

"LEVER"と"ALQUE"という文字列はフランス語では意味をなしますが、"AE"という文字列の組み合わせは非常に珍しいといえます。そこで、Pommereningは3番目の候補に絞り込みました。彼は続けて、"HONGR"に'I'を付けて（"HONGRIE"という単語が出てくるようにしたいことを思い出してほしい）、次の2つの可能性が挙げられます。

HONGRI	HONGRI
LEVERZ	LEVERO
ALQUER	ALQUEV

"ERZ"はフランス語では一般的な3連符ではないので、2番目の候補がより確からしいといえます。Pommereningは"HONGRI"の後に'E'を付ける必要があり、その結果6つの候補が出てきます。

HONGRIE	HONGRIE	HONGRIE	HONGRIE	HONGRIE	HONGRIE
LEVERON	LEVERON	LEVEROI	LEVEROS	LEVEROT	LEVEROO
ALQUEVO	ALQUEVU	ALQUEVP	ALQUEVI	ALQUEVA	ALQUEVR

彼はここで、最後の文字が欠けている"LEVERONT"（"will stand up"）という単語を認識しました。つまり、最初の2つの選択肢がもっとも可能性の高いものといえます。最終行の"VO"は"VOUS"（"you"）に拡張できるので、1番目の候補が正しいように見えました。この単語を受信するために、Pommereningは後ろに'U'を付けました。ここで'S'はいくつか選択肢があったので省略しています。

```
HONGRIEX
LEVERONT
ALQUEVOU
```

1行目の'X'は特にうまく合っていませんが、パディングかもしれません。"LEVERONT"という単語は再帰的（つまり、完全な表現は"SE LEVERONT"）であるため、Pommereningは2行目の"LEVERONT"の前に'E'を必要とします。2行目には10個の'E'がありますが、すでに2つは使っているので、候補は残りの8個になります。

NHONGRIEX	LHONGRIEX	RHONGRIEX	OHONGRIEX
ELEVERONT	ELEVERONT	ELEVERONT	ELEVERONT
IALQUEVOU	PALQUEVOU	SALQUEVOU	EALQUEVOU
NHONGRIEX	AHONGRIEX	SHONGRIEX	DHONGRIEX
ELEVERONT	ELEVERONT	ELEVERONT	ELEVERONT
RALQUEVOU	NALQUEVOU	OALQUEVOU	TALQUEVOU

1番目、3番目、5番目、6番目が有望だと思われます。実際の暗号解読プロセスでは、これら4つの候補をすべてたどって正しい道筋を見つけなければなりません。しかし、今回はあくまで要約に過ぎませんので、ここでは正しい選択肢である6番目のみを取り上げます。"SE LEVERONT"を得るために、Pommereningは2行目の最初の位置に'S'を置く必要がありました。4つの候補が得られます。

DAHONGRIEX	LAHONGRIEX	EAHONGRIEX	SAHONGRIEX
SELEVERONT	SELEVERONT	SELEVERONT	SELEVERONT
ENALQUEVOU	GNALQUEVOU	INALQUEVOU	TNALQUEVOU

2番目の候補は、1行目に"LA HONGRIE"（"the Hungary"）があります。フランスでは通常国名に定冠詞を付けるため、これはよい選択のように見えます。Pommereningは、3行目を拡張できないかを考えました。彼は"SIGNAL QUE VOUS"（"signal that you"または"signal which you"）を見抜きました。3行目の左側に'I'を追加することで、2つの候補が得られます。

NLAHONGRIEX	ELAHONGRIEX
ESELEVERONT	SSELEVERONT
IGNALQUEVOU	IGNALQUEVOU

そこでPommereningは2番目の候補を選び、3行目の左側に'S'を加えました。

UELAHONGRIEX	RELAHONGRIEX	DELAHONGRIEX
RSSELEVERONT	ESSELEVERONT	USSELEVERONT
SIGNALQUEVOU	SIGNALQUEVOU	SIGNALQUEVOU

3つの候補を比較すると、1行目の"DE LA HONGRIE"("from Hungary")という並びが際立っています。紙面の都合上、マルチプル・アナグラムの残りのプロセスは省略します。この方法を使い続けて、Pommereningは暗号文の残りを解読し、次の平文を得ました。

```
SSEPOURLI NDEPENDAN CEDELAHON GRIEXRZAH
SENVERREZ DETRIESTE TOUSSELEV ERONTENMA
TOUTESTPR ETAUPREMI ERSIGNALQ UEVOUSNOU
```

しかし、このメッセージは、3行目、2行目、1行目という順に読まなければ意味をなしません。

```
TOUTESTPR ETAUPREMI ERSIGNALQ UEVOUSNOU
SENVERREZ DETRIESTE TOUSSELEV ERONTENMA
SSEPOURLI NDEPENDAN CEDELAHON GRIEXRZAH
```

句読点を付けると、"'Tout est prêt. Au premier signal que vous nous enverrez de Trieste, tous se lèveront en masse pour l'indépendance de la Hongrie. Xrzah"という平文が得られます。英訳すると"All is ready. At the first signal you send us from Trieste, all will stand up en masse for the independence of Hungary. Xrzah"になります。最後の"Xrzah"は送信者のコードネームです。

フランス語の平文("Tout est prêt···")は、Jules Verneの『Mathias Sandorf』フランス語原版に含まれるメッセージそのものです。この小説は英訳されて出版されて折らず、インターネットで見つけた訳を見るかぎり、同一のメッセージでした。

なお、Klaus Pommereningは暗号解読にグリルの回転に関する情報を一切使っていません。彼は各行の36文字の順番を決めるために、マルチプル・アナグラム法を使っただけなのです。とはいえ、平文がわかったからには、どのようなグリルを使ったのかを知りたいといえます。

通常、平文と暗号文の両方を知っていれば、グリルの特定は簡単です。しかしこの場合、少なくとも典型的な方法では、与えられた平文と暗号文から回転グリルを生成できないように見えました。しかし、別の方法が功を奏しました。それぞれの行を逆に書けば、適合するグリルを見つけられるのです。この変換に使われた回転グリルは、図11.13になります。

すでに示しましたが、平文の3行目は2行目と1行目の前に読む必要があります。さらに、各行は逆順に読む必要があります。これらの観察は簡単な方法で説明できます。暗号文の作成者はメッセージ全体を逆から書いて、それを36文字の塊（6×6の回転グリル）で暗号化すればよいのです。

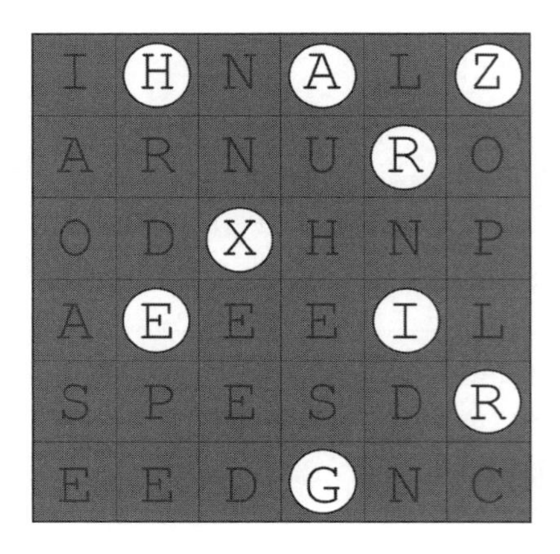

図11.13：Jules Verneの1885年の小説『Mathias Sandorf』で暗号メッセージに使われた回転グリル。穴から見える文字は（下から）“（HON）GRIE XRZAH”（“Hungary Xrzah”）と読める。これは平文の最後の部分にある

11.5 チャレンジ

11.5.1 Friedman夫妻のクリスマス・カード

図11.14のクリスマス・カードは、世界的に有名な暗号解読者であったFriedman夫妻（William FriedmanとElizebeth Friedman）が1928年に作成したものです[*11]。以下はその書き起こしです。原文では末尾に28という数字が1文字として扱われていることに注意してください。

```
 ABFWORREC
U SRIYEPN G
CT HARSI OS
YMO UTE AWN
ETLM   AESP
OSRQ   DUOI
GHRO   TEOE
FTX MTE UAP
GI RTASM NH
O DGCSAIH E
NEETRREE28
```

図11.14：1928年にWilliamとElizebeth Friedman夫妻が送った暗号化されたクリスマス・カード

この暗号文は、フリードマン夫妻の（暗号学者ではない）友人たちが簡単に解けるようにしたと思われます。カードの左側に描かれている回転グリルを取って使うだけです。もっと難しい挑戦がしたいのであれば、グリルを使わずにこの暗号化されたメッセージを解読してみてください。

11.5.2 Jew-LeeとBillのCryptocablegram

図11.15の「Cryptocablegram」は、現代の暗号解読愛好家であるJew-Lee Lann-BriereとBill Briereが、2017年のNSA Symposium on Cryptologic HistoryでWilliamとElizebeth Friedmanについて話すために作成したものです。Jew-LeeとBillは平文に2つの暗号化ステップを適用

しました。まず単一換字式暗号で暗号化し、次に回転グリル暗号で暗号化したのです。
　以下は、その置換を反転させた表です。

```
ABCDEFGHIJKLMNOPQRSTUVWXYZ
HJKLOPQSTUVWXYZFRIEDMANBCG
```

　これを解決するには、簡単な方法と難しい方法があります。これ以上のヒントなしで、この回転グリル暗号を解読できますか？

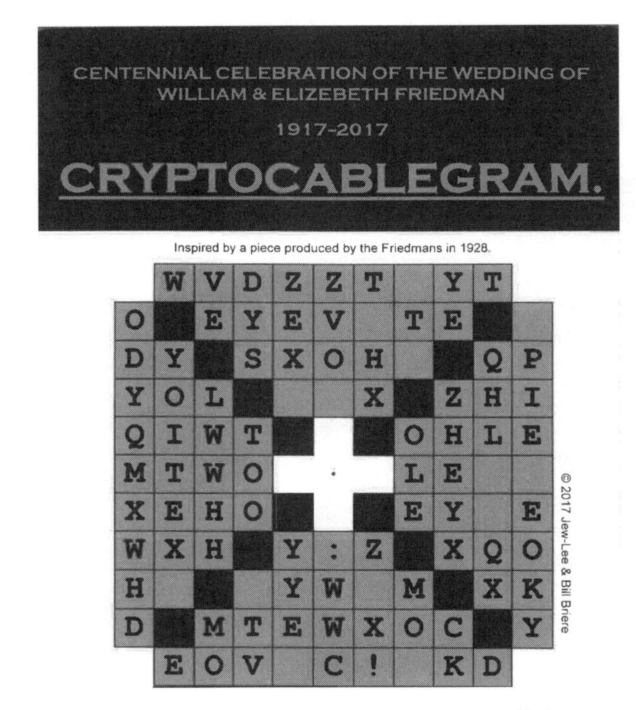

図11.15：Jew-Lee Lann-BriereとBill Briereが作成したチャレンジ暗号

11.5.3 MysteryTwister C3のチャレンジ

　MysteryTwister C3（MTC3）は、簡単なものから難しいものまで何百ものチャレンジがあり、パズルを解いてポイントを得ようとする何千ものメンバーから成るコミュニティーがある大規模な暗号パズルサイトです（`https://mysterytwister.org/`）。そこにある多くの難解な暗号の1つは、回転グリルに言及しています（図11.16参照）(*12)。解答は英文です。ヒントが欲しいなら、`https://codebreaking-guide.com/challenges/`を参照してください。

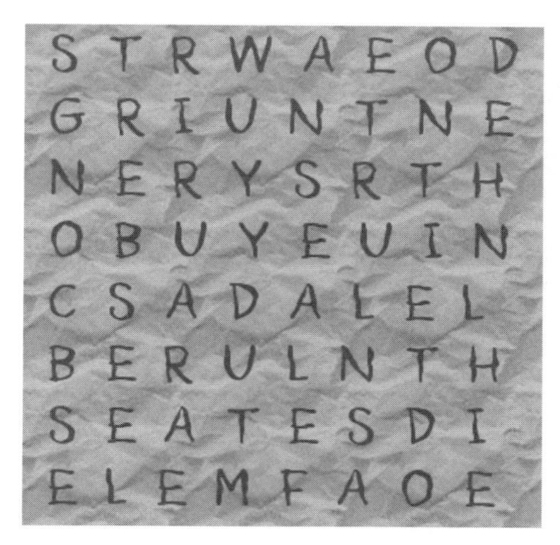

図11.16：MysteryTwister C3のWebサイトで入手可能な2011年の回転グリルのチャレンジ暗号文

11.5.4 Kerckhoffsの暗号文

本章の前半で、1883年にAuguste Kerckhoffが発表した回転グリル暗号を紹介しました（図11.4参照）。平文はフランス語です。あなたはそれを解読できますか？

第12章

ダイグラフ置換

イタリアの博学者で暗号学者のGiambattista della Porta（1535－1615）は、1563年に出版された著書『De furtivis literarum notis』の中で、興味深い暗号化方法を提案しています。彼のシステムでは、単一文字の代わりに、文字ペア（ダイグラフという）を代用したのです。その後何世紀にもわたり、いわゆるプレイフェア暗号を含む、さまざまな種類のダイグラフ置換が開発されました。本章では、プレイフェアとPorta独自の方式の両方を取り上げます。

12.1 ダイグラフ置換のしくみ

12.1.1 一般的なケース

Giambattista della Portaが提案した方法は、400のユニークな項目を持つダイグラフ置換表に基づいています（彼が使用した文字体系は20文字）。図12.1に示すように、ペアごとに異なる記号（シンボル）が割り当てられています[*1]。

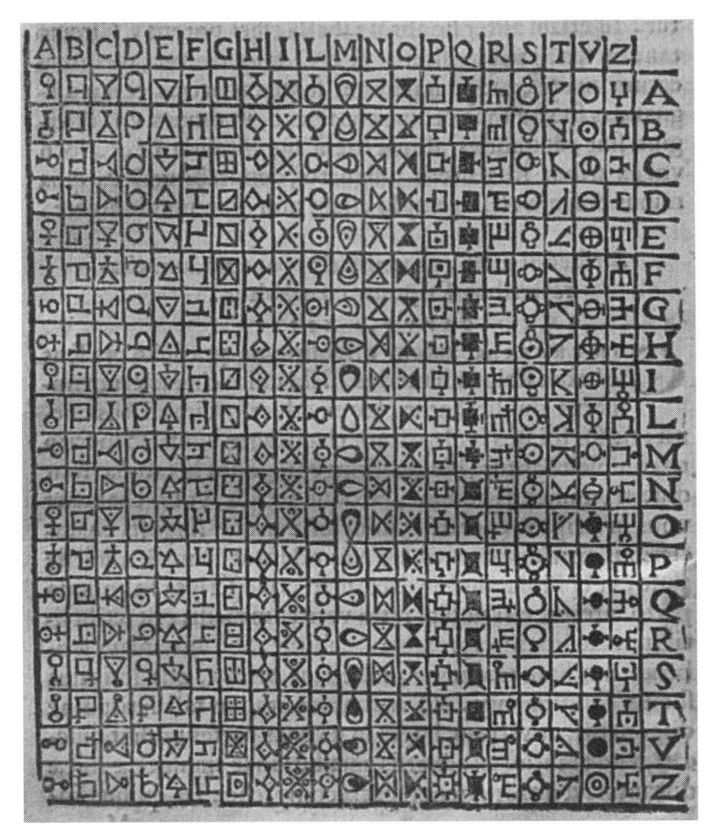

図12.1：Giambattista della Portaはこの置換表を提案し、すべてのダイグラフに異なる記号を割り当てた

たとえば、この表を使って“STREET”という単語を暗号化しようと思ったら、まずそれを“ST”、“RE”、“ET”のように3つのダイグラフの並びとして考える必要があります。それぞれのペアを表で調べると（1文字目には表の一番上の文字、2文字目には右側の文字を使う）、次のようになります。

しかし、400種類もの記号を扱うのはかなり面倒なため、Portaの表が実際に使われることはなかったでしょう。他の暗号設計者は3桁の数字をダイグラフの代用として好んだが（第16章で例を示す）、結局のところ、ダイグラフを使うのがもっとも便利な方法であることが判明しました。以下は26×26の項目を持つ表から左上部分を抜粋したものであり、すべてのダイグラフを別のダイグラフで置き換えています。

	A	B	C	D	E	F	G	H	I	...
A	KF	SW	JL	OO	QA	CP	DA	BN	CX	...
B	LH	WS	WM	CO	XE	YP	WW	NV	CH	...
C	JX	KV	AS	PI	CS	PX	NU	SR	LS	...
D	TR	AL	FG	AD	WU	QM	GH	PG	JC	...
E	ND	SG	RE	AT	NA	TU	RX	SS	OD	...
...										

この表を使用すると、単語“BEAD”（ここでも、最初の文字が最上段を見ると仮定する）は“SGTR”に暗号化されます。上側と左側のアルファベットは、キーワードに依存した書き方もできます。たとえば、次の表は、“AMERICA”と“BALL”をキーワードとして作成されています。

	A	M	E	R	I	C	B	D	F	...
B	KF	SW	JL	OO	QA	CP	DA	BN	CX	...
A	LH	WS	WM	CO	XE	YP	WW	NV	CH	...
L	JX	KV	AS	PI	CS	PX	NU	SR	LS	...
C	TR	AL	FG	AD	WU	QM	GH	PG	JC	...
D	ND	SG	RE	AT	NA	TU	RX	SS	OD	...

このような表を使用する場合、通常では内部のダイグラフを一定に保ち、2つのキーワードを頻繁に変更します。

12.1.2 プレイフェア暗号

上記のことはともかく、26×26（または676）の項目を持つ表は、作るのも使うのもかなり面倒です。このような理由から、網羅的な表によるグラフ置換は、それなりに安全ですが、暗号の歴史において大きな役割を果たすことはありませんでした。大きな表の代わりに、ダイグラフを置換するためのルールセットの方がより望ましいといえます。ルールセットを構築する方法は数多くありますが、実際には（多くの変種を含む）1つの方法だけが頻繁に使われていました。1854年にCharles Wheatstone（1802－1875）によって発明され、後にLyon Playfair卿（1818－1898）によって英国軍に推奨されたことから、この名が付きました(*2)。

このタイプの2つの有名な暗号文は、イギリスの心理学者で超心理学者のRobert Thouless（1894－1984）によって作られました。死者の世界から生者にメッセージを送ることが可能かどうかを確認するため、彼は平文とキーワードを秘密にしたまま、暗号化されたテキストを発表しました。彼の計画は、死後にあの世からのキーワードをチャネリングすることでした。1984年に亡くなる前に、Thoulessは3つの超心理学的実験の試みを発表しました。2つはプレイフェアを使ったもので、もう1つは多換字システムを使ったものでした。彼の2つのプレイフェアの試みは、ここと成功談のセクションで取り上げています。

最初の試練として、Thoulessはプレイフェアシステムを使ってシェイクスピアの引用文を暗号化しました。平文は次のとおりです。

```
BALM OF HURT MINDS GREAT NATURE'S SECOND COURSE CHIEF NOURISHER
IN LIFE'S FEAST
```

ダイグラフで書くと、次のようになります。

```
BA LM OF HU RT MI ND SG RE AT NA TU RE SS EC ON DC OU RS EC HI
EF NO UR IS HE RI NL IF ES FE AS T
```

通常、プレイフェア暗号では、2つの等しい文字から成るペアが存在しないことが要求されます。なぜなら、標準的なルールでは、同一のペアを暗号化する方法が存在しないからである（これについては後ほど説明する）。したがって、このような場合によく行われるように、Thoulessは2つの'S'の間に'X'を加えました。このマークは暗号化の手順には関係ありません。

```
BA LM OF HU RT MI ND SG RE AT NA TU RE SX SE CO ND CO UR SE CH
IE FN OU RI SH ER IN LI FE SF EA ST
```

もしこの平文の文字数が奇数であれば、各文字がペアになるように最後の位置にもう1つ'X'を加えなければなりませんが、今回はその必要はありません。Thoulessがキーワードに選んだのは"SURPRISE"でした。この単語をもとに、彼は"SURPIEABCDFGHKLMNOQTVWXYZ"という転置アルファベットを使いました。キーワードで始まり、繰り返しの文字は省略され、'I'と'J'は25文字のアルファベットを得るために等しいと見なします。次に、Thoulessはこのアルファベットを5×5のマス目（プレイフェア・マトリクスとしても知られている）に書き出しました。

```
S U R P I
E A B C D
F G H K L
M N O Q T
V W X Y Z
```

ここから、Thoulessは、図12.2に示すもっとも一般的な3つのプレイフェア・ルールに従って、平文のダイグラフバージョン（“BA LM OF HU ･･･”）を変換していきます。

- ルール1：2文字が同じ列にも同じ行にもない場合（これがもっともよくあるケース）、2文字が対向する角にある長方形を見つけ、2文字を他の角の2文字で置き換えます。つまり、長方形において上隅の文字は、他方の上隅の文字に置き換えられます。一方、下隅の文字は他方の下隅の文字に置き換えられますたとえば、“LM”は“FT”になります。
- ルール2：2文字が同じ行に並んでいる場合、各文字は右隣の文字に置き換えられます。ここでは、“BA”は“CB”になります。
- ルール3：2文字が同じ列に並んでいる場合、各文字は下の文字に置き換えられます。

この例では、“AN”は“GW”になります。

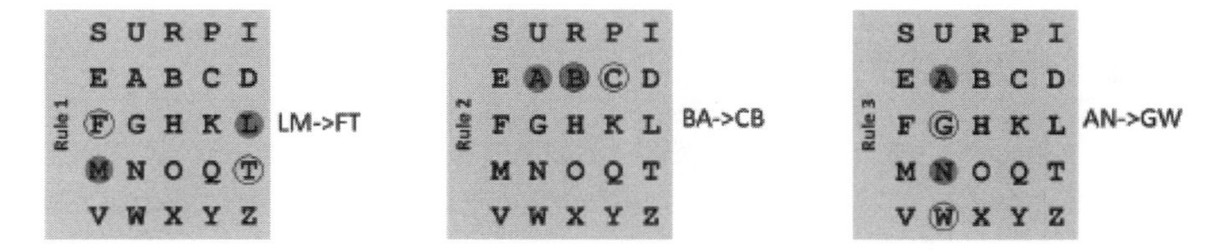

図12.2：プレイフェア暗号は3つのルールに基づいて文字ペアを置き換える

前記した5×5のグリッドにプレイフェアのルールを適用すると、シェイクスピアの引用文は次のように暗号化されます。

```
CB FT MH GR IO TS TA UF SB DN WG NI SB RV EF BQ TA BQ RP EF BK
SD GM NR PS RF BS UT TD MF EM AB IM
```

これはRobert Thoulessが1948年に発表した暗号であり、彼は最後の6文字を除いて5文字のグループで書きました。

```
CBFTM HGRIO TSTAU FSBDN WGNIS BRVEF BQTAB QRPEF BKSDG MNRPS
RFBSU TTDMF EMA BIM
```

この実験の詳細については、第8章を参照してください。

もちろん、プレイフェアで説明した方法はいろいろと変形できます。たとえば、5×5の代わりに4×6や5×6のプレイフェア・マトリクスを使えます。5×6バージョンは数文字分のスペースがあり、空白、ピリオド、無意味な文字（ヌル）に使えます。入れ替えるルールもいろいろと変更できます。たとえば、二重文字の置換や、文字を右ではなく左にずらすルールを追加できます。

第二次世界大戦において、ドイツ軍は5×5のマトリクスを1つではなく2つ使用するプレイフェア版を適用し、2つのグリッドは異なるキーワードで構成されました。このシステムはドッペルカステン（“Doppelkasten”）方式やダブル・ボックス（“Double Box”）方式として知られています(*3)。その例は学術誌『Cryptologia』のバックナンバーで見ることができます。

12.2 ダイグラフ置換の検出法

12.2.1 一般的なケース

以下の暗号文は、一般的なダイグラフ置換（プレイフェア暗号ではない）で作成されています。この長さのダイグラフ置換暗号が解けるかどうかをテストするために、Klausがブログの読者への挑戦として作ったものです。ちなみに、作成の経緯については、本章のチャレンジ・セクションで触れます(*4)。

```
UNGOZIHIJGSLGVWPIVGJSOKEFMAHSDBDGLUBUNZIWPIEBIUNKFVOUNBDSLPPHE
LVAQBAHEBIFJMHKVFLHXQQEFSLQQBDAQRIBVBIBYGJMOSOZBSDUXZINXUNEQVK
UGYHUNVOWPSGSMGEFLFKRUHELFPHGVUXFGHRJYFUHIPBMHUNVOWPSGHXVKRSSG
PHPWQXPLKCXGUNFGBICJFGJGCLLCFPNXUNTUUKKIZBKFABEQNHRFWLKCYHDJHJ
OPBZRLAHQVFTHETGRQRJTDAYDTXTVDBDKFEFZKSDHETUFVIQBIYABDEXZIKCHX
RUKQRLGECJAQAOBKZIOBTEFMFRZNZACLWDWAUNEBBISLMREQKWRJRCUGHERGJM
XONWGJHIPBEYGDZOHXIXKFOXFLKVRUDWAOBIDLSRRICSICJGKFZBBUMRFMGQKF
YBXOHETGHEOAMUEMWLAYRJWPKIGXUOSKZIHIJGSLHIGIBLFUXXUKUQPHGEGWHI
OPZIBDLVBUKQRJSMUGFPWLWPSGPHFIKVYXCJLVULKVQSZIBDLVBUUISRRUGJAI
YXXGLKQXFRPBUOJIBTGHGDTGRCICUNVOWPSGDTLIEMTAVOUNVUQQKCRTLHBDAI
UXFGOAKPBTKVFLAHVWRHWAUGKCXGUNFGBIXAGJHEHXGLBIRNGDOEBPUQSGBDIK
ACVORUBLKVVLZIHIJGSLWPIEUNCEPHFOMKFVMHUGNOPKBGLKCGCLHEXFAYUOMK
TAGDZOHEKFLVBWKVPLGXBPHEGIXOTJWURUUNCLSOFMKVWGFMFPIKGJLLJYOGDW
FRGLFQQEYDFVCAHYZPJGKFBIRQHEBAHELFHEFSVUCLWDBWIGJGDRAYVKFPWLZN
LQFGGJQAKFBLFUWQPWGJOBSLRIVVBXBDVUMHYIZYBZKFGQLWROZIOBMACTPHSM
GECLFGVOSGUNTUJYOGBIHECERCUGWDEMFGKPAYSQKCBWONQVGEKVDHBIDWPHEM
GEAQAONOEXZIOBMAUNTUPHFYNXXGUNFGBIFNFMMFOXJBBDCLBIBIFJMHKVFLFJ
MHXNHXVKUNKFZBTFFMHMFVLVWLYHHEMFOFICOJVUYXMFZNWLLWICLVSDZIFSEB
UNNXVUFIHARCXOZKMMFPKVRUUNVOWPSGLCQWUGCECJTGHIVKWAFLPHAQVKPHHJ
SGMFHMRLDDHJZUBPTDBOFGVOSGUNTUJYOGXGUNFGBIXAFMWAAQFPAIEQQQKCFI
HAQWFIBPGLUBZNNNSOWDXMXGUNFGBIEAHAKCAHAQSGRLMSKFWDBAHEFVMHWGPH
FYBIUNTUJYOGAIYXWAZIFLYNKCRUSOKVLKBOWARIBIHJ
```

頻度分析を使って、単一換字式暗号とダイグラフ置換を区別するのはかなり簡単です。図12.3の2つの図を見てください。

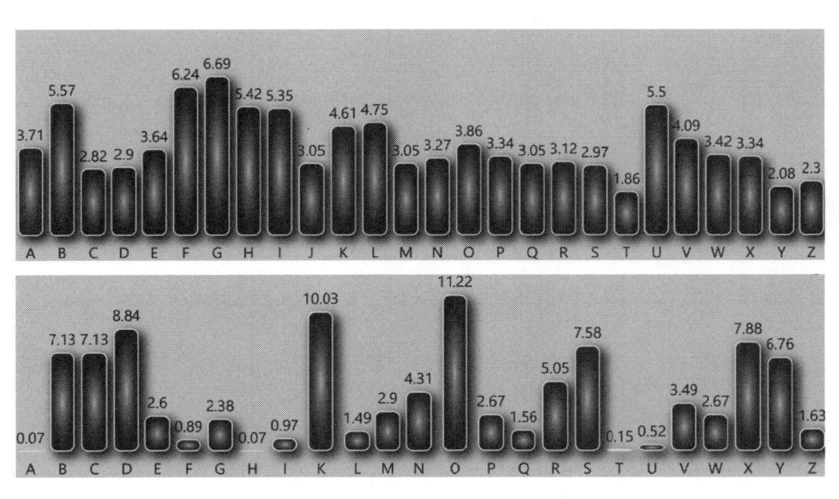

図12.3：ダイグラフ置換（上）と単一換字式暗号（下）の文字頻度分布

上段は文字ペア置換の暗号文の頻度をカウントを示し、下段は同じ平文を単一換字式暗号で暗号化した場合の頻度カウントを示しています。見てわかるように、ダイグラフ置換を施した上段のグラフの度数分布はかなり平坦になっています。つまり、頻度の高い文字は頻度が低く、頻度の低い文字は頻度が高くなります。

一致指数も異なります。単純な置換暗号で暗号化された英文（平文も同様）の一致指数は6.7%であるのに対し、今回の文字ペア暗号文の一致指数は4.3%に過ぎません。しかし、単一換字式ではない他の暗号で、同じような頻度分布を持つ可能性はあるでしょうか？

ダイグラフの頻度を数えることは、アルゴリズムがプレイフェアか、他のダイグラフシステムか、転置式か、多換字式か、その他のシステムであるかを判断するのに役立ちます。しかし、ここで必要とする、ダイグラフの頻度を数えることは、第4章で適用した重複ペアをカウントに含める方法とは異なります。たとえば、文字列“ABCDEF”は、重複を考えて5つのダイグラフ（“AB”、“BC”、“CD”、“DE”、“EF”）から構成されます。ダイグラフ置換の文脈では、重複しないペアがより重要になります。“ABCDEF”は“AB”、“CD”、“EF”の3つで構成されていると考えるのです。数学的に言えば、テキスト中にn文字（偶数）がある場合、重複するダイグラフがn-1個、重複しないダイグラフがn/2個存在します。

図12.4は、私たちのダイグラフ置換暗号の（重複しない）ダイグラフの頻度分析と、ヴィジュネル暗号で暗号化された同じ平文のダイグラフの頻度分析です。

なお、文字ペアをカウントするためにdCodeのWebサイトを使用し、図をプロットするためにExcelを使用しました。

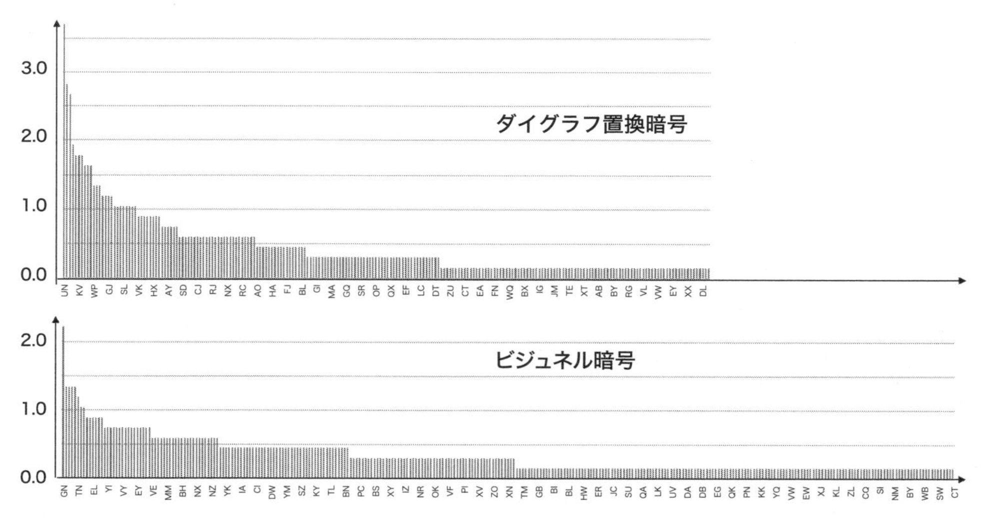

図12.4：どちらも重複しないダイグラフを使った度数分布図である。私たちのダイグラフ置換暗号文（上）のパターンは、ヴィジュネル暗号文（下）のパターンと異なっている

ヴィジュネル暗号には約380のペアがあるのに対し、ダイグラフ暗号には約220のペアしかないことに注意してください。

図の下段グラフを見ると、ヴィジュネル暗号文の中で、それぞれ1%を超える頻度を持つ文字ペアはわずかであることを示しています。一方、上段グラフを見ると、ダイグラフ置換暗号には25個のダイグラフがあり、もっとも頻度の高いものがほぼ4%に達しています。

結局のところ、重複しないダイグラフの頻度分析を使えば、ダイグラフ置換を他の暗号と混同するリスクはそれほど高くないといえます。重複するダイグラフを数えるかどうかにかかわらず、長い英文の平文であっても、約300種類の異なるダイグラフしか持たないことには注目すべきです。それ以外のダイグラフ（676個）については、組み合わせ的にはありえますが、おそらく頻度はほぼゼロになることでしょう。なぜなら、英語では“QZ”、“VH”、“II”、“JN”といった多くの文字ペアは極めて珍しいためです。

12.2.2 プレイフェア暗号の検出

ある暗号文がプレイフェア暗号で作成されたかどうかを確認するにはどうしたらよいのでしょうか？　一例として、第二次世界大戦中に送られたメッセージを紹介します。

アメリカ海軍とアメリカの同盟国は、太平洋戦争中の戦術通信にプレイフェア暗号を頻繁に使用していました。その1つは、若き海軍士官で後にアメリカ大統領となるJohn F. Kennedyが指揮した米軍ボートPT-109にまつわる話です(*5)。PT-109は、はるかに巨大な日本の駆逐艦である天霧（あまぎり）に衝突され、小型ボートは真っ二つに分解し、沈没しました。アメリカ人乗組員は何マイルも泳ぎ続け、最終的に近くのプラム・プディング島の浜辺に流れ着きました。オーストラリアの沿岸監視員Reginald Evans少尉は、沈没を目撃し、複数のプレイフェア暗号文を受信・解読しました。そして、乗組員の捜索に島民のチームを派遣するなど、救助活動を調整したのです。英語を話せない島民の1人であるBiuku Gasaの提案で、Kennedyはポケットナイフでココナッツに刻んだメモ（英語）を送りました。この話については第15章で触れます。ここでは、PT-109を失ったことを報告したオーストラリアのEvans中尉が受信したプレイフェア暗号のメッセージ（図12.5参照）の1つだけに注目します。

このプレイフェア暗号の平文は、沈没から5日後の1943年8月7日午前9時20分にEvansが受け取ったものであり、シートの上半分に記されています。

```
ELEVEN SURVIVORS PT BOAT ON GROSS IS X HAVE SENT FOOD AND LETTER
ADVISING SENIOR COME HERE WITHOUT DELAY X WARN AVIATION OF
CANOES CROSSING FERGUSON RE
```

見てのとおり、このメッセージは125文字あります。末尾の“RE”はReginald Evansを、“GROSS IS”はGross Island（「グロス・アイランド」、別名「クロス・アイランド」または「ナウル」）を意味します。‘X’はピリオドとして使われています。

このメッセージの鍵は“PHYSICAL EXAMINATION”（「身体検査」という意味）です。暗号化方式は、これまで見てきたものとほぼ同じ、すなわち標準的なプレイフェア暗号ですが、小さな例外が3つあります。1つ目は、同じ文字のペアは、文字の追加によって回避されることはないということです。代わりに、同じ文字のペアは変更されずにそのまま残ります。たとえば、“LETTER”の“TT”は“TT”に暗号化されてしまうのです。2つ目は、‘J’は暗号文中の‘I’と等価なものとして使われることです。3つ目は、メッセージの最後の文字である‘E’は平文のままということです。

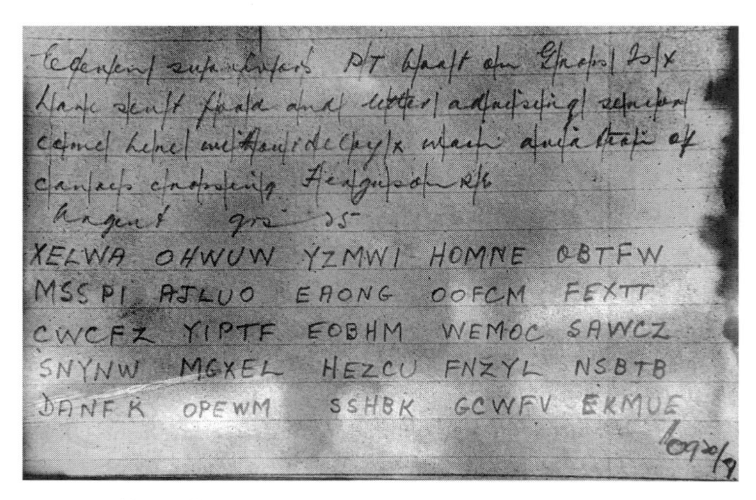

XELWA OHWUW YZMWI HOMNE OBTFW
MSSPI AJLUO EAONG OOFCM FEXTT
CWCFZ YIPTF EOBHM WEMOC SAWCZ
SNYNW MGXEL HEZCU FNZYL NSBTB
DANFK OPEWM SSHBK GCWFV EKMUE

図12.5：第二次世界大戦におけるPT-109の沈没を報告した、オーストラリアの沿岸監視員Reggie Evans中尉が受信したプレイフェア暗号化メッセージ

プレイフェア暗号の検出はとても簡単です。なぜなら、非常に特殊であり、見分けやすい特徴を持つメッセージを生成するからです。

- 暗号文の文字数が偶数
- ‘J’の文字がないのは、‘I’と同一視されているから
- 同じ種類の2つの文字から成るダイグラフは存在しない

しかし、上記の第二次世界大戦時のプレイフェア暗号文が示すように、これらの性質はすべて簡単に隠せます。このメッセージは、最後の1文字が暗号化されずに残されているため、文字数が奇数になっています。また、‘I’と等価として使用される‘J’が含まれており、‘X’を挿入することで二重文字を回避する代わりに、二重文字が変換されずに残った同一ダイグラフが含まれています。しかし、私たちが実際に遭遇したほとんどのケースにおいて、プレイフェア暗号の送信者はこうした予防策は施していません。

プレイフェア暗号が適用されたかどうかを見分けるのに、前述の基準だけでは不十分な場合は、統計を使ってさらに詳しく知ることができます。前述のように重複しないダイグラフを数えることは、他の多くの暗号とダイグラフ置換を区別するのに役立ちます。しかし、プレイフェア暗号と一般的なグラフ置換を区別するのにはあまり役立ちません。

なお、これについては、本書の冒頭にて26×26の完全なチャートに基づく方法を紹介しました。その代わりに、個々の文字について通常の頻度を数えるのが理にかなっています。プレイフェア暗号の頻度分布は、一般的なダイグラフ置換の頻度分布よりも平坦です。つまり、頻繁に使われる文字の頻度が低く、まれに使われる文字の頻度は高くなります（図12.6参照）。また、単一換字式暗号より平坦になります。

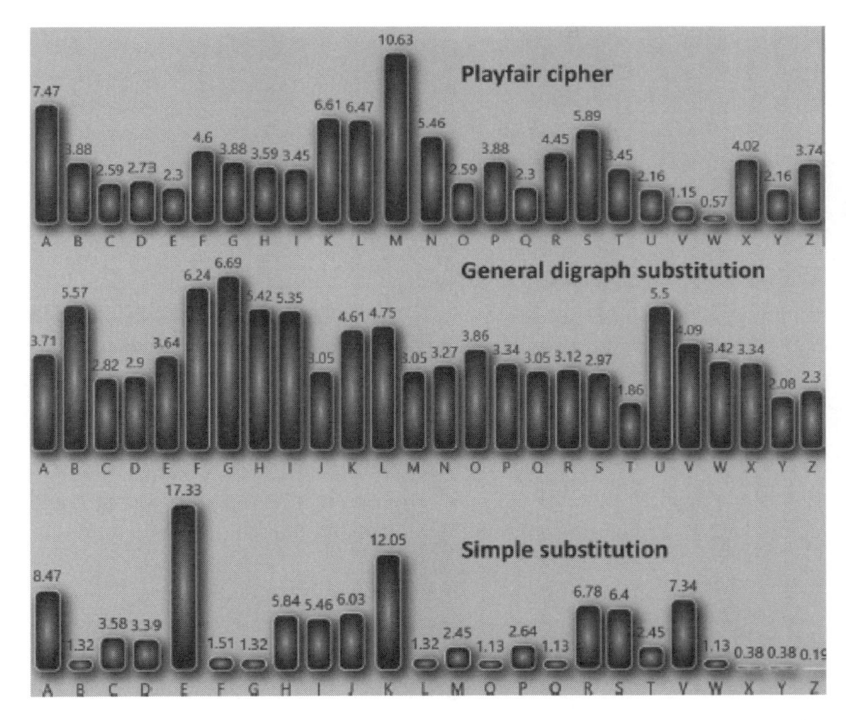

図12.6：プレイフェア暗号（上段）の頻度分布は、一般的なダイグラフ置換（中段）や単一換字式暗号（下段）の頻度分布よりも平坦である

12.3 ダイグラフ置換の解読法

プレイフェア暗号は、一般的なダイグラフ置換と同様に、ヒル・クライミングを実装したコンピューター・プログラム（第16章参照）を使えば、非常に効果的に（クリブを必要とせずに）解くことができます。以降では、他の方法をいくつか紹介し、手動で使える方法に焦点を当てます。これから明らかになりますが、一般的なダイグラフ置換は、プレイフェア暗号よりも破るのが難しいといえます。つまり、より多くの暗号文が必要となります。

12.3.1 頻度分析

ダイグラフ置換を攻撃するために使用できる方法の1つは、ダイグラフ頻度分析（重複しない変種）です。英語でもっとも頻繁に使われるダイグラフは"TH"、"HE"、"IN"、"ER"です。より包括的なリストは、付録Bに掲載されています。しかし、この方法は長い暗号文にしか使えません。意味のあるダイグラフ頻度表を得るには、最低でも約2000文字を要します。残念ながら、この必要な長さ（あるいはそれ以上）のダイグラフ置換暗号文は、実際のところとても珍しい状況といえます。つまり、通常、頻度分析だけでは、ダイグラフ置換を攻略できません。

12.3.2 辞書攻撃

キーワードに基づくプレイフェア暗号で暗号文が作成されている場合（前述のとおり）、暗号文をキーワード候補で次々に復号し、結果として得られる平文候補が意味のあるテキストに見えるようになるまで、コンピューター・プログラムを使用して辞書攻撃を試みることができます。文字列が意味のあるテキストに見えるかどうかのチェックは、第16章で解説しますが、フィットネス関数を利用できます。キーワードの候補は、辞書ファイル（ある言語の一般的な単語をリストアップしたファイル）から選択できます。多くの言語の何百万もの単語を収録した辞書ファイルがオンライン上にたくさんあります。プレイフェア暗号に対する辞書攻撃の例については、本章の成功談のセクションで説明します。

12.3.3 プレイフェア暗号に対する手動の攻撃

コンピューターの支援なしでプレイフェア暗号を破ることは間違いなく可能です。しかし、これは単一換字式暗号や完全縦列転置式暗号を解くよりもかなり難しいといえます。特に、たとえば200文字よりも長くない暗号文（私たちが遭遇したほとんどのプレイフェア暗号文はこの種のもの）を扱う場合はなおさらです。

プレイフェア暗号を手作業で解くには、通常、いくつかの暗号文のダイグラフに対応する平文のダイグラフを知っているか、推測する必要があります。そのためには、これから紹介するいくつかのルールに従って他の文字についても導き出す必要があります。こうして、使用されたプレイフェア・マトリクスを再構築するのです。もちろん、クリブがあればこの方法はより簡単になります。したがって、成功するかどうかは、利用可能な暗号文、推測の質、暗号文の長さ、そして偶然に左右されます。

異なるプレイフェア・マトリクスが同じ暗号を実装する可能性があることに注意することが重要です。一般的に言うと、プレイフェア・マトリクスは、それが定義する暗号化方法を変更することなく、列方向および行方向に回転させることができます。

たとえば、次の3つのマトリクスは等価です【訳注】。

訳注　左側のマトリクスを列方向（ここでは左）に1つずらすと、中央のマトリクスになります。つまり、1列目の「SEFMV」を一周させて、一番右の列に回ってきた状況になります。
また、左側のマトリクスを行方向（ここでは下）に1つずらすと、右側のマトリクスになります。つまり、5行目の「VWXYZ」を一周させて、一番上の行に回ってきた状況になります。

```
S U R P I    U R P I S    V W X Y Z
E A B C D    A B C D E    S U R P I
F G H K L    G H K L F    E A B C D
M N O Q T    N O Q T M    F G H K L
V W X Y Z    W X Y Z V    M N O Q T
```

したがって、私たちがメッセージを解読している過程で再構築したマトリクスは、メッセージを作成した人物が使用したマトリクスを回転させたものである可能性があります。マトリクスが再構築されたら、どの回転が妥当なキーワードを導くかをチェックすることによって、元の回転を特定できます。

（英語の）プレイフェア暗号を破るには、このシステムの弱点から導き出されたいくつかのルールを活用できます。

1. 前述したように、暗号文の文字数が何千にもならないかぎり、ダイグラフの頻度を利用することは困難です。ただし、“TH”、“HE”、“IN”、“ER”のように特に頻度の高い文字ペアもあれば、“QG”や“JN”のように英文にはほとんど存在しない文字ペアもあるという事実を利用できるかもしれません。
2. 英語でもっとも頻繁に使われる4連符（4文字グループ）は、“THER”、“TION”、“ATIO”、“THAT”です。つまり、もっとも頻度の高い2つのダイグラフ（“TH”と“ER”）が、もっとも頻度の高い4連符の1つである“THER”を形成しています。
3. 「<letter1><letter2>」が「<letter3><letter4>」＞に暗号化される場合、「<letter2><letter1>」は「<letter4><letter3>」に暗号化されます。たとえば、“AB”が“XY”に暗号化されていれば、“BA”は“YX”に暗号化されます。
4. もっとも頻度の高い、鏡映的なダイグラフのペアは“ER”/“RE”で、次いで“ES”/“SE”です。
5. どの文字も同じ文字に暗号化されません。たとえば、“AB”が“AY”や“YB”に暗号化されることはありません。
6. 「<letter1><letter2>」を「<letter2><letter3>」に置き換えると、「<letter1><letter2><letter3>」の文字列が、まさにこの順序で行または列の上に並ぶことになります[訳注]。

訳注　ここでいう並ぶというのは、各3文字の間に別の文字は存在せずに、つながった状態で並ぶということです。
また一列に並んだ3文字をどちらの方向から読むのかについては言及していません。
たとえば、行の場合は左から右へ読む場合と、右から左へ読む場合では、逆の並びになります。
重要なのは、3文字のうち真ん中の文字は固定で、左右の文字は両側それぞれに位置するということです。

「<letter1><letter2>」を「<letter3><letter1>」に置き換えても同様です【訳注】。たとえば、"XY"を"YZ"に置き換えた場合、"XYZ"の文字列は（長方形を形成せずに）この順序で行または列の上に並びます。同様に、"XY"を"ZX"に置き換えると、"ZXY"の文字列がこの順序で行または列の上に並びます。

訳注　このときは「<letter3><letter1><letter2>」（いいかえれば「<letter2><letter1><letter3>」）が並びます。
理解しにくい場合は次のように考えます。「<letter1><letter2>→<letter3><letter1>」を「<letter2><letter1>→<letter1><letter3>」（ペアの1文字目と2文字目を入れ替えた。ルール3により成り立つ）にすれば、ルール6の前者の法則を適用でき、置換表に「<letter2><letter1><letter3>」と並びます。これは「<letter3><letter1><letter2>」が並ぶことと等価です。

7. <letter1>と<letter2>がプレイフェア・マトリクスで長方形を形成する場合（24ケースのうち16ケースで起こる）、次の規則が成り立ちます。もし「<letter1><letter2>」が「<letter3><letter4>」に暗号化されるなら、「<letter3><letter4>」は「<letter1><letter2>」に暗号化されます。たとえば、'A'と'B'が長方形を形成する場合、'AB'が'XY'に暗号化されれば、'XY'は'AB'に暗号化されます。
8. 各文字は、どのプレイフェア表でも、特定の5つの暗号文文字にのみ暗号化できます。
9. 行や列の上で頻度の高い文字（特に'E'と'T'）と並ぶ文字は、暗号文中では他の文字よりも頻度が高くなります。
10. プレイフェア暗号が前述のようにキーワードで使用される場合、より頻度の高い文字が正方形の先頭に現れる可能性が高くなります。多くの場合、"VWXYZ"という文字列が最終行を形成するのは、これらの文字の頻度が低い、すなわちキーワードに出現する可能性が低いからです。'Y'は隣接するものよりも頻度が高いため、"UVWXZ"もまた最終行でよく現れます。

Dorothy L. Sayersが1932年に発表した犯罪小説『Have His Carcase』の第26章に登場するプレイフェア・メッセージを解読します。

```
XNATNX
RBEXMG

PRBFX ALI MKMG BFFY, MGTSQ IMRRY. ZBZE
FLOX P.M. MSIU FKX FLDYPC FKAP RPD KL DONA
FMKPC FM NOR ANXP.

SOLFA TGMZ DXL LKKZM VXI BWHNZ MBFFY
MG. TSQ A NVPD NMM VFYQ. CIU ROGA K.C. RAC
RRMTN S.B. IF H.P. HNZ ME? SSPXLZ DFAX LRAEL
TLMK. XATL RPX BM AEBF HS MPIKATL TO
HOKCCI HNRY. TYM VDSM SUSSX GAMKR. BG AIL
AXH NZMLF HVUL KNN RAGY QWMCK. MNQS
TOIL AXFA AN IHMZS RPT HO KFLTIM. IF MTGNLU
H.M. CLM KLZM AHPE ALF AKMSM, ZULPR FHQ --
CMZT SXS RSMKRS GNKS FVMP RACY OSS QESBH
NAE UZCK CON MGBNRY RMAL RSH NZM, BKTQAP
MSH NZM TO ILG MELMS NAGMIU KC KC.
TQKFX BQZ NMEZLI BM ZLFA AYZ MARS UP QOS
KMXBP SUE UMIL PRKBG MSK QD.

NAP DZMTB N.B. OBE XMG SREFZ DBS AM IMHY
GAKY R. MULBY M.S. SZLKO GKG LKL GAW
XNTED BHMB XZD NRKZH PSMSKMN A.M. MHIZP
DK MIM, XNKSAK C KOK MNRL CFL INXF HDA
GAIQ.

GATLM Z DLFA A QPHND MV AK MV MAG C.P.R.
XNATNX PD GUN MBKL I OLKA GLDAGA KQB
FTQO SKMX GPDH NW LX SULMY ILLE MKH
BEALF MRSK UFHA AKTS.
```

同じ文章をダイグラフの形で書き直すと、次のようになります。

```
XN AT NX RB EX MG PR BF XA LI
MK MG BF FY MG TS QI MR RY ZB
ZE FL OX PM MS IU FK XF LD YP
CF KA PR PD KL DO NA FM KP CF
MN OR AN XP SO LF AT GM ZD XL
LK KZ MV XI BW HN ZM BF FY MG
TS QA NV PD NM MV FY QC IU RO
GA KC RA CR RM TN SB IF HP HN
ZM ES SP XL ZD FA XL RA EL TL
MK XA TL RP XB MA EB FH SM PI
KA TL TO HO KC CI HN RY TY MV
DS MS US SX GA MK RB GA IL AX
HN ZM LF HV UL KN NR AG YQ WM
CK MN QS TO IL AX FA AN IH MZ
SR PT HO KF LT IM IF MT GN LU
HM CL MK LZ MA HP EA LF AK MS
MZ UL PR FH QC MZ TS XS RS MK
RS GN KS FV MP RA CY OS SQ ES
BH NA EU ZC KC ON MG BN RY RM
AL RS HN ZM BK TQ AP MS HN ZM
TO IL GM EL MS NA GM IU KC KC
TQ KF XB QZ NM EZ LI BM ZL FA
AY ZM AR SU PQ OS KM XB PS UE
UM IL PR KB GM SK QD NA PD ZM
TB NB OB EX MG SR EF ZD BS AM
IM HY GA KY RM UL BY MS SZ LK
OG KG LK LG AW XN TE DB HM BX
ZD NR KZ HP SM SK MN AM MH IZ
PD KM IM XN KS AK CK OK MN RL
CF LI NX FH DA GA IQ GA TL MZ
DL FA AQ PH ND MV AK MV MA GC
PR XN AT NX PD GU NM BK LI OL
KA GL DA GA KQ BF TQ OS KM XG
PD HN WL XS UL MY IL LE MK HB
EA LF MR SK UF HA AK TS
```

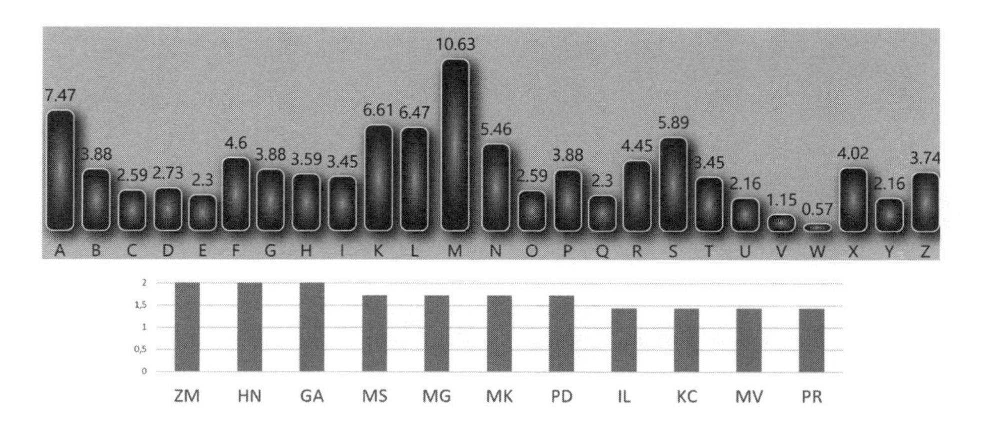

図12.7：Dorothy L. Sayersの1932年の犯罪小説『Have His Carcase』に描かれたプレイフェア・メッセージにおける、文字の頻度分析（上）と、ダイグラフの頻度分析（下）

解読作業を始める前に、いくつかの統計分析をしなければなりません。暗号文は696文字からなります。図12.7は、文字と（重複しない）ダイグラフの頻度の結果です。'M'は今回の暗号文の中でもっとも頻度の高い文字です。これは、'M'が'E'（英語のもっとも頻度の高い文字）と同じ行または列にあることを示唆しています【訳注】。

訳注　ダイグラフを対角線として作られた長方形の4つの隅に注目します。プレイフェア暗号では、平文文字を同一行の隅の文字に暗号化します。よって、'E'と同じ行に'M'がある可能性が高くなります。
別の可能性もあります。'E'が高頻度ということは、'E'を含むダイグラフも高頻度ということです。そうすると、ダイグラフにおいて'E'とは別の文字が'M'に暗号化されている可能性もある程度高くなります。

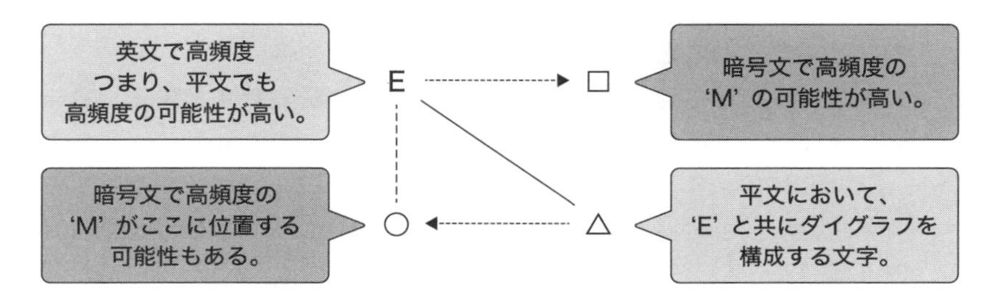

'E'と同一の行または列に現れやすい理由

暗号文中にもっとも頻繁に現れる可逆の文字ペアは、次のとおりです。

```
ZM/MZ: 7/4
MK/KM: 6/3
IL/LI: 5/4
```

以上のように、プレイフェア暗号はこれまでに紹介したルールだけを用いて解読することが可能です。しかし、多くの試行錯誤が必要であり、本書にはあまりにも長く複雑な手順になってしまいます。物事を少し簡単にするために、私たちはテキストの内容に関するいくつかの情報を持っていると仮定します。暗号メッセージが作られた背景を調べることは、解読のための強力な道具になり得ます。

- このメッセージはポーランドのワルシャワから送られた
- ポーランドと結ばれた条約に言及されているかもしれない
- メッセージの受信者は通常、“His Serene Highness”と呼ばれる

これらの情報は、私たちにいくつかのヒントを与えてくれます。

暗号文の最初の行は、“XN”、“AT”、“NX”というわずか6文字で構成されています。この行における3番目の文字ペアは、1番目の文字ペアの逆バージョンであることに注意してください。この手紙はワルシャワから送られていますので、“warsaw”が一致する可能性があります（平文には小文字、暗号文には大文字を使う）。そこで、“warsaw”を最初のクリブとして使うことにします。推測が正しければ、次のように結論付けられます。

wa → XN, rs → AT, aw → NX

2番目の文字列の文字ペアを逆にすると、sr → TAとなります。3番目の文字列は最初の文字列の逆であることに注意します。

“XN AT NX”、すなわち“warsaw”は、暗号文の32行目に再び現れます。その直前に“PR”という文字ペアがあります。“PR”は暗号文中でもっとも頻度の高いダイグラフの1つであり、5回出現しています。これは何を意味しているのでしょうか？　文字ペアの頻度に基づいて、‘thwarsaw’、‘enwarsaw’、‘erwarsaw’、‘onwarsaw’である可能性は低いといえます。もっとも可能性の高い選択肢は“towarsaw”です。これによって、次のような文字列が得られます。

to → PR

ここでもまた、文字を反転させることで別の文字列を得られます。

ot → RP

本章で前述したプレイフェア・メッセージを破るための7つのルールに基づけば、次の3つの文字ペア（これらはすでに持っている文の平文と暗号文を入れ替えた結果である）は、それぞれ24分の16（すなわち、66.6%）の確率で正しいと仮定できます。

xn → WA, nx → AW; at → RS, ta → SR; pr → TO, rp → OT

これらの対応が妥当かどうかをチェックするために、その頻度を調べます。“WA”は暗号文には出現していませんので、心配する必要はありません。“AW”は一度だけ出現しています。今のところ、これが本当に“nx”を表しているのかどうかはわかりませんが、“nx”はもっともらしいダイグラフです。さらに、「at→RS」と「ta→SR」は妥当といえます。なぜなら、“RS”は暗号文中に3回出現し、これは共通の文字ペア“at”に相当する暗号文であることを期待できるからです。「pr→TO」と「rp→OT」が理にかなっているかどうかは判断が難しいですが、物事を単純にするために、理にかなっているものとします（現実には、これを確認するためにさらなる分析が必要です）。「xn→WA」「nx→AW」「at→RS」「ta→SR」「pr→TO」「rp→OT」が正しいとします。

さて、ここまでで推測した文字ペアを埋めてみます。

```
XN AT NX RB EX MG PR BF XA LI
wa rs aw          to
MK MG BF FY MG TS QI MR RY ZB

ZE FL OX PM MS IU FK XF LD YP

CF KA PR PD KL DO NA FM KP CF
      to
MN OR AN XP SO LF AT GM ZD XL
rs
LK KZ MV XI BW HN ZM BF FY MG

TS QA NV PD NM MV FY QC IU RO

GA KC RA CR RM TN SB IF HP HN

ZM ES SP XL ZD FA XL RA EL TL
```

MK XA TL **RP** XB MA EB FH SM PI
ot

KA TL **TO** HO KC CI HN RY TY MV
pr

DS MS US SX GA MK RB GA IL AX

HN ZM LF HV UL KN NR AG YQ WM

CK MN QS **TO** IL AX FA AN IH MZ
pr

SR PT HO KF LT IM IF MT GN LU
ta

HM CL MK LZ MA HP EA LF AK MS

MZ UL **PR** FH QC MZ TS XS **RS** MK
to at

RS GN KS FV MP RA CY OS SQ ES
at

BH NA EU ZC KC ON MG BN RY RM

AL **RS** HN ZM BK TQ AP MS HN ZM
at

TO IL GM EL MS NA GM IU KC KC
pr

TQ KF XB QZ NM EZ LI BM ZL FA

AY ZM AR SU PQ OS KM XB PS UE

UM IL **PR** KB GM SK QD NA PD ZM
to

TB NB OB EX MG **SR** EF ZD BS AM

```
                     ta
IM HY GA KY RM UL BY MS SZ LK

OG KG LK LG AW XN TE DB HM BX
            nx wa
ZD NR KZ HP SM SK MN AM MH IZ

PD KM IM XN KS AK CK OK MN RL
         wa
CF LI NX FH DA GA IQ GA TL MZ
      aw
DL FA AQ PH ND MV AK MV MA GC

PR XN AT NX PD GU NM BK LI OL
to wa rs aw
KA GL DA GA KQ BF TQ OS KM XG

PD HN WL XS UL MY IL LE MK HB

EA LF MR SK UF HA AK TS
```


私たちが今までに知っている文字ペアだけでは、完全な単語を再構築することはできません。そのため、さらなる推測が必要となります。（暗号の17行目から始まる）“RS MK RS”を復号すると“at**at”となることは、役に立つかもしれません。“MK”は暗号文の中で特に頻度の高い可逆の文字ペアであることを思い出してください。英語でもっとも一般的な可逆文字ペアである“re”を意味しているのでしょうか？　もしそうなら、“atreat”となり、これは“a treaty”（「条約」という意味）の一部かもしれません。“treaty”は平文に現れると予想していた単語であることを覚えておいてください。“MK”についての推測により、私たちに次の対応があることを教えてくれます。

「re → MK」と、その逆バージョンの「er → KM」

もし“treaty”という単語が特定できたとしますと、その後に“with poland”が続くともっともらしいといえます。ポーランドとの条約が平文で言及されている項目かもしれないことは覚えておきましょう。つまり、“RS MK RS GN KS FV MP RA” は “at re at yw it hp ol an” を意味します。これにより、（逆バージョンも含めて）次のようになります。

「yw → GN」と「wy → NG」
「it → KS」と「ti → SK」
「hp → FV」と「ph → VF」
「ol → MP」と「lo → PM」
「an → RA」と「na → AR」

最後の置換ペア（「an → RA」と「na → AR」）とルール6により、置換表の1行または1列で“NAR”という文字列がこの順序で並んでいることを示しています【訳注】。

訳注 ルール6は、「<letter1><letter2> → <letter2><letter3>」なら置換表に同一行あるいは同一列に「<letter1><letter2><letter3>」が存在するという法則でした。同様に「<letter1><letter2> → <letter3><letter1>」なら、「<letter3><letter1><letter2>」が並びます。それでは今回の例である、最後の置換ペアの前者（「an → RA」）に注目してみます。矢印の前に‘a’、後ろに‘A’があります。つまり、「<letter1><letter2> → <letter3><letter1>」の状況に当てはまります。よって、“NAR”（言い換えれば“RAN”）が並びます。

暗号文と、特定できた断片的な平文は、次のとおりです。

```
XN AT NX RB EX MG PR BF XA LI
wa rs aw          to
MK MG BF FY MG TS QI MR RY ZB
re
ZE FL OX PM MS IU FK XF LD YP
         lo
CF KA PR PD KL DO NA FM KP CF
      to          on
MN OR AN XP SO LF AT GM ZD XL
      no    pa    rs
```

LK	KZ	MV	XI	BW	HN	ZM	BF	FY	MG
TS	QA	NV	PD	NM	MV	FY	QC	IU	RO
GA	KC	**RA**	CR	RM	TN	SB	IF	HP	HN
	ed	an							
ZM	ES	SP	XL	ZD	FA	XL	**RA**	EL	TL
	il						an		
MK	XA	TL	**RP**	XB	MA	EB	FH	SM	PI
re			ot						
KA	TL	**TO**	HO	KC	CI	HN	RY	TY	MV
		pr		ed					
DS	MS	US	SX	GA	**MK**	RB	GA	IL	AX
					re				
HN	ZM	LF	HV	UL	KN	NR	AG	YQ	**WM**
CK	MN	QS	TO	IL	AX	FA	AN	IH	MZ
SR	PT	HO	KF	LT	IM	IF	MT	**GN**	LU
ta								yw	
HM	CL	**MK**	LZ	MA	HP	EA	LF	AK	MS
		re							
MZ	UL	**PR**	FH	QC	MZ	TS	XS	**RS**	**MK**
		to						at	re
RS	**GN**	**KS**	**FV**	**MP**	**RA**	CY	OS	SQ	ES
at	yw	it	hp	ol	an				
BH	NA	EU	ZC	KC	ON	MG	BN	RY	RM
AL	**RS**	HN	ZM	BK	TQ	AP	MS	HN	ZM
	at								
TO	IL	GM	EL	MS	NA	GM	IU	KC	KC
pr									
TQ	KF	XB	QZ	NM	EZ	LI	BM	ZL	FA

AY	ZM	**AR**	SU	PQ	OS	**KM**	XB	PS	UE
		na				er			
UM	IL	**PR**	KB	GM	**SK**	QD	NA	PD	ZM
		to			ti		on		
TB	NB	OB	EX	MG	**SR**	EF	ZD	BS	AM
					ta				
IM	HY	GA	KY	RM	UL	BY	MS	SZ	LK

OG	KG	LK	LG	**AW**	**XN**	TE	DB	HM	BX
				nx	wa				
ZD	NR	KZ	HP	SM	**SK**	MN	AM	MH	IZ
					ti				
PD	**KM**	IM	**XN**	**KS**	AK	CK	OK	MN	RL
	er		wa	it					
CF	LI	**NX**	FH	DA	GA	IQ	GA	TL	MZ
		aw							
DL	FA	AQ	PH	ND	MV	AK	MV	MA	GC

PR	**XN**	**AT**	**NX**	PD	GU	NM	BK	LI	OL
to	wa	rs	aw						
KA	GL	DA	GA	KQ	BF	TQ	**OS**	**KM**	XG
							ap	er	
PD	HN	WL	XS	UL	MY	IL	LE	**MK**	HB
								re	
EA	LF	MR	**SK**	UF	HA	AK	TS		
			ti						

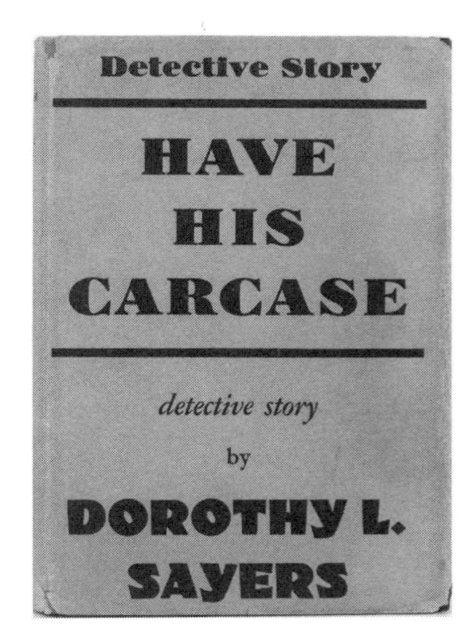

図12.8：Dorothy L. Sayersの1932年の犯罪小説『Have His Carcase』には、プレイフェア暗号が含まれている

ここで、“aper”を“paper”（外交メッセージではもっともらしい用語）に拡張してみます。しかし、'p'の直前にくる文字、すなわち「*p→TQ」の「*」は何でしょうか？ “TQ”は暗号文中に3回現れていること、そして“sp”は‘p’で終わるもっとも頻度の高い文字ペアであることにより、先の「*」は‘s’が正しい文字であるとほぼ確実にいえます。つまり、「sp→TQ」となります。逆も含めると、「sp→TQ」「ps→QT」になります。

“spapers”の前には何があるでしょうか。最良の選択肢は、“his papers”だと思われます。これにより、「hi→BF」とその逆の「ih→FB」が得られます。

暗号文の5行目にある“pa**rs”という表現は“papers”を表している可能性があります。これが成り立てば、「pe→LF」と「ep→FL」になります。

さて、もう1つのクリブとして、“his serene highness”が手紙の冒頭に使われていることを知っているものとします。これにより、(逆バージョンも含めて)「sx→XA」「xs→AX」「se→LI」「es→IL」「ne→MG」「en→GM」「gh→FY」「hg→YF」が明らかになります。

ルール6によると、「sx→XA」という変換は、プレイフェア・マトリクスの行または列に“SXA”という文字列が（この順序で、間に他の文字が入らないように）並んでいることを意味します。“NAR”という文字列が一列に並んでいることも確認しました。どちらの3連符も‘A’を含むため、マトリクス上で次のT字を構成します。

```
 S
 X
NAR
```

判明済みの「wa→XN」「rs→AT」を組み合わせると、次のようになります。

ST

WX

NAR

それでは、新たに特定した変換を暗号文に適用してみます。

XN	**AT**	**NX**	RB	EX	**MG**	**PR**	**BF**	**XA**	**LI**
wa	rs	aw			ne	to	hi	sx	se
MK	**MG**	**BF**	**FY**	**MG**	TS	QI	MR	RY	ZB
re	ne	hi	gh	ne					
ZE	**FL**	OX	**PM**	MS	IU	FK	XF	LD	YP
	ep		lo						
CF	KA	**PR**	PD	KL	DO	**NA**	FM	KP	CF
		to				on			
MN	OR	AN	XP	**SO**	**LF**	**AT**	**GM**	ZD	XL
		no		pa	pe	rs	en		
LK	KZ	MV	XI	BW	HN	ZM	**BF**	**FY**	**MG**
							hi	gh	ne
TS	QA	NV	PD	NM	MV	**FY**	QC	IU	RO
						gh			
GA	**KC**	**RA**	CR	RM	TN	SB	IF	HP	HN
	ed	an							
ZM	ES	SP	XL	ZD	FA	XL	**RA**	EL	TL
							an		
MK	**XA**	TL	**RP**	XB	MA	EB	FH	SM	PI
re	sx		ot						
KA	TL	**TO**	HO	**KC**	CI	HN	RY	TY	MV
		pr		ed					
DS	MS	US	SX	GA	**MK**	RB	GA	IL	**AX**
					re			es	sx
HN	ZM	**LF**	HV	UL	KN	NR	AG	YQ	WM

```
        pe
CK  MN  QS  TO  IL  AX  FA  AN  IH  MZ
                es  sx
SR  PT  HO  KF  LT  IM  IF  MT  GN  LU
ta                              yw
HM  CL  MK  LZ  MA  HP  EA  LF  AK  MS
        re                  pe
MZ  UL  PR  FH  QC  MZ  TS  XS  RS  MK
        to                      at  re
RS  GN  KS  FV  MP  RA  CY  OS  SQ  ES
at  yw  it  hp  ol  an
BH  NA  EU  ZC  KC  ON  MG  BN  RY  RM
    on                  ne
AL  RS  HN  ZM  BK  TQ  AP  MS  HN  ZM
    at              sp
TO  IL  GM  EL  MS  NA  GM  IU  KC  KC
pr  es  en          on  en
TQ  KF  XB  QZ  NM  EZ  LI  BM  ZL  FA
sp                      se
AY  ZM  AR  SU  PQ  OS  KM  XB  PS  UE
        na              er
UM  IL  PR  KB  GM  SK  QD  NA  PD  ZM
    es  to      en  ti      on
TB  NB  OB  EX  MG  SR  EF  ZD  BS  AM
                en  ta
IM  HY  GA  KY  RM  UL  BY  MS  SZ  LK

OG  KG  LK  LG  AW  XN  TE  DB  HM  BX
                nx  wa
ZD  NR  KZ  HP  SM  SK  MN  AM  MH  IZ
                    ti
```

```
PD KM IM XN KS AK CK OK MN RL
   er    wa it
CF LI NX FH DA GA IQ GA TL MZ
   se aw
DL FA AQ PH ND MV AK MV MA GC

PR XN AT NX PD GU NM BK LI OL
to wa rs aw             se
KA GL DA GA KQ BF TQ OS KM XG
               hi sp ap er
PD HN WL XS UL MY IL LE MK HB
                  es    re
EA LF MR SK UF HA AK TS
   pe    ti
```

残りの暗号解読のプロセスは省略します。最終的に、次のような平文を得ました。

```
WARSAW AD IUNE TO HIS X SERENE HIGHNESQS GRANDX DUKE PAVLO
ALEXEIVITCHQ HEIR TO THE THRONE OF THE ROMANOVS PAPERS ENTRUSTED
TO US BYX YOUR HIGHNESQS NOW THOROUGHLY EXAMINED AND MARQRIAGE
OF YOUR ILQLUSTRIOUS ANCESTRESXS TO TSAR NICHOLAS FIRST PROVED
BEYONDQ DOUBT ALXL IS IN READINESXS YOUR PEOPLE GROANING
UNDER OPQPRESXSION OF BRUTAL SOVIETS EAGERLY WELCOME RETURN
OF IMPERIAL RULE TO HOLY RUSQSIA TREATY WITH POLAND HAPQPILY
CONCLUDED MONEY AND ARMS AT YOUR DISPOSAL YOUR PRESENCE ALONE
NEXEDED SPIES AT WORK USE CAUTION BURN ALXL PAPERS ALQL CLUES TO
IDENTITY ON THURSDAY AH IUNE TAKE TRAIN REACHING DARLEY HALT X
TEN FIFTEQEN X WALK BY COASTROAD TO FLATIRON ROCK X THERE AWAIT
RIDER FROM THESE A WHO BRINGS INSTRUCTIONS FOR YOUR IOURNEY TO
WARSAW THE WORD IS EMPIRE Q BRING THIS PAPER WITH YOU QSILENCE
SECRECY IMPERATIVE BORISQ
```

プレイフェア・マトリクスはMONARCHY"というキーワードに基づいており、次のようになります。

```
M O N A R
C H Y B D
E F G I K
L P Q S T
U V W X Z
```

解読の結果再構成した上記のマトリクスは、意味のあるキーワードを使えるように、行と列は循環的にシフトしています。

改めて、テキストの統計について見てみます。暗号文の中でもっとも頻度の高い'M'は、'E'と同じ列に入っています。もっとも頻度の高い"ZM"、"HN"、"GA"は"ur"、"yo"、"in"に復号されます。英語の文中で"ur"がこれほど頻繁に使われるのは珍しいといえます。"your"という単語が頻繁に使われたことが理由になります。頻出する反転ダイグラフの"ZM"/"MZ"、"MK"/"KM"、"IL"/"LI"は、平文のダイグラフの"ur"/"ru"、"re"/"er"、"es"/"se"に対応します。"ru"/"ur"の頻度が高いのは予想外ですが、暗号解読をしていればこういったことも起こり得ます。全体として、テキストの統計はこのプレイフェア暗号文を解くのに特に役立たないようです。ただし、他の暗号文のケースであれば、この事実は変わってくるかもしれません。

プレイフェア暗号を手作業で解読するのは、困難な作業であることが明らかになりました。いくつかのクリブがあり（もちろん実際には常にクリブがあることを期待できるわけではない）、かなり楽観的な推測が必要でした。私たちは、正しいとわかっている推測だけを使うことでごまかしました。実際の暗号解読プロセスでは、もっと多くの試行錯誤が必要になります。いずれにせよ、コンピューター以前の時代には、ここに書かれている方法でプレイフェア暗号を解いた人たちがいたのです。彼らには脱帽するしかありません。

本章で紹介したテクニックをより詳しく解説した文献をお探しの場合は、Helen Fouché Gaines著の『Cryptanalysis』(*6)、Parker Hitt著の『Manual for Solution of Military Ciphers』(*7)、André Langie著の『Cryptography』の各章をご覧ください(*8)。Alf Mongeは『Playfair cryptogram』の中で、たった30文字から成るプレイフェア暗号の解読法も説明しています(*9)。

12.4 成功談

12.4.1 Thoulessの1番目のメッセージ

本章で前述したように、イギリスの超心理学者Robert Thouless（1894－1984）は1948年にプレイフェア・メッセージを発表しました[*10]。メッセージは次のとおりです（図12.9参照）。

```
CBFTM HGRIO TSTAU FSBDN WGNIS BRVEF BQTAB QRPEF BKSDG MNRPS
RFBSU TTDMF EMA BIM
```

匿名を希望した暗号解読者が、公開からわずか数週間後にこのメッセージを解読しました。つまり、Thoulessの最初の試みは失敗に終わったのです。この正体不明の人物がどのようにしてこの暗号文を解読したのかはわかっていません。この暗号解読者については、Thoulessの論文で少し触れられているだけです。

The passage I have prepared is the following: CBFTM HGRIO TSTAU FSBDN WGNIS BRVEF BQTAB QRPEF BKSDG MNRPS RFBSU TTDMF EMA BIM. It uses one of the well-known methods of encipherment with a key-word which I hope to be able to remember

253

254 *Robert H. Thouless* [PART

in the after life. I have not communicated and shall not communicate this key-word to any other person while I am still in this world, and I destroyed all papers used in enciphering as soon as I had finished.

図12.9：Robert Thouless（写真）は、死者が生者と交信できることを証明するため、自分の死後、このプレイフェア暗号のメッセージの解答を送ろうと考えた。しかし、Thoulessが亡くなるずっと前に、ある暗号解読者が霊能力を使わずに、この暗号文を解読した

Thoulessは使用した暗号化システムを明かしていなかったので、最初のハードルはどの暗号システムが使われたのかを見抜くことでした。頻度分析から、単一換字式暗号が使われていないことは明らかでした。正体不明の暗号解読者はおそらく、メッセージに'J'が含まれていないこと、文字数が偶数であることから、プレイフェア暗号の典型であることを見抜いたと思われます。暗号文の中に2つの同じ文字から成るダイグラフがないことも、プレイフェ

ア暗号であることと矛盾しません。これらすべての証拠を考慮すると、プレイフェア暗号を扱っていると結論付けるに十分でした。

しかし、プレイフェア暗号であることを特定した後に、どのようにそれを解読したのでしょうか？　Craig Bauerは2017年の著書『Unsolved !』の中で、うまくいきそうな出発点がいくつかあることを指摘しています(*11)。本章で前述したように、キーワードに基づくプレイフェア・マトリクスでは、最終行に"VWXYZ"があることが多い傾向があります。この5文字は英語のキーワードには含まれない可能性が高いからです。今回のケースでは、この仮定が正しいことが判明しました。さらに、Craigはいくつかのダイグラフ（"BQ"、"EF"、"SB"、"TA"）が2回現れることに気づきました。これらは、通常の英語で頻度の高いダイグラフを表している可能性が高いといえます。これらの正しい対応を特定するには、多くの試行錯誤が必要かもしれませんが、暗号解読者は忍耐強いのです。

Thoulessのメッセージに"BS"と"SB"が含まれていること、つまり反転ダイグラフがあることも役に立ったかもしれません。英文でもっとも頻繁に使われる反転ダイグラフは、"ER"/"RE"です。というわけで、"BS"は"ER"、"SB"は"RE"を意味しているのでしょうか？　それともその逆なのでしょうか？「BS=ER」と「SB=RE」のマッピングが正しいことがわかりました。

未知の暗号解読者が採用したかもしれない、まったく別のアプローチもあります。Thoulessは使用した暗号を明かさなかったが、平文がシェイクスピアの名言であったことに触れている。おそらく正体不明の暗号解読者は、有名なシェイクスピアの名言のリストに目を通し、暗号文と同じダイグラフの繰り返しを含むものを探したと考えられます。"BQTABQ"というパターン（2つの同一ダイグラフの間に別のダイグラフを挟んだ形）は、この目的のために役立ったかもしれません。この方法で正しい平文を特定することは確かに可能だったのです。

未知の暗号解読者がどの方法を使ったにせよ、最終的に次のようなプレイフェア・マトリクスを導き出しました。これは"SURPRISE"というキーワードに基づいています。

```
S U R P I
E A B C D
F G H K L
M N O Q T
V W X Y Z
```

このマトリクスから、シェイクスピアの『Macbeth』第2幕第2場から、"BALM OF HURT MINDS GREAT NATURE'S SECOND COURSE CHIEF NOURISHER IN LIFE'S FEAST."という平文が導き出されました。

12.4.2 Thoulessの3番目のメッセージ

Robert Thoulessの3番目の暗号文は、最初の暗号文と同様、プレイフェア暗号で暗号化されています（背景については第8章を参照）。しかし、今回Thoulessはセキュリティを高めるために、2つの異なるキーワードを用いてメッセージを二重暗号化しました。より正確には、彼は平文を取り、それをプレイフェア暗号で暗号化し、結果の最初と最後に同じ文字を追加して少し難しくしました。その後で、2回目のプレイフェア暗号で暗号化を行ったのです。彼が発表した暗号文を次に示します。これもまた、彼の死後にキーワードを流そうというアイデアでした。

```
BTYRR OOFLH KCDXK FWPCZ KTADR GFHKA HTYXO ALZUP PYPVF AYMMF SDLR
UVUB
```

今回、Thoulessはどの暗号を使用したかを明らかにしていましたが、2つのキーワードだけは秘密にしていました。

Thoulessが1984年に亡くなったとき、その解決策はまだわかっていませんでした。米国の死後研究団体であるサバイバル・リサーチ・ファウンデーションは、2つ目、もしくは3つ目のメッセージの正解に対して、1987年までに提供されたものに限り、1,000ドルの報奨金を出した(*12)。

私たちの知るかぎり、死者の世界から2つのキーワードを受け取った者はおらず、報酬が支払われることもありませんでした。つまり、Thoulessのメッセージは、死者が生者と交信できることを証明するものではなかったのです！

1995年、著名な暗号解読者であるJim Gilloglyと彼のパートナーであるLarry Harnischは、Thoulessの2番目と3番目のメッセージを解決することを目的としたプロジェクトを開始しました。2番目は解読されませんでしたが、3番目は解読に成功しました。2人が霊能力の代わりに暗号解読法とコンピューターを応用したことは、驚くには当たりません。最初のステップでは、64,000個のキーワード候補を含むファイルを用意し、コンピューター・プログラムに各キーワードでメッセージの解読を試みさせました（辞書攻撃）。当然ながら、Thoulessはプレイフェアを2回続けて使っていたため、この試行錯誤の解読は仕事の半分しかしていないことになります。つまり、片方のキーワードが正しいかどうかを、もう片方のキーワードを知らずにどうやって判断するかが問題となるわけです。

GilloglyとHarnischは、これをチェックする簡単な方法を2つ発見しました。第1に、Thoulessが中間結果の最初と最後に同じ文字を加えていたことを利用しました。第2に、解読の結果、別のプレイフェア暗号文が生成される必要があることを、彼らは知っていました。前述したように、プレイフェア暗号には、二重文字を含まないなど、ある種の予測可能な性質があります。コンピューター・プログラムなら、両方の条件を簡単にチェックできます。

GilloglyとHarnischがチェックした64,000個のキーワード候補のうち、1,385個が両方の基準（「最初と最後の文字が等しいこと」と「同一ダイグラフがないこと」）を満たす結果となりました。これらすべての候補に対して、2回目のプレイフェア解読を適用し、64,000のキーワードをすべてテストした結果、約8,800万通りの組み合わせが得られました。各組み合わせについて、彼らのコンピューター・プログラムは、受け取った平文の候補が英文に似ているかどうかをテストしたのです。なお、このテストにはトリグラフの頻度が使われています。

8.5時間の計算後、コンピューター・プログラムは解の候補を出力しました。最初のキーワードを“BLACK”、2番目のキーワードを“BEAUTY”とすると、平文の候補の中でもっとも英語らしいものが浮かび上がったのです。Robert ThoulessはAnna Sewellの1877年の有名な小説『Black Beauty』を知っていたはずなので、この解釈は妥当といえます。2つのキーワードが生成した平文は、読みやすい英文になったのです。以上で、この問題は解決しました。

```
THIS IS A CIPHER WHICH WILL NOT BE READ UNLESS I GIVE THE KEY
WORDS X
```

GilloglyとHarnischは1996年、科学雑誌『Cryptologia』の“Cryptograms from the Crypt”と題する記事で、3番目のメッセージの解を発表しました(*13)。残念ながら、賞金1,000ドルを獲得するには遅すぎました。つまり、GilloglyとHarnischは「私たちが成功させた計算降霊術は、それ自体が報酬でなければならない」という嘆きで記事を締めくくりました。

12.5 チャレンジ

12.5.1 『National Treasure: Book of Secrets』に登場する暗号文

まずは簡単なチャレンジから始めましょう。2007年の映画「National Treasure: Book of Secrets」では、次のようなプレイフェア暗号文が登場します。

```
ME IK QO TX CQ TE ZX CO MW QC TE HN FB IK ME HA KR QC UN GI KM AV
```

キーワードは“DEATH”（「死」）です。あなたにはこれを復号できますか？

12.6 未解決の暗号文

12.6.1 ダイグラフ・チャレンジの世界記録

これまでに解読された一般的なダイグラフ置換で作成された、もっとも短いメッセージの長さは750文字といわれています(*14)。このことについては、ヒル・クライミング法による暗号解読を取り上げる第16章で紹介します。同じように暗号化された以下の暗号文は、Klaus

が2020年3月にブログの読者に記録の改善を促すために作成したものです。"Bigram 600"のチャレンジとしても知られる、600文字から成るこのメッセージは、（本書を書いている時点では）あらゆる解読の試みに耐えています。

```
UGBZAEHINYQLBPZLNFTLUEBMULTLSLZPBZPZKPOVUGYSQPNYHL
RYFHATQKRHTZEHPDQUUGYSUJOVYTUGYVRHAJNFTLUEXFRUEOOJ
TZOSLUPZEICVADYMYLCRBZXOUGSVDJOIDYRHTZOSWZROYNKJRM
EIXOREOVNFTLUESAMNDJHIIWJGKRYFUBTIQPULBPRMJORECJCY
WZZPQRXXVNOSZLBLNYJMPLYNOVLCLKIOGUKUKFSAKAQRSVQXUJ
IOANYSWZSDKUKFLNRMEIRJYVEOLXLKMEYKERHXZPBZXOZXQPCR
KSYOSVHNTLIXKRYFUBTIMGWIZLOSONRMIDKYNYLCFFOMTTLLJH
WTADHLYNRHMZADOGMUKBWZZPPQBZBNOCRHINYNFTLUEYNOVBZ
NOQPGCQMRHTZIDKYNYCRBZXOUGSVTTQPOSDYXOMQKKVNEALUYV
RMUFPYNXZAVLRHTZNYQXMFYVUCMZSAJMBZZPXPBZMNVFUCJTNY
QXGHEITPPYFWKUZFPZQUDEVLDBOMGRUEKFSCYTVNANLDRMNBYV
UTFNUJMUMMEOIXIISDVNZPMNRYRCTFUGZPDNUTLXJNSSVNCRJC
```

12.6.2 プレイフェア・チャレンジの世界記録

一般的なダイグラフ置換は、600文字の平文をかなりうまく保護できます（前節を参照）。一方、プレイフェア暗号は、同じくダイグラフに基づくとはいえ、攻撃ははるかに容易であることが証明されています。2020年現在、これまでに解かれたランダムなプレイフェア・マトリクス（つまり、キーワードが使われていない）で作成された最短のプレイフェア暗号は、26文字で構成されていました。この記録については、本書の第16章のヒル・クライミングにおいて取り上げています。1936年にAlf Mongeによって解読された30文字のプレイフェア暗号文は、本章の前半で触れましたが、キーワードに基づいていたため、このカテゴリーでの記録には該当しません。2020年1月、Klausはブログの読者がいつでも挑戦できるように、たった24文字のさらに短いプレイフェア暗号文を発表しました[*15]。

```
VYRSTKSVSDQLARMWTLRZNVUC
```

あなたはこのメッセージを解読できますか？　もしできたら、新記録を樹立する可能性があります！

第13章

略語暗号

図13.1に描かれているメッセージは、1931年に出版されたRay V. Denslow著の『The Masonic Conservators』に紹介されている例です(*1)。Denslowが説明したように、このテキストの正方形（列に沿って読む必要がある）の各文字は単語の開始文字です。1列目は"The degree of entered apprentice is divided into three sections."というフレーズを表しています。

このような方法でテキストを暗号化する方法は、略語暗号（abbreviation cipher）と呼ばれています【訳注】。

訳注 "abbreviation"は「略語」「省略」「短縮」という意味です。
日本語の暗号に関する書籍や事典を参照しても、"abbreviation cipher"に該当する日本語が見つからなかったため、本書では略語暗号と呼ぶことにします。
暗号と略語が比較されることもあるため、略語を暗号文として利用する場合は略語暗号になります。

この特別なケースでは、各文字の位置を、数字が書かれた別の表との相互参照として使用することを意図しています。同様のことを、スペル・ブック（“The Spelling Book”）という別の本でも実現できます。スペル・ブックには単語のリストが載っており、頭文字がどの単語を表しているかを識別できます。しかし、ほとんどの略語暗号は、その意味を伝えようとする口伝や記憶に頼るしかありません。

T	r	h	j	b	f	r	t	d	f
d	d	v	s	w	y	i	o	k	j
o	c	s	r	n	m	i	o	l	g
e	a	s	r	t	y	u	n	b	f
a	v	f	r	d	s	e	r	r	t
i	m	h	j	i	u	i	m	k	l
d	q	a	s	e	r	t	v	d	r
i	l	o	u	y	g	t	r	e	f
t	n	b	f	d	r	e	s	b	v
s	o	p	i	o	i	p	o	i	p

図13.1：列に沿って読んで得られるメッセージの各文字は、単語の最初の文字を表す

13.1 略語暗号のしくみ

一般に、略語暗号は狭義の暗号化方式ではありません。暗号文から平文を復元する明確な方法がないことが多く、これが本当に暗号かどうかについては、コミュニティー内で意見が分かれています。そのため、他の暗号解読の本では、略語暗号についてほとんど触れていません。とはいえ、一般的に使われていたことを主な理由として、ここに掲載することにしました。フリーメイソン（何世紀もの歴史を持つ世界的な組織）は、その儀式を文字で記録することを一般的に禁じられているため、儀式書にこの技法を多用してきました。それでも、人は人である以上、物事を記憶するための方法を求め続けてきました。

文章が省略されたフリーメイソンの本は"Cypher"（「サイファー」）と呼ばれることがあります。これは誤解を招きやすい表現です。暗号学では“cypher”や“cipher”という用語は別の意味を持つからです。第1章で述べたように、“cipher”とは文字レベルで機能する暗号化方式と定義されます。混乱を避けるため、本書ではこの種の文書に“Cypher”という用語は使わず、代わりに“mnemonic books”（「ニーモニック・ブック」）と呼ぶことにします。ニーモニック・ブックの目的は、読者がテキスト（通常は儀式の記述）を記憶するのを助けることです。用語を切り捨てるのは、本の内容を隠すためです。フリーメイソン社会では伝統的に秘密主義が重要な役割を果たしています。したがって、この文脈で暗号化について語ることは正当化されるでしょう。

もちろん、フリーメイソンだけが略語暗号を使ってきたわけではありません。本章の途中で、この方法の他の応用例をいくつか紹介します。

13.2 略語暗号の検出法

前述のとおり、今日遭遇する略語暗号の大半は、フリーメイソン（あるいはその他の秘密結社）が出版したニーモニック・ブックに収録されています。ニーモニック・ブックは、この種の文書に馴染みのない人にはかなりミステリアスに見えるでしょう。暗号専門家のほとんど全員が、このような本に出会って意味がわからなかったという問い合わせを受けています。ニーモニック・ブックの版によっては、秘密保持のために、著者や出版社に関する情報が記載されておらず、何の本なのかさらにわかりにくくなっているのです。

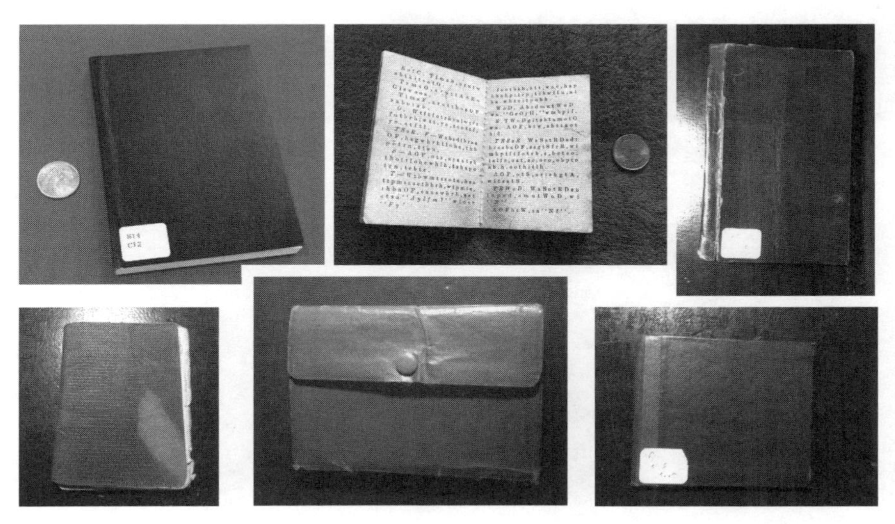

図13.2：ほとんどのニーモニック・ブックは目立たない小冊子で、ポケットに入る大きさである

一方、この種の文書について知っていれば、ニーモニック・ブックを見分けるのは非常に簡単です。通常、ポケットに入るほど小さなサイズであり、目立たない小冊子として提供されています。そのほとんどは、数十ページにも満たしません。図13.2にいくつかの例を示します。定義によれば、ニーモニック・ブックは切り捨てられたテキスト、あるいはそうでなければ省略されたテキストを含んでいます。図13.3はこの種のテキストの1つです[*2] 私たちが出会ったほとんどのニーモニック・ブックは1850年から1940年の間に作られていました。新しい版も存在しますが、通常はフリーメイソン以外の人々には公開されていません。私たちが見てきたほとんどのニーモニック・ブックは印刷物でした。しかし、図13.4のような手書きのものもあります[*3]。

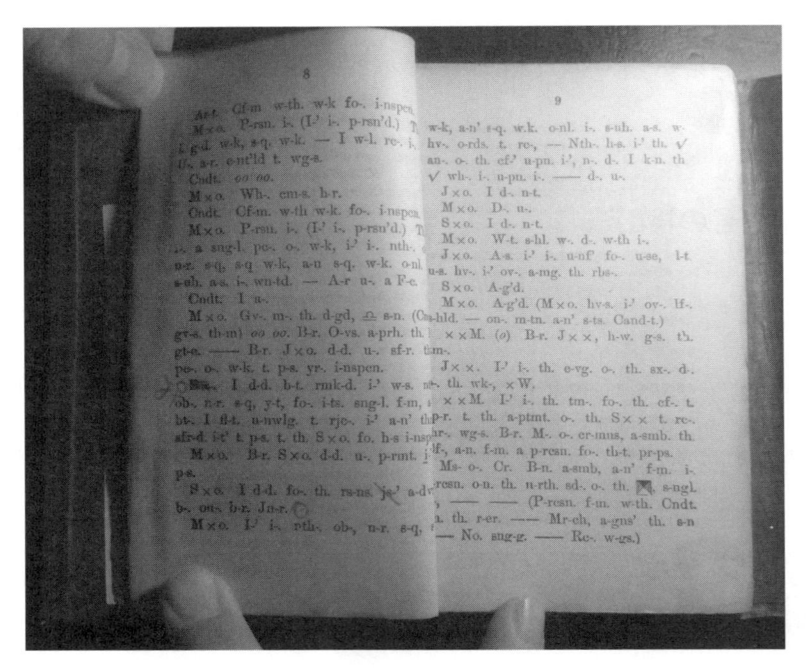

図13.3：フリーメイソンの典型的なニーモニック・ブックの中身

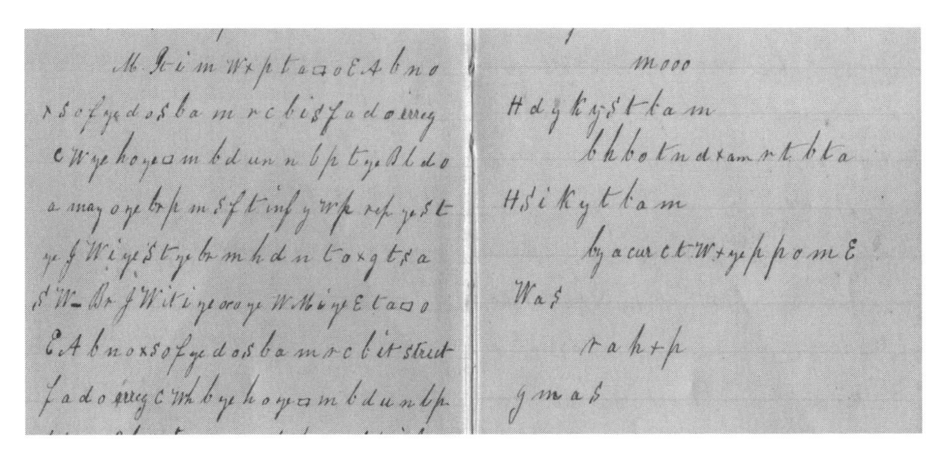

図13.4：Walter C. Newmanから提供された19世紀後半のフリーメイソンの手書きのニーモニック・ブック

略語暗号は、送信者から受信者へのメッセージの送信にはあまり適していません。なぜなら、曖昧でない復号は通常不可能であるためです。このため、手紙や電報、はがきで略語暗号が使われることはほとんどありません。この方法で日記を書くのも、あまりうまくいきません。その代わり、略語暗号は、平文をすでに知っている人のために暗記の補助としてなら意味があります。多くの人々が、詩や祈りを暗記する手段として、略語暗号で記したことがわかっています。カンニング・ペーパー、チェックリスト、買い物リストや同様の書類は、単語の頭文字やその他の略語で構成されていることもあります。

前述した基準を適用しても、ある暗号文が略語暗号で作成されたかどうかを見分けられない場合、テキスト統計が役に立ちます。単語の頭文字の頻度は、文字全体の頻度と有意に異なります。'E' が単語の最初の文字になることはめったにありませんが、それ以外においては英語の中でもっとも頻度の高い文字なのです。完全な文章を扱う場合、"the"、"this"、"than" といった表現は非常によく使われ、'T' はもっとも頻繁に使われる頭文字となります。しかし、辞書、索引、単語リスト、電報形式のメッセージでは、'T' で始まる単語の方がはるかにまれであり、'S' は単語の頭文字として高い頻度で現れます（図13.5参照）。

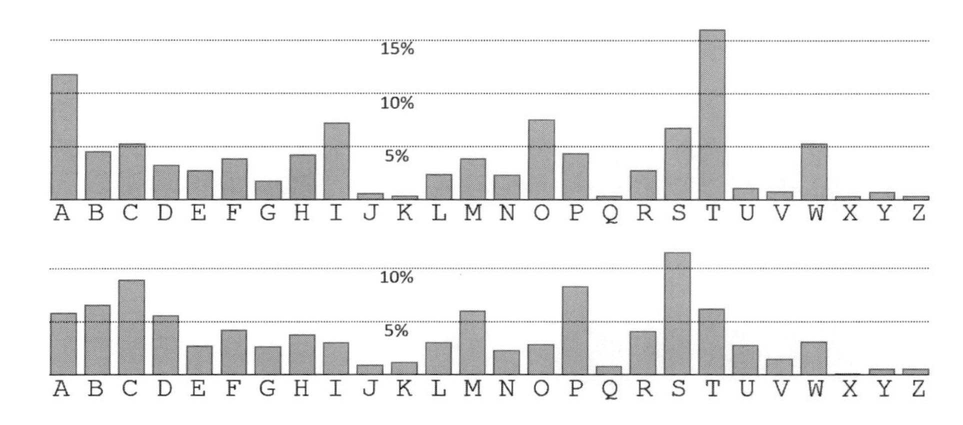

図13.5：上の図は英文中の頭文字の頻度を、下の図は英単語リスト（辞書など）中の頭文字の頻度を表している

言語の統計的特徴に煩わせずに、暗号文が略語暗号と一致するかどうかをチェックするのにもっと簡単な方法があります。作成者が意図したフレーズであるかどうかは別として、うまく合うような文章を探してみるのです。これが簡単であればあるほど、単語の頭文字を扱っている可能性が高くなります。たとえば、図13.1のメッセージの1列目を見てみましょう。"TDOEAIDITS" となっています。これらの単語の頭文字を使って、"The dirty old enthusiasts are including dust in their shoes." などのナンセンスなフレーズを勝手に作れます。つまり、略語暗号であると簡単に見抜けるわけです。

一般的な文字の出現頻度と単語の頭文字の出現頻度とは大きく異なります。これは、特に冠詞を持つ言語の典型的な特徴といえます。フランス語の "la" と "le"、スペイン語の "el" と "la"、イタリア語の "il" と "la" などは、テキストの統計に影響を与えています。'D' はドイツ語のテキストでは4%の頻度ですが、頭文字の頻度は14%になります。なぜなら、ドイツ語では、冠詞の "der"、"die"、"das" だけでなく、指示代名詞の "dieser"、"diese"、"dieses"、接続詞の "dass" があるからです。

13.3 略語暗号の解読法

従来の暗号解読技術で略語暗号を解くことは、不可能ではないにせよ、困難であることは明らかでしょう。略語しかわからない単語を確実に再構成する方法はないからです。単語を復元できるように略語が構成されているのは、例外的なケースでしかありません。略語は多くの場合、特定の母音を省略して作られます[*4][*5]。図13.6のニーモニック・ブックは、その一例です。見てわかりますが、少なくともいくつかの単語は推測できます。たとえば、1行目の“their”、“duties”、“with”などです。

単純な単語の推測がうまくいかない場合、略語暗号を解読する方法は通常1つしかありません。図13.7はこれが可能な暗号文です。このテキストは1996年に亡くなった非常に信心深い女性のものです。ポータルサイトのAsk Metafilterに掲載されました[*6]。文字頻度から、この暗号文文字は英単語の頭文字であることがわかります。普通なら、この台詞を書いたときに彼女が何を考えていたかを推測するのは難しいでしょう。しかし、読者の何人かは、すぐにその文章が主の祈り（“Our Father, who art in heaven, hallowed be thy name･･･”）であることに気づくでしょう。平文を特定できた略語暗号については、成功談のセクションで紹介します。

113

t' thei dties wr invs. wth. ctn. mstc. sns.,
gps. an' wds., t' enab. thm. t' gn. adms. int.
th. M. Chm. o' K. S's. T. on th sm. d'y., an'
hr. K. S., acmpnd. b' hs cnfdntl. ofcs.,
cnstng. o' hs Sc., S. an' Jw's., reprd. t' th. M.
Chm. t' mt. thm. Th. Sc. h' plcd. nr. h's.
psn., th. Sw. a' th. inr dr., and th. Jw. a'
th. outr dr., wth strc. injncns. t' sufr. nn.
t' ent. xcp sch. as wr invs. wth. ctn. mstc sns.,
gps., an' wds. prevsl estblshd., so tht. whn.
any dd. ent. h' knw th'y wre fthfl. wkm.
an' hd nthg t' d' bt. enrll. thei' nms as
suh, an' p'y. thr wgs. wh. thy. rcd i cn.,
wn., an' oi., mblmatcl. o' nrshmt., rfshmt.,
and j'y, an' aft admnshng thm o' th rvernc
d'e th grea an' sacrd nm o' Dei, sufrd
thm t' dprt i pce untl th tme śhd arri
fo' cmncg. anthr. wks. wk. Ths. u. wl.
prev ws al acmplshd on th evng o' th
sxth d'y, i ordr tht ňo unnesary labr shd
b perfrmd on th sevnth, thrby gving thm
freqnt oprtnits to obs th gloris wrks o' natr
an' t' ador th Grea Creatr.

M' Br., w'e a'e nw. abt. endvrg. t' wk.
ou' w'y. int. a plc. rprsntg. th. M. Chm.

図13.6：このニーモニック・ブックのいくつかの単語は再構成できる

①OFWAIHHBTNTKCTWBDOEAIIIHGUTDODBAFUOT
AWFTWTAUALUNITBDUFEFTITKTPATGFAEA
②OFWAIHHBTNTKCTWBDOEAIIIHGUTDODBAFUOT
AWFTWTAUALUNITBDUFEFTITKTPATGFAEA

図13.7：この略語暗号は、平文を推測することで解ける。これは古典的なキリスト教のテキスト「主の祈り」である

13.4 成功談

13.4.1 Emil Snyderの小冊子

1978年10月、科学雑誌『Cryptologia』に「"Action Line" Challenge.」と題する記事が掲載されました(*7)。この記事の文章はたった1段落で構成されています【訳注】。

訳注　記事は次のように要約されます。
日刊紙『The Detroit Free Press』の"Action Line"担当のBill Laitnerから電話で問い合わせがありました。それによると、サイズが3.5インチ×4.5インチで、9ページが印刷された革製の本を持った誰かが彼のところを訪れたといいます。この本は、父親から息子に譲られたものでした。その父親の名はEmil Snyderといい、デトロイトの著名な弁護士で、トラック運送業の経営者でもありました。彼については、1926年に亡くなったこと以外、あまりわかっていません。本の内容を公開するので、もし解決できる人がいれば、ぜひ教えてくださいと訴える内容です。

```
We received a phone call from Bill Laitner of the Detroit Free
Press , "Action Line" . It seems that someone came to him with
a 3½" by 4½" leather bound printed 9 page book given to him by
his father. The man who passed on the book to his son was Emil
Snyder , prominent Detroit attorney and trucking executive. He
was killed in 1926. Other than that we have not much to go on.
But we put forward the nine pages of text. If anyone can "solve"
it, please let us know. [. . .]
```

図13.8は、この記事で言及されている、全9ページの本の2ページ目になります。本章をここまで読んできた人なら、「革装の印刷された9ページの本」がフリーメイソンかそれに類する組織によって作られたニーモニック・ブックであることはすぐに想像がつくでしょう。

lt;dthatf,ft,uteottrt
rt,dab;pam,tdth.
AttS:Gtrotlewtfatot
rh,fb.tatrote.
TMiaBoS;trtsoU—U,
cbb.AsStrt,s,embeb.
TWS:Ctfoch,wttifo
tf.Peettsotb.Eeaachh.
TSoS:ThaabitspaiW
S,etifotrh,ww,pt,ajt,
tsokjottotlh.
TSoD:Etts,abd;ptw
otrhotsokjottotlh;et.
if,apttg.
G:Falwttotrh;ch,ei
(lot).
NshimtG.
T:"TR."

SD,OTDOBL.
ItDtiaAatid,aP,aC,
aAttC,aS,aAttS,aG,a
aT.
TAatiditr.
TPiM....;tblaat,wu
fwp;wiaL,oiepto.Ictw,
ettIG.ottW,tbmgtl,..,
a,irbtIG,oW,hmgtrot
w,...,lab.TIGaWmbs.
TCaAamtsaitpD.
TSimaf:Trhipatlh,
pt;cthbbfat(tm).
TAitsatS.
G:Ctrh;wtt,pttokjo
tsf.
NshimtG.
T:"MR."

図13.8：1926年、米国弁護士Emil Snyderが残したOddfellowsの小冊子からの2ページ

Klausが立ち上げたチームによって最終的な解決策が得られました。2013年、1978年の『Cryptologia』の記事でこの話を読んだKluas（まだ略語暗号を知らなかった）は、自身のブログ「Cipherbrain」でこの話を紹介しました(*8)。ブログの読者であるFlohansen、使用されている暗号は略語暗号であることを示唆したのです。そして、他の読者であるArmin KraußとBernhard Gruberは、フリーメイソンが儀式の記述にこの種の本を使用していたことを指摘しました。

ブログのもう一人の読者のGordian Knauß（Knauss）は、Snyderの9ページに及ぶ文書は、フリーメイソンに似た組織であるオッドフェローズ【訳注】が作成した小冊子ではないかと疑いました。

訳注　オッドフェローズ（Oddfellows）とは、労働者階級の人々がお互いを助け合うために集まり、共済や相互扶助を目的とした、英国の秘密結社です。英国やアメリカではフリーメイソンと並ぶ代表的な結社として有名です。

よって、Klausはアメリカやヨーロッパのオッドフェローズの代表者に何度か問い合わせをしましたが、誰もこの本を理解することはできませんでした。その後、英国の暗号ブロガーであるNick Pellingが、この小冊子の他のコピーが存在することを発見しました。それまでは、『Cryptologia』の記事のスキャンしか入手できなかったのです。

2014年、Nick Pellingはペンシルバニアの書店で『Esoteric』と題された1899年のオッドフェローズの本を発見しました(*9)。この本の開始文字はスナイダーの小冊子の文字と正確に一致するため、この略語暗号の謎は平文を見つけることでようやく解明されたのです。『Esoteric』

はオッドフェローズの儀式について書かれた本です。どうやらSnyderはこの組織のメンバーだったようですが、息子には伝えていなかったようです。このような習慣はフリーメイソンや同様の組織の間ではよくあることなのです。おそらくSnyderはこの冊子で儀式の説明を暗記しようとしたのでしょう。父の突然の死後、Snyderの息子は小冊子を発見しましたが、その内容はわかりませんでした。謎が解けるまで80年以上かかったのです。

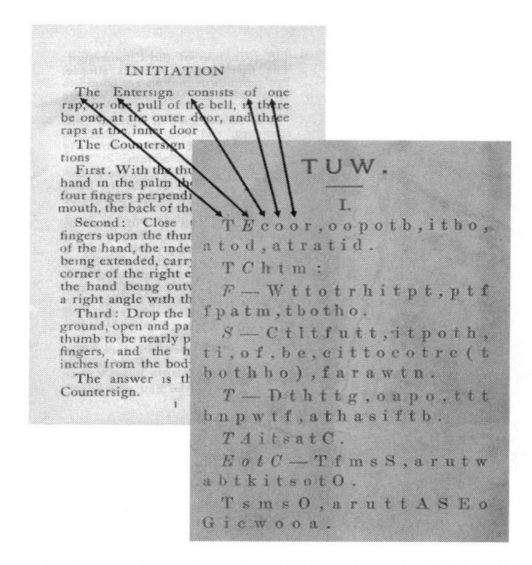

図13.9：Emil Snyderが残した小冊子は、『Esoterics』と題されたオッドフェローズの本の省略版であることが判明した

13.5 チャレンジ

13.5.1 バースデー・カード

図13.10の番号の付いていない文字は、略語暗号を形成しています。あなたには原文がわかりますか？　なお、Pは“Peter”を意味しています。

図13.10：略語暗号を使ったバースデー・カード【訳注】

訳注　注目すべきは薄い文字タイルです。上に“HBtY HBtY”、下に“HBDPHBtY”があります。各文字タイルが何らかの単語の頭文字を意味しているのです。
解読すると、上の原文は“Happy Birthday to You, Happy Birthday to You.”、下の原文は“Happy Birthday dear Peter. Happy Birthday to You.”になります。

13.6 未解決の暗号文

13.6.1 タマム・シュッドの謎

1948年11月、オーストラリアのアデレードにあるソマートン・ビーチで、服を着た見知らぬ男が一人で座っているのを数人が目撃しました[*10]。翌朝、彼は同じ場所で亡くなっているのが発見されました。今日「ソマートン・マン」と呼ばれている彼は、亡くなったとき40歳から45歳くらいに見えました。彼は（もちろん死んでいることを除けば）身体の具合はよく、よいスーツを着ており、身なりも整っていました。

アデレード警察はソマートン・マンの身元を特定できませんでした。彼は身分証明書を何も持っていなかったのです。彼の服からはラベルがすべて剥がされていました。捜索願は出されていませんでした。加えて、死因も明らかになっていません。ソマートン・マンは毒物によって亡くなったのかもしれませんが、当時の方法では特定の毒物を検出することはできませんでした。この男性は殺害されたのか、自殺したのか、誤って毒を飲んでしまったのか、あるいは別の原因で死亡したのか、いまだに不明です。

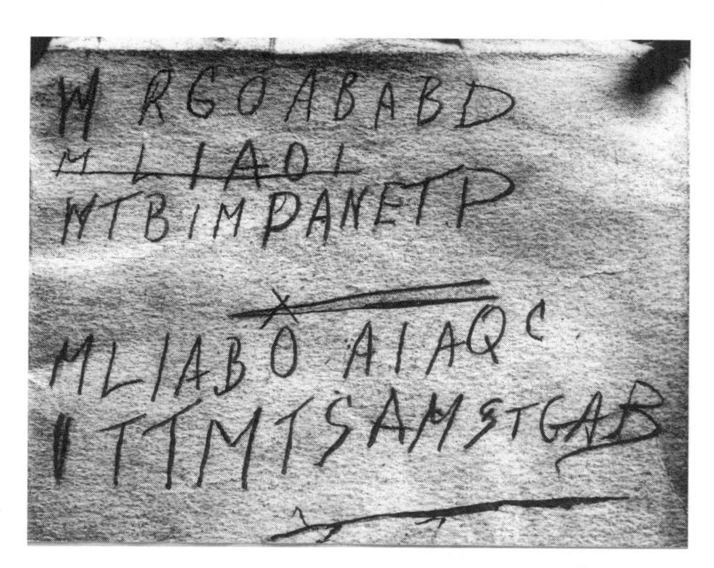

図13.11：ソマートン・マンが残したメッセージは、略語暗号文かもしれない

この謎はオーストラリアでセンセーションを巻き起こし、多くのメディアで報道され、多くの人々の関心を集めました。ソマートン・マンの死から数ヶ月後、警察の捜査員が、見知らぬ男のスーツの隠しポケットから、本から丁寧にちぎった折り畳み式のメモを発見しました。そのメモには、ペルシア語で「終わった」を意味する“Tamám Shud”という文字が印刷されていました。この小さなメモは、Edward FitzGeraldが書いた1859年の『The Rubaiyat of Omar Khayyam』から破り取ったものだったのです。その後、ソマートン・ビーチの近くに車を駐車していた男性がおり、後部座席にメモと合致する破られた本があるのを発見しました【訳注】。

訳注　車は施錠されておらず、後部座席に何者かが置いたのです。発見者の男性はその本と事件が関係あるとは知りませんでしたが、前日の新聞を見て関連に気づきました。この男性の身元や職業については、男性が匿名を希望したため公開されていません。

その本の裏表紙の内側に、警察は5行から成る手書きのメッセージを発見しました（図13.11参照）。今日ではタマム・シュッド暗号文と呼ばれています。トランスクリプトは次のとおりです。ただし、一部曖昧な文字があります。

```
MRGOABABD
MLIAOI
MTBIMPANETP
MLIABOAIAQC
ITTMTSAMSTGAB
```

数多くの暗号解読専門家や暗号解読愛好家がタマム・シュッド暗号文を解こうとしてきましたが、成果はありませんでした。この数行を書いた作者は不明であり、文字頻度からはおそらく略語暗号を使ったことがわかります。この仮説が正しいとすれば、誰かが原文を発見しないかぎり、この謎を解くことはおそらく不可能でしょう。

13.6.2 未解決の2枚のはがき

1911年にイギリスに住むBromleyに送られた、図13.12の2枚のはがきは、明らかに略語暗号で書かれています[*11]。平文は不明で、おそらく見つけるのは難しいでしょう。

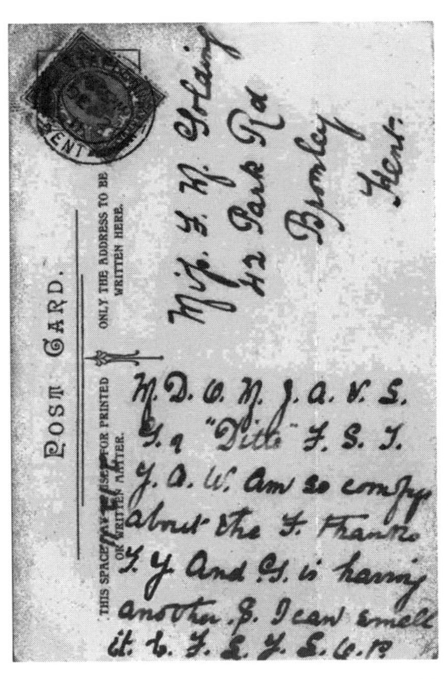

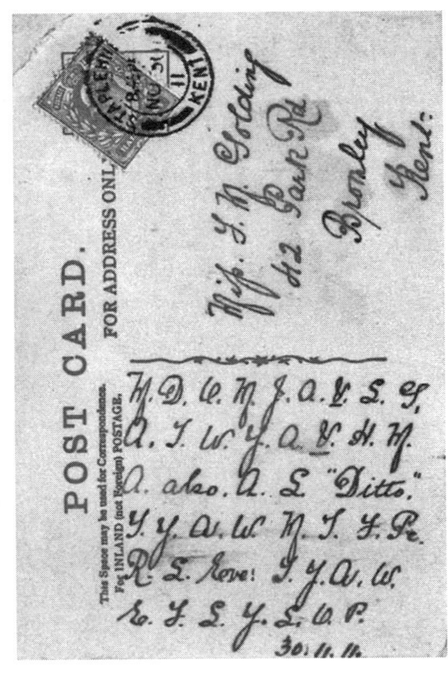

図13.12：この2枚のはがきはおそらく略語暗号で書かれている

第14章

辞書暗号と書籍暗号

第一次世界大戦末期の1918年、ドイツのラジオ局がメキシコの受信者に次のようなメッセージを送りました(*1)。

```
49138 27141 51336 02062 49140 41345
42635 02306 12201 15726 27918 30348
53825 46020 40429 37112 48001 38219
50015 43827 50015 04628 01315 55331
20514 37803 19707 33104 33951 29240
02062 42749 33951 40252 38608 14913
33446 16329 55936 24909 27143 01158
42635 04306 09501 49713 55927 50112
13747 24255 27143 02803 24909 15742
49513 22810 16733 41362 24909 17256
19707 49419 39408 19801 34011 06336
15726 47239 29901 37013 42635 19707
42022 30334 06733 04156 39501 03237
14521 37320 13503 42635 33951 29901
49117 46633 02062 16636 19707 01426
11511 42635 11239 04156 02914 12201
23145 55331 49423 03455 12201 30205
33951 30219 50015 04156 43827 06420
23309 19707 33104 42635 00308 29240
05732 54628 01355 39338 02914 12201
06420 11511 24909 27142 33951 49223
49618 42022 42635 17212 55320 15726
12201 06420 38219 21060 46633 37406
43644 33558 22527
```

本章では、このメッセージの分析を例に挙げます。

14.1 辞書暗号と書籍暗号のしくみ

盗聴していたアメリカの秘密情報収集所が上記のメッセージを録音し、第一次世界大戦中のアメリカの暗号解読部隊であるMI-8に転送して分析させました。MI-8の悪名高きトップであるHerbert Yardleyは、この暗号がいわゆる辞書暗号で作成されたものであることにすぐに気づきました。

辞書暗号は通常、市販の辞書を使用し、ページと単語の位置を暗号文にします。上記の例について、YardleyはCliftonの英仏辞書『Nouveau Dictionnaire Français』が使われていると書いています。たとえば、5桁のグループ43827は、この辞書の438ページに掲載されている27番目の単語を表しているわけです。第7章で説明したように、辞書暗号は（文字ではなく）単語を暗号化するため、通常は（サイファーではなく）コードを使います。

次の表は、上記の暗号の1行目にある5文字グループについて説明したものです。

コード	記載箇所	対応する単語
49138	491ページ、38番目	telegram
27141	271ページ、41番目	January
51336	513ページ、36番目	two
02062	20ページ、62番目	and
49140	491ページ、40番目	telegraphic
41345	413ページ、45番目	report

平文は“Telegram [from] January two and telegraphic report [from] S. Anthony Delmar via Spain received.”となります。

同様の暗号化方式は、小説のような他の本でも定義できます。これを書籍暗号と呼びます。小説の中で特定の単語を見つけるのは、“THE”、“AND”、“IF”のような一般的な表現でないかぎり、通常かなり難しくなります。そのため、書籍暗号は通常、単語ではなく1文字を指します。つまり、書籍暗号はサイファーであり、コードではないということです。

書籍暗号の著名な使用者は、米墨（べいぼく）戦争【訳注】末期の1848年にJames K. Polk米大統領によってメキシコに派遣された米国の外交官、Nicholas Trist（1800－74）です。

訳注 米墨戦争は、1846年から1848年の間にアメリカ合衆国とメキシコ合衆国の間で戦われた戦争です。アメリカ・メキシコ戦争（the Mexican–American War）とも呼ばれます。

Tristはメキシコ政府と条約を交わし、多くの領土を合衆国にもたらし、それが後に10州の全部または一部となりました(*2)。ワシントン発の手紙を保護するため、Tristは暗号化システムを必要としました。彼はそのうちの2つを考案し、どちらも書籍暗号でした。正しい本を見つけるために必要だった探索については、本章の成功談のセクションを参照してください。

次のテキストは彼の最初の暗号であり、部分的に暗号化されています。

```
Sir,
In my last I said, “I consider the probabilities of an early peace very strong.”
The enclosed will be found to corroborate this belief. 1,2,3,10 – 15,13,4,1 –
39,26,11,31–44,75,121,31–/ 47,1,6,16/7,3,15,20,24,27,28,29/,,8,1,9/,,9,1/,,2,5/
,,1,1/,,1,16,29/69,2,1/,,6,7/,,2,3,2/,,6,4,6,10,8/ under date July 29:5,33,25,4
–30,105,44,45,58–from a foreign merchant to this correspondent here . . .
```

Tristが使用した本は、1827年に出版されたスペイン語学習用の教科書、José Borras著の『True Principles of the Spanish Language』でした。どうやらTristは、メキシコで米国人旅行者がこの種の本を所持していても、疑われることはないと考えたようです。

Tristの最初の暗号の各数字グループ（カンマで区切られている）は「ページ、行、文字、文字、･･･」の形式で『True Principles of the Spanish Language』から引用されており、1つ以上の文字を表しています。つまり、「1,2,3,10」は2文字、「7,3,15,20,24,27,28,29」は6文字ということになります。同様に、「47,1,6,16」は2文字を表します。

47ページの1行目が

```
TABLE TWENTY-FIFTH - The fly and the bull 【訳注】
```

であることがわかっていれば、「47,1,6,16」の数列は'T'と'H'の文字を表していると結論づけられます。ただし、空白とダッシュはカウントの対象外です。

訳注　6番目と16番目の文字を太字にしました。

数字グループが「,,2,3,2」のように2つの欠番で始まる場合、前のグループのページ番号と行番号が使われます。

他にも多くの書籍暗号が歴史の中で使われてきました。すでに述べたものもあります。2番目のビール暗号では、書籍暗号が使われていました（第6章参照）。そこで使われている「本」とは、米国独立宣言です。もちろん、これは通常の意味での本ではありませんが、それは本質的ではありません。各文字を3つの数字（ページ、行、位置）で識別する代わりに、2番目のビール暗号に使われた暗号は単語の位置だけを使います。つまり、独立宣言の最初の単語は1番、2番目の単語は2番、といった具合です。平文を暗号化するために、単語の最初の文字だけが使われます。

Nicholas Tristが考案した2つ目の暗号は、2番目のビール暗号と同じコンセプトに基づいており、Tristの最初の暗号と同じ本を使用しています。Tristが書いた手紙には、“a short note [sent] to 121,13,1,2,17,5,9,20”とあります。本の最初のページを見れば、Tristの2番目の暗号で暗号化された、この8文字を復号できます（図14.1参照）。

THE study of foreign languages, after the acquisition of our own, is undoubtedly one of the most interesting and agreeable, which can occupy the time of literary persons, or engage the attention of those who are desirous of presenting themselves in society, as objects of a polite and accomplished education.

The Spanish Language, which yields to none in elegance, expression, or strength, has now become, by reason of commercial treaties recently established with South America, as necessary and important to the British youth, as it is instructive and entertaining to the learned, by reason of the infinite number of works, which in all times, and on all subjects, have been written (notwithstanding the trammels of the Inquisition) by men of genius, in that once eminent, but now unfortunate country.

図14.1：Nicholas Tristが書籍暗号に使用した本『True Principles of the Spanish Language』の最初のページ

「1=T」「2=S」「3=O」「4=F」「5=L」「6=A」「7=T」「8=A」「9=O」「10=O」、…となります【訳注】。

訳注　たとえば、1番目の単語は“THE”なので、その頭文字は‘T’であり、「1＝T」となります。

「121,13,1,2,17,5,9,20」を復号すると、“Mr THNTON”になります。Tristは名前の2文字を省略したらしく、これはおそらく“Mr Thornton”を指すのでしょう。

辞書暗号や書籍暗号は、アメリカ合衆国の初期にはかなり普及していました。アメリカ独立戦争中、裏切り者のBenedict Arnold（1740－1801）は、William Blackstone卿の『Commentaries on the Laws of England』を用いた書籍暗号で、多くの手紙を暗号化しました(*3)。書籍暗号では時間がかかりすぎて面倒であることが判明したため、彼はすぐに『Nathan Bailey's Dictionary』に基づく辞書暗号に切り替えました。

アメリカ建国の父の一人であり、今日Lin-Manuel Mirandaによるブロードウェイ・ミュージカルのタイトルにもなっているAlexander Hamilton（1756－1804頃）は、義父Philip Schuyler 4世(*4)から、『Entick's Spelling Dictionary』の1777年版に基づいた辞書暗号について説明を受けました。Hamiltonがこの暗号を使ったかどうかは歴史に残っていませんが、イギリスとアメリカの両方において暗号化の目的で同じ辞書を使っていたことが知られています。イギリスのCharles Cornwallis将軍とHenry Clinton将軍がアメリカ独立戦争で使用しました。また、1804年に有名な決闘でHamiltonを無関係の理由で殺害した、Aaron Burr米副大統領（1756－1836）も、その後自身の書簡で同じ辞書の1805年版を使用したという記録が残っています(*5)。

14.2 辞書暗号や書籍暗号の検知法

辞書暗号を検出するのは非常に簡単です。たとえば、図14.2の第二次世界大戦のメッセージを見てみましょう[*6]。これは電報のドイツ語原文を英訳したものです（原文へのリンクは参考文献を参照）[*7]。

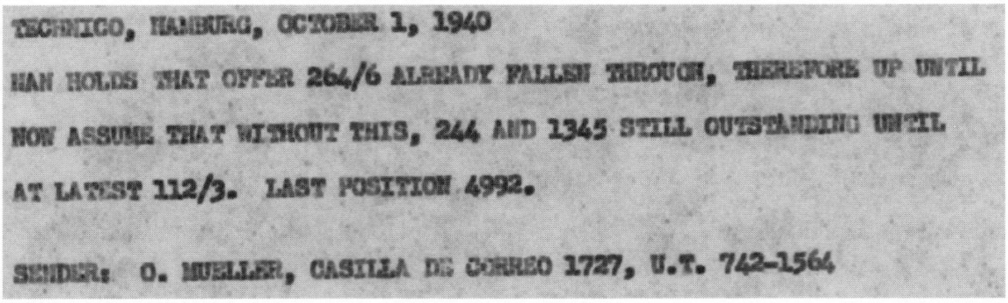

TECHNICO, HAMBURG, OCTOBER 1, 1940
HAN HOLDS THAT OFFER 264/6 ALREADY FALLEN THROUGH, THEREFORE UP UNTIL
NOW ASSUME THAT WITHOUT THIS, 244 AND 1345 STILL OUTSTANDING UNTIL
AT LATEST 112/3. LAST POSITION 4992.
SENDER: O. MUELLER, CASILLA DE CORREO 1727, U.T. 742-1564

図14.2：この第二次世界大戦中の電報（翻訳版）には、2つの辞書暗号の表記が含まれている

この暗号文には「264/6」と「112/3」という表現が含まれています。244、1345、4992という数字は、おそらく未確認のコードブックのコードグループであり、ここでは関係ありません。このような「##/##」という表現を生成する、もっとも一般的な暗号化方式は、辞書暗号と書籍暗号です。この推測が正しければ、「264/6」の264はページ数、6は単語や文字の位置を表しているのでしょう。実際、この2つの表現はLangenscheidtの『Lilliput Dictionary English–German』（『リリパット英独辞典』）を参照しており、「264/6」は“pier”（「桟橋」）、「112/3」は“December”（「12月」）を意味します。

ページ番号と単語位置の間に目に見える分離がない場合、辞書暗号や書籍暗号の検出は少し難しくなります。たとえば、コードやノーメンクラター（第7章参照）と区別しにくくなります。辞書の1ページに掲載される単語は、通常100語以下ですが。50語以下という情報もあります。したがって、ある暗号文に「XXXYY」という形の数字が含まれている場合、「YY」が常に50以下であるかどうかをチェックする必要があります。もちろん、「YY-XXX」のような逆表記のシステムや、他のスクランブル方式かもしれません。また、その数が50を超える場合は、辞書暗号ではなく書籍暗号が使われているか、1ページに収まる単語数よりも多く単語数を数えるシステムが採用されている可能性があります。たとえば、ビール暗号は独立宣言を採用しており、最初から最後までの何百語もの単語を数えました。

14.3 辞書暗号と書籍暗号の解読法

辞書暗号や書籍暗号を破るのは非常に難しいとされます。もし適切に運用され、暗号解読者が使用した本を特定できていなければ、解読が不可能であるかもしれません。しかしながら、使用された本が見つかることもあるし、暗号の常として暗号解読者は暗号使用者の犯した間違いから解読の手がかりを得ることもあります。

14.3.1 本や辞書を特定する

辞書暗号や書籍暗号を解くもっとも明白な方法は、その暗号の元になっている本を見つけることです。私たちはすでに第6章で例（おそらくフィクション）を見ています。ビール・パンフレットによれば、ホテル経営者Robert Morrissの友人が、メッセージの暗号化に使われた文書がアメリカの独立宣言であることを突き止めた後、2番目のビール暗号を解読したといいます。　もう1つの事件（こちらは間違いなくフィクション）は、Arthur Conan Doyleが1915年に書いたSherlock Holmes（「シャーロック・ホームズ」）の小説『The Valley of Fear』（『恐怖の谷』）で語られています。この小説では、Sherlock HolmesがFred Porlockから暗号化されたメッセージを受け取ります。Holmesは書籍暗号ではないかと疑います。彼は、使用されている本は広く入手でき、ページ数があり（少なくとも534ページある）、1ページに2段組で印刷されていると結論付けています。年鑑はまさにこの条件に当てはまります。Holmesはまず、数日前に受け取ったばかりの『Whitaker's Almanac』（『ホイッティカー年鑑』）の最新版を試してみましたが、効果はありませんでした。そして、同じ本の旧版を試してみました。Holmesはこの年鑑から、このメッセージが「ある悪魔的な行為」を意図しているという警告であることを読み解きました。もちろん、最後にはHolmsが事件を解決します。

14.3.2 辞書の再構築

スイスの暗号学者André Langieは、1922年に出版した『Cryptography』の中で、次のような暗号文を解くよう依頼されたと報告しています[*8]。

```
5761 3922 7642 0001 9219 6448 6016 4570 4368 7159
8686 8576 1378 2799 6018 4212 3940 0644 7262 8686
7670 4049 3261 4176 6638 4833 4827 0001 3696 6062
8686 2137 4049 2485 7948 0300 9712 0300 4212 9576
2475 8576 8337 0702 9185
```

見てのとおり、メッセージは45個の4桁の数字で構成されています。一見すると、辞書暗号には見えません。4桁の数字がページ番号と単語番号に分かれていることが意味をなさないからです。使用されている辞書が約100ページで、1ページあたり約100の項目があると仮定しないかぎり、それはありえません。しかし、もしメッセージの送信者が、ページ番号を含めずに辞書の項目に番号を振っていたらどうでしょうか？　本文中に0001という数字が2回出てくることを考えると、この主張の可能性がより高くなります。英語辞書の最初の項目は通常、冠詞の'a'です。'a'はよく使われる単語なので、この長さの文章に2回出てくるのはもっともといえます。そこで、この種の辞書暗号を扱っていると仮定してみましょう。

先のテキストに登場する4桁の数字を昇順にソートすると、リストのリストが得られます。

```
0001, 0001, 0300, 0300, 0644, 0702, 1378, 2137, 2475, 2485,
2799, 3261, 3696, 3922, 3940, 4049, 4049, 4176, 4212, 4212,
4368, 4570, 4827, 4833, 5761, 6016, 6018, 6062, 6448, 6638,
7159, 7262, 7642, 7670, 7948, 8337, 8576, 8576, 8686, 8686,
8686, 9185, 9219, 9576, 9712
```

0001とともに、0300、4049、4212、8576、8686といった他のグループ分けも繰り返されていることがわかります。

次に示す表が参考になるでしょう。'A'から'Z'で始まる単語が、もっとも頻度の高い英単語10,000語を含む辞書の中でどのように分布しているかを示しています [*9]。この表は、開始位置だけでなく、いくつかの文字は他の文字よりもページ数が著しく少ないことも読み取れます。

```
A 0001 - 0643
B 0644 - 1178
C 1179 - 2160
D 2161 - 2755
E 2756 - 3177
F 3178 - 3599
G 3600 - 3926
H 3927 - 4295
I 4296 - 4717
J 4718 - 4800
K 4801 - 4877
L 4878 - 5216
M 5217 - 5710
N 5711 - 5871
O 5872 - 6109
```

```
P 6110 - 6960
Q 6961 - 7019
R 7020 - 7513
S 7514 - 8715
T 8716 - 9298
U 9299 - 9453
V 9454 - 9637
W 9638 - 9929
X 9930 - 9941
Y 9442 - 9971
Z 9972 - 10000
```

暗号文の中で、2度現れるグループ0300に注目してください。暗号化システムについて私たちの仮定が正しいとすれば、この0300に対応する単語は'A'で始まり、2文字目はアルファベットの真ん中あたりに位置している可能性が非常に高いといえます。"AND"はよい候補の1つです。

8686という数字は暗号文中に3回出現しており、この暗号文中でもっとも頻度の高い数字グループです。その近くには8576があり、2回出現します。上の表によると、これらの場所にある単語は'S'で始まることになっています。しかし、'S'で始まる一般的な英単語が、お互いにこれほど近くにあるでしょうか？ "still"や"such"が候補になりそうですが、さらに調べてみるとうまく一致しません。そこで、暗号文メッセージの作成者が使用する辞書の文字分布が、上の表のものとは少し異なると仮定してみます。おそらく'T'で始まる単語を見るとうまくいきそうです。事実、"THE"と"TO"の2つの単語であればうまくいきそうです。「8686 8576」という組み合わせが暗号文に現れるという事実によって、この推測は正しい可能性が高いと判断できます。

私たちの推測に基づくと、次のような骨組みをスケッチできます。

```
5761 3922 7642 0001 9219 6448 6016 4570 4368 7159
               A
8686 8576 1378 2799 6018 4212 3940 0644 7262 8686
TO   THE                                     TO
7670 4049 3261 4176 6638 4833 4827 0001 3696 6062
                                   A
8686 2137 4049 2485 7948 0300 9712 0300 4212 9576
TO                       AND       AND
2475 8576 8337 0702 9185
     THE
```

次のステップでは、分布表に基づいて他のすべての開始文字を推測します【訳注】。

> **訳注**　太字ではない1文字は、推測した結果の単語の頭文字になります。

5761	3922	7642	0001	9219	6448	6016	4570	4368	7159
N	G	S	**A**	T	P	O	I	I	R
8686	8576	1378	2799	6018	4212	3940	0644	7262	8686
TO	**THE**	C	E	O	H	H	B	R	**TO**
7670	4049	3261	4176	6638	4833	4827	0001	3696	6062
S	H	F	H	P	K	K	**A**	G	O
8686	2137	4049	2485	7948	0300	9712	0300	4212	9576
TO	C	H	D	S	**AND**	W	**AND**	H	Y
2475	8576	8337	0702	9185					
D	**THE**	S	B	T					

確かに、今はまだ難しいといえます。もっと多くの単語を当てる必要がありますが、私たちはそれぞれの単語の頭文字しか知りません（しかもまだ確定していない）。物事を少し簡単にするために、平文のほんの一部を知っていると仮定してみます。つまり、私たちはクリブを持っていると仮定するのです。このメッセージは軍事的な内容であり、敵の攻撃に関する情報が含まれているという情報を聞かされているものとします。実際、2行目の「2799 6018」は“ENEMY OFFENSIVE”を意味している可能性があります。もしそうなら、“TO THE”と“ENEMY OFFENSIVE”の間にある1378は“COMING”かもしれません。1行目の6016という数字は6018（“OFFENSIVE”）にかなり近い数値です。もっとも可能性の高い復号結果は、“OF”です。

2番目に大きい数値である9576は、おそらく‘W’から始まる単語であり、“WERE”あるいは“WILL”と推測できます。その直後に2475、すなわち‘D’から始まる単語、そして“THE”が続きます。それは何なんでしょうか？　アルファベット順では、“COMING”（1378）と“ENEMY”（2799）の間に位置します。この2つの間隔は1421であり、1378と2475の差は1097です。つまり、全体から見て4分の3になります。このことから、“DI”や“DO”で始まる単語が導かれました。本文中には、ほぼ同じ辞書的位置にある2485という別の数字があります。実際、2475と2485のうち片方は“DO”かもしれません。仮に2485が“DO”として、その直前の文脈に合う単語を探してみます。辞書ファイルには、“DIVULGE”と“DIVIDE”があります。したがって、「0300・・・8576」は“AND YOU AND I WILL DIVIDE THE”を表すと推測できます【訳注】。

> **訳注**　やや強引な推測に感じられるかもしれませんが、ここまでやらないと書籍暗号を解読できないことを示唆しています。

暗号文の残りを解読するには、同様に推測を進めます。時折、誤ったステップを踏むことは確かですが、確立された言葉の1つひとつが私たちの足場を固めてくれます。推測した単語が多ければ多いほど、次の単語を見つけるのが容易になります。次が最終的に得られる平文です。最初の単語は不明ですが、おそらく‘M’で始まる名前だと思われます。

```
???? HAS SECURED A VALUABLE PIECE OF INFORMATION IN REGARD TO
THE COMING ENEMY OFFENSIVE. I HAVE BEEN REQUESTED TO SEND HIM
FIVE HUNDRED POUNDS. IT IS A GOOD OPPORTUNITY TO DENOUNCE HIM.
DO SO, AND YOU AND I WILL DIVIDE THE SUM BETWEEN US.
```

この方法で辞書暗号を破るのは確かに容易ではありません。しかし、本章の成功談のセクションで紹介するように、それは可能なのです。

14.3.3 書籍暗号を単一換字式暗号のように扱う

書籍暗号はその構造によって、単一換字式暗号、同音字暗号、ノーメンクラターと見なすこともできます。つまり、それぞれのタイプの暗号を解くのに利用可能な手段を使えば、書籍暗号の暗号文を解けるということです。一例として、尊敬するMartin Gardnerの1972年の著書『Codes, Ciphers and Secret Writing』の中古品にあった手書きの献辞を見てください（図14.3参照）[*10]。

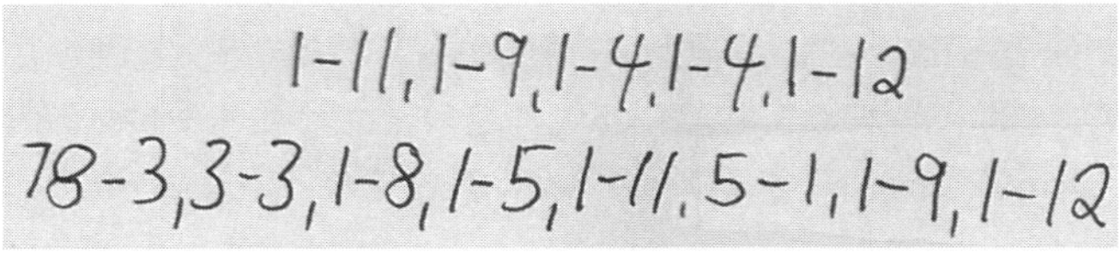

1-11,1-9,1-4,1-4,1-12
78-3,3-3,1-8,1-5,1-11,5-1,1-9,1-12

図14.3：書籍暗号で暗号化された献辞

以下はその書き起こしです。

```
1-11,1-9,1-4,1-4,1-12 78-3,3-3,1-8,1-5,1-11,5-1,1-9,1-12
```

これを解読する方法はいろいろあります。単一換字式暗号として見るなら、次に示す方法が有効です。ハイフンで区切られた2つの数字の組をそれぞれ文字に置き換えてみます。左から右へ進み、異なる数字ペアに出会うたびに新しい文字を追加すると、この暗号文は次のように転写されます。

```
ABCCD EFGHAIBD
```

“ABCCD”というパターンに一致する数多くの単語には、“happy”などの単語があります。なお、こうした単語を素早く特定するには、CrypTool 2のようなプログラムが有効です。確定した文字を置き換えると、2番目の単語は“****H*AY”となります。そこから平文が“HAPPY BIRTHDAY”であることを推測するのはそれほど難しくありません。

もう1つの解読法について説明します。次に示すGardnerの『Codes, Ciphers and Secret Writing』の最初の段落に注目してください。

```
Cryptography, the writing and deciphering of messages . . .
```

私たちはまた、書籍暗号を扱っていることが判明します。どういうことかを説明しましょう。1-11は「1番目の単語」の「11番目の文字」である'H'を表し、1-9は「1番目の単語」の「9番目の文字」である'A'を表しています。以下同様です。

14.4 成功談

14.4.1 FIDES広告

1862年から1866年にかけて、ロンドンの新聞『The Times』に23の広告が掲載されましどの広告も"FIDES"という単語で始まっているので、これらの広告をFIDES暗号文と呼ぶことにします。これらの広告のほとんどは、少なくとも部分的には暗号化されていました(*11)。いくつか例を挙げます。

```
1862-10-31
FIDES (Thought). — No myth, but a neighbouring town, where I shall be detained
a little time. I shall be in for a few hours on Monday, and must take my chance
of meeting you between 2 and 3 o' clock. Perhaps I may hear from you meantime.
Direct to P.O.

1864-06-22
FIDES. - DOCUMENTS will AWAIT your ARRIVAL at No. 3. on and after Tuesday next.
Both of your letters to hand. (58.62) (171.53) (248.74) (152.79) (223.84)
(25.21) (222.64) (132.74). James gone to Egypt instead.

1864-07-21
FIDES. - (218.57) (106.11) (8.93) (17.61) (223.64) (146.7) (244.53) (224.21)
(20) (192.5) (160.19) (99.39) (No. 8) (251.70) (1) (223.64) (58.89) (151.79)
(226.69) (8.93) (40.12) (149.9) (248.101) (167.12) (252.35) (12.31) (135.100)
(149.9) (145.76) (225.53) (212.25) (20) (241.6) (222.22) (78.45) (12.31) (66.28)
(252.33) (158.33) (6.65) (20) (2) (11.50) (142.37) (223.87) (12.31) (142.37)
(105.33) (142.37) (157.20) (58.62) (133.89) (250.86).
```

FIDES暗号文の出典はもちろん、2005年に出版されたJean Palmer（すなわちTony Gaffney）著の『The Agony Column Codes & Ciphers』です[*12]。Tonyは自身の本で紹介した暗号化された広告のほとんどを自力で解読しています。しかし、2005年に彼の本が出版された時点で、FIDES暗号文の解は見つかっていませんでした。

数年後、Tonyは再びFIDES暗号文を解こうとしましたが、今度は辞書暗号を扱っていると仮定しました。つまり、「146.7」という表現が146ページの7番目の単語を表していると仮定したのです。頻度分析と、広告の平文部分から提供されたクリブに基づいて、Tonyはいくつか推測できました。しかし、謎を完全に解くためには、使用されている辞書を見つける必要がありました。大英図書館で何時間も探し回り、18世紀に出版された48種類以上の英語辞書を調べた結果、Tonyが調べた49番目の辞書が、1862年に出版されたJohnsonの『Pocket Dictionary of the English Language』でした。

そこから、そのコードが正確にどのように機能するのかが明らかになりました。各ペアの前半の数字は、ページ番号に1を足したものであることが判明しました。後半の数字は、各ページにおいて列を右側から左側へと、下から上へと数えていく単語番号だったのです。加えて、1は'I'、2は"YOU"を表し、20はカンマまたはピリオドを表します。

1864-06-22の広告（"FIDES. - DOCUMENTS will AWAIT your・・・"）を解読すると、"Darling precious weary oaf thou better than life."となりました。それはおそらく、関係者だけに意味があるメッセージだったと思われます！　完全な解読はKlausの2014年のブログ記事に掲載されています[*13]。

14.4.2 Nicholas Tristのキー・ブック

本章で前述したように、アメリカの外交官Nicholas Trist（1800 – 74年）はメキシコ滞在中、アメリカ政府との通信に2冊の暗号を使っていました[*14]。暗号史家のRalph E. Weberは、1979年の著書『United States Diplomatic Codes and Ciphers』でこの2つの暗号について説明していますが、彼はTristが使用した本を知らなかったため、Tristのメッセージをすべて解読することはできませんでした[*15]。彼が知っていたのは、Tristの書籍暗号が2つとも同じ本に基づいているということだけでした。

数年後、暗号学者のStephen M. MatyasがWeberの本を読み、この謎を解こうと決心しました[*16]。Matyasの調査によると、Tristは手紙の中でキー・ブックについていくつかの事実を述べていました。"To the British Nation"という献辞が書かれた小冊子であること、少なくとも2つの部分に分かれていること、領事としてスペインに派遣されたワシントンの人物によって書かれたものであることが手紙に記されていたのです。さらにWeberは、本文が"The study of foreign languages・・・"で始まっていることを発見しました。

キー・ブックの著者を特定するために、Matyasはワシントンからスペインまたはスペインの植民地に領事として派遣されたすべての人物のリストを作成しました。最終的なリストには約50人の名前があり、驚くことに多くの人物が本を出版していました。調査の結果、MatyasはJosé Borrasがもっとも有望な候補者であることを突き止めました。バルセロナの米国領事だったBorrasは、1827年に『True Principles of the Spanish Language』という本を出版していました。この本は、特に外国語を扱っているので、これまでのところ矛盾していません。

Matyasはシカゴのニューベリー図書館でこの本のコピーを見つけることに成功しました。そして、そこには確かに、彼が探していた献辞と書き出しの言葉が書かれていたのです。もう少しの作業で、謎は解けました。そして、Nicholas Tristの書簡はその後解読されました。例については、本章の冒頭を参照してください。

14.4.3 William Friedmanはいかにしてヒンドゥー教の陰謀暗号を暴いたか？

第一次世界大戦中、ヒンドゥー教グループはインドでイギリスの植民者に対する反乱を起こそうとしていました。これらのグループのメンバーは、アメリカから武器や後方支援を届けようと活動していました。アメリカ当局は、ヒンドゥー教の陰謀家たちを、武器に関する法律に違反し、友好国とみなされていたイギリスに対して革命を計画した犯罪者として扱いました。

1917年、アメリカのロンドン警視庁の担当者は、ヒンドゥー教の陰謀家から傍受した暗号化された書簡の束をWilliam Friedmanに転送しました。Friedmanは、新妻Elizebethとのコンビで、歴史上もっとも成功した暗号解読者の一人としてのキャリアをスタートさせたばかりでした。ロンドン警視庁は、手紙と一緒に容疑者リストをFriedmanへ渡しました。残念なことに、その手紙も容疑者の名前も公表されていません。私たちが知っているこの話に関する唯一の情報源は、Friedman自身が書いた1920年の報告書[*17]と、David Kahnが1967年に出版した『The Codebreakers』（1996年の第2版）[*18]に収められている短い論文だけです。ただし、どちらも暗号化されたメッセージの内容に関する情報はあまり得られません。

Friedmanの報告書によれば、共謀者の暗号化された手紙は「7-11-3」「8-5-6」「3-9-15」といった3つの数字のグループの羅列で構成されていました。予備調査の結果、Friedmanは書籍暗号を扱っていると結論付けました。数字の組み合わせで、ある本のページ、行、文字の位置を指すというわけです。たとえば「7-11-3」は7ページの11行目の3番目の文字を表します。

どの本が使われたのか、Friedmanには見当がつきませんでした。しかし、彼は共謀者たちが暗号化方法を正しく運用していないことに気づきました。メッセージの重要な部分だけが暗号化されていたのです。平文のまま残された部分は、Friedmanにメッセージの内容を知るヒントを与えました。また、暗号文には単語の区切りが存在し、単語の長さが明らかでした。メッセージの送信者は、同じ文字を暗号化する際に異なるページ、行、位置を参照することでより安全性を高められたにもかかわらず、特定の文字について同じ表現を何度も選択した事実も判明しました。また「7-11-3」「7-11-4」「7-11-5」「7-11-6」といった連続した配列がしばしば使われ、ある単語や単語の一部が平文と本の両方に含まれていることが明らかになりました。たとえば、平文の単語“apple”を暗号化したいとします。そのとき、暗号化する者がキー・ブックでの選択を怠り、単語“apple”を使用してしまうと、数字がすべて連続することになってしまいます[訳注]。

訳注 本来であれば、キー・ブックの異なるページから1文字ずつ選ぶべきなのです。それにもかかわらず、暗号者が横着して、暗号化したい平文単語をキー・ブックから探し出し、そのまま使ってしまうと、連続した配列が暗号文に現れてしまいます。

さらに、送信者はしばしば、行の中で最初に現れる文字を好んで使っていました。その結果、頻繁に使われる文字には通常低い位置の数字が付けられ、まれな文字には高い数字が付けられました。

Friedmanはかなりの研究の末、暗号化されたメッセージの中に、容疑者の一人の名前を表すと思われる一節を発見しました。私たちはこの名前が何であったかはわかりませんが、David KahnはFriedmanが推測できたテキストの断片の別の例を示しています。

```
83-1-2 83-1-11 83-1-25 83-1-1 83-1-8 83-1-13 83-1-18 83-1-3 83-1-1 83-1-6 83-1-3 83-1-6
```

を見てください。これは、2つの暗号化された単語を示しています。この2つの単語は"1234567849 89"というパターンを形成します。4、8、9の文字が繰り返されていることに注意してください。最新の暗号解読ツールを使えば、このパターンはかなり早く解決できるでしょう。これまでの議論どおりであれば、3番目の文字（暗号文文字"83-1-25"）は83ページの1行目の25番目の文字を示している可能性があります。

しかし、Friedmanはこの文字が他の文字よりも数字が大きいことに気づきました。

通常の手紙であれば、ポジション番号（位置を示す数）はずっと小さくなるため、Friedmanはこれは珍しいタイプの手紙であるか、前述の過程が誤っているかと考えました[訳注]。

訳注 1行に25個の単語が存在することは珍しいため、25番目の単語（の頭文字）ではなく、25番目の文字と仮定できます。この考えに基づくと、暗号文文字"83-1-25"は、「83ページ」「1番目の単語」「その単語の25文字目」に対応します。

Friedmanは、執念と直感と幸運を織り交ぜた結果、ポジション番号の高い文字が'V'であること、そしてこの2つの単語が"REVOLUTION IN"を表すことを特定しました。これが正しいことは証明されました。

後にFriedmanはこう書いています。「ここから、断片ごとに、メッセージの平文が構築されました。メッセージの平文だけでなく、使用されている道の本の何ページ目の何行目に"Germany"（「ドイツ」）という単語があることを、合理的な確信を持って述べることができます。別のページと行では"government"（「政府」）、別の場所では"constitution"（「憲法」）などがあります。こうした証拠から、私たちはこの未知の本の主題が政治経済であることを推測したのです」

シカゴの裁判所で共謀者に対する公判期日が近づいたとき、メッセージが正しく解読されていることを陪審員に納得させるためには、司法省はFriedmanに本のタイトルを教えてくれるととても助かると告げました。そこでFriedmanと彼のチームは、アメリカとイギリスの書店を組織的に調査し、政治経済に関する本で特定の単語が特定の位置にあるものを探しました。しかし、裁判が始まったとき、その本はまだ特定されていなかったのです。

Friedmanは、使用した本を提示できないまま法廷で暗号を説明する準備をしました。しかし、シカゴのホテルに滞在し、証言の予定を待っていたとき、Friedmanは偶然、シカゴ最大の書店であるマクラーグの前を通りかかりました。彼は店内に入り、政治経済のコーナーに行き、本を物色しているうちに、突然探し求めている本を発見したのです。その本のタイトルは1913年のPrice Collier著『Germany and the Germans』です。謎は間一髪のところで解けたのです。

Friedmanが自分の解読結果を本と照らし合わせてダブルチェックしたところ、95%以上が正しいことがわかりました。Friedman'の証言がどのように受け止められたかについては、私たちが持っている情報源では言及されていませんが、ヒンドゥー教の共謀者のかなりの数が有罪となったことはわかっています。これがフリードマンのキャリアにおける最初の大成功でした。そして、その後も多くの成功し続けています。

14.4.4 Robert E. Leeに送られた辞書暗号メッセージ

図14.4は、1862年[*19]に南北戦争の将軍Robert E. Leeに送られた暗号化されたメモです。私たちは、ノースカロライナ大学チャペルヒル校ルイス・ラウンド・ウィルソン・スペシャル・コレクション図書館のCivil War Day by DayのWebサイト[*20]と、Satoshi TomokiyoのCryptianaのWebサイト[*21]で見つけました。このメッセージの暗号化された部分はユニットで構成され、各ユニットは数字、文字（'L'、'M'、'R'）、別の数字で構成されています。以下は、暗号愛好家のDavid Allen WilsonとThomas Bosbachが提供してくれた暗号化されたメモの記録です。

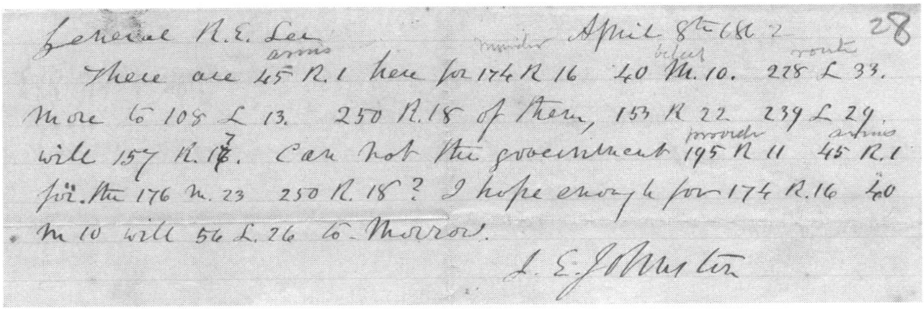

図14.4：Robert E. Leeに送られたこのメッセージは辞書暗号で暗号化されている

```
31. August 2017
General R.E. Lee April 8th 1862
There are 45 R 1 here for 174 R 16 40 M 10. 228 L 33. More to
108 L 13. 250 R 18 of them, 153 R 22 239 L 29. Will 157 R 17.
Can not the government 195 R 11 45 R 1 for the 176 M 23 250 R
18? I hope enough for 174 R 16 40 M 10 will 56 L 26 to-Morrow.
J.E. Johnston
```

'L'、'M'、'R'の文字がちりばめられた、数字のグループがあります。もっとも可能性の高い説明は、暗号文が辞書暗号で暗号化されているというものです。各ユニットの最初の数字がページ、文字（'L'、'M'、'R'）が列（左、中央、右）、2番目の数字が行を表すといったものです。その本はおそらく英語の辞書で、少なくとも250ページあり、1ページに33行あります。

いくつかのユニットの上には、平文とされる表現がすでに書かれています【訳注】。

訳注　図14.4を参照してください。

たとえば「45 R 1」の上に"ARMS"、「228 L 33」の上に"ROUTE"が書かれています。これらの復号は正しいでしょうか？　もしそうだとしたら、追記した者はなぜ一部の単語しか復号しなかったのでしょうか？　"ROUTE MORE TO"で始まる2つ目の文章は意味が通じるでしょうか？　また、250ページもある辞書の45ページにARMSという単語が載っているのはもっともなことですが、その辞書には最初の数ページしか'A'で始まる単語は載っていないのでしょうか？　もちろん、使用された暗号が、ページ番号に数字を追加するような、さらなるトリックを備えている可能性はあります。しかし、アメリカ南北戦争の暗号システムについて、それほど洗練されていたとは一般に考えられません。

Klausが2017年にCipherbrainのブログでこの暗号化されたメッセージを紹介したとき、これらの質問に対する答えは不明でした。何人かの読者は、暗号文の箇所について意味を成すような辞書を探し求めました。1860年代頃に出版された3段組で250ページほどの英語辞書があまりなかったため、この探索は以下の条件によって単純化されました。最終的に、Davidschというニックネームの読者が、1857年の『The Noah Webster, William Greenleaf Webster Dictionary』という正しい辞書を見つけました。その結果、いくつかの暗号文ユニットの上に記されている平文表現とされるものは、間違っていることがすぐに明らかになりました。

この辞書を知っていたブログ読者のThomas Bosbachは、すぐに解読し、次のメッセージを得ました。括弧内は平文の単語です。

```
There are 45R1(cars) here for 174R16 (one) 40M10 (brigade).
228L33 (six) more to 108L13 (follow). 250R18 (three) of them,
153R22 (long-) 239L29 (street) will 157R17 (march). Can not the
government 195R11 (procure) 45R1 (cars) for the 176M23 (other)
250R18 (three)? I hope enough for 174R14 (one) 40M10 (brigade)
will 56L26 (come) to-morrow.
```

14.5 チャレンジ

14.5.1 Dan Brownの書籍暗号チャレンジ

Dan Brownの2003年のベストセラー小説『The Da Vinci Code』のブックカバーの裏、右下隅に、濃く印刷された円形の模様があります。

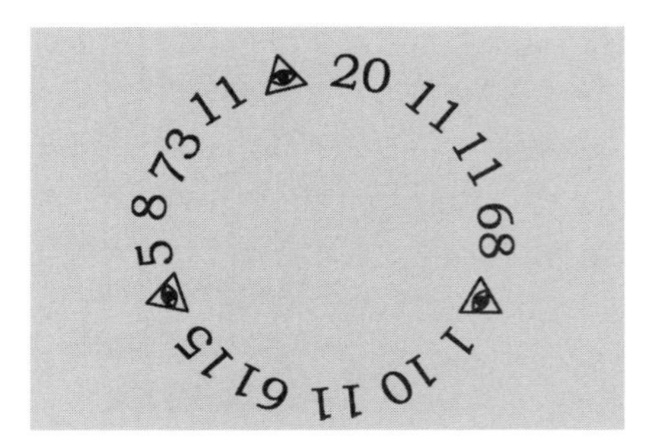

以下がその書き起こしです。

```
20 11 11 68 • 1 10 11 61 15 • 5 8 73 11 •
```

それぞれの数字は、小説における各章の最初の文字を指しています。なお、この本を持っていない少数の読者のために、`https://codebreaking-guide.com/challenges/`でこの情報を提供しています。文字を正しく並べ替えると、ラテン語の文章になり、米国の伝統的なモットーを表しています。

14.5.2 辞書暗号チャレンジ

2018年、Klausは自身のブログで辞書暗号のチャレンジを紹介しました(*22)。彼はまず、辞書を作成するために、英語のもっとも一般的な単語、頭字語(とうじご)、略語を10,000個含むテキストファイルを探しました。そして、暗号解読者がどのファイルを使ったかが推測できないように、いくつかの変更（'ZZTOP'などの単語の追加、他のいくつかの単語の削除など）を加えました。次に、彼はスプレッドシートに単語をアルファベット順に並べました。最後に、彼は完成したリストをコードブックとして使用しました。リスト内の位置によって各単語を参照します。リストの最初と最後を次に示します。

```
0001: A
0002: AAA
0003: AAAA
0004: AACHEN
0005: AARON
0006: AATEAM
0007: AB
0008: ABANDONED
0009: ABC
0010: ABERDEEN
. . .
9992: ZONING
9993: ZOO
9994: ZOOM
9995: ZOOPHILIA
9996: ZOPE
9997: ZSHOP
9998: ZSHOPS
9999: ZUT
10000: ZZTOP
```


単語リストには、完全な単語といくつかの略語だけでなく、アルファベット26文字も含まれています。これらは通常の単語と同じように扱われるため、たとえば、'E' は "DYNAMICS" と "EACH" の間に位置することになります。暗号化したい単語が辞書リストにない場合、1文字ずつ暗号化できます。このコードブックを使って、Klausは約70語で構成される平文を暗号化しました。

```
8456 0619 8928 6116 9216 5992 9061 1263 0001 5326 2272 2827
5884 1142 8993 4906 8322 6163 8928 6841 6694 3564 8928 7658
6323 8928 1142 0212 0016 6207 4906 8785 0001 5069 0371 9647
0307 8928 9652 0212 8192 4316 5602 9967 9804 7254 0001 5385
4424 8928 1449 6163 4714 8949 4692 0001 8515 2212 6205 8928
7278 8131 6163 4714 9967 9804 3458 0001 9861 1390 2012 0001
2546 8926 9804 4139 9967 9061 2365 8928 5992 5589
```

ブログの読者であるNorbert Biermannは、公開の同日にこのチャレンジを解読してしまいました。あなたにも解読できますか？

14.6 未解決の暗号文

14.6.1 1873年の暗号化された2つの新聞広告

1873年、ロンドンの『Daily Telegraph』に暗号化された2つの新聞広告が掲載されました(*23) (*24)。それらは次のとおりです。“Toujours bleu” はフランス語で “always blue”（「いつも青い」）という意味です。

```
1873-02-07
TOUJOURS BLEU. - 7.64. 13,141. 24.24. 18,299. 1,317 8,481X - 1,274. 32,561
29,375 13,127 28,801. 32,561. 21,8 21,221X 28,59. 39,629. 28,59 39,629 29,544
25,138 29,219 7,64X - 29,219 17,77 6,582 1,384 16,243 29,219 19,367 8,226
18,176 33,383X - 36,547. 8,39 2,379 2,4 27,609 32,561 9,324 21,367 9,629 28,59
12,361 32,104 6,381 1,268 38,498 25,411 32,561 2,140X - 1,268 14,527 33,212
38,616 8,335X - 2,495 3,379 20,320 32,561 29,422 1,257 24,24 24,485 40,618
1,268 40,338 15,198. 21,367X - 19,420 2,407X - 25,618 11,390 40,629 32,252
27,538X - 18,411 10,422 2,185X - 27,254 2,221X - 40,204 8,347 20,388 8,347
40,325 8,347 36,621 8,347 25,239 32,24 1,268 8,306 1,268 8,306 1,268 5,58
40,629 5,19 5,19 4,386X 22,451 29,329 22,451X - 12,262X 15,50 10,66X 13,572
32,561 1,384 12,579 12,194 40,325X 8,347 7,518 12,629 29,219 26,106 1,624
21,556X 40,238 16,438 2,555X.

1873-02-27
ANTETYPE. - 8.347, 20.388X 1.317, 12.269, 20.28, 10.622, 15.50, 2.495 8.481.
32.561. 8.501X 1.268, 32,252, 12.455, 1.317, 8.226, 6.630 9.266, 2.4, 7.73X
24.627, 32.561, 27.556, 31.302. 28.185, 19.31X 25.264, 1.268, 32.252, 12.629,
29.219, 2.555X 21.367, 9.629, 12.361, 15.50, 25.138X 1.268, 13.572, 35.562,
2.555X 1.268, 8.306, 39.558, 11.606, 7.518X 40.204
```

どちらの広告も主に数字グループで構成され、それぞれがピリオドかカンマで2つの部分に分かれています。ピリオドやコンマの前の数字は、後ろの数字より小さくなっています。これらはすべて、書籍暗号と矛盾しません。「12.269」のような表現は、ある本の12ページの269番目の文字を表すかもしれません。いくつかのグループの末尾にある‘X’は、1文字の代わりに単語全体が関連するという意味かもしれません。この2つの暗号について、それ以上の詳しいことはわかっていません。

第15章

その他の暗号化方式

本書でこれまで説明してきた方法は、暗号機やコンピューターが発明される以前の歴史を通じて使われてきた暗号化アルゴリズムの大部分を網羅しています。1900年以前に作成された暗号文に遭遇した場合、使用されている暗号化方法は本書に記載されている可能性がとても高いでしょう。暗号化された手紙やはがき、日記を扱う場合も、それがいつ書かれたものであっても同じです。20世紀の他の暗号化文書の多くも、本書で言及されている、いずれかのシステムで暗号化されています。軍や諜報機関とは関係ない文書については、特にそうです。

とはいえ、これまで本書で詳しく取り上げていない暗号化手法もたくさんあります。以降では、これらのいくつかを簡単に紹介します(*1)。

15.1 暗号ツール

第2章で述べたように、暗号ディスクや暗号スライドは、単一換字式暗号や多換字式暗号を実行する際に使えます。暗号の歴史の中で、多くの種類の暗号ディスクやスライドが開発されてきました。たとえば、2つ以上の文字円盤を備えた暗号ディスク、暗号シリンダー、ストリップ暗号などがあります（図15.1参照）。これらのツールのほとんどは置換暗号を実装しています。一方、いわゆるスキュタレーは、棒に巻かれた帯であり、単純な転置を実現するために使用できます[*2]。

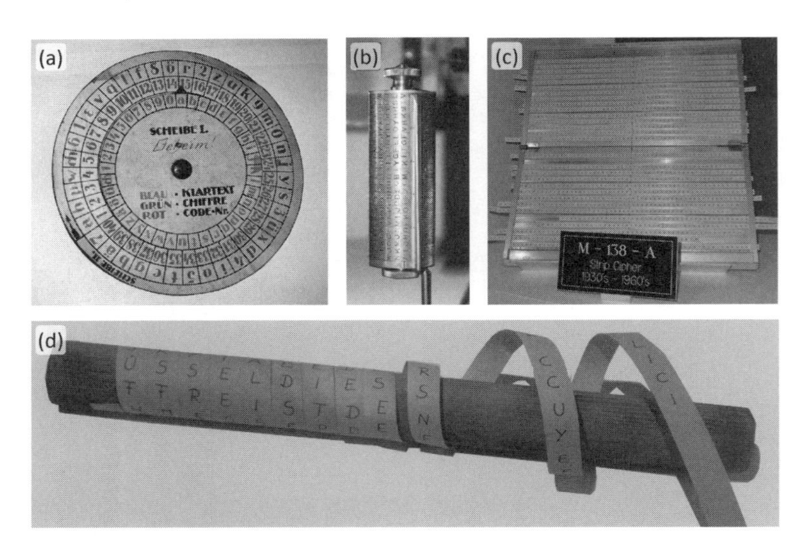

図15.1：暗号ツールには多くのバリエーションがある。暗号ディスク (a)、暗号シリンダー (b)、ストリップ暗号 (c)、そしてスキュタレー (d) は歴史を通じて広く使われてきた

暗号ツールに関する興味深い成功談を知りたいなら、Luis Alberto Benthin Sanguinoの2014年の修士論文「Analyzing Spanish Civil War Ciphers by Combining Combinatorial and Statistical Methods」をおすすめします[*3]。暗号解読に興味がある方は、MysteryTwister C3のM-138の問題をご覧ください[*4]。

15.1.1 音声暗号

電話が広く使われるようになったのは19世紀後半であり、その数十年後に音声ラジオが登場しました。どちらの技術も盗聴が可能です。特に無線通信は、盗聴者がアンテナと無線機器しか必要としないため脅威となります。そのため、サイフォニー（ciphony）という音声の暗号化が必然的に重要な課題となりました。特に、早くから電話や音声無線を導入していた軍事用途では、安全で便利な音声暗号化装置が求められていました。

音声の暗号化には、テキストの暗号化とはまったく異なる、より高度な技術が必要です。20世紀初頭、技術者たちが音声暗号システムに取り組み始めたとき、多くの厳しい課題に直面しました。当時の音声伝送はアナログであり、現在でもアナログ信号を安全に暗号化することは難しいといいます。そのため、第一世代の音声暗号マシンのほぼすべてが、大した努力もせずに解読できたことは驚くに当たりません。

第二次世界大戦中、どの戦争主導国も、安全でリーズナブルな音声暗号装置を設計することはできませんでした。第二次世界大戦でもっとも有名な音声暗号機は、アメリカ人によって作られたSIGSALYです。これはとても複雑で、部屋全体を埋め尽くしていました。SIGSALYはデジタル化された音声をワンタイムパッド方式で暗号化し、その鍵はレコードで提供されていました。SIGSALYはおそらく、第二次世界大戦中唯一の安全な音声暗号でした。しかし、この技術は高価であったため、数台しか製造されませんでした。これらの装置は軍の最高レベルでのみ使用されたのです。

冷戦初期には、モールス無線に代わって音声通信がますます盛んになりました。同時に、音声暗号化技術はますます重要になり、かなりの進歩を遂げました。デバイスは小型化し、操作が容易になり、安価になりました。一方、新しいデジタル化手法と新しい暗号が組み合わされ、より高度なセキュリティが提供できるようにもなりました。この時期、主に軍事用や外交用に、何百台とは言わないまでも何十台もの暗号電話や無線装置が開発されました。これまでのところ、ほとんどの情報が機密扱いであるため、冷戦時代の機器が使用していた暗号化方法についてはほとんど知られていません。

コンピューターの出現により、デジタル化された音声を0と1の連続から成るバイナリコードとして扱い、テキストや画像に使われていたのと同じアルゴリズムで暗号化することが可能になったのです。1990年代にデジタル携帯電話が普及したとき、その多くはすでに暗号化モジュールを搭載していました。今日、GSM、UMTS、LTEを含むすべての携帯電話の規格には暗号化機能が含まれていますが、デフォルトで保護されているのは携帯電話と基地局間の無線接続だけです。

今日でも、音声通信の暗号化（送信者から受信者まで）は軍事や外交の領域です。この目的で使用されるデバイスは、通常高価であり、使用されている暗号化アルゴリズムは公開されていません。一般人向けとして、音声の暗号化はまだほとんど使われていません。ただし、携帯電話が適用する端末対基地局の暗号化は除きます。少なくとも、暗号化通信をサポートするスマートフォン・アプリは徐々に普及しつつあります。

私たちの知るかぎり、音声暗号の歴史に関する包括的な本は非常に興味深いものとなるはずですが、市場にまだあまり出ていません。しかし、2010年に出版されたDave Tompkins著の『How to Wreck a Nice Beach』は、音声デジタル化の歴史を網羅した素晴らしい本です[*5]。SIGSALYを含め、音声暗号化に関する魅力的な情報が満載です。さらに、『How to Wreck a Nice Beach』では、音楽などにおける音声デジタイザー（一般にボコーダーと呼ばれる）の使用法も取り上げています。

音声暗号は、本書で取り上げるテキストの暗号化方法とはまったく異なるため、音声の暗号化を破ることは、これまで紹介してきた暗号解読方法とはまったく異なります。音声暗号の黎明期における暗号解読は、アナログ信号のスクランブル解除が主流でした。冷戦初期に音声のデジタル化が進み、暗号解読者の仕事はますます困難になっていきました。今日、音声暗号の暗号解読は、それ自体のトピックではなくなっています。この目的のために使用されるアルゴリズムは、他のコンピューター・ベースの暗号化手法と大差ないからです。

15.1.2 コード・トーキング

音声暗号に機械を使う代わりに、マイナーな言語を扱える人間に翻訳の仕事をさせることも可能です。この方法は、コード・トーキング（code talking）と呼ばれます【訳注】。

訳注　コード・トーキングを実施する者をコードトーカーといいます。

ほとんどの読者は、第二次世界大戦でナバホ族（ディネ族）のネイティブ・アメリカンがコード・トーキングに成功したことを知っているでしょう(*6)。2002年のハリウッド映画『Windtalkers』（Nicolas Cage主演）もこの時代を描いています。

しかし、ナバホ族のコードトーカーが最初だったわけではありません。第一次世界大戦では、アメリカ陸軍はすでにチェロキー、チョクトー、その他のネイティブ・アメリカンをコードトーカーとして起用していました。カナダでもネイティブ・アメリカンのコードトーカーを使っていました。しかし、第二次世界大戦前にこれらの取り組みが大規模化することはありませんでした。なぜなら、第一次世界大戦中は音声無線技術がまだあまり普及していなかったため、音声暗号の必要性がそれほど高くなかったからです。

それから30年後の第二次世界大戦では、電話や音声無線がより重要な役割を果たすようになりました。そのため、コード・トーキングはより大規模、かつより体系的に実施されるようになりました。いくつかのプロジェクトで、アメリカ軍は30以上のネイティブ・アメリカンの部族からコードトーカーを採用しました。もっとも有名なのは、太平洋戦争で活躍したナバホ族であり、数百の用語から成る精巧なコードを持っていました。2番目に大きなグループは、ヨーロッパで戦争に参加したコマンチ族のコードトーカーです(*7)。

第二次世界大戦におけるコードトーカーたちの仕事は、メッセージを母国語に翻訳することだけではありませんでした。それぞれの言語に基づいたコードが採用されていました。このコードには、コードトーカーたちが翻訳できない名前や地理的表現、その他の単語を伝達することを可能にするフォネティック・コードが通常含まれています。さらに、コードトーカーたちの言語には存在しない軍事用語のコードが取り込まれていました。多くの場合、"turtle"は "tank "を表し、鳥の名前はさまざまな種類の飛行機を表します。任務に就く前に、コードトーカーは各々に暗号を学び、使用する無線技術に精通するための訓練を受けました。

第二次世界大戦のアメリカのコードトーカーは、かなりの成功を収めました。適用された言語コードのどれもが破られたことはなく、コードを話すこと自体が非常に効率的であることが証明されたのです。コードトーカーによる音声メッセージの暗号化・送信・復号は、モールス信号を暗号化してから送信するよりもかなり速く、エラーも少なかったといいます。

第二次世界大戦後、コード・トーキングは使われなくなりました。音声メッセージの録音が容易になったことに加え、言語学者が話し言葉を分析する優れた方法を開発したため、安全性が低下したためです。冷戦時代には、より安全で使いやすく、効率的な音声暗号化技術が登場しました。

今日、専門家たちは、言語学的なコンピューター・プログラムの助けを借りれば、事実上あらゆる種類の暗号を解読できるでしょう。コードトーカーによって暗号化されたメッセージを解読するには、もちろん本書で紹介されている方法とはまったく異なる方法が必要です。暗号学というよりは言語学の問題であり、これらのメッセージを解読する最善の方法は、戦時中の暗号書を探し出すことです。これらは現在、Web上で入手可能です(*8)。

15.1.3 速記と速記法

1910年頃に送られた絵はがきのメッセージ(図15.2を参照)は、いわゆる速記法で書かれています(*9)。速記法とは、従来の文章に比べ、書くスピードと簡潔さを向上させる文章法のことです。主な目的は、よく訓練された人が、人が話すのと同じ速さで文章を書けるようにすることです。つまり、話し言葉を速記法で記録できます。また、はがきなどの重要度の低い暗号化に速記を使う人もいました。

図15.2:Dale Speirsから提供された、ピットマン速記で書かれた絵はがき

速記法はステノグラフィーと呼ばれ、ステガノグラフィーと混同してはいけません。ステガノグラフィーについては後のセクションで説明します。速記法は、録音機や口述筆記機が発明される以前から広く使われていました。秘書、ジャーナリスト、警察官、その他多くの人々が速記法の訓練を受け、それぞれの職業でこの技法を活用していたのです。

何世紀にもわたり、さまざまな速記法が開発されてきました。これらのほとんどは、特定の言語用に作成され(したがって最適化され)、結果として国ごとに異なる速記法が普及することになりました【訳注】。

> **訳注** 日本では、明治維新後に西洋の速記が伝わってきて、それが日本語速記法の誕生のきっかけになりました。田鎖綱紀（たくさりこうき）が1882年（明治15年）9月19日に、ピットマン系のグラハム式に基づいた日本傍聴記録法を発表しました。同年10月28日、第1回の講習会を開きました。これを記念して、日本速記協会では10月28日を速記の日と定めています。
> その後、速記は改良が加えられて、実用化が進みます。第1回の国会から速記が導入され、完全な会議録が残っています。今日の国会まで手書きの速記が使われ続けてきましたが、パソコン入力に一本化されつつあります。

英語圏では通常、1830年代にIsaac Pitman卿によって開発されたピットマン式速記法（英国でよりポピュラー）か、1880年代にJohn Robert Greggによって開発されたグレッグ式速記法（米国でよりポピュラー）が使われています(*10)。人気が出なかったものは他にもたくさんあります。

歴史的な暗号解読に興味を持つ人はほとんど皆、時に速記録を目にします。コンピューター以前の暗号解読の専門家は、速記にも対応しなければならなかったのです。というのも、彼らの顧客は通常、速記と暗号の違いを見分けることができなかったからです。

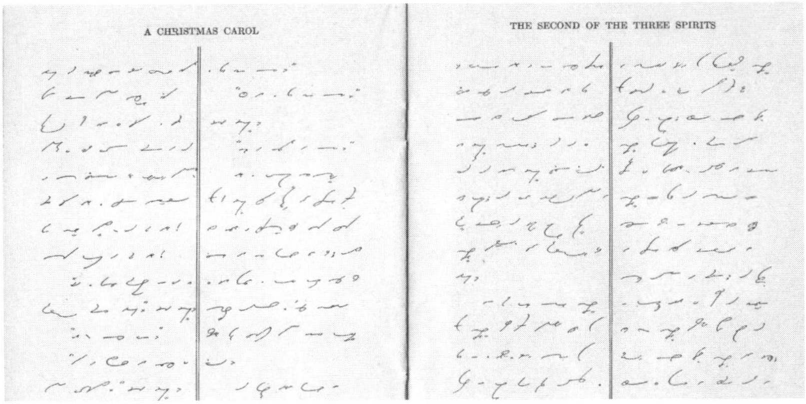

図15.3：1843年にCharles Dickensが書いた『A Christmas Carol』の2ページ

速記法についてよく知らなくても、通常速記で書かれたメッセージを見抜くことはそれほど難しくありません。ほとんどの速記は、何となく似ているものです。図15.3はCharles Dickensの『A Christmas Carol』からグレッグ式システムで抜粋したものであり、その典型的な例といえます(*11)。

事実上すべての速記は単純な記号（特に短い線）に基づいています。その理由は、すらすらと単語や文章を組み立てることができるからです。使われている記号が複雑であるようなテキストに出会ったら、それはおそらく速記ではありません。

あるグリフは文字を表し、他のグリフは一般的な文字の組み合わせ、単語やフレーズを表します。以下は、グレッグ速記でよく使われる単語です。

経験豊富な速記者なら、単語を別々に書くのではなく、まとめて書くかもしれません。冒頭の絵はがきは、前述のピットマン式速記法で記述されています。メッセージには次のように書かれています。

```
I was very disappointed and
annoyed to find on my arrival at the
station at 5.5, that the train which I thought
always left at 5.15
had left very much earlier
```

速記録の解読は通常、暗号解読の行為には含まれません。たいていの場合、使われている速記法を特定し、それを知っている人に意味を教えてもらえば十分です。あるいは、その速記法の仕様どおりに自分で復元することもできます。現在では、平文を入力してグレッグ式やピットマン式の速記法に変換できるWebユーティリティーもあります。暗号解読が必要になるのは、特に風変わりな速記法を扱う場合だけです。このような場合、速記メッセージは、おそらく個々の文字の暗号システムと、単語全体の記号の両方を含むので、ノーメンクラターのように扱われるべきです。

15.1.4 隠されたメッセージ（ステガノグラフィー）

図15.4に描かれた17世紀のデッサン（Gerhard Strasser提供）には、リンゴの木が描かれています(*12) (*13) (*14)。この写真に不審な点は何もないように思えます。しかし、絵の下端にあるマーク（もちろん原画にはなかった）を使えば、絵を17の列に分けられ、それぞれのリンゴは17列のどれかに該当します。最初の（つまり一番上の）リンゴはI列、2番目のリンゴはN列、3番目のリンゴはD列といった具合です。絵全体を上から下へ読むと、リンゴが列ごとに並べられ、“INDE HIC LONGAT IBI SINT TEMPORA PROSPERA FIAT”というラテン語の文章が綴られています。英語では“May you live a long and happy life here”（「ここで末永く幸せに暮らせますように」）に訳せます。

図15.4：この写真のリンゴはメッセージを暗号化している

これはステガノグラフィーの一例であり、絵や文章などのオブジェクトにメッセージを隠す理論です。暗号の姉分的な存在として扱われることがあります。暗号が情報を偽装するのに対し、ステガノグラフィーはその存在を隠します。由来は“steganos”と“graphein”という用語です。“steganos”は“covered”（「隠された」）や“roof”（「覆う」）、“graphein”は“writing”（「書くこと」）を意味します。

ステガノグラフィーの歴史は古く、数千年前にさかのぼります。ギリシアの歴史家Herodotusは、奴隷の頭に刺青でメッセージを彫ったという話を書いています。他にも、木製の板に文字を書いてから蝋で覆ったり、女性のアクセサリーの模様にメッセージを隠したりという話もあります。ステガノグラフィーの例は他にもたくさんあります。以下のリストはほんの一部です。もしあなたがステガノグラフィーについてもっと知りたいなら（そしてドイツ語が読めるなら）、Klausの2017年の本『Versteckte Botschaften』もおすすめします[*15]。

- 古代ギリシア人は、今日不可視インクと呼ばれる、目に見えないメッセージを紙に書くための無色の液体をすでに知っていました。紙を熱すると（あるいは他の方法で処理すると）、文字が見えるようになります。レモン汁で秘密のメッセージを書くというテクニックは、数え切れないほどの小学生が使ってきたものです。不可視インクとして使える液体は、何百種類もあります。たとえば、果汁、砂糖水、尿、その他多くの有機液体が適しています。これらはすべて加熱すると見えるようになります。より洗練された不可視インクを目に見えるようにするには、特定の化学薬品で処理する必要があります。何世紀もの間、スパイがケース・オフィサーと連絡を取るには、不可視インクがもっとも実用的な方法でした。特に20世紀の冷戦時代には、化学者たちは郵便検閲官が発見するのが極めて困難な、最先端な不可視インクを開発しました。不可視インクについてもっと知りたければ、Kristie Macrakis著の2014年の本『Prisoners, Lovers, and Spies』を読んでください[*16]。

- テキストにメッセージを隠す方法は数多くあります。たとえば、各行の開始文字がメッセージを綴るように文章を書くことができます。アクロスティックとして知られる手法です。その他の方法としては、文字に印を付けたり、たとえば10文字目ごとに秘密のメッセージを綴るように文章を書いたりする方法があります。この種のテクニックは、検閲を回避するために囚人・兵士・人質などに使われてきました。ステンシル（いわゆるカルダン・グリル）を使って、テキストから特定の文字や単語を選択する場合も同様です。よく知られている例として、アメリカ独立戦争中の1777年にイギリスのHenry Clinton将軍が使った砂時計暗号が挙げられます（図15.5参照）[*17]。

図15.5：1777年、イギリスの将軍Henry Clintonは、上司であるWilliam Howeに目立たない手紙を書いた。本文の上に砂時計型のステンシルを重ねると、真のメッセージが見える

図15.6：このココナッツの殻に書かれたメッセージのおかげで、John F. Kennedyは第二次世界大戦中に救出された。大統領在任中、彼はこれを文鎮として使った

- ステガノグラフィーを使用した20世紀の世界史でもっとも著名な人物の一人が、後にアメリカ大統領となるJohn F. Kennedyです(*18)。第二次世界大戦の太平洋戦争では、Kennedyは日本軍と戦っていたアメリカ海軍将校であり、魚雷艇PT-109を指揮していました(*19)。1943年8月の任務中、彼の船と比べてはるかに大きな、日本の駆逐艦の天霧(あまぎり)と衝突しました。乗組員のうち2人は衝突で死亡しましたが、Kennedyと重傷を負った残りの乗組員は何時間も泳ぎ、近くのプラム・プディング島にたどり着きました。連合国側のオーストラリア人沿岸監視員Reginald Evans少尉は、その日の朝、衝突の激しい爆発を最初に目撃し、プレイフェア暗号を使って他の連合国側と無線で交信しました。数日間の捜索の後、あるチームがKennedyたちを発見したのです。島民のBiuku GasaとEroni Kumanaは英語を話せなかったので、GasaはKennedyにポケットナイフでココナッツに英語のメッセージを刻むよう伝えました。そうすれば、島民がそれを携帯していても、日本人に疑われずに済むわけです。本文は、"NAURO ISL COMMANDER … NATIVE KNOWS POS'IT … HE CAN PILOT … 11 ALIVE NEED SMALL BOAT … KENNEDY"という内容です。その隠されたメッセージはEvansに届き、Evansは取り残された兵士たちを日本軍の戦線を突破させて連合軍の基地に戻す方法を調整しました。その後、John F. Kennedyは大統領執務室でココナッツの殻を文鎮として使用しました(図15.6参照)。
- 現在では、ステガノグラフィーをコンピューター上で扱えます。デジタルの画像、映像、その他のデータにメッセージを隠すプログラムは数多く存在します。
- 最後になりますが、本書にはステガノグラフィーのメッセージが隠されています! どこから手をつけたらよいのかについてヒントを出すと、扉絵をよく調べてみることをおすすめします【訳注】。

訳注 Robinson出版の原書にはメッセージが隠されていますが、翻訳版の本書にはメッセージが隠されていません。

ステガノグラフィーで隠されたメッセージを見つけることは、ステガナリシス(steganalysis)として知られています。しかし、ステガナリシスは、クリプタナリシス(暗号解読の意味)に似た用語ですが、体系的に実践するのははるかに難しいといえます。私たちの知るかぎり、ステガナリシス(ステガノグラフィーとは異なる)に関する本や包括的な研究論文はまだ出版されていません。

15.1.5 【成功談】Elokaが墓石に隠されたメッセージを見つけるまで

ワシントンDCにあるアーリントン国立墓地は、アメリカでもっとも有名な墓地であり、40万人以上の墓があり、その歴史は1800年代にまで遡る国立の墓地です。主に軍人の墓地ですが、多くの著名人も埋葬されており、そのうちの2人が有名な暗号学者であるWilliam FriedmanとElizebeth Friedmanです。Elizebeth Smith Friedman(1892–1980)は、海軍、沿岸警備隊、そして多くの関連機関に勤務した、アメリカ史上偉大な暗号解読者のひとりです。たとえば、沿岸警備隊に勤務していた1920年代の禁酒法時代には、ラム・ランナー(酒類密輸入者)の暗号システムを数多く解決しました(*20)。Elizebethの夫William(1891–1969)は、リバーバンク研究所での求婚中に暗号について教え、遺伝学者としてのキャリアからアメリカ史上もっとも有名な暗号学者へと成長しました。米陸軍での長いキャリアの中で、彼は何千もの暗号を解読し、多くの有名な暗号解読チームを率いました。そして、暗号解読に関する画期的な著作をいくつも著し、クリプタナリシス（“cryptanalysis”）や一致指数（“index of coincidence”）という言葉も生み出しました。

Friedman夫妻は専門的な暗号に興味を持っていただけでなく、暗号パズルや暗号ミステリーも楽しんでいました。それゆえ、アーリントン国立墓地にある彼らの墓碑にステガノグラフィーのメッセージが隠されていることは驚きではありません（図15.7参照）。このメッセージは、1969年に夫を亡くしたElizebeth Friedmanが依頼したものです。2017年にElonkaが発見するまで、このメッセージの存在は知られていませんでした[(*21)]。

2017年にワシントンDCに引っ越した際に、Elonkaが最初に訪れたのは、アーリントン国立墓地でした。William FriedmanとElizebeth Friedmanの墓を見るためです。彼女は、墓石に何か隠されたメッセージがあるのではと期待していましたが、何もなかったので驚きました。その墓石はごく普通のものに見えたのです。彼女はたくさんの写真を撮り、その日の夜にはX（旧Twitter）に訪問したことを投稿しました。同僚のジャーナリストJason Fagoneが、Elizebethについての新しい本のために調査していることを彼女に話しました。そして、マーシャル図書館で撮ったElizebethの墓石のスケッチの写真を転送してきたのです。Jasonは、その年の暮れに出版される彼の優れた伝記『The Woman Who Smashed Codes』のための調査をしながら、保存記録に多くの時間を費やしていました[(*22)]。そのうちの1枚には、1969年にElizebethが作成した手書きのメモが写っており、Williamの死後、墓石に刻まれる予定の碑文のスケッチが描かれていました。スケッチにはWilliamの名前と生没年が書かれ、Elizebethの死後に書き込まれる予定の余白がありました。そして、墓碑の下部には“KNOWLEDGE IS POWER”（「知は力なり」）と、WilliamとElizebethの生涯を通じて繰り返された言葉が記されていました。1980年にElizebethが亡くなったとき、彼女自身の情報が墓石に加えられました。

ElonkaはElizebethのスケッチを調べているとき、文字のフォントが微妙に異なっており、秘密のメッセージが隠されている可能性に気づきました。“KNOWLEDGE IS POWER”という刻印に隠されたメッセージは、Friedman夫妻がよく知っていたもう1つの暗号システム、ベーコンの暗号を使っていることが判明しました。彼らは以前にもこのステガノグラフィーの技術を使ったことがありました。

17世紀初頭に哲学者Francis Baconによって発明されたベーコンの暗号は、任意のテキストや絵の中にメッセージを隠すのによく使われます。どんなものでも意味を持たせることができるからです。これをテキストで使用するには、2つの異なるフォント（AとB）が必要です。以下では、普通の文字をタイプA、イタリック体の太字をタイプBとして使用します。この2タイプを使えば、“HOUSE”という単語を次のように書くことで、アルファベット（ベーコンは24文字のアルファベットを使っていた）のすべての文字をエンコードできます。

```
A: HOUSE     B: HOUSE     C: HOUSE     D: HOUSE
E: HOUSE     F: HOUSE     G: HOUSE     H: HOUSE
I: HOUSE     K: HOUSE     L: HOUSE     M: HOUSE
N: HOUSE     O: HOUSE     P: HOUSE     Q: HOUSE
R: HOUSE     S: HOUSE     T: HOUSE     U: HOUSE
W: HOUSE     X: HOUSE     Y: HOUSE     Z: HOUSE
```

"WILLY"という単語を"THIS IS AN ORDINARY SHORT TEXT"の中に隠す場合、次のようになります。

```
THISI SANOR DINAR YSHOR TTEXT
```

あるいは、自然な文章になるように単語の境目を保つように書くと、次のようになります。

```
THIS IS AN ORDINARY SHORT TEXT
```

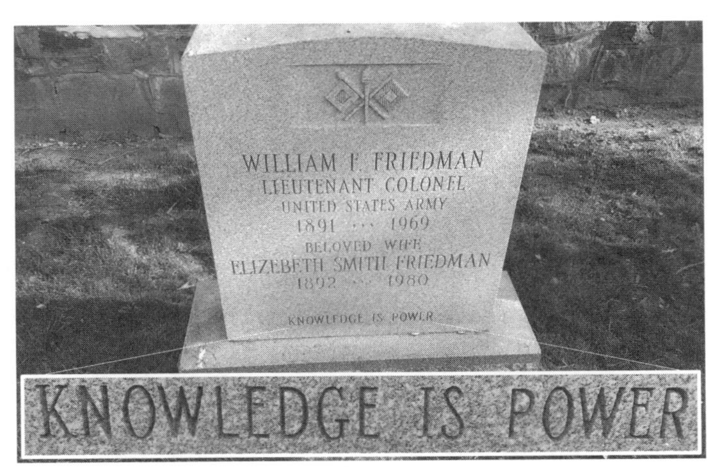

図15.7：William FriedmanとElizebeth Friedmanの墓碑には、"KNOWLEDGE IS POWER"（「知は力なり」）という短いメッセージが隠されている

ベーコンの暗号は、モールス信号よりも200年以上、ASCIIコードよりも300年以上早く使われ、歴史上もっとも早く知られたバイナリコードの1つです。Elonkaがアーリントン国立墓地にあるFriedman家の墓石をよく見てみると、"KNOWLEDGE IS POWER"（「知識は力なり」）というBaconian（ベーコン）のメッセージがありました。この文章を綴る文字の中にはセリフのあるもの（タイプA）と、ないもの（タイプB）があります。この違いは、'E'という文

字に注目するともっともよくわかります。“Knowledge”（「知識」）の‘E’は、“Power”（「力」）の‘E’と微妙に異なります。セリフのある文字とセリフのない文字を分離し、それらを普通の文字とイタリック体の太字に置き換えると、次のようになります。

KNOWLEDGE IS POWER

5文字グループで書かれたベーコンの暗号は、簡単に解読できます。

KNOWL EDGEI SPOWE R

3つのグループを暗号化すると、“WFF”という文字列になります【訳注】。

訳注　普通の文字を‘a’、イタリック体の太字を‘b’に置き換えると、“babaa aabab aabab a”になります。これはベーコンの暗号文であり、復号すると“WFF”になります。

これはWilliam Frederick Friedmanのイニシャルです。確かに短いメッセージですが、Friedman夫妻らしい素敵な愛のメッセージです。

15.1.6 【成功談】『Steganographia』の解読

1500年、ドイツの修道院長であり人文主義者であったJohannes Trithemius（1462-1516）は、90を超える著作があり、その中でもっとも注目すべき『Steganographia』と題された全3巻を完成させました。最初の2冊では、50以上のバリエーションで、うまくいったかどうかも疑わしいコミュニケーション法が書かれています。この方法は、送信者がある魔法の呪文を唱えて幽霊を出現させ、その幽霊が何人ものサポートの幽霊に支えられながらメッセージを送信するというものです。そして受信者は、メッセージにアクセスするために別の魔法の呪文を唱える必要があるといいます。Trithemiusは、このプロセスの全バリエーションについて、サポートする幽霊の数や名前などのパラメーターの長いリストを提供しています。

『Steganographia』は瞬く間に有名になりました。最初の2冊の本に書かれていた魔法のようなコミュニケーション法は、単なるデマだったことがすぐに知られるようになりました。こうした手順の真の目的は、リスト化されたパラメーター内にメッセージを埋め込むことだったのです。あるいは、別の言い方をすることもできます。Trithemiusはメッセージを魔術のプロセスの記述に偽装しましたが、これはステガノグラフィーの一種といえます。実際、『Steganographia』というタイトルは、ステガノグラフィーの学名にもなっています。ステガノグラフィー（“steganography”）という用語は、何世紀にもわたってクリプトグラフィー（“cryptography”）と同義に使われてきました。本章の冒頭で述べた定義は、David Kahnの1967年の著書『The Codebreakers』によって一般化されました[*23]。

ここでは、Jürgen Hermesが2012年に発表した博士論文[*24]の説明を活用して、

『Steganographia』に掲載されたコミュニケーション法の一例を紹介します。コミュニケーション法として、次のように支援してくれる幽霊がリストアップされています。

Maseriel. Bulan. Lamodyn. Charnoty. Carmephin. Iabrun. Care. Sathroyn. Asulroy. Beuesy. Cadumyn. Turiel. Busan. Seuear. Almos. Ly. Cadusel. Ernoty. Panier. Iethar. Care. Pheory. Bulan. Thorty. Paron. Vemo. Fabelrenthusy.

偶数番目の単語、その単語の偶数番目の文字（わかりやすいようにこれらの文字に下線を引いた）を読むと、次のようなラテン語のフレーズが得られます。ただし、'U'と'V'、'I'と'Y'が同一視していることに注意してください。

```
VACANTIBUS TRIBUS TRES VALENT ITA PER TOTUM
```

このフレーズは"after three empty ones, three are valid, thus throughout"（「3つの無効の後、3つの有効があり、それが続く」）と英訳でき、『Steganographia』の同章にある別のテキストを解読するための指示になっています。このメッセージでは、すべての単語の頭文字だけがカウントされます。先に解読された命令によれば、最初の3つの単語をスキップし、次の3つの単語の頭文字を取り、次の3つの単語をスキップする、といった具合です。その結果、次のような結果が得られました。わかりやすいように有効な頭文字には下線を引いてあります。

Omnipotens sempiterne Deus bonorum remunerator æquissime, qui filium tuum nostri generis esse participem voluisti, ut redimeret, diabolica inuidia nos miserrimos: qui sola benignitate redundans, formam nostri suscepit incorruptam ex flore virginalis uteri, archangelo sancto Gabriele insinuante, quod Virgo conceptura, beatissimo tuo Spiritui perpetua virgo permaneret, immaculata clarior hominib. angelicisque spiritibus praeeminentior. Genuit regem omnipotentem, Deum et hominem, santissima et reuerendissima Virgo Maria, virilis consortii omnino nescia, sine dolore pariens, sine tristitia vagientem Deum hominemque suscipiens, semper . . .

下線を引いた文字は、次のドイツ語のメッセージを表しています。

```
BRÆNGER DIS BRIEFS GIBT SICH GROSER CONST US
```

これは、"The carrier of this letter considers himself very skilled."（「この手紙の配達人は、自分のことを非常に熟練していると考えている」）という意味です。『Steganographia』の本文と同様、真に隠されたメッセージもそれほど重要ではないことを、Trithemiusが例を挙げて示しました。

『Steganographia』の1巻と2巻の真の目的はすぐに一般的に知られるようになりましたが、『liber tertius』(第3巻)は謎のままでした。表面的には、魔法のコミュニケーション法について書かれていますが、最初の2冊に書かれているものとはかなり違っています。ここで、惑星の天使の助けを借りてメッセージを送信するために必要である、主なパラメーターは、3桁の数字です。これは惑星とその支配者の動きを計算するために必要だと説明されています。番号の長いリストが載っています(図15.8参照)。

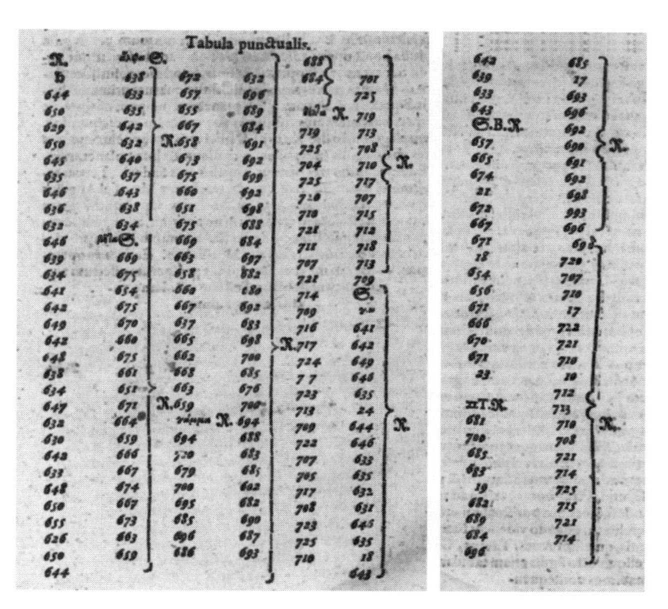

図15.8:1500年の著作『Steganographia』から引用されたこれらの数字は、占星術のパラメーターのように見える。しかし、実際はメッセージを暗号化している

何世紀もの間、高名な学者たちが『Steganographia』第3巻の内容を解明しようと試みてきました。メッセージもエンコードしていますか? それとも、本物の魔法を表現するためのものだったのでしょうか?『Steganographia』の創作から約500年後の1990年代、AT&Tに勤務していた数学者Jim Reedsもまた、第3巻を詳しく調べていました。図15.8の表を分析したところ、1列目の数字がすべて626から650の間であることに気づきました。2番目の列では、最初の10個の数字(この列で唯一書かれている単語の上にある数字)についても同じことが証明されました。626番から650番までの40個の数字から成る、次に示すブロックが得られます。

```
644, 650, 629, 650, 645, 635, 646, 636, 632, 646, 639, 634, 641, 642,
649, 642, 648, 638, 634, 647, 632, 630, 642, 633, 648, 650, 655, 626,
650, 644, 638, 633, 635, 642, 632, 640, 637, 643, 638, 634
```

このブロック以降には、650より大きい数字が続きます。Reedsは、この40個の数字が暗号化されたメッセージを表しているのではないかと考えました。頻度分析の結果、650の数字はもっとも大きい値だけでなく、もっとも頻度が高いことが判明しました。この数字は、ラテン語でもっとも頻度の高い文字'A'を表しているのでしょうか？　もしそうなら、「650=A」「649=B」「648=C」「647=D」「646=E」といった置換の規則が考えられます。簡単なテストで、この置換はラテン語の単語の断片になることが判明しました。試行錯誤の末、Reedsは次のような表を導き出しました。

50	A	649	B	648	C	647	D	646	E	645	F	644	G	643	H	642	I
641	L	640	M	639	N	638	O	637	P	636	Q	635	R	634	S	633	T
632	U	631	X	630	Y	629	Z	628	TZ	627	SCH	626	TH				

ここで使われているアルファベットには、'J'（'I'と同一視）、'K'（ラテン語ではほとんど使われない）、'V'（'U'と同一視）、'W'（ラテン語には存在しない）が欠けています。これらのことから、Reedsは正しい方向に進んでおり、前述の40文字のブロックは次のように解読されたことがわかりました。

```
GAZA FREQUENS LIBICOS DUXIT CARTHAGO TRIUMPHOS
```

このラテン語のフレーズを英語で直訳すると"Frequently, Carthage received rich booty from the defeated Libyans"（「しばしば、カルタゴ人は敗れたリビア人から豊かな戦利品を受け取った」）となります。『Steganographia』の第3巻の真の意味が、その創作から500年を経てようやく明らかになったのです。Reedsはその後、残りの6つの表も同様の方法で簡単に解読しました。彼が決定付けた置換表は、3桁の数字に25、50、75を足したり引いたりしなければならないことを除けば、上記の表とよく似ていました。つまり、25で割った余りが該当部分になります。以下はReedsが発見した平文です。

```
GAZA FREQUENS LIBICOS DUXIT CARTHAGO TRIUMPHOS [four
times repeated]
LIBER GETRUWER HINTUMB DIE ZWELFE WART UNSER
HEIMLICHE EFUR DER PORTEN AMEN
NIT LAIS DUHER ZU MIR NOIT GCH ANDEL US ZUDAS ICH LDEN
BRENGE AIL WEIS SOCH BEHALT
COMMEST NOCH HINTWAN IS DUET HABE EIN GROSEN RICHTEN
MIT DIR DIR HAB MIT DIR UND SEHD DIS ALLES GEBEN ZUALS
DUNUST UQREBI DIR SERE HAHW
BRENGER DIS BRIEFFS IST EIN BOSER SCHALG UND EIN DIEB HUET
DICH FUR EME ER WIRT DICH AN
MISERERE MEI DEUS SECUNDU MAGNUM DONUM TUUM AMEN ATH
GAZA FREQUENS LIBICOS DUXIT CARTHAGO TRIUMPHOS WTZSCH
GAZA FREQUENS LIBICOS DU RTHAGO XIT CA TRIUMPHOS SCH
```

繰り返しになりますが、これらのメッセージの内容は特に重要なものではありません。Trithemiusが“GAZA FREQUENS LIBICOS DUXIT CARTHAGO TRIUMPHOS”というフレーズを選んだのは、数語の中にラテン語のすべての文字が含まれているからです。これにより、頻度分析によるメッセージの解読はより難しくなります。この文章は、“The quick brown fox jumps over the lazy dog”（「茶色いキツネは怠け者の犬を飛び越える」）に相当するラテン語バージョンです。今日、フォント、プリンター、キーボードのテストによく使われています。

“BRENGER DIS BRIEFFS”で始まるメッセージはドイツ語であり、“the carrier of this letter is a bad rogue and thief; be careful, he will betray you”と英訳できます。“MISERERE MEI”で始まる文章は、聖書（詩編51）に由来します。

1998年、Jim Reedsは科学雑誌『Cryptologia』に研究成果を発表しました[*25]【訳注】。

訳注　“Solved: The Ciphers in Book iii of Trithemius's Steganographia”
https://web.archive.org/web/20120204061948id_/http://www.dtc.umn.edu/~reedsj/trit.pdf

論文の執筆中、彼は1996年にドイツ人研究者Thomas Ernstが文学雑誌『Daphnis』に発表した驚くべき研究論文[*26]に出会いました。200ページにも及ぶその学術書に目を通したReedsは、自分が目にしたものを信じられませんでした。どうやら、Ernstはその2年前にも『Steganographia』の第3巻を解いていたようなのです！

つまり、『Steganographia』の創作から500年後、2人の科学者、数学者とドイツ語学者が、ほぼ同時期に、それぞれ独立に第3巻の本の謎を解いたのです。

Ernstは数年後、Reedsが使ったのと同じ初期テーブルを使ってTrithemiusのステガノグラフィー暗号を解読しました（図15.8参照）。表は数字に加えて、ギリシア文字のアルファ（“$\alpha\lambda\phi\alpha$”）、ベータ（“$\beta\eta\tau\alpha$”）、デルタ（“$\delta\varepsilon\lambda\tau\alpha$”）、ガンマ（“$\gamma\alpha\mu\mu\alpha$”）で区分されています。Ernstはギリシア文字をセパレーターと仮定しました。

アルファ、ベータ、ガンマ、デルタという見出しの4グループには、それぞれ40個の数字が入っており、Ernstはこれら4つの列が同じ文章を表していると考えました。4グループの最初の数字は、ちょうど25ずつ違っていました（644/669/694/719）。各グループの2番目、3番目、4番目なども同様でした。各グループの数字はすべて25ずつずれているため、4グループは本質的に同一といえます。

突破口を開いたのは、最初の4つに2度現れる650という数字でした。Ernstは、650はラテンアルファベットの最初か最後の文字を表し、TrithemiusはA=650, B=651, C=652などの置換表か、Z=650, Y=651, X=652などの置換表を使ったのではないかと推測しました。最初の仮説をチェックしたところ、意味のある結果は得られませんでしたが、2番目の仮説はうまくいきました。彼が最初に導き出した単語は“GAZA”でした。そして、残りの部分の解読はすぐにうまくいきました。

♄	αλφα						
644	638	672	682	688	701	642	685
650	633	657	696	684	725	639	17
629	635	655	689	δελτα	719	633	693
650	642	667	684	719	713	643	696
645	632	658	691	725	708	♉β	692
635	640	673	692	704	710	657	690
646	637	675	699	725	717	665	691
636	643	660	692	720	707	674	692
632	638	651	698	710	715	21	698
646	634	675	688	721	712	672	693
639	βητα	669	684	711	718	667	696
634	669	663	697	707	713	671	♋δ
641	675	658	682	721	709	18	720
642	654	660	680	714	♈α	654	707
649	675	667	692	709	641	656	710
642	670	657	683	716	642	671	17
648	660	665	698	717	649	666	722
638	671	662	700	724	646	670	721
634	661	668	685	717	635	671	710
647	657	663	676	723	24	23	10
632	671	659	700	713	644	♊Γ	712
630	664	γαμμα	694	709	646	681	713
642	659	694	688	722	633	700	710
633	666	700	683	707	635	685	708
648	667	679	685	705	632	683	721
650	674	700	692	717	631	19	714
635	667	695	682	708	646	682	725
626	673	685	690	723	635	689	715
650	663	696	687	725	18	684	721
644	659	686	693	710	643	696	714

解決策を見つけたErnstは、解読に関する詳細な研究論文（ドイツ語）を書き始め、1996年に出版されました。彼の研究は包括的であり、関連するもう1つの未解決の暗号文であるHeidelの暗号文にまでたどり着いたのです。1676年、Wolfgang Ernst HeidelもTrithemiusの第3巻を解いたと主張していましたが、多換字式暗号を使って暗号化されていると発表しただけでした。Heidelの暗号文は暗号学の世界では知られていましたが、その後3世紀の間、誰も解読できませんでした。Ernstはこうして、Heidelの暗号文を解読し、Trithemiusの第3巻の解答が17世紀にすでに達成されていたことを証明するという、もう1つの大発見を成し遂げたのです。Ernst自身の解決策に関するオリジナルの論文は、Heidelの暗号文に関する情報や、すべての歴史的背景に関する多くの情報を取り入れながら拡張を続けていました。最終的には200ページという書籍に相当する大作となりました。3年後、Ernstの作品は『Daphnis』に掲載されました。

2年後、Reedsは『Cryptologia』の論文を執筆している最中に、Ernstの出版物に出会いました。Reedsが『Cryptologia』の編集者にErnstの研究を知らせた後、編集者はErnstに論文の短縮版を提供するよう求めました[*27]。その結果、『Cryptologia』の1998年10月号に、『Steganographia』第3巻の解読に関する2つの記事が掲載されました。元々お互いのことを知らなかった2人の学者が書いたものです。

『Steganographia』第3巻が2人によって解読されたというのは、暗号解読の歴史における見所であることは間違いありません。この魅惑的なストーリーについての詳細は、1998年の『The New York Times』紙の記事"A Mystery Unraveled, Twice"を参照してください[*28]。20年後、Thomas Ernstの母国では、Jürgen Hermes[*29]による包括的なブログ記事や、Klausが執筆した2つの論文[*30][*31]など、いくつかのドイツ語出版物を通じて、この話が再び世間に知られるようになったのです。

15.1.7 【成功談】『Mysterious Stranger』のメッセージ

マジシャンのDavid Blaineは2002年に『Mysterious Stranger』を出版しました。

図15.9は、その書籍の余白に掲載されている画像の1つであり、様式化された架空の動物が描かれています。画像にはメッセージが隠されており、すべてを組み合わせると、10万ドルの財宝の隠し場所を示していました（その後、発見されました）。このパズルは、受賞歴のあるゲーム開発者Cliff Johnsonによって制作されたものです。

図15.9：2002年に出版された『Mysterious Stranger』のステガノグラフィー・パズルの一部

今回の画像は、当該書籍にあるいくつかの画像の1つであり、2つの異なる文章に復号する手がかりとなります。文章は、一連のページにあるそれぞれの蛇のうろこの数で暗号化されていました。そして、また別の文章は、尾の数字で暗号化されていました。暗号鍵は5行5列の表の形をしていました。尾かうろこのいずれかの数字をペアにして、表中の文字を示す行と列を指定できます。財宝が発見されたのは2004年、この本が出版された16ヶ月後のことでした。Cliff JohnsonのWebサイトに、Jeff Bridenによるパズルの詳しい解説があります[*32]。

15.1.8 【チャレンジ】Friedman夫妻による別のステガノグラフィック・メッセージ

Baconian cipher（ベーコンの暗号と呼ぶ）は、Williamとlizebeth Friedmanの墓碑だけでなく、彼らの著作物にも書かれています。1957年に発表された『The Shakespearean Ciphers Examined』は、通常William Shakespeare（1564－1616）の作とされる作品の真の作者はFrancis Bacon（1561－1626）であり、Baconはこれらの著作に自分が作者であることを示すメッセージが隠されているはずだという多くの説を評価しています(*33)。Friedman夫妻にとって、この物語は個人的に興味深いものとなります。1900年代初頭、Elizebeth（Smith）は風変わりな大富豪George Fabyanに雇われており、シェイクスピア作品に隠されたメッセージを探していました。シカゴ近郊のリバーバンク研究所にあるファビアンのシンクタンクで働いていたとき、彼女はそこで、別の研究所にいた若き遺伝学者William Friedmanと出会いました。彼は写真家として彼女の研究を手伝いました。対して、彼女は彼に暗号を教えました。そして、2人は恋に落ち、あとは歴史のとおりです。1957年の著書で、Friedman夫妻は時間をかけてShakespeareとBaconの論争を綿密に検証し、ベーコンの暗号説がすべてナンセンスであることを決定的に示しました。

Shakespeareの作品にベーコンの暗号文がない理由について書かれた本において、Friedman夫妻は典型的な皮肉交じりのスタイルで、ベーコンの暗号でメッセージを隠しました！　この本の257ページに次のような一節があります。

progressively and judiciously, *the letters and the words already determined permitting the limitation of the number of trials that remain for suggesting letters and words likely to follow* [our italics]. Erroneous

隠されたメッセージを見つけられますか？ もしうまくいかなければ、`https://codebreaking-guide.com/challenges/`でこの画像の拡大版とヒントをご覧ください。

15.2 暗号機

暗号化は第一次世界大戦中、特に無線メッセージの保護に重要な役割を果たしました。使用されるシステムはほとんどすべてが、手動か、暗号ディスクや暗号スライドといった単純なツールに基づくものでした。残念なことに、これらの方法のほとんどはすぐに敵に破られました。特に戦時下では、使い方が複雑であるというさらなる弱点を抱えていました。塹壕に身を隠し、悪天候に悩まされ、近くで銃声や爆発音に気を取られながら、暗号化や復号をしなければならなかった兵士たちはすでに過労状態にあるためです。必然的にミスも多発しました。暗号化の欠陥のために、受信者が暗号化されたメッセージを解読できないこともしばしばありました。

こうした経験に基づき、第一次世界大戦後の数年間に多くの新しい暗号化テクニックが開発されました。手動暗号は、戦時下はおろか、高いセキュリティと大量の無線トラフィックにも適さないことが明らかになりました。そのため、手作業による暗号化よりも安全で使い勝手のよい、暗号化用の新しい機械が設計されました。暗号機のコンセプトは必ずしも新しいものではなく、すでに何十年も前から存在していたデザインもありました。第一次世界大戦で暗号が失敗した後、これらのアイデアを最終的に実用化するのに十分な圧力がかかりました。

図15.10：機械式および電気式の暗号機は、およそ1920年から1970年にかけて使用のピークを迎えた。写真はSiemens & Halske T52 (a)、Kryha Standard (b)、KL-7 (c)、Hagelin C-35 (d)である。これらやその他の暗号機の詳細については、`https://www.cryptomuseum.com`を参照

もっともポピュラーな暗号化装置は、いわゆるローター式の暗号機です。この種の装置は、タイプライターのようなキーボード、出力ユニット（ほとんどの設計ではランプのセットが使われ、ランプはアルファベットの文字を示す）、電源、およびローターのセットで構成されます。図15.11の図は、6文字のアルファベットに対応し、3枚のローターを備えた、簡略化した暗号機の設計方針を示しています。もちろん、実機では26文字以上のアルファベットで動きます。

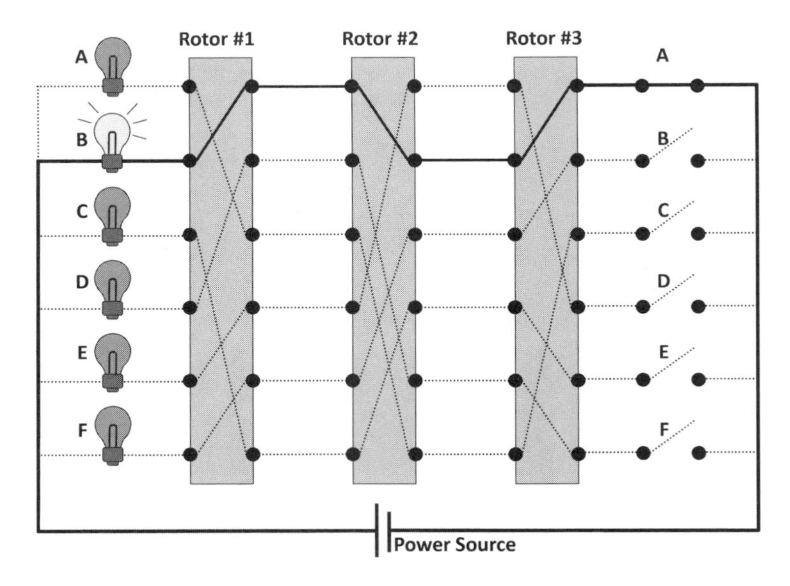

図15.11：ローター式の暗号化マシンは、配線された複数のローターを使用する。鍵（平文）を押すと電気的接続が完了し、文字ランプ（暗号文）が点灯する

文字を暗号化するには、オペレーターはキーを押します。これで電気的な接続が完了し、暗号文文字を表すランプが点灯します。文字を入力するたびに、一番右のローターが1回転します。1番目のローターが1回転すると、2番目のローターも回転します。2番目のローターが1回転すると、3番目のローターも回転します。つまり、ローターは走行距離計のカウンターのように動作します。これらのマシンでの復号も同様に動作します。その際は、ローターが逆方向に電流が流れるような別モードに切り替える必要があります。オペレーターは暗号分文字に対応するキーを押すと、平文文字に対応するランプが点灯します。

もっとも有名なローター式マシン、そしてもっとも有名な暗号機はエニグマです（図15.12参照）。1920年代に開発されたエニグマは、第二次世界大戦でドイツ軍によって約3万機が使用されました。もっとも一般的な構成のエニグマは、3枚のローターと、プロセスをさらに複雑にするためのプラグ・ボード、そしてリフレクターと呼ばれる追加部品を備えています（図 15.13参照）。ドイツ軍のUボートでは、4枚のローターと1つのリフレクターを持つバージョンのエニグマを使っていました。軍だけでなく、強制収容所や警察でもエニグマが利用されていました。

リフレクターによって、電流は1度リフレクターまで進み、また戻ります。つまり、電流はローター上を2度流れます。このコンセプトにより、暗号化と復号はまったく同じように機能し、復号モードは必要ありませんでした。これはエニグマの操作を容易にしましたが、エニグマの暗号システムを解読させる設計上の弱点であることも連合国に発見されてしまいました。

図15.12：第二次世界大戦でドイツ軍が使用したエニグマは、歴史上もっとも有名な暗号機である

早くも1930年代には、ポズナン大学の3人の若いポーランド人数学者、Marian Rejewskiとその仲間のHenryk ZygalskiとJerzy Rozyckiが、エニグマの暗号化アルゴリズムの弱点をいくつか発見しました。

彼らは暗号解読を支援する"bomba kryptologiczna"（「ボンバ・クリプトロジクズナ」と読み、「暗号爆弾」という意味のポーランド語）という装置を作りました。ブレッチリー・パークの同時代人のGordon Welchmanによれば、この機械のコードネームであるボンバ（bomba）は、当時流行っていたアイスクリームの一種にちなんでRozyckiが提案したといいます。Rozyckiが機械のアイデアを思いついたとき、彼らはそのデザートを食べていたからだといわれています[(*34)][(*35)]。他の報告によると、この名前は自発的に付けられたとか、あるいはマシンが発する音から付けられたとかという説もあります[(*36)]。

ロンドン郊外の田舎にあるブレッチリー・パークでは、何千人もの労働者が工場のような施設でエニグマのメッセージを解読していた。著名な数学者Alan Turingをはじめとするイギリスの暗号解読者たちは、暗号解読を助けるために独自の機械を開発しました。その機械の設計は部分的にポーランドの暗号解読者の仕事、特にエニグマのローターの配線の推理に基づいていましたが、それ以外は大幅に異なっていました。英国では自分たちの機械をボンベ（Bombe）と呼び、戦時中は英国計算機会社によって何百台も作られました。

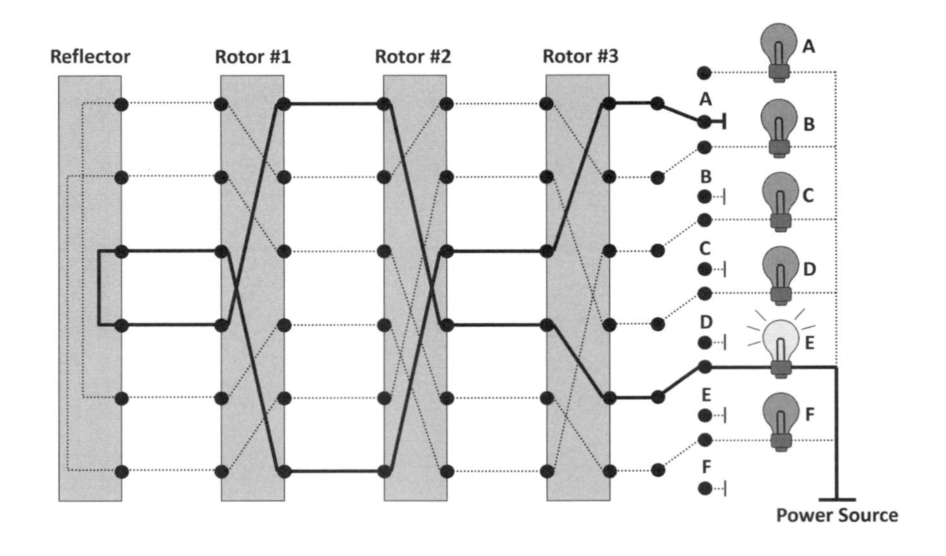

図15.13：エニグマはローター式のマシンである。この種の設計に反して、エニグマにはリフレクターと呼ばれる付加的な要素が追加されていた

今日、ポズナンとブレッチリー公園には、エニグマの暗号解読を魅力的に伝える博物館があります。また、膨大な量の文献もあります。特に、David Kahnの『Seizing the Enigma』（1991年）[*37]と、TomとDan Pereraの『Inside Enigma』（2019年、ARRLのWebサイトで入手可）[*38]をおすすめします。Alan Turingの甥であるDermot Turingによる『Demystifying the Bombe』（2014年）は、ボンベについてわかりやすく説明しており、暗号解読者にとって興味深い内容となっています[*39]。そして、映画「Enigma」（2001年、Kate Winslet主演）や「The Imitation Game」（2014年、Benedict Cumberbatch主演）もあります。

ローター式マシン以外にも、電気式や機械式の暗号化マシンは数多くあり、その黄金期は第二次世界大戦中と冷戦初期でした。たとえば、第二次世界大戦中、日本の外交官はパープル（"PURPLE"）と名付けられた暗号装置を使用していました[*40][*41]。この暗号は、アメリカ陸軍SIS（Signal Intelligence Service：信号情報局）のFrank Rowlettが率いるWilliam Friedmanのチームによって解読されました。大きな助けになったのは、日本人が無線メッセージの冒頭で頻繁に使うフレーズがあったことです。「閣下にお伝えしたいことがあります」（"I have the honour to inform your excellency ･･･"）といったフレーズを多用していたのです。この事実に基づいて、暗号解読者たちはしばしば暗号を解読していました。

ここで2つの用語について補足しておきます。

- パープルという名前の由来については議論があります。Stephen Budianskyが2000年に出版した『Battle of Wits』[*42]によると、サイファーではなくコードであった初期の日本海軍の2つの暗号システムは、アメリカの暗号解読者たちが傍受したものを保管していたバインダーの色にちなんでレッド（“RED”）とブルー（“BLUE”）と名付けられたといいます。他の日本の暗号システムには、ジェイド（“JADE”）やコーラル（“CORAL”）といった別の色の名称が付けられていますが、これらもバインダーの色と関係があったかどうかは定かではありません【訳注】。

訳注　ジェイドは翡翠色、コーラルは珊瑚色を意味します。

- レッドという同一のコードネームを持つ暗号システムが、日本には2つあります。片方は先に述べたものであり、コードブックを使った真のコードです。もう片方は、機械を使ってメッセージを暗号化・復号する暗号システムです。命名規則として、コードブックのバージョンは通常“Red”あるいは“Red Book”のように普通に綴られますが、暗号機を用いる暗号システムは一般に全角で記述されます。たとえば、“RED”、“PURPLE”などのようにです。しかし、事態をさらに混乱させているのは、暗号化システムを（誤って）コードと呼ぶことが原因です。たとえば、パープルは本当のところサイファーであるのにかかわらず、「パープルコード」システムといった表現がされることがあるのです。また、すべて大文字で表記される場合、暗号機によるサイファーと説明しましたが、そうではなくコードシステムを指すこともありました！　コードとサイファーの用語の混同については、第7章を参照してください。

第二次世界大戦時のドイツのもう1つの重要な暗号機は、ローレンツ（Lorenz）SZ40/42（英国では“Tunny”とも呼ばれていた）です。この暗号機の存在が明らかになったのは、ここ20年ぐらいのことです【訳注】。

訳注　2016年5月、ローレンツ暗号機がインターネット・オークションeBayでわずか9.5ポンド（1,500円）にて落札されたというニュースがインターネットで話題になりました。世界中に4台しか残っていない大変貴重なものでした。このローレンツ暗号機はイングランドの片田舎の小屋に長年放置されていたものであり、イギリスの国立コンピューティング博物館のボランティア・スタッフがeBayで発見しました。なお、2015年にエニグマ暗号機は1,500万円で落札されています。
https://www.sankei.com/article/20160601-U5H35FKKXFIMZEPYKJRF6HP6QY/

大型のテレタイプ（テレプリンター）機に追加できる暗号化用アタッチメントとして、1940年に導入されました。エニグマのような携帯性はありませんでした。ヒトラーが将軍たちと直接連絡を取るためなど、軍の最高レベルでのみ使われました。ローレンツは12個のノッチが付いたホイールと500本以上のピンを持ち、テレタイプの平文出力を翻訳できました。オペレーターは手動、あるいは5ビットのパンチカード・テープで入力します。

ローレンツは平文を5ビットのボドー・コード（Baudot Code）の暗号化されたバージョンに素早く変換します。その後、発信元のテレタイプに送り返します。そして、そこから無線あるいは直接接続で受信テレタイプに送信します。受信側では、テレタイプがその情報をローレンツ・アタッチメントに送り、ローレンツ・アタッチメントがパルスを解読し、平文のメッセージがプリントアウトされるというしくみです。エニグマの場合は1文字ずつ入力する必要がありましたが、それと比べるとローレンツは高速に暗号化できました(*43)。

第二次世界大戦後の数十年間、ローレンツに関するいかなる記述も機密扱いとされ、1995年にDonald Daviesによる論文が『Cryptologia』誌に掲載された後、ようやくローレンツに関する情報が明らかになり始めました(*44)。

その後、米英両政府は数年にわたり、さまざまな関連文書の機密を徐々に解除していきました(*45)。ローレンツ・システムの全貌が明らかになった今、私たちはローレンツ・システムがブレッチリー・パークで解読されたもう1つの暗号化方式であることを知っています。

この暗号化方式は1942年にJohn TiltmやWilliam T. 'Bill' Tutteのようなチームによって解読されたものであり、彼らがマシンを見たことすらなかったことを考えると、驚くべき成果といえます(*46)。Thomas H. Flowersが率いる50人から成る別のチームは、ローレンツ("Tunny")メッセージの解読作業を支援するため、ボンベとは異なる種類の機械であるコロッサス("Colossus")を設計しました。バーミンガムにある郵便局の工場を徴用して必要な部品を製造し、戦争が進むにつれて10種類のコロッサスが製造されました。

ローレンツ・システムが破られた後、集められた戦略情報から、ドイツ軍の動きや、連合軍の計画に対するドイツ指導部の理解(あるいは誤解)についてを知ることができました。コロッサスの技術者Thomas Flowersによれば、1944年6月5日、解読されたメッセージがDwight D. Eisenhower米軍元帥に提供されました。そのメッセージの内容は、ドイツ軍がノルマンディー侵攻計画を知っているが、本当だとは思っておらず、むしろドイツ軍を港から引き離すためのフェイントだと考えていることを示すものだったのです(*47)。この情報は、6月6日【訳注】のフランス侵攻作戦「オーバーロード作戦」、すなわち「Dデイ」を決行する連合国側の決定において重要な要因となり、ヨーロッパにおける連合国側の戦争の流れを変えました(*48)。

訳注 Dデイは悪天候で実際には1日延期されて、6月6日に決行されました。

ずっと後になってEisenhowerは、ブレッチリーの暗号解読によって少なくとも2年は戦争が短縮されたと語っています(*49)。

第二次世界大戦中のドイツのエニグマや日本のパープルを含む、初期の暗号機の設計は破られる可能性がありました。しかし、より高度なタイプ、特に冷戦時代のものは今日でも安全だと考えられています。1970年頃に安価な電子機器とコンピューターが登場したことで、電気式や機械式の暗号機はその後数十年の間に徐々に廃れていきましたが、後進国ではまだある程度使われていました(*50)。今日、暗号機の技術には魅力的な歴史がありますが、現代の通信セキュリティの世界ではもはや役割を果たしていません。

年代物の暗号機の暗号化を現代的な手段、すなわちコンピューターのサポートで解読することは、活発な研究分野の1つです。第16章では、ヒル・クライミングによるエニグマの解読を取り上げます。もっと知りたければ、Craig Bauerの2013年の著書『Secret History』を読んでください。この本は、暗号機に関する多くの数学的背景を提示し、その暗号を破る方法も解説しています(*51)。

第16章 ヒル・クライミングによる暗号解読

本書で紹介する多くの暗号化手法は、ヒル・クライミングと呼ばれる手法で破ることができます。ヒル・クライミングは、コンピューター科学者がある種の最適化問題を解くために開発した手法であり、そのほとんどは暗号とは関係ありません。たとえば、特定の都市を含む最短ルートを見つけたり、生産施設のもっとも効率的な配置を決定したりするのに適しています。この方法は、特定の設定がそれ以上の改善が不可能になるまで、反復的に改善することを目指します。これが山の山頂に達することに似ているため、ヒル・クライミング（「山登り」「坂道を上る」）と呼ばれるゆえんです。

ヒル・クライミングは、解決策の可能性が多すぎて、1つひとつをチェックするのが難しいような問題に特に適しています。つまり、入力が少し変化しても、出力は少ししか変化しないということです。多くの暗号解読は、この2つの条件を満たしています。多くの暗号化方式では、潜在的な解の数、すなわち鍵の数はとても多いです。たとえば、26文字の単一換字式暗号の置換表の組み合わせは、403,291,461,126,605,635,584,000,000通り（＝約400兆兆＝4×1,026通り）もあります。最高のコンピューターを使っても、1つずつチェックするには多すぎます。加えて、多くの古典的な暗号化方式では、鍵のわずかな変更は暗号文のわずかな変更しか引き起こしません。たとえば、単一換字式暗号の置換表において2つの暗号文文字を入れ替えたとしても、復号結果の変化はわずかです。

ヒル・クライミングは、コンピューター・プログラムとして実装されて初めて実現可能な手法です。暗号解読者たちはこの方法を用いて、エニグマで使われているような難しい暗号機を含む、さまざまな暗号アルゴリズムの解読に成功しています。今日では、暗号解読のためのヒル・クライミング・アルゴリズムをサポートするコンピューター・プログラム（たとえばCrypTool 2）が利用できるようになってきています。しかしながら、ヒル・クライミングでどのシステムを解読するにしても、カスタマイズが必須となります。このため、さまざまなヒル・クライミングの実装が可能となります。

ヒル・クライミングは、歴史的に重要な暗号を破るための強力なツールですが、AESやDESのような現代の暗号化アルゴリズムを攻撃するにはまったく適していないことに注意することが重要です。なぜなら、最新の暗号化アルゴリズムでは、鍵や平文に小さな変化があっても、暗号文には大きな変化が生じる必要があるためです。

16.1 ヒル・クライミングによる単一換字式暗号の解読

ここでは、単一換字式暗号にヒル・クライミングの技術を適用する方法を説明します。後で見るように、この概念は他の暗号にも転用できます。Sabine Baring-Gouldの1896年の著書『Curiosities of Olden Times』に掲載された次の暗号を見てみましょう[*1][*2]。

§ †431 45 2+9 +§51 4=
8732+ 287 45 2+9 †¶=+

まず、この暗号文をコンピューター・プログラムで処理しやすいバージョンに書き換えてみます。最初に出てくる記号を'A'、次に出てくる記号を'B'、3番目に出てくる記号を'C'、・・・と置き換えていき、単語の区切りを維持します。

```
A BCDE CF GHI HAFE CJ KLDGH GKL CF GHI BMJH
```

ステップ1

ランダムな置換表を作ることから始めます。

平文文字	ABCDEFGHIJKLMNOPQRSTUVWXYZ
暗号文文字	SNOIJRGYZLMBPDQWUVHFCTAXEK

ステップ2

次に、置換表を使って暗号文を復号すると、次のような平文候補が得られます。

```
S NOIJ OR GYZ YSRJ OL MBIGY GMB OR GYZ NPLY
```

ステップ3

ここで、いわゆるフィットネス関数を使って平文候補の正しさを評価します。フィットネス関数を使うことは、ヒル・クライミング攻撃においてもっとも洗練された重要な部分です。ある文章が多少なりとも正しいかどうか、つまり本当の言葉のように見えるかどうかをチェックする方法はたくさんあります。私たちの場合は、文字の頻度に基づく単純なアプローチを採用します。上級レベルの暗号解読者なら、もっといい方法を簡単に見つけられるでしょう。

各文字について、平文候補における頻度を決定し、同じ長さの平均的な英文における頻度からの距離と比較します。今回のケースにおいて、暗号文は33文字です。英語では文字Aの頻度が8%、文字Bの頻度が1%、文字Cの頻度が3%であることに基づき、平文候補におけるこれらの文字の予想頻度を3、0、1に設定しました。残りの文字の予想頻度も同様の方法で導かれます。

次に、平文候補の頻度と期待される頻度を比較し、距離【訳注】を決定します。

訳注　距離は、差分の絶対値を意味します。

Letter	Frequency in the plaintext candidate	Expected frequency	Distance
A	0	3	3
B	2	0	2
C	0	1	1
D	0	1	1
E	0	4	4
F	0	1	1
G	4	1	3
H	0	2	2
I	2	2	0
J	2	0	2
K	0	0	0
L	2	1	1
M	2	1	1
N	2	2	0
O	4	3	1
P	1	1	0
Q	0	0	0
R	3	2	1
S	2	2	0
T	0	3	3
U	0	1	1
V	0	0	0
W	0	1	1
X	0	0	0
Y	5	1	4
Z	2	0	2
		Sum:	34

距離の合計（ここでは34）がフィットネス関数の結果となります。結果が低ければ低いほど、適合度は高いといえます。

ステップ4

次に、置換表を少しランダム化します。以下の表では、2行目が旧置換アルファベット、3行目が新置換アルファベットを表しています。

平文文字	ABCDEFGHIJKLMNOPQRSTUVWXYZ
古い暗号文文字	SNOIJRGYZLMBPDQWUVHFCTAXEK
新しい暗号文文字	SNOIJFGYZLMBPDQWUVHRCTAXEK

一見してわかりますが、'F'と'R'の位置を入れ替えただけの小さな変更です。

ステップ5

このステップでは、新しい置換表を使って暗号文を復号し、新しい平文の候補を得ます。なお、古い平文は比較のために残してあります。

古い平文	S NOIJ OR GYZ YSRJ OL MBIGY GMB OR GYZ NPLY
新しい平文	S NOIJ OF GYZ YSFJ OL MBIGY GMB OF GYZ NPLY

ステップ6

ここでも平文候補の正しさをフィットネス関数で評価します。

Letter	Frequency in the plaintext candidate	Expected frequency	Distance
A	0	3	3
B	2	0	2
C	0	1	1
D	0	1	1
E	0	4	4
F	3	1	2
G	4	1	3
H	0	2	2
I	2	2	0
J	2	0	2
K	0	0	0
L	2	1	1
M	2	1	1
N	2	2	0
O	4	3	1
P	1	1	0
Q	0	0	0
R	0	2	2
S	2	2	0
T	0	3	3
U	0	1	1
V	0	0	0
W	0	1	1
X	0	0	0
Y	5	1	4
Z	2	0	2
		Sum:	36

見てわかるように、予想される文字頻度と実際の文字頻度との間の全体的な距離が大きくなっています。これは平文候補の正しさが低下していることを意味します。よって、私たちは以前（ステップ3）の置換表に戻ります。今回のケースでは該当しませんが、もし改善していれば、現在の置換表を維持することになります。

平文文字	ABCDEFGHIJKLMNOPQRSTUVWXYZ
暗号文文字	SNOIJRGYZLMBPDQWUVHFCTAXEK

それではステップ4に戻ります。

ステップ4（再）

ここでも置換表を少し変更します。

平文文字	ABCDEFGHIJKLMNOPQRSTUVWXYZ
古い暗号文文字	SNOIJRGYZLMBPDQWUVHFCTAXEK
新しい暗号文文字	SNOITRGYZLMBPDQWUVHFCJAXEK

ここでは、'T'と'J'の位置を入れ替えます。

ステップ5（再）

変更された置換表を使って再び暗号文を復号し、新しい平文候補を得ます。

古い平文	S NOIJ OR GYZ YSRJ OL MBIGY GMB OR GYZ NPLY
新しい平文	S NOIT OR GYZ YSRT OL MBIGY GMB OR GYZ NPLY

ステップ6（再）

ここでも平文候補の正しさをフィットネス関数で評価します。

Letter	Frequency in the plaintext candidate	Expected frequency	Distance
A	0	3	3
B	2	0	2
C	0	1	1
D	0	1	1
E	0	4	4
F	0	1	1
G	4	1	3
H	0	2	2
I	2	2	0
J	0	0	0
K	0	0	0
L	2	1	1
M	2	1	1
N	2	2	0
O	4	3	1
P	1	1	0
Q	0	0	0
R	3	2	1
S	2	2	0
T	2	3	1
U	0	1	1
V	0	0	0
W	0	1	1
X	0	0	0
Y	5	1	4
Z	2	0	2
		Sum:	30

フィットネス関数の結果が減少しました。これは、平文候補がより英語のテキストに似ていることを意味します。よって、この置換表を維持します。

さらなるステップ

前の段落で説明した手順を何度も繰り返します。もし新しい置換表を用いてフィットネス関数の結果がよりよく、つまり低い値になれば、その置換表を維持します。そうでなければ、前の置換表に戻します。フィットネス関数の結果が、たとえば10ステップの間、それ以上向上しなくなるまでこれを続けます。通常、最後の平文候補が正しい平文となります。ただし、間違った平文候補が、テストされたすべての隣接候補よりも、フィットネス関数の結果がよい可能性もあるため、確実な保証はありません。これを局所最大と呼びます。このような場合、ランダムに生成された新しい鍵を用いてアルゴリズムを再開始します。何度かヒル・クライミングを試みても意味のある平文が生成されない場合、単一換字式暗号を扱っているという仮定が間違っている可能性があります。

Baring-Gould暗号文の場合、正しい平文は"A BIRD IN THE HAND IS WORTH TWO IN THE BUSH"です。暗号文と平文を並べると次のようになります。

平文	A BIRD IN THE HAND IS WORTH TWO IN THE BUSH
暗号文	A BCDE CF GHI HAFE CJ KLDGH GKL CF GHI BNJH

これが正しい置換表になります。平文には13種類の文字しか含まれていないことに注意してください。

平文文字	ABIRDNTHESWOU
暗号文文字	ABCDEFGHIJKLM

16.1.1 【成功談】Bart WenmeckerによるBaring-Gould暗号文の解読

では、コンピューター・プログラムが単一換字式暗号をヒル・クライミングで解く方法を見てみましょう。

このテクニックをサポートするソフトウェアとして、CrypTool 2を再度おすすめします。あるいは、先に述べたように、経験豊富な暗号解読者の中には、フィットネス関数やその他のパラメーターを簡単に適応させられる独自のヒル・クライミング用のプログラムを書いている者もいます。ここで用いるのは、ニュージーランドを拠点とする暗号専門家Bart Wenmeckersが書いたプログラムの出力です(*3)。このプログラムでは、平文候補が実際の言語に近くなるたびに高い値を返すフィットネス関数を使います。つまり、上で説明したフィットネス関数とは逆の働きをします。このプログラムは、ある置換表がその前の置換表よりもよい結果を出すと、2行を表示します。次がその出力例になります。

```
AYISLNTHEPFRBDJXMWCQOKZGVU,313
A YISL IN THE HANL IP FRSTH TFR IN THE YDPH
```

この出力は、現在の置換表が以下のものであることを示しています。

平文文字	ABCDEFGHIJKLMNOPQRSTUVWXYZ
暗号文文字	AYISLNTHEPFRBDJXMWCQOKZGVU

フィットネス関数の結果は313です。2行目の“A YISL …”は平文候補になります。BartがSabine Baring-Gouldの本の暗号文を使ってプログラムを試したところ、次のような結果が連続して得られました。

見てわかるように、Bartのプログラムは正しい解（フィットネス関数はそれを365点と評価した）を見つけましたが、それだけでは終わりませんでした。“A BIRD IN THE HAND IS PORTH TPO IN THE BUSH”をさらに優れた解（366点）と評価したのです。このようなことも起こりうるのです。もちろん、コンピューターの仕事ぶりを見ていた人間なら、「Wheel of Fortune」【訳注】のように、コンピューターよりもずっと早く正解を見抜けたでしょう！

訳注 「Wheel of Fortune」（「ホイール・オブ・フォーチュン」）はアメリカ合衆国のクイズ番組です。言葉当てゲームに参加して、正解すると賞金がもらえるという趣旨の番組内容になっています。

```
AYISLNTHEMBUQDVWCGPJZRXKOF,323
A YISL IN THE HANL IM BUSTH TBU IN THE YDMH
ARISDNTHEMBOUFQWKXCZGPVLYJ,327
A RISD IN THE HAND IM BOSTH TBO IN THE RFMH
ARISDNTHEMOBUFQWKXCZGPVLYJ,331
A RISD IN THE HAND IM OBSTH TOB IN THE RFMH
ARISDNTHEMOPUFQWKXCZGBVLYJ,333
A RISD IN THE HAND IM OPSTH TOP IN THE RFMH
ARISDNTHEGOPZFQWUXVJMBCLYK,334
A RISD IN THE HAND IG OPSTH TOP IN THE RFGH
ARISDNTHEGOFZPQWUXVJMBCLYK,343
A RISD IN THE HAND IG OFSTH TOF IN THE RPGH
ARISDNTHEMOFZPQWUXVJGBCLYK,347
A RISD IN THE HAND IM OFSTH TOF IN THE RPMH
ARISDNTHEMOFCYBKWXZJVLUGQP,348
A RISD IN THE HAND IM OFSTH TOF IN THE RYMH
ARISDNTHELOFZUJMBXCKGVQPYW,349
A RISD IN THE HAND IL OFSTH TOF IN THE RULH
ARILDNTHESOFJMXVUWGQCPBKZY,354
A RILD IN THE HAND IS OFLTH TOF IN THE RMSH
ARILDNTHESOFVUKMXGPYZJWCBQ,355
A RILD IN THE HAND IS OFLTH TOF IN THE RUSH
AMILDNTHESOFVUJQXGPYZKWCBR,357
A MILD IN THE HAND IS OFLTH TOF IN THE MUSH
AMIRDNTHESCOYUBQVXLPWZGJFK,358
A MIRD IN THE HAND IS CORTH TCO IN THE MUSH
ABIRDNTHESWOYUMXVQCZJLKGPF,365
A BIRD IN THE HAND IS WORTH TWO IN THE BUSH
ABIRDNTHESPOGUJMQXZYKCWLFV,366
A BIRD IN THE HAND IS PORTH TPO IN THE BUSH
```

16.1.2 【成功談】フロリダ殺人事件の暗号文

いくつかのコードや暗号文の中には、恐ろしい犯罪に関連するものもあります。2004年、11歳のCarlie Bruciaがフロリダ州サラソタの洗車場から誘拐され、その後殺害されました。監視カメラの映像から、警察は自動車修理工のJoseph P. Smithを犯人と断定しました。2005年、獄中で裁判を待つ間、彼は暗号化されたメッセージ（図16.1を参照）を弟に送ろうとしました。

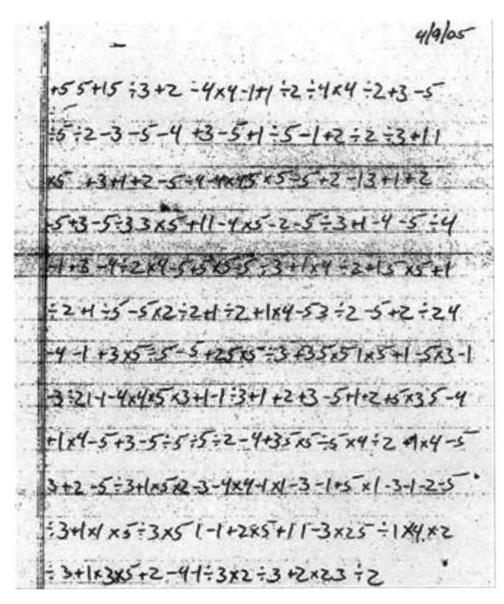

図16.1：Carlie Bruciaを殺害した犯人は、刑務所から兄にこの暗号化されたメッセージを送ろうとした

FBIの暗号解読部隊であるCRRU（Cryptanalysis and Racketeering Records Unit）はすぐにこの暗号を解読しましたが、当時は詳細が公表されることはありませんでした(*4)。2014年、Klausは2005年のFBIの報告書(*5)でこの話について読んだ後、暗号化されたメッセージを自身のブログに投稿しました。その後、ドイツの暗号専門家でCrypTool 2の開発者であるNils Kopalがヒル・クライミングによってすぐに解読されました(*6)。

手はじめに、Nilsは次のようなトランスクリプトを作成しました。

```
+5 5 +1 5 %3 +2 -4 x4 -1 +1 %2 %4 x4 %2 +3 -5
%5 %2 -3 -5 -4 +3 -5 +1 %5 -1 +2 %2 %3 +1 1
x5 +3 +1 +2 -5 %4 -4 x4 5 x5 -5 +2 -1 3 +1 +2
-5 +3 -5 %3 3 x5 +1 1 -4 x5 -2 -5 %3 +1 -4 -5 %4
-1 +3 -4 %2 x4 -5 +5 x5 -5 %3 +1 x4 %2 -1 5 x5 +1
%2 +1 %5 -5 x2 %2 +1 %2 +1 x4 -5 3 %2 -5 +2 %2 4
-4 -1 +3 x5 %5 -5 +2 5 x5 %3 +3 5 x5 1 x5 +1 -5 x3 -1
-3 %2 1 -1 -4 x4 x5 x3 +1 -1 %3 +1 +2 +3 -5 +1 +2 +5 x3 5 -4
+1 x4 -5 +3 -5 %5 %5 %2 -4 +3 5 x5 %5 x4 %2 +1 x4 -5
3 +2 -5 %3 +1 x5 x2 -3 -4 x4 -1 x1 -3 -1 +5 x1 -3 -1 -2 -5
%3 +1 x1 x5 %3 x5 1 -1 +2 x5 +1 1 -3 x2 5 %1 x4 x2
%3 +1 x3 x5 +2 -4 -1 %3 x2 %3 +2 x2 3 %2
```

Nilsは、頻度、一致指数、その他のテストの統計分析を実施しました。彼はその暗号文が単一換字式暗号のように見えることに気づきましたが、解読の試みはすべて失敗しました。そこでNilsは次に、テキストが逆から書かれていないかどうかをチェックするなど、経験に基づいて推測しました。CrypTool 2にはシンプルな置換ヒル・クライマー（simple substitution hill climber）が備わっています。これに対して逆向きに書かれた暗号文を適用したところ、すぐ解読に成功しました。Nilsは次のようなぞっとする平文を導き出しました。ただし、スペルミスが多数含まれています。

```
I WLSH L HAD SOMTHLN JULCY TO SAY OH OK THE BACKPACK
AND CLOTHES WENT IN FOUR DIFFERENT DUMPSTERS THAT
MONDAY I CAME TO YOUR HOUSE FOR ADVISE I WENT IT I LEFT IT
OUT IN THE OPEN I DRAGED THE BODY TO WHERE ST WAS FOUND
DESTROY THIS AFTER DECIFERING IT AND SHUT UP
```

その結果、次のような置換表が導かれます。

A	B	C	D	E	F	G	H	I	J	K	L	M	N	O	P	Q	R	S	T	U	V	W	X	Y	Z
-1	-2	-3	-4	-5	%5	%4	%3	%2	%1	x1	x2	x3	x4	x5	+5	+4	+3	+2	+1	5	4	3	2	1	

‘Q’、‘X’、‘Z’の文字は平文には現れません。‘Q’と‘X’に相当する暗号文は簡単に推測できます。たとえば‘Q’は+5と+3の間にあります。しかし、‘Z’は不明のままです。

法廷では、CRRUの専門家がこれと同じ解読結果を提出しました。他の証拠とともに提出されたことで、Smithに死刑判決が確定しました。

16.2 ヒル・クライミングによる同音字暗号の解読

同音字暗号を解読する際に、ヒル・クライミングは明らかに試すべき方法です。鍵（つまり置換表）の小さな変化は暗号文の小さな変化を引き起こすだけなので、ヒル・クライミングが機能することが期待できます。また、同音字暗号は多くの潜在的な鍵があるため、ブルートフォースよりもヒル・クライミングの方が効率的な方法であることは明らかに有効といえます。

ヒル・クライミングを用いた同音字暗号の解法は比較的新しい研究分野であり、現在までに発表された論文はわずかしかありません。この時によく参照されるのが、Nils Kopalが2019年に書いた紹介記事です(*7)。私たちは、この分野で興味深い研究をしている人々が世界中にいることを知っており、彼らのホモフォニック・ヒル・クライマー・プロジェクト（homophonic hill climber projects）の成果が今後数年のうちに発表されることを願っています。

私たちが知るかぎり、同音字のヒル・クライミングのための最高のソフトウェアであるAZDecryptは、ベルギーの暗号解読の専門家であるJarl Van Eyckeによって開発されました。バージョン1.0は2016年にリリースされています。AZDecryptには、非常に多くの設定オプションがあり、強力なフィットネス関数が実装されています。なお、zodiackillersite.comから無料で入手できます【訳注】。

訳注 翻訳時点でzodiackillersite.comのWebサイトが正常に稼働しておらず、閲覧できませんでした。GitHub等で公開されています。
`https://github.com/doranchak/azdecrypt`

16.2.1 【成功談】Dhavare、Low、StampによるZodiac Killerの解決

同音字暗号に対するヒル・クライミング攻撃に関する数少ない研究論文の1つが、2013年にAmrapali Dhavare、Richard M. Low、Mark Stampによって発表された“Efficient Cryptanalysis of Homophonic Substitution Ciphers”です(*8)。3人の筆者は、2段階のヒル・クライミングを含む方法について述べています。最初のヒル・クライミング（アウター・ヒル・クライミング）は平文の各文字が対応する同音字の数を決定し、2番目のヒル・クライミング（イナー・ヒル・クライミング）は置換表を再構築します。

Dhavare、Low、Stampの3人はまず、ゾディアック・キラーが最初に書いたメッセージ（第6章参照）であるZ408で、彼らの方法をテストしました。Z408は1969年にすでに解読されており、3人の研究者は自分たちのアルゴリズムがこの解読の成功を繰り返せるかどうかを確かめたかったのです。実際、それは簡単なことでした。

図16.2：Dhavare、Low、Stampのヒル・クライマー（*脚注）は、（すでに解決済みの）最初のゾディアック・キラーのメッセージをいとも簡単に解読した

訳注　ヒル・クライマーとは、ヒル・クライミングを実現する機能やプログラムのことです。

次に、Dhavare、Low、Stampの3人は、暗号パズル・プラットフォームMysteryTwister C3（MTC3）で公開されている“Zodiac Cipher”と題された同音字暗号のチャレンジにこの技術を適用しました(*9)。このチャレンジは、Z408とは異なり、ゾディアック・キラーの2番目の未解決メッセージであるZ340を模倣するためにデザインされていました(脚注*)。

脚注　Z340は、最近の2020年12月に解決されました。

ここでも、3人の科学者が用いたヒル・クライマーは、模倣の暗号文を解くのに何の苦労もしませんでした。

第3段階として、Dhavare、Low、Stampの3人は、Z340そのものに対して攻撃を試みました。Z340は、現存する暗号の謎の中でもっとも有名な未解決の暗号文の1つとして知られており、暗号解読の成功はまさにセンセーションだったでしょう。しかし、今回は成功しませんでした。彼らの努力の詳細は、彼らの記事でご覧ください。

16.3 ヒル・クライミングによるヴィジュネル暗号の解読

第8章で指摘したように、ヴィジュネル暗号を破る方法はたくさんあります。コンピューターが必要なものもあれば、手作業でできるものもあります。コンピューターを使ったヴィジュネル暗号の解読法の1つに、ヒル・クライミングがあります。しかし、ヴィジュネル暗号に対するヒル・クライミング攻撃は、効率的な代替手段があるため、他の暗号に比べてあまり普及していないようです。私たちは、ヴィジュネル暗号のヒル・クライミングを包括的に扱った研究論文を知りませんが、いくつかの実装例を知っています。CrypTool 2ソフトウェアは、ヴィジュネル暗号用のヒル・クライマーを備えています。

ヴィジュネル暗号用のヒル・クライマーがキーワード長を知る必要があるのか、それともこの情報は別の方法で決定されるのか、というのが1つの重要な疑問として挙げられます。ほとんどの場合、後者になります。Friedmanの方法でキーワード長を推測する（プログラムがヒル・クライミングを開始する前の実行ステップ）か、ソフトウェアがキーワード長（たとえば3から25の間）ごとに別々のヒル・クライミング攻撃を行うかのどちらかになります。

フィットネス関数は単一換字式暗号と同じで構いません。

16.3.1 【成功談】Jim GilloglyによるIRAのヴィジュネル暗号の解読

2001年、歴史家のTom Mahonは、ダブリンの文書館で暗号化されたメッセージを含む約300の文書を発見しました。これらの文書は、1926年から1936年までアイルランド共和国軍（IRA）の指導者であった活動家Moss Twomey（1897－1978）の遺品に由来します。Mahonが発見した暗号化されたメールのほとんどは、ダブリンのIRA本部とイギリス諸島やアメリカにいるIRA活動家の間で送られた通信文でした。コーパス[訳注]は全部で約1,300の暗号文から構成されています。

訳注　コーパスとは、自然言語の文章を構造化して、コンピューターで分析して調べやすいようにしたデータベースのことです。

Tom Mahonにはこれらのメッセージを解読する専門知識がなかったため、彼はアメリカ暗号協会（ACA）に支援を求めました。ACAのメンバーであるJim Gilloglyが興味を持ち、これが2人の研究者の実りあるパートナーシップの始まりとなりました。その後数ヶ月かけて、GilloglyはMoss Twomeyが残した暗号文のほとんどすべてを解読することに成功し、1920年代のIRAの活動や構造についての洞察を得られました。2008年、GilloglyとMahonは、その結果を『Decoding the IRA』というタイトルの本で発表しました[*10]。この本はアイルランドの歴史について興味深い読み物です。特に、暗号解読についてGilloglyが説明している最初の章は、暗号解読に興味を持つすべての人にとって魅力的な内容になっています。

結論から言うと、IRAの暗号文のほとんどは縦列転置式暗号（次のセクションで解説）で暗号化されていました。アンパサンド文字（'&'）を著しく多く含んだ短い暗号文であり、平文の文章が埋め込まれています。次のメッセージ（1923年5月4日付）は、典型的な例になります。

1. Have you yet got X&OYC&UIJO&MN? Did you look up that man FX&WA HKGKH/ whom I spoke to you about. I am most anxious that this case be followed up. I would suggest that if nesessary you put your Staff Officer entirely on it until it is carried through.

最初の2つの文章を書き起こすと、次のようになります。

```
Have you yet got X&OYC&UIJO&MN? Did you look up that man FX&WA
HKGKH/ whom I spoke to you about.
```

文字頻度とその他の統計から、ヴィジュネル暗号が使われていることが示唆されました。それぞれの暗号文に同じ鍵が使われていることを期待して、Gilloglyはそれぞれの暗号文の最初の6文字を選びました。彼はアンパサンド文字をどう扱っていいかわからなかったので、この文字を含む6文字のブロックをすべて無視しました。

```
SDRDPX VVQDTY WXGKTX SJMCEK LPMOCG MVLLWK HMNMLJ VDBDFX UMDMWO
GGCOCS MMNEYJ KHAKCQ LPQXLI HMHQLT IJMPWG DDMCEX HVQDSU OISOCX
DXNXEO IJLWPS IJNBOO OIREAK
```

Gilloglyは、キーワード長を6から始めて、このブロックの系列を彼自身が設計したヒル・クライミング・プログラムに与えました。22のブロックは異なる暗号文のものでしたが、フィットネス関数が反映する特性は有効なままでした。実際、ヒル・クライマーはすぐに有望な結果を生む6文字のキーワード候補を見いだしました。

```
MISTER PARTIS QCHAIR MONSTE FUNERA FAMBLE BROCAD PICTUR ORECLI
ALDERM GROUND EMBARK FURNAC BRIGAN CONFLA XINSTR BARTHO INTERR
XCONTI COMMEM COORDI INSUPE
```

すべての6文字ブロックが、もっともらしい英語の文字列を表していたため、Gilloglyは自分が正しい道を歩んでいることを確信しました。ヒル・クライマーが出力したキーワードは、“GVZKLG”でした。Gilloglyは同じキーワードを使って、すべてのヴィジュネル・メッセージを解読できました。そして、アンパサンドが文字‘Z’の代わりとなっていることも判明しました。これが暗号文に‘Z’が出現しない理由だったのです。先に示したメッセージを復号すると、次のような平文になります。なお、“Z XCAMPBELLZ”の‘Z’と‘X’はパディングのために使われています。

```
Have you yet got REPORT ON KEOGH? Did you look up that man
ZCAMPBELLX whom I spoke to you about.
```

なぜIRAは“GVZKLG”というキーワードを使ったのでしょうか？　いくつかの実験の後、Gilloglyはこれが“TEAPOT”という単語を単一換字式暗号で暗号化したバージョンであることを発見しました。その単一換字式暗号で使われた置換表は、次のように覚えやすいものです【訳注】。

訳注　この置換表の2行目に注目してください。アルファベットが辞書とは逆に並んでおり、とても覚えやすい置換表といえます。

```
ABCDEFGHIJKLMNOPQRSTUVWXYZ
ZYXWVUTSRQPONMLKJIHGFEDCBA
```

‘G’⇒‘T’、‘V’⇒‘E’、‘Z’⇒‘A’、‘K’⇒‘P’、‘L’⇒‘O’、‘G’⇒‘T’なので、“GVZKLG”⇒“TEAPOT”になります。

16.4 ヒル・クライミングを用いた縦列転置式暗号の解読

ヒル・クライミング法は、第9章と第10章で説明するように、縦列転置式暗号（完全なタイプと不完全なタイプの両方）を解読するのに使えます。しかし、単一換字式暗号を破るのに使ったフィットネス関数は、ここでは使えません。一般に、文字の転置は文字の頻度を変えないため、転置を解除するために文字の頻度に基づくフィットネス関数を使用することはできません。その代わりに、文字グループの頻度に基づいて、平文候補の正しさを評価するのが理にかなっています。私たちの経験では、この文脈で、文字ペア、すなわちダイグラフから、8文字グループ（オクタグラフ）まで、あらゆるものを見てきました。

次に、転置式暗号の鍵を少し変える方法が必要です。たとえば、10列あり、列方向に読む転置表を扱う場合、鍵を「8,4,5,2,9,7,1,10,3,6」のように書けます【訳注】。

訳注　鍵の数列は、列番号を意味し、この並び順に読みます。つまり、「8,4,5,2,9,7,1,10,3,6」は「8列目⇒4列目⇒…⇒6列目」と読むわけです。

この数列からランダムに選んだ2つの数字を入れ替えることで、鍵の小さな変更を行えます。たとえば「8,4,5,2,9,7,1,10,3,6」は「8,4,1,2,9,7,5,10,3,6」になるかもしれません【訳注】。

訳注　5と10を入れ替えた例になります。

縦列転置式暗号に使われるキーワードは、ここでは役割を果たさないことに注意してください。ヒル・クライミングは、キーワードが"VKWJIDPQFH"のようなランダムな文字列であっても機能します。最終的に、元のキーワードを知ることなく平文を得られます。実際、キーワードを決定するのは不可能なことが多いといえます。

不完全縦列転置を解読するのは、もちろん完全縦列転置を解読するよりも複雑です。方法は同じですが、2つあるうちの一方は他方の特殊なケースとして扱われます。この作業は通常、コンピューター上のヒル・クライミング・プログラムで実行します。時間がかかることを除けば、一般的には問題になりません。

キーワード長が不明な場合（実際には通常そうである）、2つの方法があります。1つ目の方法はキーワード長を鍵の一部とすることです。あるヒル・クライミング・ラウンドから別のヒル・クライミング・ラウンドへと微妙に変更できます。ただし、これがプログラムの複雑さに拍車をかけています。よって、よりよいのは2つ目の方法です。異なるキーワードの長さについて、いくつかのヒル・クライミング攻撃を次々に開始するのです。キーワード長が5文字から20文字の間だと仮定すると、16回の試行が必要になります。現在のコンピューターでは、さほど問題となりません。

転置式暗号用の強力なヒル・クライマーは、ソフトウェアCrypTool 2で利用可能です。CrypToolプロジェクトの責任者であるBernhard Esslingerは、CrypTool 2のヒル・クライマーが、第10章で紹介したIRA転置暗号のいくつかを1〜2分で簡単に破れることを示してくれました。

16.4.1 【成功談】Jim GilloglyによるIRA転置式暗号の解読

2008年のGilloglyとMahonの共著書『Decoding the IRA』に話を戻します。次に示すIRA暗号は、歴史家のTom Mahonが2005年にアメリカ暗号協会（ACA）に支援を求めて送った6通のメッセージのうちの1通です。その後、この暗号はACAのメーリングリストで共有され、Jim Gilloglyによって解読されました。なお、この暗号は151文字で構成されています。

```
AEOOA IIIEO AEAEW LFRRD ELBAP RAEEA EIIIE AAAHO IFMFN COUMA
FSOSG NEGHS YPITT WUSYA ORDOO ERHNQ EEEVR TTRDI SOSDR ISIEE ISUTI
ERRAS TTKAH LFSUG RDLKP UEYDM ERNEO RULDC ERWTE ICNIA T
```

Jim Gilloglyが暗号文を分析したところ、'E'が23文字と圧倒的に多く、次いで'A'、'R'、'I'と続いていました。'Q'、'B'、'V'の文字は非常に珍しいことが判明しました。これらの頻度は英語と一致していますが、母音の比率（47%）は少し高いように思われます（通常40%）。そこでGilloglyは、転置式暗号を扱っていると考えました。151は素数であるため、完全縦列転置（つまり、長方形が完全に埋まった転置）でないことは明らかで、不完全な転置は可能です。

暗号解読者としての40年の間に、Jim Gilloglyは個人用にかなりの量の暗号解読ソフトを書いてきました。とりわけ、彼は暗号解読にヒル・クライミングを用いた最初の人物の1人です。このケースでは、不完全縦列転置を解読するために調整されたヒル・クライミング・プログラムを使用しました。彼は行の長さを8から15の間と仮定し、それぞれの長さについてプログラムを適用しました。12を試したところ、次のような平文の候補を得られました。

```
THEAADDARESSTOWHECIEHYOUWILLOESENDSTUFFFOR …
```

おわかりのように、この文字列には意味のある単語がたくさん含まれています。そこから意味のある文章（"THE ADDRESS TO WHICH YOU WILL SEND STUFF …"）を読み取ることも可能です。しかし、不必要と思われる文字もかなりあります。Gilloglyは100回ほどヒル・クライミング・プログラムを再開し、そのたびに最初のキーワード候補を変えましたが、それ以上の結果は得られませんでした。彼のソフトウェアが決定したキーワードは"FDBJALHCGKEI"でした。これは確かにIRAが使用したオリジナルのものではありませんが、同等のものです。さらに分析するために、彼はプログラムが作成した転置表を見てみます。

```
FDBJALHCGKEI
------------
THEAADDARESS
TOWHECIEHYOU
WILLOESENDST
UFFFOROAQMGI
SMRSAWSEEENE
YFRUITDIERER
ANDGIERIENGR
OCERIIFIVEHA
ROLDECSEROSS
DUBLONIATRYT
OMAKAIEATUET
OAPPEAEARLLK
EFRHATI
```

Gilloglyは、なぜソフトウェアが奇妙な結果をもたらしたのか、すぐに気づきました。この暗号作成者は、2つの列（5列目と8列目）に意味のない母音を挿入していたのです。さらに、ヒル・クライミング・プログラムは'L'と'H'の列を入れ替えてしまっていました。以下が正しい転置表です。ただし、余分な母音は省略しています。

```
FDBJAHLCGKEI
------------
THEA DD RESS
TOWH IC HYOU
WILL SE NDST
UFFF OR QMGI
SMRS SW EENE
YFRU DT ERER
ANDG RE ENGR
OCER FI VEHA
ROLD SC ROSS
DUBL IN TRYT
OMAK EI TUET
OAPP EA RLLK
EFRH IT
```

正しい平文は次のようになります。

```
THE ADDRESS TO WHICH YOU WILL SEND STUFF FOR QMG IS MRS SWEENEY
FRUDTERER AND GREENGROCER FIVE HAROLD'S CROSS DUBLIN TRY TO MAKE
IT UP TO APPEAR LIKE FRUIT.
```

IRAが実際に使用したキーワードは、いまだに判明していません。

16.4.2 【成功談】Richard Beanによる、最後の未解決IRA暗号文の解読

前節で述べたように、Jim GilloglyはIRAの活動家Moss Twomeyが残した何百もの転置暗号を解読しましたが、1つだけ解読できなかった暗号がありました。

```
GTHOO RCSNM EOTDE TAEDI NRAHE EBFNS INSGD AILLA YTTSE AOITDE
```

Twomeyのファイル内の暗号化されたメッセージはすべて、その長さを示すヘッダーを持っています。今回のケースでは、暗号文が51文字で構成されていますが、ヘッダーには52文字とありました。つまり、何かが間違っていたのは明らかであり、おそらくこれがJim Gilloglyがメッセージを解読できなかった理由に関係するのでしょう。

2018年、オーストラリアのブリスベンに住むRichard Beanは、組み合わせ論と統計学を専門とする数学者であり、2008年に出版された『Decoding the IRA』を読んでこの暗号文に興

味を持ちました[*11]。リチャードはヒル・クライミングでこの問題を解決しようとし、異なるキーワードの長さをチェックし、フィットネス関数を向上させるために反復しました。彼は、George Lasryの博士論文[*12]に基づき、意味のあるテキストと意味不明なテキストを区別するのに、6連字の頻度が特に役立つことに気づきました。そして、キーワードの長さを11にすると、最高のヒル・クライミング・スコアが出ることに気づきました。暗号文のあらゆる場所に文字を追加したところ、2つの'E'（25文字と26文字）の間に1文字を挿入するのが最良の結果となりました。

Richardはまた、最高得点の暗号文候補のいくつかに、"LIGNIT"という文字列が現れることを認識しました。IRAは1920年代にゼリグナイト（爆薬の一種。英語では"gelignite"）を使用しており、この発見は潜在的な手がかりとなりました。Richardが"GELIGNIT"という文字列を無理やりヒル・クライミングの出力に入れると、"THEYRAID"や"ANDOBTAINED"など、他の多くの意味のある単語が突然現れるようになりました。追加された文字列は"SCOT?AND"になりました。この'?'は'L'であることを容易に特定できます。最終的に、Richardは次のような平文を見つけました。

```
REGEL IGNITSCOTLANDSTAESTHEYRAIDEANDOBTAINEDOMEOFTHLS
```

もう少し読みやすくすると、このメッセージは次のようになります。

```
Re Gelignit[e] Scotland sta[t]es they raide[d] and obtained [s]
ome of thls.
```

平文の4文字（'E'、'T'、'D'、'S'）が欠けていることと、最後の単語にタイプミスがあることに注意してください。暗号文の文字'L'の欠落とともに、これらのミスはメッセージの解読を極めて困難にしていました。さらに分析した結果、Richardは12文字のキーワードを想定し、'E'、'T'、'D'、'S'の文字（つまり平文に欠けている4文字）を含む転置表の列を追加すると、よりよい結果が得られることを発見しました。この追加列が元々表のどこにあったのかは不明であるため、どのキーワードが使われたかを特定するのはとても難しいといえます。後述するように、"BCAFIEHGKDLJ"は機能しますが、これはIRAが使用したキーワードではありません。

この情報に基づいて、メッセージがどのように暗号化されたかを再構築できます。まず平文から始めます。ただし、後に失われる文字である'E'、'T'、'D'、'S'、'L'を含ませておき、最後の単語のタイプミスはそのままにしてあります。

```
RE GELIGNITE SCOTLAND STATES THEY RAIDED AND OBTAINED SOME OF THLS
```

次に、このテキストをキーワードの下に書きます。ちなみに、'E'、'T'、'D'、'S'の文字が最後から2番目の列に表示されることに注意してください。

```
BCAFIEHGKDLJ
------------
REGELIGNITES
COTLANDSTATE
STHEYRAIDEDA
NDOBTAINEDSO
MEOFTHLS
```

ここで、キーワードの文字がアルファベット順になるように列を入れ替えます。

```
ABCDEFGHIJKL
------------
GRETIENGLSIE
TCOANLSDAETT
HSTEREIAYADD
ONDDABNITOES
OME HFSLT
```

列に沿って読み上げると、次の文が得られます。

```
GTHOO RCSNM EOTDE TAEDI NRAHE LEBFN SINSG DAILL AYTTS EAOIT DEETDS
```

このメッセージは56文字からなります。5文字を失ったことを考慮します。

```
GTHOO RCSNM EOTDE TAEDI NRAHE LEBFN SINSG DAILL AYTTS EAOIT DEETDS
```

その結果、次のメッセージになります。

```
GTHOO RCSNM EOTDE TAEDI NRAHE EBFNS INSGD AILLA YTTSE AOITDE
```

2019年8月、Richard BeanはKlausとJimにこの解決策を報告しました。Jimはその解決策を検証し、正しいことを確認しました。こうして、Gilloglyの最初の成功から10年以上を経て、Twomeyの最後のメッセージがついに解読されたのです。

16.4.3 【成功談】George Lasryによる二重縦列転置式暗号チャレンジの解読

1999年、ドイツの暗号当局ZfCh（Zentralstelle für das Chiffrierwesen）の元会長Otto Leiberichは、ドイツの科学ジャーナル『Spektrum der Wissenschaft』（ドイツ版の『Scientific American』誌、『Spectrum of Science』）に論文を発表しました[*13]。この論文の中でLeiberichは、冷戦時代に東ドイツの諜報員が使用した二重縦列転置式暗号（第10章参照）について触れています。

二重縦列転置式暗号は、知られている手動暗号の中でもっとも優れたものの1つです。Otto Leiberichと彼のチームは、この暗号解読に集中的に取り組みました。そして、1974年、その成果の1つが、西ドイツのWilly Brandt首相の個人秘書であったトップ・スパイGünter Guillaumeの逮捕につながりました。東ドイツに情報を流していたGuillaumeの正体が暴かれたのです。彼は逮捕され、裁判にかけられ、実刑判決を受けましたが、1981年に囚人交換の一環として解放されました。

Leiberichは、冷戦終結からかなり時間が経過した1999年に発表した論文の中で、二重縦列転置に関するさらなる研究を推奨していますが、これは歴史的な価値しかありません。彼はまた、この暗号を使ってチャレンジ暗号を作成することも提案しています。このチャレンジに対する彼の提言には、以下の項目が含まれています。

- どちらのキーワードも20文字から25文字にする
- 2つのキーワードの長さは、1以外の共通の因数を持たないようにする
- 暗号文の長さは、どちらのキーワードの長さの倍数であってはならない
- 約500文字の暗号文（これは2つのキーワードの長さの積に近い）を使用すべきである

Otto Leiberichはこの種のチャレンジを自ら発表することはありませんでした。一方、Klausは読者に挑戦することに常に興味を持っていました。彼はRaphael Sabatiniの1910年の小説『Mistress Wilding』から数段落を平文として選び、2つのキーワードを使って暗号化しました[*14]。平文の長さは599です。Klausは2007年にこのチャレンジ暗号文をオンライン記事で発表しています[*15]。

```
VESINTNVONMWSFEWNOEALWRNRNCFITEEICRHCODEE
AHEACAEOHMYTONTDFIFMDANGTDRVAONRRTORMTDHE
OUALTHNFHHWHLESLIIAOETOUTOSCDNRITYEELSOAN
GPVSHLRMUGTNUITASETNENASNNANRTTRHGUODAAAR
AOEGHEESAODWIDEHUNNTFMUSISCDLEDTRNARTMOOI
REEYEIMINFELORWETDANEUTHEEEENENTHEOOEAUEA
EAHUHICNCGDTUROUTNAEYLOEINRDHEENMEIAHREED
OLNNIRARPNVEAHEOAATGEFITWMYSOTHTHAANIUPTA
DLRSRSDNOTGEOSRLAAAURPEETARMFEHIREAQEEOIL
SEHERAHAOTNTRDEDRSDOOEGAEFPUOBENADRNLEIAF
RHSASHSNAMRLTUNNTPHIOERNESRHAMHIGTAETOHSE
NGFTRUANIPARTAORSIHOOAEUTRMERETIDALSDIRUA
IEFHRHADRESEDNDOIONITDRSTIEIRHARARRSETOIH
OKETHRSRUAODTSCTTAFSTHCAHTSYAOLONDNDWORIW
HLENTHHMHTLCVROSTXVDRESDR
```

Klaus も Otto Leiberich も、この暗号文が解読されるとは思っていませんでした。しかし、それから6年後の2013年、Klausは当時無名だったイスラエル人のGeorge Lasryからメールを受け取りました。彼の解答は正しいことが証明されました。

```
THEGIRLHADARRIVEDATLUPTONHOUSEAHALFHOURAH
EADOFMISSWESTMACOTTANDUPONHERARRIVALSHEHA
DEXPRESSEDSURPRISEEITHERFEIGNEDORREALATFI
NDINGRUTHSTILLABSENTDETECTINGTHEALARMTHAT
DIANAWASCAREFULTOTHROWINTOHERVOICEANDMANN
ERHERMOTHERQUESTIONEDHERANDELICITEDTHESTO
RYOFHERFAINTNESSANDOFRUTHSHAVINGRIDDENONA
LONETOMRWILDINGSSOOUTRAGEDWASLADYHORTONTH
ATFORONCEINAWAYTHISWOMANUSUALLYSOMEEKANDE
ASELOVINGWASROUSEDTOANENERGYANDANGERWITHH
ERDAUGHTERANDHERNIECETHATTHREATENEDTOREMO
VEDIANAATONCEFROMTHEPERNICIOUSATMOSPHEREO
FLUPTONHOUSEANDCARRYHERHOMETOTAUNTONRUTHF
OUNDHERSTILLATHERREMONSTRANCESARRIVEDINDE
EDINTIMEFORHERSHAREOFTHEM
```

興味深いことに、Georgeは2つの異なる方法を発見し、どちらを使ってもチャレンジをクリアできました。1つ目のアプローチは辞書攻撃です。Georgeがコンピューター・プログラムに2つのキーワードを推測させました。“PREPONDERANCEOFEVIDENCE”と“TOSTAYOUFROMELECTION”を正しく見つけたのです。2つ目のアプローチはヒル・クライミングに基づくものでした。Jim Gilloglyは、コンピューター・プログラムを使って、オンラインで入手可能な19世紀のテキストをすべてチェックし、最終的にKlausが選んだテキストを特定しました。

この巧妙な暗号解読に興味のある読者は、Georgeが2014年に『Cryptologia』誌に発表した論文（Arno Wacker、Nils Kopalとの共著）を読むことをおすすめします[*16]。このタイプのさらに難しいクリプトグラムを見たい方は、第10章のチャレンジ・セクションのCTリローデッド・チャレンジを参照してください。

16.5 ヒル・クライミングを用いた回転グリル暗号の解読

ヒル・クライミングは、回転グリル暗号を解読するための非常に強力な方法であることが証明されています。後述するように、20×20以上の正方形を持つ大きな回転グリルでも、この手法で効果的に解読できます。第11章で述べたように、2n×2nの大きさの回転グリルは、n×nのマトリクスで簡単に作れます。例として、次の図は、3×3のマトリクスを使って6×6のグリルを構成する方法を示しています。

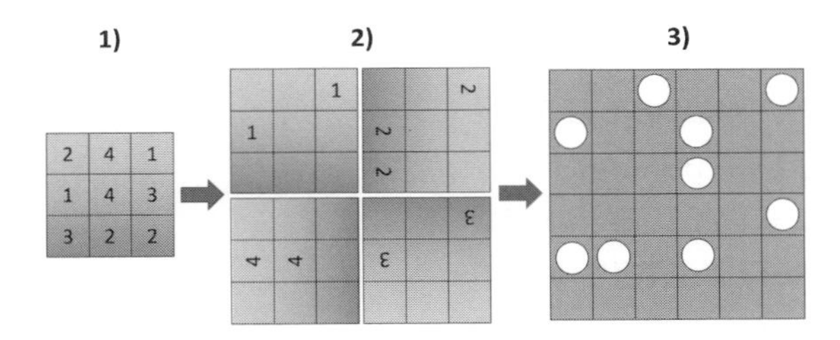

コンピューター・プログラムでは、3×3の行列を数列2,4,1,1,4,3,3,2,2としてグリルを表現できます。グリルがこの暗号化方式の鍵であることを忘れないようにしてください。次に、グリルを少し変える方法を検討しなければなりません。これについては、たとえば以下の例のように、グリルを表す数字の1つに2を足すことで実現できます。ただし、結果が4より大きい場合は4を引きます。

古い鍵	2,4,**1**,1,4,3,3,2,2
新しい鍵	2,4,**3**,1,4,3,3,2,2

回転グリル用のヒル・クライマーでは、使用するフィットネス関数の種類も変更する必要があります。この種の暗号は、他の転置式暗号と同様に文字の頻度を変えないので、平文候補の正しさを評価するために、1文字の頻度に基づくフィットネス関数を使えません。その代わりに、ダイグラフ、トリグラフ、その他のnグラフの頻度に基づくフィットネス関数が有効です。

ヒル・クライミングに基づく回転グリル・ソルバーは、JavaCrypToolというコンピューター・プログラムに実装されています。

16.5.1 【成功談】Bart Wenmeckersによる回転グリル暗号文の解読

第11章で述べたように、イタリアの暗号史専門家Paolo Bonavogliaは最近、有名な祖父Luigi Sacco（1883－1970）のノートから、平文がドイツ語である回転グリル暗号文を発見しました。2017年、Paolo自身のWebサイトにこの暗号文を掲載しました[*17]。

このメッセージが第一次世界大戦時のオリジナルなものなのか、それとも練習用に作られたものなのかはわかりません。というのも、Saccoが孫のPaoloに知られることなく、平文を暗号化したものをすでに自分のノートに載せていたという驚きべき事実を、Tobias Schrödelが私たちの本の校正中に発見したからです。

Paoloはノートの別の部分に解である平文が載っていることを知らず、自分でこの暗号を解いた後、Facebookの"Cryptograms & Classical Ciphers"グループにてチャレンジとして発表しました。ニュージーランドを拠点とする暗号解読専門家のBart Wenmeckersは、このグループの主催者です[*18]。古典暗号を解く他の多くの専門家と同様、Bartは自ら書いた修正プログラムを用いて、ヒル・クライミングを頻繁に利用しています。そのプログラムでは、グリル（1行に記述されている。'C'は穴あり、'D'は穴なしを表す)、フィットネス関数の結果（大きければ大きいほどよい)、そしてフィットネス関数の結果が増加するたびに平文の候補を返す仕様になっています。BartがSaccoの回転グリル暗号をヒル・クライミング攻撃した際のログの最終部分を以下に示します。

```
DDCCCDCDDDDDDDDCDDCDDDDDDCDDDDDDDDDCDDCCCCDDDDDDD, 323
NOSPDSEHERSEEUCHNGENDWITRSTWRKECYHEIESULLIUNTEXE
DDCCCDCDDDDDDDDCDDCDDDDDDCDDDDDDDDDCCDCCDCDDDDDDD, 329
NOSPDSEHWEREESUCHNGENDITRTWURKECYHEIESLLIUNTEXSE
DDCCCDCDDDDDDDDDDDCDDDDDDCDDDDDDDCDCCDCCDCDDDDDDD, 334
NOSPSECHWEREESCHNGENDXITRTWURDKEYHEIESULLIUNTESE
DDCCCDDDDDDDDDDDDDCDDDDDDCDDDDDDDCDCCDCCDCCDDDDDD, 344
NOSSECHWEREYEESCHNGENDXIPRTWURDKEHEISULLIUNTESET
CDCCCDDDDDDDDDDDDDCDDDDDDCDDDDDDDCDCCDCCDCDDDDDDD, 362
ENOSSECHWEREEPSCHNGENDXIRTWURDKEHEITSULLIUNTESYE
CDCCCDDDDDDDDDDDDCCDDDDDDDDDDDDDDCDCCDCCDCDDDDDDD, 385
ENOSISCHWEREEPSCHENGNDXIRTWURDEEHEITSULLUNKTESYE
DDCCCDDDDDDDDDDDDCCDDDDDDDDDDDDDDCDCCDCCDCDDDDDDC, 402
NOSISCHWERETESCHENGNDXYIERTWURDEEHEISPULLUNKTESE
DDCCDDDDDDDDDDDCDCCDDDDDDDDDDDDDDCDCCDCCDCDDDDDDC, 410
NOLLICHWERETESSSCHENGXYIERTWURDENDEISPUUNKTEESHE
DDDDDCDDDCCDCCDCDDDDDDDDDDDDDDDCCDCDDDDDDDDDDCCDC, 416
STWURDENDEITUUNKTEESEYHEENOLLICHWERIESPRSSCHENGX
CDDDDCDDDCCDCCDCDDDDDDDDDDDDDDDCCDCDDDDDDDDDDCCDD, 424
ESTWURDENDEIPUUNKTEESEHENOLLICHWERITESRSSCHENGXY
CDDDDCDDDCCDCCDCDDDDDDDDDDDDDDDCCDDDDDDDDDDDCCCDD, 425
ESTWURDENHEIPULUNKTEESEENOSLICHWERITERSSCHENGDXY
CDDDDCDDDCCDCCDCDDDDDDDDDDDDDDDCCDDDDDDDDDDDCCCDD, 428
ESTWURDEEHEIPULLUNKTESEENOSISCHWERITERSCHENGNDXY
CDDDDCDDDDCDCCDCDDDDDDDDDDDDDDDCCDCDDDDCDDDDDCCDD, 442
ESWURDENDREIPUNKTEGESEHENOTLLICHWEITESRSSUCHENXY
```

ドイツ語を知っている人にとっては、すぐに単語を識別できるでしょう。“ES WURDEN DREI PUNKTE GESEHEN OTLLICH WEITESRSSUCHEN XY”が平文になります。ただし、平文内にはスペルミスがあります。

これを英訳すると、“THREE POINTS HAVE BEEN SEEN. KEEP ON SEARCHING IN THE EAST XY”になります。

‘X’と‘Y’の文字は、平文が正確に48文字であることを保証するために加えられたパディングであることについて、ほぼ間違いありません。

16.5.2 【成功談】Armin Kraußによる回転グリル・チャレンジ

20×20の回転グリル暗号はヒル・クライミングで解けるでしょうか？　Klausは、この質問に対する答えを文献で見つけたことがありませんでしたので、ブログの読者のためにチャレンジを作ることにしました。彼は400文字から成る英文を20×20の回転グリルで暗号化し、2017年に自身のブログで暗号文を公開しました[*19]。

```
ENPAIGEZLANEDMTHSENF
EIORDEMATANNATMOOFSL
AEPLMHOIERITOECDMVNE
OXNPBROEDOIETRANEEIU
XPNPONRNTAREOMMYDWIT
IANHTNEIOODNSOUOTETD
MOOVEARPHRIOLAEGNALN
INATTFINOREATDNGWDDA
UHSIEURININGTTEDASTN
ATGHPEESAOMEISEADRMM
YANTSOEJOESYTERTHACH
BNINCALURDCHLEALLHLA
OIFWESTEHENGREERRTHE
SAAMSIBEIOVNSAINARLI
DTESGIIETTUCNARILYLO
ESENRUUISINEADSRANLA
COUWNEAUETCPOHRNSDTW
BYEOFNINGHERHIVNTOTE
MNTBERAEHEUNSPNSUTIX
NPOITYPFIKSAVULEATRA
```

Klausが発表した3日後、ドイツの暗号解読者Armin Kraußが正しい解答を投稿しました[*20]。

```
PLANS FOR MANNED MOON EXPEDITIONS ORIGINATED DURING THE
EISENHOWER ERA IN AN ARTICLE SERIES WERNHER VON BRAUN
POPULARIZED THE IDEA OF A MOON EXPEDITION A MANNED MOON LANDING
POSED MANY TECHNICAL CHALLENGES BESIDES GUIDANCE AND WEIGHT
MANAGEMENT ATMOSPHERIC REENTRY WITHOUT OVERHEATING WAS A MAJOR
HURDLE AFTER THE SOVIET UNIONS LAUNCH OF THE SPUTNIK SATELLITE
VON BRAUN PROMOTED A PLAN FOR THE UNITED STATES ARMY TO
ESTABLISH A MILITARY LUNAR OUTPOST BY NINETEEN SIXTY FIVE
```

予想どおり、Arminはこの暗号を解読するために、自分で設計したヒル・クライミング・プログラムを使っていました。彼が適用したフィットネス関数は、3連語の頻度に基づいていました。さらにArminは、先に説明したように、1から4までの数字の並びでグリルを表現しました。各ラウンドで、彼はランダムに数字を1つずつ変えていきました。

元の暗号文に誤りがあったため、Arminは手作業で暗号解読をしなければなりませんでした。Klausの平文がWikipediaの記事に由来していることをGoogleを通じて知った彼は、誤りを含んでいるにもかかわらずチャレンジを解くことができました。

16.6 ヒル・クライミングを用いた一般的なダイグラフ置換の解読

ヒル・クライミングは、一般的なダイグラフ置換を解読するための完璧なアプローチであることが証明されています。単一換字式暗号と同じように解読できます。文字やn連語の頻度に基づく同様のフィットネス関数を用いて、平文の候補が実際の言語に似ているかどうかをチェックすることもできます。しかし、より大きな置換表（26文字のアルファベットの場合、676項目の置換表）が必要です【訳注】。

訳注　ダイグラフは2文字であり、1文字が26パターンあれば、ダイグラフは676（＝26×26）パターンあります。つまり、置換表には676項目が必要です。

さらに、攻撃を成功させるためには、より多くの暗号文を要します。

16.6.1 【成功談】いくつかのダイグラフ・チャレンジ

一般ダイグラフ置換の分野では、これまであまり研究が発表されてこなかったため、Klausはブログの読者にダイグラフ暗号に挑戦してもらうことにしました。これが、一連の注目すべき暗号解読の記録につながりました。

- 2017年2月、Klausは自身のブログで、Bigram 5000とBigram 2500と呼ばれる2つのダイグラフ・チャレンジを発表しました(*21)。“Bigram”は“digraph”の別名であり、2500と5000という数字はチャレンジ暗号文に含まれる文字数を表しています。3日以内に、ドイツの暗号解読者Norbert Biermannが、Armin Kraußの支援を受けて、Norbertが独自に設計したヒル・クライミング・プログラムで両方の平文を発見しました。
- それから2年後の2019年7月、Klausは新たな、さらに短いチャレンジを作成しました。今回の暗号文は1346文字のみであり、Bigram 1346チャレンジと呼びます(*22)。その4週間後、再びNorbert Biermannがこのチャレンジを破り、1,346という新記録が樹立されました(*23)。
- 数ヶ月後の2019年10月、Klausは1,000文字ちょうどから成る同じ種類のさらに短い暗号文で読者に再び挑戦させました(*24)。また暗号文はすぐに解読され、新たな記録が樹立されました。今回の解決策は、2人のブログ読者、Jarl Van Eycke(ベルギー)とLouie Helm(スイス)からもたらされました(*25)。2人は、オクタグラフ(8文字ブロック)の頻度に基づくフィットネス関数を含む、高度に洗練されたヒル・クライミング・プログラムで課題を解決しました。26文字のアルファベットから約2,000億個(＝26^8)のテキストを生成できるため、有用な参考統計を作成するには膨大な量のテキストが必要となります。2人は、数百万冊の書籍、Wikipediaのすべて、Usenetの投稿70億語などからデータベースを作り、そこから取り出した約2Tバイトの英文を使いました。
- その2ヶ月後の2019年12月、Klausは750文字(Bigram 750)から成るさらに短いチャレンジを発表しました(*26)。ここでも、Jarl Van EyckeとLouie Helmによって2日以内に解決されてしまいました(*27)。
- JarlとLouieの成功を受けて、Klausは2020年3月にBigram 600のチャレンジを発表しました(第12章参照)。

本書を執筆している2020年6月現在、Bigram 750の暗号文は、これまでに解かれた暗号文の中でもっとも短い暗号文です【訳注】。

訳注　翻訳(2024年3月)時点では、Bigram 600の暗号文が解読されていました。
https://scienceblogs.de/klausis-krypto-kolumne/2020/03/03/solve-the-bigram-600-challenge-and-set-a-new-world-record/
Klausのブログで“Bigram”で検索すると最新情報が得られます。
なお、今後さらに記録が更新される可能性があります。

16.7 ヒル・クライミングによるプレイフェア暗号の解読

ヒル・クライミングは、プレイフェア暗号を解読するのに非常に効率的であることが証明されています。プレイフェア暗号化で使用可能な鍵の数は、ブルートフォース攻撃するにはあまりにも多すぎます。鍵はアルファベットの5×5のマトリクスで表されることを思い出してください。そして、鍵の小さな変化は、平文の小さな変化しか引き起こしません。以上より、まさにヒル・クライミングの威力が発揮する条件といえます。実際、ヒル・クライミングによるプレイフェア暗号文の攻撃は、第12章で紹介した手動による暗号解読技術よりもはるかにうまくいくだけではありません。推測可能なキーワードからプレイフェアのマトリクスを導く必要がないため、辞書攻撃よりも優れています。

次の典型的なプレイフェア・マトリクスを見てみましょう。

```
S U R P I
E A B C D
F G H K L
M N O Q T
V W X Y Z
```

鍵のちょっとした変更をどう実現するかは明らかです。必要なのは2つの文字の位置を入れ替えるだけです。平文の候補が実際の言語に似ているかどうかを判断するには、文字の頻度に頼ればよいので、フィットネス関数を定義するのも簡単です。他のnグラフ（ダイグラフからオクタグラフまで何でも）の頻度を使えば、最終的な平文を推理するのにさらに役立ちます。

コンピューターがこれらのタスクをどれだけ速く処理できるか見てみましょう。ソフトウェアのCrypTool 2は、“Playfair Analyzer”と名付けられた強力なプレイフェア用のヒル・クライマーを備えています。これには、ヘキサグラフ（すなわち6文字グループ）の頻度に基づくフィットネス関数が含まれています。CrypToolプロジェクトの責任者であるBernhard Esslingerは、Dorothy L. Sayersの1932年の小説『Have His Carcase』に登場するプレイフェア暗号を使って、このコンポーネントを実演してくれました。第12章では、同じ暗号文をコンピューターのサポートなしに解読するのがいかに難しいかを、数ページにわたって示しました。

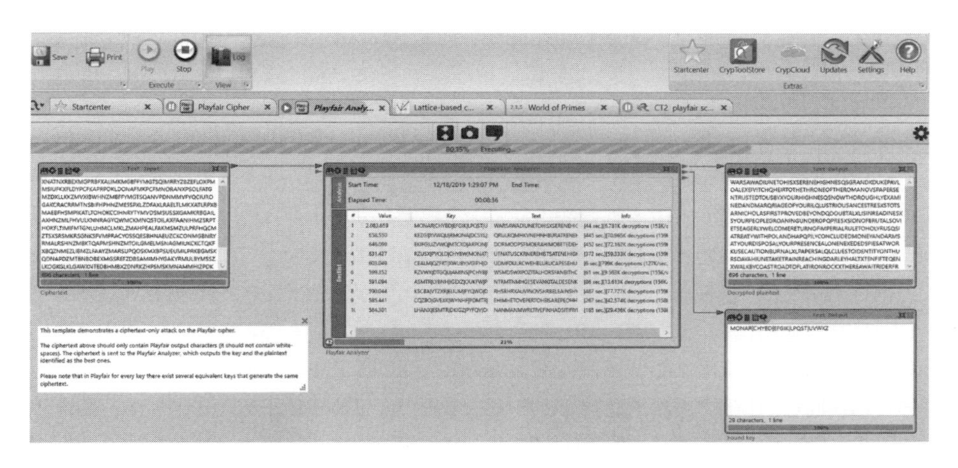

図16.3：ソフトウェアのCrypTool 2は、Dorothy L. Sayersの小説『Have His Carcase』に登場するプレイフェア暗号を1分以内に解読する

図16.3は、Playfair Analyzerがどのように機能するかを示しています。左のウィンドウに暗号文をペーストすると、ヒル・クライマーが開始され、クライミングの全ステップが中央のウィンドウに表示されます。CrypTool 2は、『Have His Carcase』の暗号文の鍵と平文の両方を生成するのに約1分で済みます。コンピューターのサポートがない経験豊富な暗号解読者でさえ、この作業に何時間も要するでしょう。

“MONARCHY”というキーワードを使うことで、最終的に右下のウィンドウに正しいプレイフェア・マトリクスが1行の形で表示されます。

```
MONAR|CHYBD|EFGIK|LPQST|UVWXZ
```

得られた平文は右上のウィンドウで見ることができます。全文は第12章に掲載していますので、ここではその抜粋を示します。

```
WARSAW AD IUNE TO HIS X SERENE HIGHNESQS GRANDX DUKE PAVLO
ALEXEIVITCHQ HEIR TO THE THRONE OF THE ROMANOVS …
```

16.7.1 【成功談】Dan Girardによるチェルトナム文字石の解読

チェルトナム・リスニング・ストーンズ（Cheltenham Listening Stones）は、イギリスのアーティストのGordon Youngが2005年にイングランド南西部のチェルトナムで制作しました（第4章参照）。10フィートの高さの石がたくさんありますが、そのうちの2つ（ナンバー・ストーンとレター・ストーンと呼んでいる）には暗号化された文字が刻まれています。

この石がGCHQ（イギリスの諜報機関。アメリカのNSAに相当）の近くにあることを考えれば、適切な作品といえます。以下は、レター・ストーン上に彫刻家が刻んだメッセージです（図16.4参照）。

```
EC KH LO PT OA DL LU AB KW LO YS NA EC BF MZ FA LC NQ XR UT DK
SQ KH EC ZK NL CK SQ CB SA SA QU LF MZ IV FA LC OA VB OK CK AV
DY SY LO WL KL NI BH BX LO MY VA EK AP LB CW PY OA OK MO AV BL
VM PK LC UP BY KQ MK BN AN BF GA YM LO AK NI BP PI HT TI NT CV
EC FI LW CQ GL TI KL NI BH RP GZ SU LQ AS YT GA VB FW NM XC UP
EB NA WL ID PM ZK LM WL RO VI AO LC IC VI KQ FW OA PA XC UP EQ
SO PM QU MB PU CL VA KI OM NE LM BF UP IG BC FR LO CV KI OM VT
BF YF IP EQ CQ SX NK MZ CQ YS GZ BF UI XD SQ QK AG KL SQ YF PM
RF TV KE CW LW ME VA KN UP FA UI FI KM NQ XR AV TR LO CV EL NL
LQ FY UP PN NK IG NO BN EC NP BF GA NE HM IV FY DQ LM YF DQ AM
BP NI KF LU BN RY UK NA KI OM WF SO OK KQ OA BL KL QA BL VK CK
HL MP TO AG QT PI HL TI NT CV EC IA SL LM YF RL HT IP PS CW CW
```

図16.4：英国のチェルトナムにあるGCHQ本部の隣にある彫刻「レター・ストーン」には、プレイフェア暗号化された碑文、矢印、そしてそれぞれの円の中に文字ペアが刻まれている

Klausが2015年にこの暗号について知ったとき、それはまだ未解決でした。彫刻家のGordon Youngによると、石に描かれた数字がプレイフェア暗号で暗号化されたメッセージを表して

いましたが、鍵はおろか詳細も覚えていなかったといいます。そこでKlausは2015年9月、自身のブログでこの暗号に関する記事を発表しました[*28]。わずか数時間後、ブログの読者であるDan Girardが、彼自身のヒル・クライミング・プログラムでこの問題を解決し、解決策を投稿しました。キーワードは"LECKHAMPTON"であることが判明しました。平文の冒頭を示します。"Devil's Chimney"は、チェルトナム近郊の地、レッカンプトン・ヒルにある岩のことです。

```
LECKHAMPTON CHIMNEY HAS FALLEN DOWN
THE BIRDS OF CRICKLEY HAVE CRIED IT IT IS KNOWN IN THE TOWN THE
CLIFXFS HAVE CHANGED WHAT WILL COME NEXT XTO THAT LINE WATCHER
OF WEST ENGLAND NOW THAT LANDMARK OAS FALXLEN …
```

16.7.2 【成功談】いくつかのプレイフェア・チャレンジ

1936年、米国の暗号解読者Alf Mongeが、キーワードに基づく30文字のプレイフェア・メッセージを解読しました[*29]。それから80年後、Kluasはプレイフェア・マトリクスがキーワード・ベースでない場合、つまり辞書攻撃が効かない場合、プレイフェア暗号文がどれだけ短ければ解読できるかを知りたいと考えました。チャレンジと解決の繰り返しが始まったのです。

- 2018年4月、Klausは50文字の（キーワードに基づくものではない）プレイフェア・メッセージを発表しました[*30]。この挑戦は長くは続きませんでした。George Lasryが独自に設計したヒル・クライミング・プログラムによって、発表同日に解読されてしまったのです。フィットネス関数はヘキサグラフ（6文字グループ）の統計に基づいています。
- 2018年12月、Klausは40文字しかない平文に基づく別のチャレンジを作成しました[*31]。今回は、CrypTool 2の開発者であるドイツの暗号解読者Nils Kopalが、Georgeと共同で解決策を考案し、同日に投稿しました[*32]。
- 2019年4月、Klausは30文字の平文に基づくプレイフェア暗号を発表しました[*33]。スウェーデンのMagnus Ekhallがヒル・クライミングで解決しました[*34]。
- 2019年7月、Klausは新たなプレイフェア・チャレンジを作成しました[*35]。解決策を考え出したのは、またしてもMagnus Ekhallでした[*36]。
- 2019年11月、Klausは26文字のチャレンジを発表しました[*37]。その4週間後、暗号解読コミュニティーではこれまで知られていなかった人物によって解答が投稿されました。ラトビアのリガに住むKonstantin Hamidullinです[*38]。驚いたことに、Konstantinはヒル・クライマーではなく、平文の最初の単語を辞書攻撃するソフトウェアで解決策を見つけたのです。

本書の執筆時点で、Konstantinが解いた26文字のプレイフェア暗号は、これまでに解読された暗号の中でもっとも短いものです。この記録の更新を目指す読者は、第12章の24文字チャレンジを参照してください。このチャレンジがまだ有効かどうかは、`https://codebreaking-guide.com/errata/`をチェックしてください。

16.8 ヒル・クライミングによる機械暗号の解読

ヒル・クライミングは、ほとんどすべての種類の置換や転置に対して機能するだけでなく、暗号機時代（およそ1920年から1970年の間、第15章を参照）のより洗練された暗号に対しても機能します。もっとも重要なことは、エニグマ・メッセージの解読にヒル・クライミングが極めて有効だったことです。

16.8.1 【成功談】オリジナルのエニグマ・メッセージの解読

第二次世界大戦中にドイツ軍が送信したエニグマ・メッセージの数は、およそ100万通と推定されています。セキュリティ上の理由から、無線通信士は解読後、暗号文のメモを破棄するのが普通でした。幸いなことに、例外もあり、第二次世界大戦中の数千のエニグマ・メッセージが公文書館や博物館、あるいは個人の所有物から発見されています。もちろん、今後も発見される可能性はあります。

この20年間、何人かのエニグマ愛好家がエニグマの暗号解読に挑戦し、かなりの成功を収めてきました。私たちは以下のプロジェクトを知っています。

M4プロジェクト

M4プロジェクトは、ドイツのバイオリン奏者Stefan Krahによる、4枚のローターのエニグマ暗号機であるM4[(*39)]で暗号化された、第二次世界大戦時のドイツ海軍の3つのオリジナル・メッセージを解読しようとする試みでした。ゴールは、分散コンピューティングの助けを借りて、解決策を見つけることでした。何千人もの人々が、この目的のためにKrahが書いたソフトウェアをダウンロードし、CPUリソースを提供しました。M4プロジェクトは2006年に2つのメッセージを解読することに成功し、7年後の2013年に3つ目のメッセージを解読しました。

ドイツ国防軍の暗号解読

この進行中のプロジェクトは、Geoff SullivanとFrode Weierudによって2002年に開始されました[(*40)]。その後、Olaf Ostwaldもこの活動に加わりました。フロッセンビュルク強制収容所やドイツのロシア作戦（バルバロッサ作戦）の無線メッセージなど、何百ものエニグマの暗号文が解読されました。

ドイツ海軍の暗号解読

これは、エニグマのオリジナル・メッセージを解読することを目的とした、ドイツ人教師Michael Hörenbergによって2012年に開始された、現在進行中のもう1つのプロジェクトです[*41]。この記事を書いている時点で、Michaelと暗号解読のパートナーであるDan Girardは60以上のエニグマ暗号の解読に成功しています。

これらのプロジェクトに携わる人々は、第二次世界大戦中に英国がブレッチリー・パークで使用した方法よりもはるかに強力な、コンピューターを使ったエニグマ解読技術を開発しました。これらの多くはヒル・クライミングに基づいています。存在することが知られているオリジナルのエニグマ・メッセージのほとんどは解読されていますが、唯一の例外は非常に短いメッセージか、エラーが含まれている可能性が高い暗号文です。

第17章

次はどうする?

おめでとうございます！　本書を現在の章まで読み、これまでに説明された主なコンセプトを理解したなら、暗号解読について多くを学んだことになります。あなたは熟練した暗号解読者になるための相当な道のりを歩んできています。しかし、まだまだ学べることはたくさんありますし、解決すべき暗号の課題もたくさん残っています。以降では、これからあなたがどのように暗号解読の旅を進めることができるかをお伝えします。

17.1 より多くの未解決の暗号文

これまでの16章では、ヴォイニッチ手稿（第5章参照）やビール暗号（第6章参照）など、数十の未解決の暗号文を紹介してきました。ここではさらにいくつかを紹介します。これまで取り上げてきた暗号とは逆に、これらの暗号は未解決です。どのように作られたのかわからないため、特定の暗号として明白に当てはめられないのです！

17.1.1 第4のクリプトス・メッセージ（K4）

1990年にバージニア州ラングレーのCIA本部内に作られた彫刻クリプトスには、4つの部分に分けられる、暗号化された碑文が刻まれています（詳細は付録Aを参照）。最初の3つはすでに解読されていますが、4番目（K4と呼ばれる）はいまだに謎のままです。

```
                             OBKR
UOXOGHULBSOLIFBBWFLRVQQPRNGKSSO
TWTQSJQSSEKZZWATJKLUDIAWINFBNYP
VTTMZFPKWGDKZXTJCDIGKUHUAUEKCAR
```

一方、クリプトスの生みの親であるJim Sanbornは、K4の平文について4ヶ所を発表するなど、長年にわたって複数の手がかりを提供してきました。最初の3つは『The New York Times』紙に掲載されたものです。4つ目は本書が出版される直前に彫刻家からメールで提供されたものです。

- 2010年：K4の平文の64文字目から69文字目は“BERLIN”である[*1]
- 2014年：K4の平文において、“BERLIN”には“CLOCK”という単語が続く[*2]
- 2020年1月：26文字目から34文字目には“NORTHEAST”という文字列である[*3]
- 2020年8月：22文字目に“EAST”という単語がくる

以下は、K4と4つのヒントを示しています。平文がある位置から始まるからといって、暗号文と1対1の対応があるとは限らないことに注意してください。私たちの知るかぎり、転置も関係しているかもしれません。

```
                             OBKR
UOXOGHULBSOLIFBBWFLRVQQPRNGKSSO
                  EASTNORTHEAST
TWTQSJQSSEKZZWATJKLUDIAWINFBNYP
                              BER
VTTMZFPKWGDKZXTJCDIGKUHUAUEKCAR
LINCLOCK
```

4つの手がかりがあっても、この記事を執筆している時点では、まだ誰もK4を解読できていません。

17.1.2 Rubinの暗号文

1953年1月20日、18歳の学生Paul Rubinの遺体がフィラデルフィア国際空港近くの側溝で発見されました。結局、彼の死因は青酸中毒でした。Rubinが自殺したのか、殺されたのかは不明です。化学を専攻していた彼は、自らを死に至らしめた毒物を入手できました。彼の死体が発見されたとき、Rubinの下腹部には小さな箱が取り付けられており、その中には暗号化されたメッセージが入っていました（図17.1参照）。この暗号文は、刑事事件と同様、今日に至るまで未解決です。Rubin事件に関する最良の情報源は、Craig Bauerの著書『Unsolved!』です[*4]。

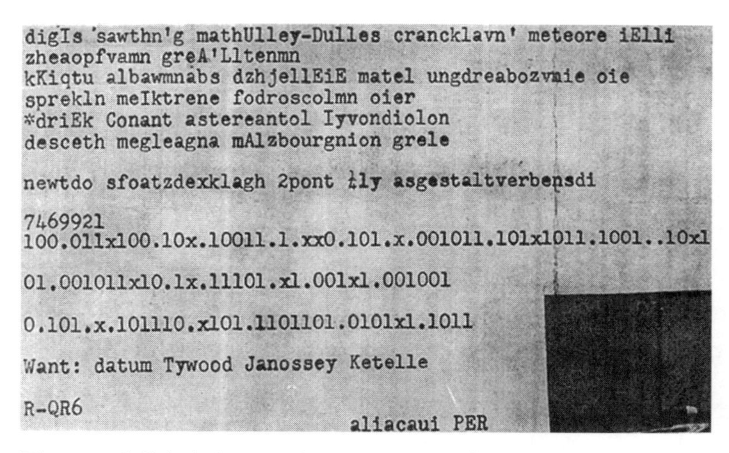

digIs 'sawthn'g mathUlley-Dulles crancklavn' meteore iElli
zheaopfvamn greA'Lltenmn
kKiqtu albawmnabs dzhjellEiE matel ungdreabozvmie oie
sprekln meIktrene fodroscolmn oier
*driEk Conant astereantol Iyvondiolon
desceth megleagna mAlzbourgnion grele

newtdo sfoatzdexklagh 2pont ±ly asgestaltverbensdi

7469921
100.011x100.10x.10011.1.xx0.101.x.001011.101x1011.1001..10x1

01.001011x10.1x.11101.x1.001x1.001001

0.101.x.101110.x101.1101101.0101x1.1011

Want: datum Tywood Janossey Ketelle

R-QR6
aliacaui PER

図17.1：化学を専攻していたPaul Rubinの遺体がフィラデルフィアで発見されたとき、このメモを持っていた

17.1.3 Ricky McCormickの暗号化されたメモ

1999年6月30日、警察はミズーリ州セントルイス近郊のトウモロコシ畑で死体を発見しました。捜査の結果、彼は殺人事件の被害者であり、41歳のRicky McCormickと判明しました。彼のポケットからは、暗号化されたメモが書かれた紙が2枚見つかりました[*5]。FBIは暗号解読部門であるCRRUに依頼しましたが、どの専門家も暗号を解読できませんでした。CRRUが高い成功率を誇っていることを考えれば、珍しいケースといえます。米国暗号協会（ACA）のメンバーも暗号解読に失敗しました。

2011年3月30日、FBIはMcCormickの2通の暗号文メッセージをfbi.govのトップページに公開するという異例の措置を取りました。暗号文の謎解き、あるいは他に似たようなものを見たことがないかどうか、一般市民の協力を求めたのです。暗号文を図17.2に示します。

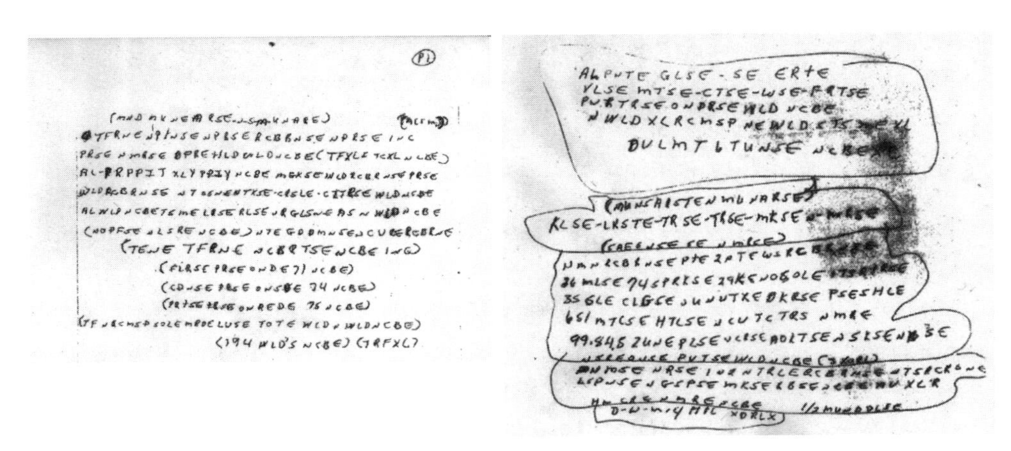

図17.2：殺人事件の被害者Ricky McCormickは暗号化された2つのメモを残した。これらは未解読である

McCormickの暗号文は大きな関心を呼びましたが、いまだに未解決のままです。

17.1.4　第二次世界大戦中の伝書鳩

1982年、イギリスのサリー州に住む男性が煙突掃除をしていたところ、伝書鳩の亡骸を発見しました [*6]。

第二次世界大戦で使われた伝書鳩の1羽であることが判明し、脚には暗号化されたメッセージまで残っていました（図17.3参照）。

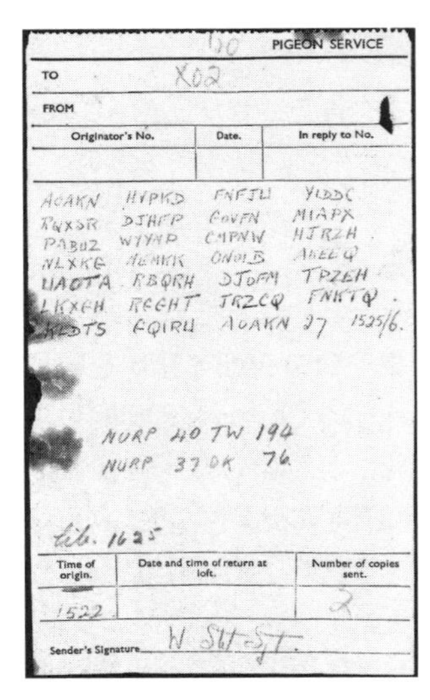

PIGEON SERVICE

TO　X02

FROM

Originator's No.	Date.	In reply to No.

AOAKN HVPKD FNFJU YIDDC
RQXSR DJHFP GOVFN MIAPX
PABUZ WYYNP CMPNW HJRZH
NLXKG MEMKK ONOIB AKEEQ
UAOTA RBQRH DJOFM TPZEH
LKXGH RQGHT TRZCQ FNKTQ
KLDTS GQIRU AOAKN 27 1525/6.

NURP 40 TW 194
NURP 37 OK 76

lib. 1625

Time of origin.	Date and time of return at loft.	Number of copies sent.
1522		2

Sender's Signature W Stt-Sjt.

図17.3：このメッセージは第二次世界大戦中に伝書鳩によって輸送された。2012年に再発見された後、多くの人が暗号の解読を試みたが、解読に至っていない

以下はその書き起こしです。

```
AOAKN HVPKD FNFJW YIDDC
RQXSR DJHFP GOVFN MIAPX
PABUZ WYYNP CMPNW HJRZH
NLXKG MEMKK ONOIB AKEEQ
UAOTA RBQRH DJOFM TPZEH
LKXGH RGGHT JRZCQ FNKTQ
KLDTS GQIRW AOAKN 27 1525/6.
```

鳩がたどったルートについて確かなことはほとんどわかっていません。第二次世界大戦中、伝書鳩はかなり一般的に用いられていました。イギリス空軍は軍事目的のために約25万羽を訓練しました。一般に、パラシュートを使ってナチス占領下のヨーロッパに鳩を投下していました。諜報員がそれを拾い上げ、本国にメッセージを送るためにイギリス軍に提供しました。

わかっているのは「この鳩が1940年に孵化したことを示すリングを付けていたこと」「W. Stottの署名があるこのメッセージは、おそらくフランスからイギリスに向けて送られたものであること」「1944年6月6日のDデイ前後に送信された無数の通信文のうちの1つだろうということ」でした。この鳩は、発見された場所から北へ約130キロ（80マイル）離れたブレッチリー・パーク（第二次世界大戦中、英国が暗号解読の権限を行使していた場所）に向かっていた可能性があります。

イギリスが伝書鳩の通信を暗号化するために、特定の時期にどの暗号を使用したかについてはあまり知られていません。そのため、今回のメッセージにどのような暗号が使われたかを断定するのは難しいといえます。数多くの暗号解読者が解読を試みましたが、うまくいきませんでした。使用された暗号はワンタイムパッド（第8章参照）であり、鍵が見つからないかぎりメッセージは解けないはずだという指摘もあります。

17.1.5 さらなる未解決の暗号文

暗号に関する未解決の謎はまだまだたくさんあります。たとえば、レヒニッツ写本（Rohonc Codex）(*7)、Rayburnの暗号文(*8)、ナチスのスパイの暗号文(*9)、2010年の映画『Fair Game』のメッセージ(*10)、Cylobの暗号文(*11)、D'Agapeyeffの暗号文(*12)、MLHの暗号文(*13)、Feynman暗号(*14)、Rilkeの暗号文(*15)など、どれも研究する価値があります。

未解決の暗号文の世界についてもっと知りたければ、Elonkaの“List of Famous Unsolved Codes and Ciphers”(*16)やKlausの“Top 50 unsolved cryptograms list”(*17)をチェックしてください。また、Craig Bauerの2017年の著書『Unsolved!』を読むのもよいでしょう。彼は未解決の暗号文のいくつかがどのように解読されうるかについての彼自身の理論も取り上げているからです(*18)。ドイツ語が読めれば、Klausの2012年版『Nicht zu knacken』（『Impossible to Crack』）を読んでみてください(*19)。いくつかの未解決の暗号文について書かれたもう1

冊の本として、Richard Belfield著『Can You Crack the Enigma Code?』があります(*20)。

私たちの知るかぎり、歴史的な暗号文の（ほとんどが未解決の）もっとも包括的なコレクションは、ウプサラ大学が運営するDECODEデータベースです。このデータベースは、https://cl.lingfil.uu.se/decode/やhttps://de-crypt.org/で利用できます。本書を執筆している2020年現在、大学のリストには600以上のエントリーがあります。

未解決のメッセージに関する同様の情報は、スロバキアの暗号専門家Eugen Antalが運営する歴史暗号ポータルの暗号文データベース（https://www.cryptograms.hcportal.eu/）でも見ることができます。

私たちのお気に入りのもう1つのサイトは、The Cipher Foundation（https://cipherfoundation.org/）です。英国の暗号ミステリーとヴォイニッチ手稿の専門家Nick Pellingによるプロジェクトであり、30ほどの未解決の暗号文に関する詳細な情報を提供しています。

17.1.6 暗号解読ツール

第1章では、暗号解読ユーティリティーCrypTool 2（https://www.cryptool.org/）、dCode（https://www.dcode.fr/）、Cipher Tools（https://rumkin.com/tools/cipher/）を紹介しました。前章では、頻度分析、文字パターン検索、ヒル・クライミングなどのタスクにこれらのツールを使用しました。以降では、便利な暗号解読機能を提供するソフトウェア・プログラムやWebベースのユーティリティーをいくつか紹介します。すべて無料です。

- Multi-Dec：Christian Baumannが運営するこのWebサイト（https://multidec.web-lab.at/）では、25の便利な暗号解読・復号関数を紹介しています。
- Bion's gadgets（https://bionsgadgets.appspot.com）【訳注】は、暗号解読ツールの大規模なコレクションを紹介しています。

訳注 翻訳時点、サーバーエラーでアクセスできませんでした。
Internet Archiveを用いて2021年にさかのぼると、過去のWebページにアクセスできます。
https://web.archive.org/web/20210614091024/http://bionsgadgets.appspot.com/
また、現在はGitHubへ移転しています。
https://williammason.github.io/rec-crypt/Bions_gadgets_on_Github.html

- Mary EllenとJohn ToebesによるCipher Solving Assistants（https://toebes.com/aca/）も暗号解読ツールのWebサイトです。
- Quipqiup（https://quipqiup.com）は、Edwin Olsonによる暗号解読ツールです。
- マサチューセッツ州のマウント・ホリヨーク大学が運営するマウント・ホリヨーク周波数カウンター（https://www.mtholyoke.edu/courses/quenell/s2003/ma139/js/count.html）は、頻度分析を支援します。

- Phil Pilcrowが運営するCryptoPrograms（https://www.cryptoprograms.com）は、ソフトウェアCryptoCrackを含む、数多くの有用な暗号化およびテキスト統計ツールを提供しています。
- Litscape word finder tools（https://www.litscape.com/word_tools/pattern_match.php）では、特定の文字パターンを持つ単語を検索できます。
- Robert Giordanoが運営するDesign 215 word pattern finder（https://design215.com/toolbox/wordpattern.php）も文字パターン検索ツールです。

さらにツールをお探しでしょうか？　Dave Oranchakが運営するZodiac Killer Ciphers wikiには、Jarl Van EyckeのAZDecrypt（http://zodiackillerciphers.com/wiki/index.php?title=Software_Tools）のような素晴らしいユーティリティーがたくさん掲載されています。

17.1.7 暗号解読に関する他の書籍

本書では、古典的な暗号を解くためのもっとも重要なテクニックを、手作業とコンピューター・ベースの両方の方法で紹介することに努めました。本書がユニークなのは、実際に頻繁に遭遇しやすい古典暗号を対象とし、真に解かれた暗号文や未解決の暗号文を数多く紹介している点だと考えています。同じような範囲を扱った本を、私たちは他に知りません。しかし、もちろん他にも多くの優れた暗号解読の本があります。

以下に示す本は数十年前に書かれたものであるため、コンピューターについては言及されていません。

- Helen Fouché Gaines『Cryptanalysis』（1939年）
  古典的名著。暗号解読について書かれた本の中でもっとも成功したものです。コンピューター時代以前に出版されたため、現在では時代遅れだが、暗号解読技術に興味のある人にとっては貴重な情報が満載されています。
- André Langie『Cryptography』（1922年）
  当時の暗号と暗号解読法をわかりやすく解説した名著です。
- William Friedman『Military Cryptanalysis, Part I-IV』（1938年頃）
  広く使われている本で、1,000ページ以上におよぶ暗号解読への科学的アプローチを提供しています。Friedmanは、歴史上もっとも有名な暗号学者であり、暗号解読（“cryptanalysis”）や一致指数（“index of coincidence”）という言葉を作った人物といわれています。
- Andreas Figlの『Systeme des Chiffrierens』（『Systems of Encipherment'』第1巻は1926年、第2巻は1927年）
  第一次世界大戦のオーストリアの暗号解読者が書いたドイツ語の本です。この本は古いが、Gainesの『Cryptanalysis』と並んで、コンピューター以前の時代における最高かつもっとも包括的な暗号解読書の1つです。

- 米国陸軍省（US Department of the Army）『Basic Cryptanalysis』（1990年）
  単一換字式暗号、多換字式暗号、転置式暗号の解読に関する実戦的なマニュアルです。インターネットから無料で入手できます(*21)。

- Solomon Kullback『Statistics in Cryptanalysis』（1976年）
  頻度分析や一致指数などのような、暗号解読に関する統計学に焦点を当てた暗号解読書です。

- Parker Hitt『Manual for the Solution of Military Ciphers』（1916年）
  陸軍士官学校出版部から出版されたコンパクトな暗号解読書。単一換字式暗号、多換字式暗号、転置式暗号、プレイフェア暗号を網羅しています。

- Abraham Sinkov『Elementary Cryptanalysis』（1966）
  数学的アプローチによる暗号解読書です。

歴史的暗号をコンピューターで解くテクニックを盛り込んだ暗号解読の本は、それほど一般的ではありません。

- Robert Reynard『Secret Code Breaker: A Cryptanalyst's Handbook』（1996年）
  この90ページの本は、暗号解読の基本的な入門書です。当時のコンピューター・プログラムについて数多く言及していますが、現在でも通用するものはほとんどありません。

- George Lasry『A Methodology for the Cryptanalal of Classical Ciphers with Search Metaheuristics』（2018年）
  George Lasryの博士論文。ヒル・クライミングやその他の手法を用いた手動暗号や機械暗号の解読を解説しています(*22)。

- Al Sweigart『Cracking Codes with Python』（2018）
  手動の暗号を実装し、多くの解読アルゴリズムを紹介しています。現代暗号もカバーしています【訳注】(*23)。

  訳注 翻訳書に『Pythonでいかにして暗号を破るか　古典暗号解読プログラムを自作する本』IPUSIRON訳（ソシム刊）があります。
  https://www.socym.co.jp/book/1216

さらに、DES、AES、RSA、Diffie-Hellmanなど、コンピューターを使った最新の暗号アルゴリズムを扱った本は数多くあります。しかし、それらには暗号解読を専門に扱った本は数えるほどしかありません。Mark StampとRichard M. Low著『Applied Cryptanalysis: Breaking Ciphers in the Real World』（2007年）、Antoine Joux著『Algorithmic Cryptanalysis』（2009年）は、現代暗号の暗号解読に興味のある人におすすめします。

暗号解読に焦点を当てずに、触れる程度の本をいくつか紹介しましょう。

- David Kahn『The Codebreakers』（第1版は1967年、第2版は1996年）
  暗号史の古典的名著です。タイトルが示すように、この本は暗号解読についてというよりも、暗号解読者（および暗号作成者）たちに焦点を当てています。とはいえ、暗号解読と過去4,000年の暗号化手法に興味を持つすべての人にとって必読の書といえます。

- Bernhard EsslingerとCrypToolチーム『Learning and Experiencing Cryptography with CrypTool and SageMath』（2018年）
  古典的暗号とフリーソフトによる解読法について、興味深い情報を掲載した無料の本です。

- Craig Bauer『Secret History – The Story of Cryptology』（2013年）
  暗号学の歴史、歴史的な暗号化アルゴリズムを数学的に解説しています。

- Craig Bauer『Unsolved!』（2017年）
  有名な未解決の暗号文ミステリーについてよく研究された本で、暗号解読に関する多くの情報が含まれています。

- Simon Singh『The Code Book』（1999年）
  暗号の歴史についてのベストセラー【訳注】です。いくつかの暗号解読技術について説明しています。

  訳注　翻訳書に『暗号解読』青木薫訳（新潮社刊）があります。
  https://www.shinchosha.co.jp/book/215972/

- Simon Singh『The Cracking Code Book』（2002年）
  『The Code Book』をベースにした、主に子供向けの暗号解読入門書です。『The Code Book for Young People』と題された版もあります。

- Friedrich Bauer『Decrypted Secrets』（2006年）：
  古典（初版は1993年）。歴史的、現代的な暗号化アルゴリズムと暗号解読について書かれています。

- Denise SutherlandとMark Koltko-Rivera『Cracking Codes & Cryptograms for Dummies』（2011）
  タイトルの期待とは裏腹に、暗号解読について書かれているのは全体の10%程度ですが、それでも解くべきパズルの数が多いので興味を引きます。

手動および機械ベースの暗号化をカバーする書籍について詳しく知りたい場合は、CryptoBooks.org（https://cryptobooks.org/）をご覧ください。このWebサイトは暗号解読者のTobias SchrödelとNils Kopalが運営しており、過去600年間に発表された500以上のタイトルを紹介しています。

17.1.8 暗号解読に関するWebサイト

暗号解読についてさらに詳しい情報を提供しているWebサイトをいくつか紹介します。

● **KlausのCipherbrain blog**（http://www.schmeh.org/）

2013年に開設され、当初はドイツ語だったが、2017年に英語に切り替わった。このブログには、暗号解読や歴史的暗号に関する1,000件を超えるレポートが掲載されています。また、ブログの読者のコミュニティーも非常に活発であり、新しいブログ記事が掲載されるたびに熱心に参加してくれます。

● **ElonkaのWebサイト**（https://elonka.com/）

Elonkaが作成した、有名な未解決の暗号文のリストなどがあります。彼女のWebサイトは、CIAの暗号彫刻クリプトスに関する情報の金字塔とされ、Friedmanの墓碑銘、Smithy Code、キリル文字投影機など、他の有名な暗号解読に関する情報も含んでいます。また、Elonkaが1999年にハッカー・チャレンジ（PhreakNIC v3.0コード）をどのように解決したかについてのチュートリアルも含まれており、これが暗号解読者としてのキャリアの始まりとなりました。

● **Cipher Mysteries**（https://ciphermysteries.com/）

ロンドンを拠点とする暗号解読の専門家で、多作な作家・研究者でもあるNick Pellingが運営する、ヴォイニッチ手稿をはじめとする暗号の謎に関する情報を網羅したWebサイトです。最新のヴォイニッチの解答とされるものから、ソマートン・マンに関する研究の分析レビュー、フリーメイソンの暗号まで、数百ものブログ記事があります

● **MysteryTwister C3**（https://mysterytwisterc3.org/）

MTC3は、CrypToolユーティリティの開発者を含む、ドイツの暗号愛好家グループによって運営されているWebサイトです。このサイトには、世界中から投稿された300以上の暗号パズルの課題があります。

● **CrypToolのWebサイト**（https://www.cryptool.org/）

このWebサイトは、CrypToolソフトウェアのダウンロードを提供するだけでなく、暗号と暗号解読に関する多くの興味深い情報を含んでいます。さらに、CrypToolの開発者Nils Kopalが運営する“CRYPTOOL 2 - Cryptography for Everybody”というYouTubeチャンネルもあります。

● **Satoshi TomokiyoのWebサイトであるCryptiana**（https://cryptiana.web.fc2.com/）

東京に住む友清理士は、歴史的な暗号技術、古い暗号文、解決方法に関するこの素晴らしいWebサイトを運営しています。

● **Cipher History**（https://cipherhistory.com/）

暗号機コレクターのRalph Simpsonが運営するビンテージの暗号に関する総合Webサイ

トです。

- アメリカ暗号協会（ACA）のWebサイト（https://www.cryptogram.org/）
  ACAは、暗号解読の趣味と技術を広めることを目的とした組織です。ACAのWebサイトには興味深い情報が満載です。年に1回大会を開催し、隔月でニュースレターを発行しています。ニュースレターにはさまざまな暗号文が掲載され、その解答を競い合い、ポイントを競うシステムもあります。

- Kryptosディスカッショングループ
  Elonkaと故Gary Warzinによって設立されました。当初はYahooグループにありましたが、その後Groups.io（https://groups.io/）に移りました。2020年現在、Elonka、Chris Hanson、Larry McElhineyによって共同運営されています。

- DECODE（https://cl.lingfil.uu.se/decode/またはhttps://de-crypt.org/）
  スウェーデンのウプサラ大学の科学者が運営する歴史的暗号に関するWebサイトです。

- Portal of Historical Ciphers（https://hcportal.eu/）
  スロバキアのEugen Antalによって運営されている歴史的暗号に関するWebサイトです。

- Cryptograms & Classical Ciphers Facebook group
  ニュージーランド在住の暗号解読専門家Bart Wenmeckersが主催するFacebookグループです。

- Christos' Military and Intelligence Corner（https://chris-intel-corner.blogspot.com/）
  ギリシアの暗号の歴史と諜報の専門家Christos Triantafyllopoulosが運営するこのブログは、歴史的な暗号学と軍事と諜報のトピックを扱っています。

- Dave Oranchakのページ（http://www.zodiackillerciphers.com/）
  バージニア州ロアノークのDave Oranchakが運営しており、主にゾディアック・キラーと彼の暗号を扱っています。

- Crypto Museum（https://www.cryptomuseum.com/）
  オランダの専門家Paul ReuversとMarc Simonsが運営する、暗号機と暗号デバイスに関する総合Webサイトです。

- Schneier on Security（https://www.schneier.com/）
  Bruce Schneierは、毎月のニュースレター「Crypto-Gram」とともに、現代の暗号システムに関するブログの金字塔を打ち立てています。また、古典暗号に関する情報も時折取り上げています。

- La Crittografi a da Atbash a RSA（http://www.crittologia.eu/）
  イタリアの暗号解読専門家Paolo Bonavogliaが運営するWebサイトです。

- Benedek LángのWebサイト「Rejtjelek, kódok, titkosírások」（https://kripto.blog.hu/）
  暗号解読に関する興味深い事実がたくさん載っています。もしあなたがハンガリー語を読める、あるいはGoogle翻訳やDeepLを使うのであれば、読んでみてください。

- Katkryptolog（https://katkryptolog.blogspot.com/）
  Hans Jahrが運営する、興味深い暗号の歴史と暗号解読のブログです。部分的にスロバキア語で書かれています。

17.1.9 ジャーナルとニュースレター

暗号解読とそれに関連する問題を扱う主な印刷出版物は2つあります。

- 『Cryptologia』
  1977年に創刊された隔月刊の科学雑誌です。主に暗号の歴史について書かれています。この本には、歴史的なものから現代的なものまで、暗号解読に関する注目すべき研究論文が、さまざまな暗号解読とともに多数収録されています。

- 『The Cryptogram』
  アメリカ暗号協会（ACA）の会員向けの隔月刊誌です。毎号数十問の暗号パズルが掲載されています。大部分はACA会員が競技のために作成したものですが、時折歴史的な暗号文も取り上げています。

17.1.10 イベント

暗号解読に興味のある人たちと知り合いたい、年代物の暗号システムについての興味深い話を聞きたい、自分で講演をしたい、あるいは原著者に直接会ってみたいという方は、以下のイベントのいずれかに参加してみてはどうでしょうか。

- Symposium on Cryptologic History（https://cryptologicfoundation.org/）
  NSAが主催する2年に1度のこのイベントは、歴史的な暗号化と暗号解読に関するもっとも重要な国際イベントです。ワシントンDC郊外にあるNSA本部のあるメリーランド州フォート・ミード近郊で開催されます。

- Charlotte International Cryptologic Symposium
  2年に一度、ノースカロライナ州シャーロットで開催されているシンポジウムです。現在は活動休止中です【訳注】。

  訳注　ドメイン「cryptosymposium.com」は失効しており、他の組織に奪われている状態です。

多くの暗号コレクターが、自慢のエニグマやその他のデバイスを披露するためにここに集まっていました。

- ACAコンベンション（https://www.cryptogram.org/）
  アメリカ暗号協会（ACA）は、毎年場所を変えて大会を開催しています。
- HistoCrypt（https://histocrypt.org/）
  毎年異なる場所で開催される、暗号学の歴史に関するヨーロッパ会議です。
- Kryptos Meeting
  2年に一度開催されています。クリプトスの彫刻とその暗号化された碑文（付録A参照）に関心を持つ数十人の人々が集まります。Kryptos discussion group（https://kryptos.groups.io/）を通じて、Elonkaが主催するこのイベントは、Symposium on Cryptologic Historyの翌日の土曜日にワシントンDCで開催されます。暗号解読のトピックを含むことがある他のイベントには、44CON（ロンドン）、Awesome ConまたはShmooCon（ワシントンDC）、Def Con（ラスベガス）、Dragon Con（アトランタ）、PhreakNIC（ナッシュビル）、WorldCon（各地）があります。原著者に会えるかもしれません。

付録A クリプトス暗号解読に必要な道具は？

クリプトス（Kryptos）はバージニア州ラングレーのCIA本部 (*1) に設置された彫刻であり、1990年に地元の芸術家Jim Sanborn【訳注】によって制作されました。

訳注 Jim Sanbornの本名は、Herbert James Sanborn Jrです。そのため、文献によっては、クリプトスはJames Sanbornによって制作されたと書かれています。

クリプトスには暗号化された碑文が刻まれており、過去40年間に作られた暗号パズルの中でもっとも有名なものとなっています。

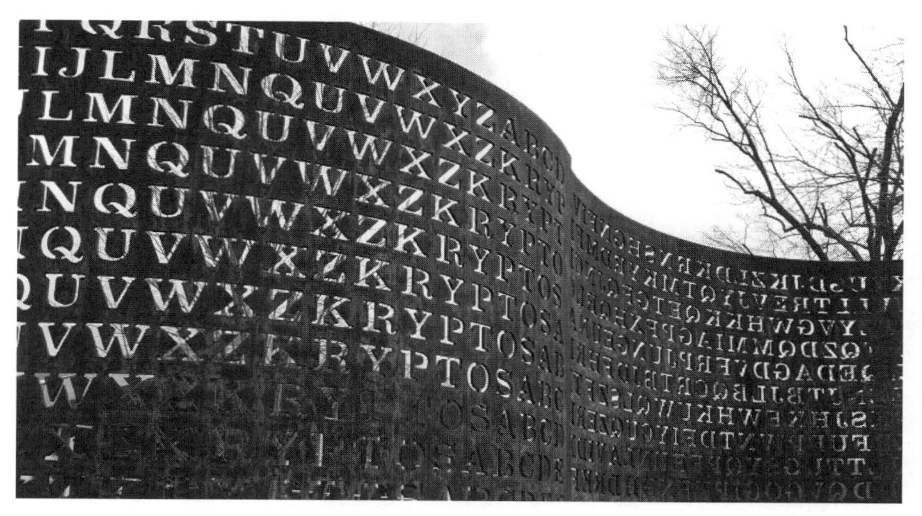

図A.1：バージニア州ラングレーのCIA本部にある彫刻「クリプトス」には、4つの部分からなる暗号化された碑文が刻まれている。4番目の部分はまだ未解決である

クリプトスのほかにも、Sanbornはモールス信号の文字が書かれた銅板など、さまざまな芸術品をCIAの敷地内に置きました (*2)。これらの文字で綴られたメッセージとその解読内容を図A.2に示します。

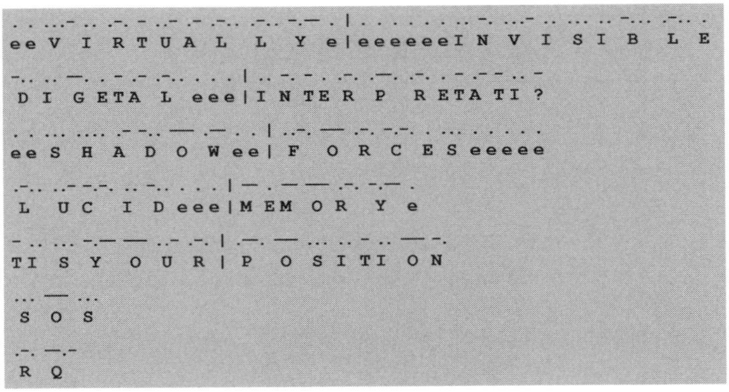

図A.2：Sanbornが新本社ビルの反対側に置いた数枚の銅板にはモールス信号のメッセージが記されている。このように解読できる

以下はその書き起こしです。

```
eeVIRTUALLYe
eeeeeeINVISIBLE
DIGETALeee
INTERPRETATI
eeSHADOWee
FORCESeeeee
LUCIDeee
MEMORYe
TISYOUR
POSITION
SOS
RQ
```

これらの単語の断片が何を意味しているのかは不明ですが、Sanbornは暗号文の2番目に関連していると述べています。“INTERPRETATI”の後に余分なダッシュがあることに注意してください。これは、最後の文字が“INTERPRETATU”の‘U’であるか、あるいは文字列“INTERPRETATION”を構成する‘O’の可能性があります。後者の方が可能性としては高いといえます。同様に、“T IS YOUR POSITION”も元々は“WHAT IS YOUR POSITION”だったのでしょう。Sanbornはシートに長めのメッセージを書いていましたが、メッセージの途中でシートを切ってしまったか、石板の間にメッセージが続くようにしてしまったと語っています。クリプトスの碑文は、4枚に分かれています[訳注]。

訳注　4枚が2×2の形に連結されて、全体として旗のように見えます。

そのうちの2枚（図A.1のように彫刻を見ると左側のもの）にはヴィジュネル表が描かれていますが、他の2枚には実際の暗号文が描かれています。この暗号文は、異なる方法で暗号化された少なくとも4つのメッセージで構成されており、現在暗号コミュニティーではそれぞれK1、K2、K3、K4と呼ばれています。以下で暗号文全体を示しており、見やすくするためにK1とK3をハイライトしています。ただし、原文にはこのようなマークはありません。

EMUFPHZLRFAXYUSDJKZLDKRNSHGNFIVJ
YQTQUXQBQVYUVLLTREVJYQTMKYRDMFD
VFPJUDEEHZWETZYVGWHKKQETGFQJNCE
GGWHKK?DQMCPFQZDQMMIAGPFXHQRLG
TIMVMZJANQLVKQEDAGDVFRPJUNGEUNA
QZGZLECGYUXUEENJTBJLBQCRTBJDFHRR
YIZETKZEMVDUFKSJHKFWHKUWQLSZFTI
HHDDDUVH?DWKBFUFPWNTDFIYCUQZERE
EVLDKFEZMOQQJLTTUGSYQPFEUNLAVIDX
FLGGTEZ?FKZBSFDQVGOGIPUFXHHDRKF
FHQNTGPUAECNUVPDJMQCLQUMUNEDFQ
ELZZVRRGKFFVOEEXBDMVPNFQXEZLGRE
DNQFMPNZGLFLPMRJQYALMGNUVPDXVKP
DQUMEBEDMHDAFMJGZNUPLGEWJLLAETG
ENDYAHROHNLSRHEOCPTEOIBIDYSHNAIA
CHTNREYULDSLLSLLNOHSNOSMRWXMNE
TPRNGATIHNRARPESLNNELEBLPIIACAE
WMTWNDITEENRAHCTENEUDRETNHAEOE
TFOLSEDTIWENHAEIOYTEYQHEENCTAYCR
EIFTBRSPAMHHEWENATAMATEGYEERLB
TEEFOASFIOTUETUAEOTOARMAEERTNRTI
BSEDDNIAAHTTMSTEWPIEROAGRIEWFEB
AECTDDHILCEIHSITEGOEAOSDDRYDLORIT
RKLMLEHAGTDHARDPNEOHMGFMFEUHE
ECDMRIPFEIMEHNLSSTTRTVDOHW?OBKR
UOXOGHULBSOLIFBBWFLRVQQPRNGKSSO
TWTQSJQSSEKZZWATJKLUDIAWINFBNYP
VTTMZFPKWGDKZXTJCDIGKUHUAUEKCAR

K1、K2、K3は解決していますが、K4はまだ謎のままです。本書では、4つのクリプトス暗号文のすべてについて詳しく説明しています。K1とK2は第8章で、K3は第10章で、K4は第17章です。

クリプトス暗号文の1番目から3番目までについては、3つの異なる個人・グループによって、それぞれ独立に解かれています。

- この彫刻がバージニア州ラングレーのCIA本部で公開された直後、クリプトスとその関連作品を調査するために、メリーランド州フォート・ミードにいる12人のNSA職員からなるチームが川を渡ってCIAに招かれました。そして1992年半ば、DIRNSA（NSA長官）のWilliam O. 'Bill' Studeman提督がD/DIRCIA（CIA副長官）に赴任した後、彼はNSAの後任者であるMike McConnell提督に「どうしてクリプトスはまだ解決していないんだ？」と問いかけました。McConnellは、暗号解読者を擁する新組織Zの初代チーフ、Harry Hooverと連絡を取りました。HooverはKen Millerをプロジェクトの責任者に任命しました。HooverのチームのメンバーであるEd Hannon、MillerのチームのDenny McDaniels、そして他の機関の上級暗号解読者であるLance Estesの3人からなる手動暗号の専門家チームが結成されました。Hannonが最初の突破口を開いて、2番目の暗号文を解きました。そして、Estesが1番目を解き、McDanielsが3番目を解きました。チームは1992年末に4番目の解読を断念した後、Hooverは「解決するまで結果を公表すべきではない」といいました。しかし、解決の可能性は低かったので、HooverはMillerに1993年6月にメモを書くように指示しました。HooverはそのメモをMcConnellに送り、McConnellからCIAのStudemanに送られたのです。一部の解読には成功したわけですが、この事実は一切公表されませんでした。
- 1998年には、CIA職員のDavid Steinも同様に3つの解決策を発見しました。これはCIA内部で回覧され、漠然とした言及が報道されましたが、重要な情報は何もありませんでした(*3)。
- 1999年、著名な暗号解読者であり、アメリカ暗号協会のメンバーであるJim Gilloglyも、この3つの暗号を解読しました。

NSAもCIAも暗号解読の成功を秘密にしていたため、Jimが成果を発表した時点で、クリプトス暗号はまだ未解決とみなされていました。そのため、彼は最初の3つのパートを解読した最初の人物として国際的に有名になりました。

Gilloglyの発表の直後、CIAとNSAの両方が、3つのパートはすでに解読していた事実を明らかにしました。しかし、典型的なやり口ですが、NSAは誰がいつ解決したかを明かしませんでした。2004年、ElonkaはSteinのCIA報告書の画像を入手し、自身のWebサイトで公開しました(*4)。2010年、彼女はNSAに情報公開を申請し、真相となる文書を閲覧しました。複数回の追跡調査の後、NSAのチームが1992年に最初の3つのパートをどのように解決したかを示す文書を公開しました(*5)。その直後、CIAはSteinの論文を編集したものを公開したのです(*6)。詳細なバージョンもそうでないバージョンも、ElonkaのWebサイト（`https://elonka.com/kryptos/`）で入手できます。

この3人の暗号解読者は、世界中の何千人もの暗号解読者と同様に、クリプトスの4番目のパートを解読しようと試みましたが、効果はありませんでした。

A.1 K1

K1は、“KRYPTOS”と“PALIMPSEST”をキーワードとするヴィジュネル暗号の変種で暗号化されています。“palimpsest”（パリンプセスト）とは、再利用できるようにテキストが削られたり洗い流されたりした写本ページのことです。古いメッセージの断片が新しいメッセージを通して見えるようになっています。以下は、クリプトスの生みの親であるJim SanbornがK1の暗号化に使用したヴィジュネル表です（図A.3も参照）。ちなみに、一番上の行の“KRYPTOS”と最初の列の“PALIMPSEST”というキーワードに注目してください。

```
KRYPTOSABCDEFGHIJLMNQUVWXZ
--------------------------
PTOSABCDEFGHIJLMNQUVWXZKRY
ABCDEFGHIJLMNQUVWXZKRYPTOS
LMNQUVWXZKRYPTOSABCDEFGHIJ
IJLMNQUVWXZKRYPTOSABCDEFGH
MNQUVWXZKRYPTOSABCDEFGHIJL
PTOSABCDEFGHIJLMNQUVWXZKRY
SABCDEFGHIJLMNQUVWXZKRYPTO
EFGHIJLMNQUVWXZKRYPTOSABCD
SABCDEFGHIJLMNQUVWXZKRYPTO
TOSABCDEFGHIJLMNQUVWXZKRYP
```

K1の平文は次のとおりです。ただし、スペルミスを含みます。

```
BETWEEN SUBTLE SHADING AND THE ABSENCE OF LIGHT LIES THE NUANCE OF IQLUSION
```

この平文の意味を尋ねられたSanbornは、慎重に選んだ言葉遣いで、彼自身が書いたオリジナルの文章だと答えています。K1についての詳細は、第8章を参照してください。

A.2 K2

K2はK1と同じ方法で暗号化されていますが、キーワードの1つが変更されています。今回は“KRYPTOS”と“ABSCISSA”が使用されています。“abscissa”は、グラフの横軸を意味します。K2については、以下のヴィジュネル表で調べられます（図A.3も参照）

```
KRYPTOSABCDEFGHIJLMNQUVWXZ
--------------------------
ABCDEFGHIJLMNQUVWXZKRYPTOS
BCDEFGHIJLMNQUVWXZKRYPTOSA
SABCDEFGHIJLMNQUVWXZKRYPTO
CDEFGHIJLMNQUVWXZKRYPTOSAB
IJLMNQUVWXZKRYPTOSABCDEFGH
SABCDEFGHIJLMNQUVWXZKRYPTO
SABCDEFGHIJLMNQUVWXZKRYPTO
ABCDEFGHIJLMNQUVWXZKRYPTOS
```

図A.3：彫刻家Jim Sanbornによるオリジナルノートは、K2の平文が“ABSCISSA”というキーワードでどのように暗号化されたかを示している

対応する平文の結果は次のとおりです。ただし、別のスペルミスを含みます。

```
IT WAS TOTALLY INVISIBLE HOWS THAT POSSIBLE? THEY USED THE EARTHS MAGNETIC
FIELD X THE INFORMATION WAS GATHERED AND TRANSMITTED UNDERGRUUND TO AN UNKNOWN
LOCATION X DOES LANGLEY KNOW ABOUT THIS? THEY SHOULD ITS BURIED OUT THERE
SOMEWHERE X WHO KNOWS THE EXACT
LOCATION? ONLY WW THIS WAS HIS LAST MESSAGE X THIRTY EIGHT DEGREES FIFTY SEVEN
MINUTES SIX POINT FIVE SECONDS NORTH SEVENTY SEVEN DEGREES EIGHT MINUTES
FORTYFOUR SECONDS WEST ID BY ROWS
```

メッセージにある緯度と経度の座標（N38° 57' 6.5" W77° 8' 44"）は、クリプトスの南東約150フィート（45メートル）の場所を指していますが、問題なさそうです。この場所は、代理店のカフェテリアに近い、舗装され、整備された場所です。この位置は、新本社ビルの反対側にあるSanbornの他の部分（モールス信号の部分）との幾何学的なつながりを意図している可能性があります。Sanbornは、クリプトスを設置する際、座標が正確であることを確認するために、近くのUSGS（United States Geological Service：米国地質調査所）の標識から緯度と経度をチェックするようにしていたといいます。

解決策が公開されてから数年後の2006年、クリプトスの生みの親であるJim Sanbornは、暗号解読者たちが発表していたK2の最後の3つの言葉“ID BY ROWS”が間違っていると指摘しました[*7][*8]。その結果、暗号文の最終行において誤って‘S’という文字が欠けていたことが判明したのです。意図した結びは、“X LAYER TWO”だったのです。この過ちについて、暗号解読者たちは気づきませんでした。単なる偶然ですが、“ID BY ROWS”という表現には意味があるように思えたからです。つまり、K2の実際の完全な平文は次のようになります。

```
IT WAS TOTALLY INVISIBLE HOWS THAT POSSIBLE? THEY USED THE EARTHS MAGNETIC FIELD
X THE INFORMATION WAS GATHERED AND TRANSMITTED UNDERGRUUND TO AN UNKNOWN LOCATION
X DOES LANGLEY KNOW ABOUT THIS? THEY SHOULD ITS BURIED OUT THERE SOMEWHERE X WHO
KNOWS THE EXACT LOCATION? ONLY WW THIS WAS HIS LAST MESSAGE X THIRTY EIGHT DEGREES
FIFTY SEVEN MINUTES SIX POINT FIVE SECONDS NORTH SEVENTY SEVEN DEGREES EIGHT MINUTES
FORTYFOUR SECONDS WEST X LAYER TWO
```

K2についての詳細は、第8章を参照してください。

A.3 K3

K3は転置式暗号で暗号化されています。これは複数の方法で解読できます。Elonkaが考え出した方法の1つは、暗号文を最後の疑問符を除き、1行48文字からなるように書き、4行目の最後の位置にある'S'を起点とすることです[*9]。

```
ENDYAHROHNLSRHEOCPTEOIBIDYSHNAIACHTNREYULDSLLSLL
NOHSNOSMRWXMNETPRNGATIHNRARPESLNNELEBLPIIACAEWMT
WNDITEENRAHCTENEUDRETNHAEOETFOLSEDTIWENHAEIOYTEY
QHEENCTAYCREIFTBRSPAMHHEWENATAMATEGYEERLBTEEFOAS
FIOTUETUAEOTOARMAEERTNRTIBSEDDNIAAHTTMSTEWPIEROA
GRIEWFEBAECTDDHILCEIHSITEGOEAOSDDRYDLORITRKLMLEH
AGTDHARDPNEOHMGFMFEUHEECDMRIPFEIMEHNLSSTTRTVDOHW
```

そこから単純なルールで平文を読み出せます。現在位置から4行下に進みます。最後の行を越える必要がある場合は、最初の行に戻り、1つ左の位置に進みます。このルールにより、2文字目は'L'となります。

```
ENDYAHROHNLSRHEOCPTEOIBIDYSHNAIACHTNREYULDSLLSLL
NOHSNOSMRWXMNETPRNGATIHNRARPESLNNELEBLPIIACAEWMT
WNDITEENRAHCTENEUDRETNHAEOETFOLSEDTIWENHAEIOYTEY
QHEENCTAYCREIFTBRSPAMHHEWENATAMATEGYEERLBTEEFOAS
FIOTUETUAEOTOARMAEERTNRTIBSEDDNIAAHTTMSTEWPIEROA
GRIEWFEBAECTDDHILCEIHSITEGOEAOSDDRYDLORITRKLMLEH
AGTDHARDPNEOHMGFMFEUHEECDMRIPFEIMEHNLSSTTRTVDOHW
```

そして、3文字目は'O'になります。

```
ENDYAHROHNLSRHEOCPTEOIBIDYSHNAIACHTNREYULDSLLSLL
NOHSNOSMRWXMNETPRNGATIHNRARPESLNNELEBLPIIACAEWMT
WNDITEENRAHCTENEUDRETNHAEOETFOLSEDTIWENHAEIOYTEY
QHEENCTAYCREIFTBRSPAMHHEWENATAMATEGYEERLBTEEFOAS
FIOTUETUAEOTOARMAEERTNRTIBSEDDNIAAHTTMSTEWPIEROA
GRIEWFEBAECTDDHILCEIHSITEGOEAOSDDRYDLORITRKLMLEH
AGTDHARDPNEOHMGFMFEUHEECDMRIPFEIMEHNLSSTTRTVDOHW
```

この方法を続け、適宜スペースを入れると、次の平文が得られます。

```
SLOWLY DESPARATLY SLOWLY THE REMAINS OF PASSAGE DEBRIS THAT ENCUMBERED THE LOWER
PART OF THE DOORWAY WAS REMOVED WITH TREMBLING HANDS I MADE A TINY BREACH IN THE
UPPER LEFTHAND CORNER AND THEN WIDENING THE HOLE A LITTLE I INSERTED THE CANDLE
AND PEERED IN THE HOT AIR ESCAPING FROM THE CHAMBER CAUSED THE FLAME TO FLICKER
BUT PRESENTLY DETAILS OF THE ROOM WITHIN EMERGED FROM THE MIST X CAN YOU SEE
ANYTHING Q
```

このメッセージは、暗号マニアのFerdinando Stehleによって決定された以下の数式を使って暗号文から導き出すこともできます(*10)。xは暗号文の位置、yは使用される転置における平文の位置を表します。

$$y = (192x + 191) \bmod 337$$

本文は、1922年11月26日にツタンカーメン王の墓を発見した考古学者Howard Carterの日記からの抜粋です。“Can you see anything?”という質問に対する答えは、“Yes, wonderful things!”でした。K3で興味深いのは、暗号文の先頭行の“DYAHR”の文字列が、次の図のようにずれていることです。

EN DY A HR OHNLSR

これが何を意味するのかは不明ですが、最初の3つのパートと関係があると芸術家は語っています。

K3についての詳細は、第10章を参照してください。

また、K3とK4の間には‘?’が1つあります。しばらくの間、これはK3の最後の部分なのかK4の始まりなのか不明でしたが、Sanbornは、97文字しかないはずのK4の一部ではないと述べています。

A.4 K4

97文字のK4は、未だに謎に包まれています。

```
                             OBKR
UOXOGHULBSOLIFBBWFLRVQQPRNGKSSO
TWTQSJQSSEKZZWATJKLUDIAWINFBNYP
VTTMZFPKWGDKZXTJCDIGKUHUAUEKCAR
```

2010年から2020年にかけて、クリプトスの生みの親であるJim SanbornはK4に関して4つのヒントを提示しています（第17章参照）。

本書の執筆時点である2020年、この30年前の謎は未解決のままでした。K4は世界でもっとも有名な未解決の暗号文の1つです。ビール暗号、ヴォイニッチ手稿、ゾディアック・キラーのメッセージと同列に語られることがよくあります。Elonkaが共同設立したクリプトス愛好家の世界的なコミュニティーがあり、主にK4の解決策を見つけることに注力しています。Elonkaのクリプトスのwebサイトは、K4、クリプトス彫刻、そして他の3つのクリプトス暗号文に関するすべてのことを知るためのもっとも重要な情報源です(*11)。

K4についての詳細は、第17章を参照してください。

有用な言語統計

B.1 文字頻度

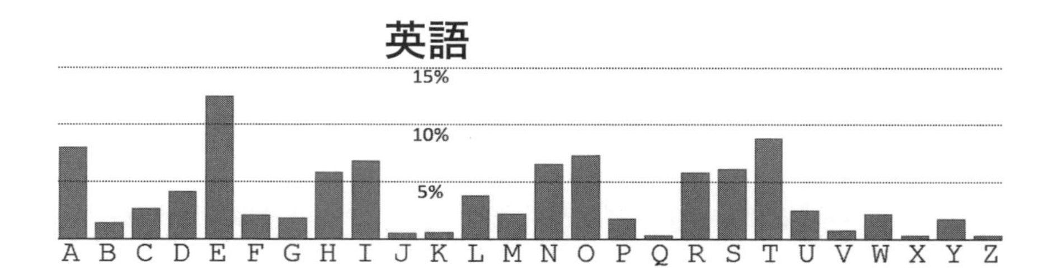

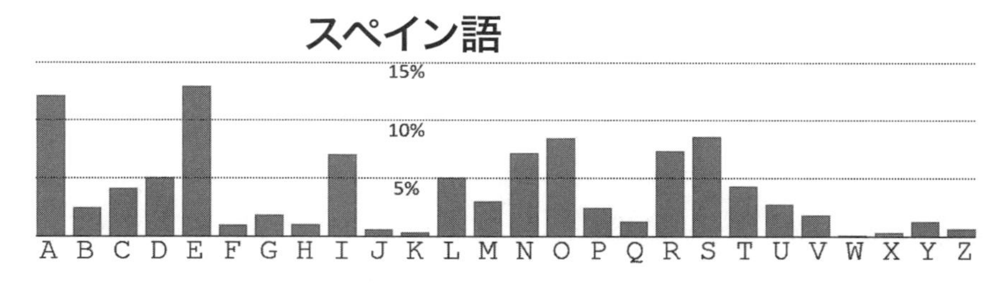

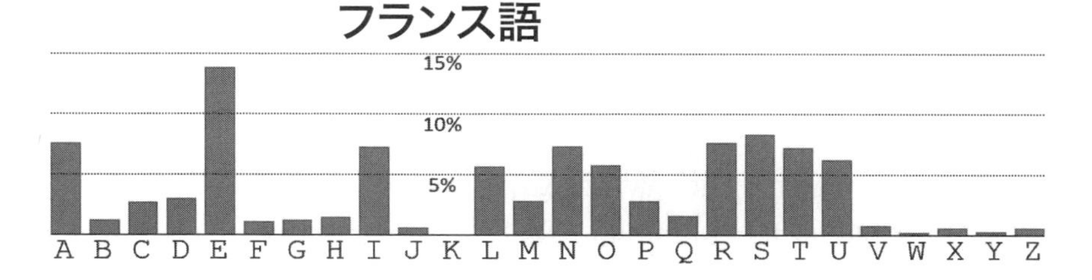

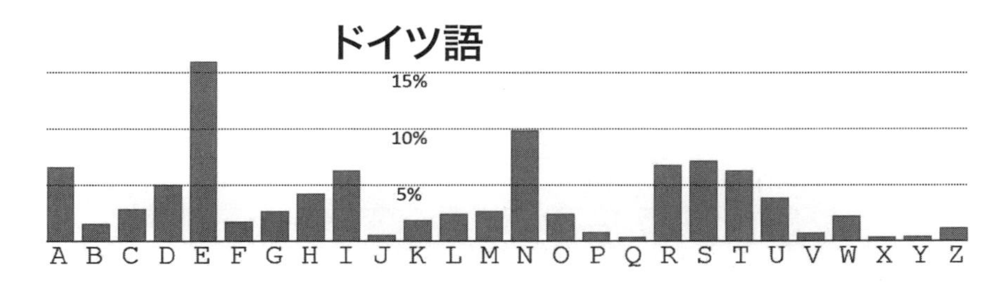

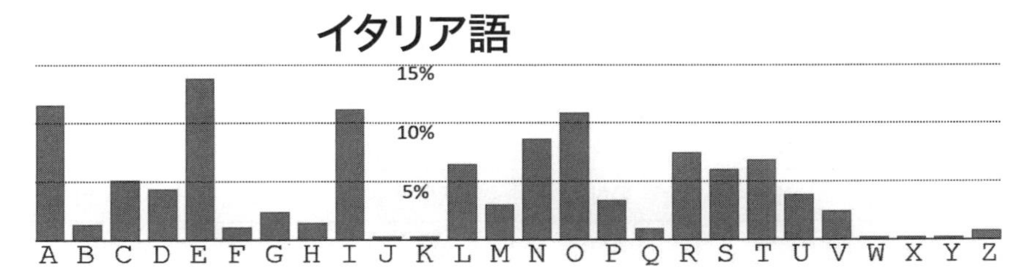

他の言語の文字度数は、Wikipediaの"Letter frequencies"の項目で見ることができます(*1)。頻度の高い順に文字を並べると、次に示す暗記用の無意味な単語になります。

英語	ETAOIN SHRDLU
スペイン語	EAOSR NIDLT
フランス語	ESAIT NRUOL
ドイツ語	ENISR ATDHU
イタリア語	EAION LRTSC

B.2 最頻出のダイグラフ

	英語	スペイン語	フランス語	ドイツ語	イタリア語
1	TH	DE	ES	ER	ER
2	HE	ES	LE	EN	ON
3	IN	EN	DE	CH	DI
4	ER	EL	EN	DE	EL
5	AN	LA	ON	EI	ES
6	RE	OS	NT	TE	TE
7	ND	ON	RE	IN	EN
8	AT	AS	AN	ND	RE
9	ON	ER	LA	IE	AN
10	NT	RA	ER	GE	AL
11	HA	AD	TE	ST	RA
12	ES	AR	EL	NE	AR
13	ST	RE	SE	BE	NO
14	EN	AL	TI	ES	IN
15	ED	AN	UR	UN	LE
16	TO	NT	ET	RE	CO
17	IT	UE	NE	AN	DE
18	OU	CI	IS	HE	LA
19	EA	CO	ED	AU	NT
20	HI	SE	OU	NG	TA
21	IS	TA	AR	SE	NE
22	OR	TE	IN	IT	ED
23	TI	OR	IT	DI	IO
24	AS	DO	ST	IC	LL
25	TE	IO	QU	SC	RI

B.3 高頻出の二重文字

	英語	スペイン語	フランス語	ドイツ語	イタリア語
1	LL	EE	EE	SS	LL
2	TT	AA	SS	NN	SS
3	SS	LL	NN	LL	TT
4	EE	RR	TT	EE	EE
5	PP	SS	MM	MM	CC
6	OO	CC	RR	TT	RR
7	RR	DD	PP	RR	AA
8	FF	NN	FF	DD	PP
9	CC	OO	CC	FF	II
10	DD	II	AA	AA	BB

B.4 高頻出のトリグラフ

	英語	スペイン語	フランス語	ドイツ語	イタリア語
1	THE	DEL	ENT	ICH	CHE
2	AND	QUE	LES	EIN	ERE
3	THA	ENT	ION	UND	ZIO
4	ENT	ION	DES	DER	DEL
5	ING	ELA	EDE	NDE	QUE
6	ION	CON	QUE	SCH	ARI
7	TIO	SDE	EST	DIE	ATO
8	FOR	ADE	TIO	DEN	ECO
9	NDE	CIO	ANT	END	EDO
10	HAS	NTE	PAR	CHT	IDE

B.5 高頻出の単語

	英語	スペイン語	フランス語	ドイツ語	イタリア語
1	the	de	de	der	non
2	of	la	il	die	di
3	and	que	le	und	che
4	to	el	et	den	è
5	a	en	que	am	e
6	in	y	je	in	la
7	that	a	la	zu	il
8	it	los	ne	ist	un
9	is	se	en	dass	a
10	I	del	les	es	per

B.6 テキスト内の平均ワード長

フィンランド語	7.6文字
ロシア語	6.6文字
イタリア語	6.5文字
英語	6.2文字
ドイツ語	6.0文字
スウェーデン語	6.0文字
フランス語	6.0文字
スペイン語	5.8文字

B.7 一致指数

一致指数（IC：index of coincidence）は、テキストを調べたり、2つのテキストを比較したりするのに使える統計的手法です。頻度分析に次いで、一致指数は暗号解読者にとって2番目に重要な統計ツールといえます。

残念ながら、一致指数の定義について、意味的に関連はありつつも、厳密には一致しないものがいくつかの文献に見られます。このため、さまざまな情報源で一致指数のことを調べると、すぐに混乱してしまいます。本書では、あるテキストから無作為に選ばれた2つの文字が同じである確率を、一致指数として定義します。異なるテキストから2つの文字を選ぶという状況は扱いません。

例として、かなり短いテキストである“AAB”を見てみましょう。ここから2つの文字を選ぶ場合、「AA」(1文字目と2文字目)、「AB」(1文字目と3文字目)、「AB」(2文字目と3文字目)の3パターンがあります。最初の組み合わせだけが2つの等しい文字で構成されているため、一致指数は1/3、つまり0.333、33.3%となります。

“AABC”というテキストを見ると、ランダムに2つの文字を選ぶパターンは6つあります。「AA」(1文字目と2文字目)、「AB」(1文字目と3文字目)、「AC」(1文字目と4文字目)、「AB」(2文字目と3文字目)、「AC」(2文字目と4文字目)、「BC」(3文字目と4文字目)です。そのうちの1つだけが、2つの等しい文字を含んでいます。よって、“AABC”の一致指数は1/6、0.166、16.6%になります。

簡単にわかるように、単一換字式暗号のように、各文字が別の文字に置き換えられても、一致指数は変化しません。“AABC”と“XXYZ”は同じ一致指数になります。さらに、文字の順序が変わっても、一致指数は変わりません。これには転置式暗号も含まれます。たとえば、“AABC”は“ABCA”と同じ一致指数を持ちます。つまり、単一換字式暗号で暗号化されたメッセージであろうと、転置式暗号によって暗号化されたメッセージであろうと、一致指数は一定です。

26文字のアルファベットから作られた、十分に長く完全にランダムなテキストの一致指数は、常に1/26または3.8%に近くなります。自然言語で書かれたテキスト(大文字で、スペース、数字、句読点はカウントしない)の一致指数は、通常5%から9%の間になります。この指数のよいところは、どの言語にも特徴的な一致指数があることです。つまり、暗号解読者は、単一換字式暗号や転置式暗号が適用された後でも、一致指数を使ってテキストの言語を検出できるのです。

以下のリストは、もっとも一般的な言語の一致指数を示しています。

チェコ語	5.1%
ロシア語	5.3%
ポーランド語	6.1%
英語	6.7%
デンマーク語	6.7%
スウェーデン語	6.8%
フランス語	6.9%
フィンランド語	7.0%
トルコ語	7.0%

スペイン語	7.2%
ドイツ語	7.3%
イタリア語	7.4%
ポルトガル語	8.2%

コンピューターなしで一致指数を計算するのはかなり手間がかかります。つまり、コンピューターを使うのがほとんど必須といえます。Webサイト dCodeには一致指数の計算機（`https://www.dcode.fr/index-coincidence`）があります。

一致指数は言語の決定以外に、暗号解読に応用できます。概要については、William Friedmanによる1922年の著書『The Index of Coincidence and its Applications in Cryptology』をおすすめします(*2)。

最後に、意欲的な読者のためにDunin–Schmehのテクニックをテストするための例を挙げておきます。“oottn vnhoc sgrah eertn aaoeo einms rpwtr nwnte tahot pihde aegis pctln edaip eoile snghr dhlwe guaep er”で試してください。ヒントは、第11章を最初に解くことです。

ASCIIコード　ASCII（American Standard Code for Information Interchange）code

文字、数字、句読点をコンピューターが理解できる0と1の2進数で表す、標準化された方法。たとえば、文字'a'は「01100001」となり、'A'は「01000001」となる。これは読みやすいように16進数で表すこともでき、'a'は61、'A'は41となる。「コード」と呼ばれているが、実際には暗号化ではなく、これはモールス符号と同様に単なる表形式のデータセットである。

CrypTool

400以上の暗号化と暗号解読の方法を実装した一連のフリーソフトを開発するオープンソース・プロジェクト。CrypTool 1、CrypTool 2、JavaCrypTool（Javaベース）、CrypTool-Onlineがある。本書の暗号解読作業では、主にCrypTool 2を使用している。

Decipher

暗号を解読するということは、暗号を破るということでもある。つまり暗号解読に成功すること。

Dunin-Schmeh置換　Dunin-Schmeh substitution

暗号書のメタパズルの暗号化や隠蔽によく使われる置換暗号。二重ROT-13やDuran-Fairport暗号と同レベルのセキュリティを提供する。Sheahan 1802の鍵がよく使われている。

例：“Ptmqt jetoq cforq wlqcl updkr tfbcq ylktt fbcqa loqyq ltfbc qaloq yqwlb jqmiu pqwlx”

Freemason暗号　Freemason’s cipher

フリーメイソンの暗号。ピッグペン暗号を参照。

ROT-13

26文字のアルファベットのうち、ちょうど13文字ずつ離れた別の文字と入れ替える方式のシーザー暗号。ROT-13の利点は、各文字を2回暗号化すると、元の文字に戻ることである。

アメリカ暗号協会　American Cryptogram Association（ACA）

暗号解読の趣味と技術を広めることを目的とした非営利団体。隔月で『The Cryptogram』というニュースレターを発行している。

アリストクラット　aristocrat

単語の区切りや句読点がそのまま残る置換暗号（単一換字式暗号）。

暗号　cipher

文字または文字グループに対して機能する暗号化方式。適切に構築された暗号化システムは、個々の文字に作用するため、あらゆる種類の平文を暗号化できる。比較のために、コードを参照。

暗号解読　codebreaking、cryptanalysis

暗号解読。一般に、暗号解読とは、鍵を知らずに暗号文を解読する技術のことである【訳注】。暗号文を解読することは、暗号文を破る（あるいは破ろうとする）こととともいえる。暗号解読という言葉は、暗号もコードも、あらゆる種類の暗号を指すことに注意してほしい。

訳注　暗号解読者の中には、特定のメッセージの解読が目的でなく、暗号化システムの見直しや、どのシステムが使用されているかを判断するためにメッセージを診断する者もいる。

暗号学　cryptography、cryptology

暗号に関する科学。暗号と暗号解読までを全体的に研究する。ギリシャ語で「隠された文字」を意味する“kryptos”と“graphein”に由来する。

暗号文　Ciphertext

暗号化の結果。

一致指数　index of coincidence（IC）

テキストから無作為に選ばれた2つの文字が等しい確率。一致指数は、暗号解読者にとって重要な分析手法の1つである。

ヴィジュネル暗号　Vigenère cipher

かつて「解読不可能な暗号」と考えられていた多換字式暗号。しかし今日では、最新の暗号解読技術を用いれば、極めて短時間で解読できることが多い。

エニグマ　Enigma

第二次世界大戦で使用された、タイプライターほどの大きさのドイツの暗号機。主にポーランド、フランス、イギリスの暗号解読者と諜報員の共同作業によって解読された。

オクタグラフ　octagraph

8連字。8文字のグループ。

回転グリル

いくつか穴が開けられた正方形のステンシルで構成される暗号化ツール。暗号化プロセスは4ステップからなり、ステップごとにステンシルを90度回転させ、穴にそれぞれ文字を書き込む。

鍵　key

実際に使われている暗号化方式のほとんどは、送信者と受信者だけが知っている秘密の情報、いわゆる鍵に基づいている。鍵を知らなければ、暗号文を復号できない。対して、鍵を知っていれば、復号は簡単にできる。

キーワード　keyword

多くの鍵はキーワード（例："BIRDHOUSE"）で表され、数字（例：844708615）よりも覚えやすい。

クリアテキスト　cleartext

暗号化されていないテキスト。特に、暗号化されたテキストの中に暗号化されていない部分（クリアテキスト）が透けて見えることがある。平文（プレーンテキスト）も参照。

クリブ　crib

暗号文を解読する際、通常平文に出現する単語を知っているか、推測することが役に立つ。このような単語（フレーズの場合もある）はクリブと呼ばれる。

クリプトグラム　cryptogram

暗号解読者から見た、解読しようとする暗号化されたメッセージ。

コード　code

単語やフレーズに対して機能する暗号化方式。コードは一般に、暗号化される単語や単語グループがあらかじめ定義されたコードブックを含んでおり、ランダムなメッセージを暗号化することは容易ではない。暗号を参照。

付録

コードグループ　codegroup

コード内の単語を表す数字、文字グループ、記号。ノーメンクラターのコードグループは、数字、文字、その他の文字を表すこともある。

シーザー暗号　Caesar cipher

ローマ時代に作られた暗号で、アルファベットのすべての文字を一定の距離（本来は3）ずつずらす。たとえば、「A→D」「B→E」「D→G」…となる。"Pxvlfdo jurxs idprxv iru Olhjh dqg Olhi"はシーザー暗号文のサンプル。

縦列転置（じゅうれつ）　columnar transposition

一般に、同一長の複数行に平文を書き、その後に列をシャッフルすることを要求する転置式暗号。暗号文は列ごとに読む。通常、列の入れ替えを行うにはキーワードが使われる。完全縦列転置と不完全縦列転置の違いについては、第9章と第10章を参照のこと。

手動暗号　manual cipher

複雑な暗号機やコンピュータの助けを必要とせず、紙と鉛筆、または簡単な暗号ツールで済む暗号化方式。

ステガノグラフィー　steganography

情報を隠す科学。一般的なステガノグラフィーの方法には、不可視（化学反応性）インク、マークされた文字、メッセージを綴る単語の頭文字、他のファイルのビットやバイトにメッセージを隠すさまざまなデジタル・システムなどがある。暗号がメッセージを読めなくするのに対し、ステガノグラフィーはその存在そのものを隠す。

速記　shorthand、stenography

従来の文章に比べ、書くスピードを上げ、簡潔に書く方法。速記は（低レベルの）暗号化に使われることもあった。

ダイグラフ　digraph

2文字のグループ。たとえば、"SJ"、"IA"、"BD"、"GG"など。ダイグラフはビグラム（bigram）またはダイグラム（digram）とも呼ばれる。

ダイグラフ置換　digraph substitution

文字ペア（ダイグラフ）を置き換える置換暗号。プレイフェア暗号は、ダイグラフ置換の暗号の中でもっともポピュラーな方法である。

多換字式暗号（たかえじ）　polyalphabetic cipher

複数の置換表を用いた置換暗号。置換表の選択は、事前に定義されたルール（たとえば、最初の文字は表1、2番目の文字は表2など）に従う。シーザー暗号で各アルファベットをずらすなど、簡単な方法で表を作れる。

単一換字式暗号　simple substitution

固定された1対1の置換表に基づく暗号化方式。ROT-13を含むシーザー暗号は、単一換字式暗号の一種であるが、暗号アルファベットは鍵つきでもランダムでも構わない【訳注】。

訳注　暗号アルファベットが「鍵つき」または「ランダム」というのは、暗号化に使用するアルファベットの順序を定める方法に関するものです。これらは、シーザー暗号やその他の置換暗号で使用されるアルファベットの並びをカスタマイズするための手法です。

- 鍵アルファベットでは、暗号化に用いるアルファベットの順序が特定のキーワードまたはフレーズに基づいています。このキーワードは暗号の鍵として機能し、暗号化と復号の両方に必要です。キーワードをアルファベットの先頭に置き、キーワードに含まれない残りの文字をその後に続けて配置します。たとえば、キーワードが“SECRET”なら、鍵つきの暗号アルファベットは“SECRETABDFGHIJKLMNOPQUVWXYZ”になります。
- ランダムアルファベットでは、通常のアルファベット順ではなく、ランダムに並べ替えられたアルファベットを基に暗号化します。これは、暗号化の際に使用されるアルファベットの順序が完全にランダムに決定されることを意味します。その結果、暗号文はより予測不可能になり、解読が困難になる可能性があります。

置換暗号　substitution cipher

文字をスクランブルすることで暗号化する転置暗号とは対照的に、文字または文字群を置換する暗号化方式。

超暗号化　super-encryption

すでに暗号化されているメッセージに対して行われる暗号化。超暗号化はしばしば暗号の安全性を高めるために使われる。超暗号化の方法は非常に単純なこともある。たとえば、（すでに暗号化されている）メッセージの各文字に、現在の月日分をシフトする。

テトラグラフ　tetragraph

4連字。4文字のグループ。クアドグラムとも呼ばれる。英語でもっとも頻繁に使われるテトラグラフは“TION”である。

転置式暗号　transposition cipher

メッセージの文字の順序を変える暗号化方式。転置暗号には数多くの種類があり、もっともポピュラーなものとして回転グリル暗号と縦列転置式暗号がある。

同音字　homophones

同じ平文文字を表す暗号文文字または文字列。同音字暗号を参照。

同音字暗号　homophonic substitution

同音字置換暗号。同音字を含む暗号。同音字暗号の利用者は、ある文字を置換するときに、いくつかの選択肢から選べる。

トリグラフ　trigraph

3連字。3文字からなるグループ。トライグラムとも呼ばれる。英語でもっとも頻繁に使われるトリグラフは“THE”である。

二重縦列転置　double columnar transposition（DCT）

列の転置を2回連続して行う暗号化方式。二重縦列転置は、もっとも優れた手動暗号の1つと考えられている。

ヌル　null

暗号解読者を混乱させるために暗号文に含まれる無意味な記号。多くの置換暗号、コード、ノーメンクラターにおいて、ヌルは不可欠な要素である。

ノーメンクラター　nomenclator

単一換字式暗号または同音字暗号にコードを組み合わせた暗号化方式。ノーメンクラターは、各アルファベット文字と頻出語に対して、1つまたは複数の数字、文字グループ、記号が割り当てられる。

排他的論理和演算　exclusive-or operation（EXOR）

バイナリ（2進）演算の一種。1と0を足し合わせる際に、両者が同じであれば演算結果は0となり、異なっていれば1となる。たとえば、

　　1111と0000をXORすると、結果は1111となる。
　　1111と0010をXORすると、結果は1101となる。
　　1010と1110をXORすると、0100になる。

暗号技術では、単語中の文字をASCIIに変換し、あらかじめ決められた鍵の1および0とXORする方法がある。その結果、バイナリ・ストリームは受信者に送信され、受信者はそれらをXORして元の平文に戻す。

バイナリ・キーがランダムな場合、これはバーナム暗号と呼ばれ、ワンタイムパッドの特殊なケースに該当する。

パトリストクラット　patristocrat

単語の区切りや句読点を取り除いた、単一換字式暗号。

ピッグペン暗号　Pigpen cipher

アルファベットの各文字を三目並べのようなマス目から取った記号に置き換える単一換字式暗号。ピッグペン暗号は、18世紀にフリーメイソンの間で大流行したので、フリーメイソンの暗号としても知られている。多くのバリエーションがあるが、ここではその一例を紹介する。

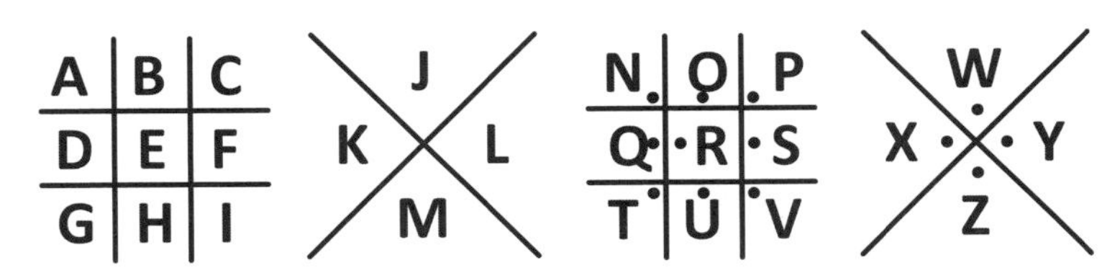

平文（ひらぶん） plaintext
暗号化される前のメッセージ。あるいは、暗号化されたメッセージの途中で、透けて見えるかもしれない暗号化されていないテキスト。

頻度分析 frequency analysis
メッセージ内の文字の頻度を決定する。頻度分析は暗号解読者にとって重要な手法である。

復号 decryption
暗号文の意図された受信者が行うプロセス。復号には、使用された暗号化方式と鍵の知識が必要である。復号は、暗号化されたメッセージの解読（暗号を解く、暗号解読ともいう）と対比されるべきである。暗号解読は鍵や暗号化方法がわからない状態で行う。

プレイフェア暗号 Playfair cipher
ダイグラフを別のダイグラフに置き換える暗号化方式。プレイフェア暗号は、正方形の表といくつかの単純な置換規則に基づいている。

ヘキサグラフ hexagraph
6連字。6文字のグループ。

ヘプタグラフ heptagraph
7連字。7文字のグループ。

ペンタグラフ pentagraph
5連字。5文字のグループ。英語でもっとも頻繁に使われるペンタグラフは“OFTHE”である。

ボドー・コード baudot code
主にテレタイプやテレプリンターで使用される“table of values”システム（表形式のデータセット）の一種。各文字を表すのに5ビットを使用する。しくみは次のとおり。文字ごとに紙テープに穴を開け、この紙テープのロールをテレタイプに高速で送り込み、メッセージを伝達する。伝達されたメッセージは、読み取り可能なクリアテキストに打ち出せる。

モールス信号 Morse code
電信や無線でメッセージを伝達するために開発されたシステム。ドットとダッシュ、または短いパルスと長いパルスを使う。英語では“code”を含むが、暗号化システムではなく、単なる通信手段である。

略語暗号 abbreviation cipher
テキストの各単語をその頭文字または異なる略語に置き換える暗号化方式。

ワンタイムパッド　one-time pad

平文に乱数列（鍵に相当）を作用させる置換暗号。ワンタイムパッドは、適切に使用されれば（つまり、キーが推測されず、一度しか使用されなければ）、破られることはない。しかし、ワンタイムパッドを使うには大量の鍵が必要で、多くの用途では実用的でない。

2番目のゾディアック・キラー・メッセージであるZ340はどのように解読されたのか

本書の初版が出版されたわずか1日後である2020年12月11日に、私たちは友人でありゾディアック・キラーの専門家であるDave Oranchakからメッセージを受け取りました。彼の書いたものは信じがたいものでした。彼は、Z340として知られる2番目のゾディアック・キラーのメッセージを解決したと主張したのです。メールによれば、この成功は、Dave自身と、ベルギーの暗号解読専門家Jarl Van Eycke、オーストラリアの数学者Sam Blakeの3人からなる専門家チームによって達成されたといいます。

D.1 ゾディアック・キラーの暗号文

本書の第6章で述べたように、ゾディアック・キラーはサンフランシスコ周辺で活動した連続殺人犯です。1968年と1969年には少なくとも5人を殺害し、2人に重傷を負わせました。地元新聞社への大規模な投書キャンペーンの一環として、彼は4通の暗号化されたメッセージを送りました。これらの暗号文は暗号コミュニティではZ408、Z340、Z13、Z32と呼ばれています。含まれるシンボルの数から名付けられています。

Z408は1969年にすぐ解決されています。Z408は同音字暗号で暗号化されていることが判明しており、本書の第6章（同音字暗号）の成功談のセクションに掲載しています。他の3つのメッセージは何十年も未解決のままでした。これらの暗号も同音字に基づくものではないかと考え、同章の未解決の暗号文のセクションで取り上げています。

Z340は、頻度分析やその他の統計的検証を行うのに十分な長さであり、世界でもっとも有名な未解決の暗号文ミステリーの1つとなりました。そのため、Dave Oranchakがこのメッセージを解いたと連絡してきたとき、私たちはとても信じられませんでした。もちろん、この有名な暗号文を解読したというインチキな主張はこれまでもあったため、私たちは懐疑的だったのです。

しかし、Dave Oranchakが公開したビデオでは、彼と彼の仲間が見つけた解決策が理にかなっているように見えました(*1)。Nils Kopal(*2)、Nick Pelling(*3)、Joachim von zur Gathen(*4)、Joachim von zur Gathen、およびGeorge Lasry（電子メール経由）を含む、本書にも登場する数名の暗号専門家たちが、Dave、Jarl、Samによる解読が正しいことを確認しました。事態を決定づけたのは、FBIがX（旧Twitter）で発表した“a cipher attributed to the Zodiac Killer was recently solved by private citizens.”（「ゾディアック・キラーとされる暗号が最近、民間人によって解決された」）という公式声明でした(*5)。間違いなく、Z340は解読されたのです！

図D.1：Dave Oranchak、Jarl Van Eycke、Sam BlakeがZ340のメッセージを解読した

もしこの新展開を知っていたら、Z340のメッセージを第6章の未解決の暗号文のセクションから成功談のセクションに移していたでしょう。残念ながら、Daveから知らせが届いたときには、すでに本は出版されており、遅すぎたのです。しかし、後刷りの準備をしていたところ、出版社の好意により、付録としてZ340の解読についての説明を加えることを許可していただきました。それでは、解決策の話に進みましょう。

D.2 解決策

Dave、Jarl、Samの3人は元々、2020年にDaveが作ったYouTubeのシリーズ「Let's Crack Zodiac」がきっかけでつながりを持ちました。彼らは共同でZ340を何ヶ月も調べ、ゾディアック・キラーが2つの暗号を組み合わせたのではないかと疑いました。Z408に採用された同音字暗号と、転置式暗号です[*6] [*7]。さまざまなツールがある中で3人が使ったのは、Jarl Van Eyckeが開発したプログラムのAZDecryptです。これは、同音字暗号を破るために開発されたものです。

今回の長さのテキストに適用できる転置は気の遠くなるような量であり、無限とも思えるため、3人の暗号解読者はもっとも可能性の高いものに限定して検討しなければなりませんでした。そのため、メッセージは単純な方法（水平方向、垂直方向、あるいはその両方）で分割されたものと想像できました。たとえば「水平セクション1つに垂直セクション2つ」または「水平セクション2つに垂直セクション3つ」などです。

2015年、Jarlと"daikon"というニックネームの匿名フォーラム・ユーザーは、19番目のシンボルごとに読むと、Z340のダイグラフ頻度が統計的に興味深い特性を持つことをすでに発見していました。暗号文を19文字ごとに跳躍して読むことが、平文につながるプロセスの一部であることを示唆していたのです。このことはさらに、2020年に犯人が使ったと思われる転置を探す指針にもなりました。

このような制約の中でさえ、すべての置換と転置の候補をふるいにかけることは、巨大な干し草の山の中から針を探すことを意味していました。Dave、Jarl、Samは、65万以上の転置のバリエーションをテストし、さらにそれぞれの転置について同音字の置換の可能性を別個に検索しました。当初、Z340の解決策に近いものが見つからなかったため、彼らは（AZDecrypt

が採点した）転置候補の上位10パーセントを再び検証することに重点を置き、今度はソフトウェアの検索時間を増やすことにしました。

2020年12月3日にその突破口は開かれました。何度もの解読の試みの中で、“HOPE YOU ARE”、“TRYING TO CATCH ME”、“OR THE GAS CHAMBER”という表現が現れたのです。Daveがこれらのテキストの断片をクリブとすると、AZDecryptは突然意味のある文章を生成しました。

さらにエキサイティングな展開は、この平文候補に“THAT WASNT ME ON THE TV SHOW”というフレーズが含まれていたことです。これは、暗号化されたメッセージが送信された1969年の2週間前に、テレビ番組に犯人のふりをして電話をかけてきた男のことを指していることに、Daveは気づきました。このことは、暗号文の冒頭9行に対応する、正しい平文を特定できたことを強く示唆しています！

しかし、そのテクニックを使っても、メッセージの残りの部分は意味のある平文になりませんでした。平文全体を解読するには、さらに2つの突破口が必要だったのです。1つ目は、最後の2行でいくつかの単語が逆に書かれており、他の置換は使われていないことを、Daveが発見したことです。2つ目は、Jarlが第2セクションのいくつかのミスや転置の乱れを見つけたことです。以上より、暗号解読に成功した者たちは、最終的に次のような平文を決定できました。ただし、いくつかの誤りは修正してあります。

```
I HOPE YOU ARE HAVING LOTS OF FUN IN TRYING TO CATCH ME THAT WASNT ME ON THE TV
SHOW WHICH BRINGS UP A POINT ABOUT ME I AM NOT AFRAID OF THE GAS CHAMBER BECAUSE
IT WILL SEND ME TO PARADICE ALL THE SOONER BECAUSE I NOW HAVE ENOUGH SLAVES TO
WORK FOR ME WHERE EVERYONE ELSE HAS NOTHING WHEN THEY REACH PARADICE SO THEY ARE
AFRAID OF DEATH I AM NOT AFRAID BECAUSE I KNOW THAT MY NEW LIFE WILL BE AN EASY
ONE IN PARADICE DEATH
```

解読の過程で、メッセージが縦に3分割され、横に分割されていないことが明らかになりました。つまり、テキストは単純な方法で分割されたという暗号解読者の仮説が正しいことが証明されたのです。難しい暗号を解くには、このような幸運を伴う推測が必要なのです！

残念ながら、この平文にゾディアック・キラーの正体を直接示唆する情報は含まれていませんでした。

D.3 暗号

図D.2は、ゾディアック・キラーが使用した同音字の置換表です。予想されるように、各文字の同音字の数は、その文字の頻度にほぼ比例しています。英語でもっとも一般的な文字である‘E’と‘T’は、それぞれ6つの異なるシンボルにマッピングできます。第3セクションでは、ナイトの動きは使われていません。その代わり、メッセージは左から右へ、上から下へと書かれ、いくつかの単語は逆に書かれます。さらに、“LIFE IS”と“DEATH”という表現（つまり平文の最後の単語）を別の場所に移動させる必要がある可能性も考慮しなければなりません。現在までに、いくつかの可能性が提案されています(*8)。

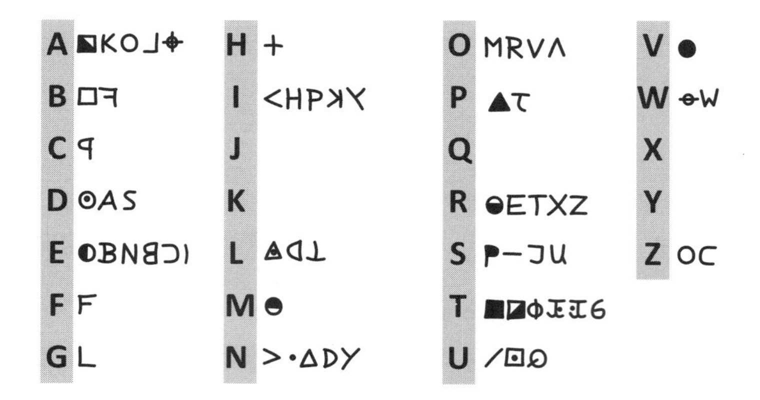

図D.2：Z340に使用された置換表

Z340がベースにしている転置式暗号は、図D.3で説明しています。見てのとおり、メッセージは2つの大きなセクション（それぞれ9行）と、1つの小さなセクション（2行）に分ける必要があります。2つの大きなセクションを解読するには、それぞれ左上の角から始め、ナイトの動き（右に2歩、下に1歩）でメッセージを読み解きます。セクションの右端に到達したら、1列目の2番目の記号を続けます。ブロックの右上半分のシンボルをすべて通過すると、左下半分を通っていきます。多くの場合、19個のシンボルの跳躍（たとえば、「1行目の最初の記号」から「2行目の3番目の記号」まで）が必要であることに注意してください。

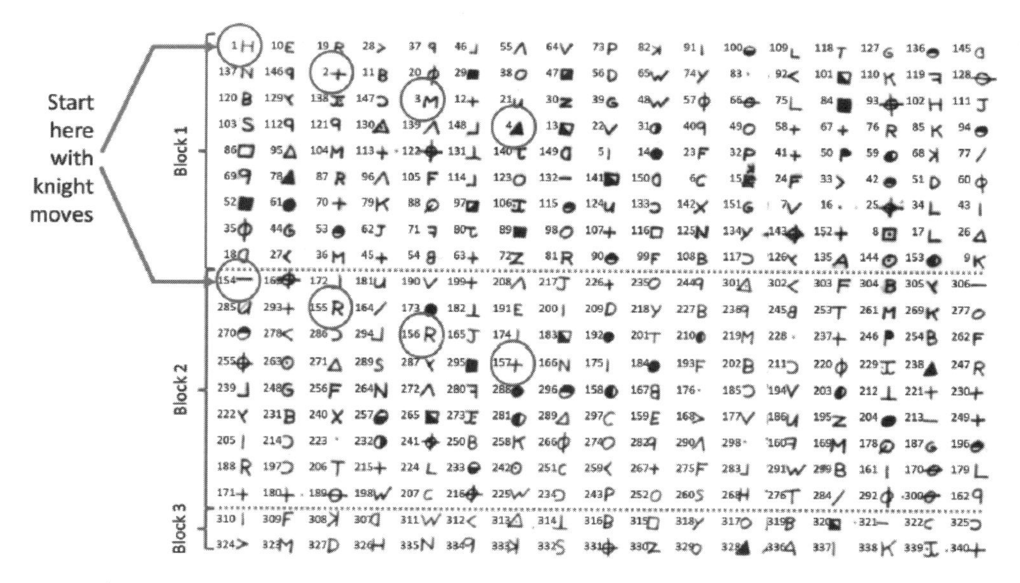

図D.3：ゾディアック・キラーがZ340の上段2ブロックに用いられている転置は、主にナイトの動き（右に2歩、下に1歩）に基づいている

D.4 結論

ゾディアック・キラーは、Z340の解読を望んでいたのでしょうか？ "THAT WASN'T ME ON THE TV SHOW"というフレーズは、彼がZ340の解読を望んでいたことを示唆しています。それにもかかわらず暗号解読が困難だったという事実は、犯人が暗号の難易度を過小評価していたのではないかという疑問につながります。彼はこの暗号を一度も解こうとしなかったのでしょうか？ 1970年頃の技術でこの暗号が解けると思わせるきっかけとなった、彼が過去に解いたと思われる暗号の種類は何だったのでしょうか？

この文章を書いている今も、Dave、Jarl、Samがこの複雑な暗号文を解読したことに驚きを隠せません。この3人が、数え切れないほどの置換表や転置パターンの候補を調べ上げ、正しいものを特定したことは言うまでもありません。私たちの意見では、この非軍事的な暗号解読は何世代にもわたって最大の成功といえるでしょう！

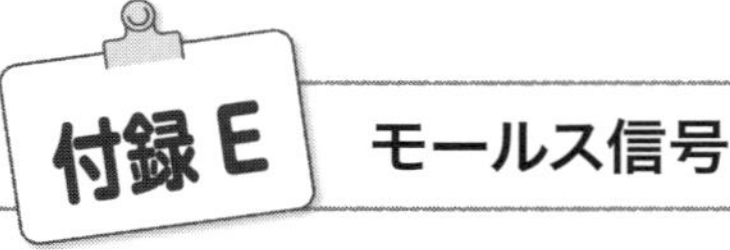

付録E モールス信号

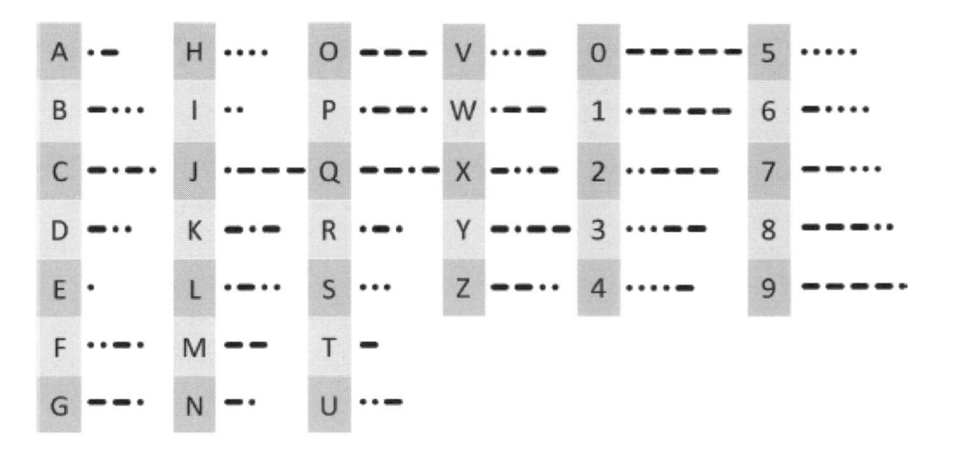

図E.1：標準モールス符号表

付録F 図表の出典

序文、キャプションなし

Photo of the authors, Elonka Dunin and Klaus Schmeh, in front of the wall mural at Beale's Beer restaurant, Bedford, Virginia, bealesbeer.com

第1章、キャプションあり

図1.1 Encrypted postcard supplied by Karsten Hansky

第1章、キャプションなし

Newspaper clipping
Chart created by authors
CrypTool 2 screenshot, created by authors
Codex compendium: Wellcome Library, London
Encrypted postcard from Charnwood Genealogy website
Encrypted postcard supplied by Tobias Schrödel
Excerpt of Manchester cryptogram, Cryptolog 109 (1987)
Turning grille cryptogram provided by Paolo Bonavoglia
Page from Written Mnemonics: Illustrated by Copious Examples from Moral Philosophy, Science and Religion
Freemason's mnemonic book in the Library and Museum of
Freemasonry, London. Photograph by Klaus Schmeh.
Playfair message by Reginald Evans, courtesy of National Cryptologic Museum

第2章、キャプションあり

図2.1 Telegram provided by Karsten Hansky
図2.2 Composite: Photograph of disk by Hubert Berberich, 2013 (public domain). Photograph of slide by Klaus Schmeh
図2.3 Diagram created by authors
図2.4 Message provided by Gary Klivans
図2.5 Excerpt from Ciphergrams by Herbert Yardley

第2章、キャプションなし

Diagram created by authors
Diagram created by authors
Clipping from London The Times, 2 February 1853
Clipping from London The Times, 11 February 1853
Diagram created by authors
Diagram created by authors
Clipping from London the Standard, 26 May 1888
Message from Yudhijit Bhattacharjee's The Spy Who Couldn't Spell
Scene from 2006 film The Prestige. Credit: © Touchstone Films/courtesy Everett Collection/Mary Evans

第3章、キャプションあり

図3.1 Photograph by Klaus Schmeh
図3.2 Reproduction of encrypted title page created by Klaus, next to Klauscreated decipherment
図3.3 1909 postcard
図3.4 Chart created by authors
図3.5 Cryptogram from computer game Call of Duty (2015)
図3.6 Letter provided by Gary Klivans
図3.7 Diary page by Beatrix Potter
図3.8 Letter provided by Gary Klivans
図3.9 Postcard provided by Raymond Borges
図3.10 Nickel provided by Bill Briere and Jew-Lee Lann-Briere
図3.11 Reproduction of clipping from London Daily Chronicle, 13 February 1888
図3.12 Postcard image from mk-zodiac.com

第3章、キャプションなし

Chart created by authors
Photograph by Klaus Schmeh
Chart created by authors
Cryptogram from Book of Woo webcomic by Oliver Knörzer
Challenge cipher by Edgar Allan Poe
Image provided by Reddit user RetroSA
Chart created by authors
Chart created by authors
CrypTool 2 screenshot
Diagram created by authors
CrypTool 2 screenshot
dCode.fr screenshot
Chart created by authors
Chart created by authors
CrypTool 2 screenshot
Chart created by authors
Excerpt from letter supplied by Gary Klivans
Excerpt from letter supplied by Gary Klivans
Excerpt from letter supplied by Gary Klivans
Substitution table created by authors
Chart created by authors
Excerpt from Malbone diary supplied by Kent D. Boklan, with permission of New York State Military Museum
Excerpt from Malbone diary supplied by Kent D. Boklan, with permission of New York State Military Museum
Chart created by authors

第4章、キャプションあり

図4.1 Zodiac copycat cipher
図4.2 Twitter message from NSA

図4.3　Prisoner message from Strangeways Prison, Manchester, UK
図4.4　Photograph by Klaus Schmeh
図4.5　Image from 'Just So Stories' by Rudyard Kipling
図4.6　Dorabella cipher by Edward Elgar
図4.7　Photograph by Klaus Schmeh

第4章、キャプションなし

CrypTool 2 screenshot
Chart created by authors
CrypTool 2 screenshot
CrypTool 2 screenshot

第5章、キャプションあり

図5.1　Encrypted postcard provided by Richard SantaColoma
図5.2　Encrypted postcard provided by Tobias Schrödel
図5.3　CrypTool 2 screenshot
図5.4　Cryptogram from André Langie's 1922 book Cryptography page 78
図5.5　Cryptogram by pirate Olivier Levasseur
図5.6　Encrypted postcard provided by Tobias Schrödel
図5.7　Italian Mafi a message
図5.8　Encrypted postcard provided by Karsten Hansky
図5.9　Cryptogram from Natürliche Magie page 254, by Christlieb Funk
図5.10　Image from the Voynich manuscript, Beinecke Rare Book Library
図5.11　German cigarette case provided by anonymous blog reader
図5.12　Photograph by Klaus Schmeh

第5章、キャプションなし

Chart created by authors and Thomas Bosbach
CrypTool 2 screenshot
Excerpt of encrypted postcard provided by Tobias Schrödel
Excerpt of encrypted postcard provided by Tobias Schrödel
Chart created by authors

第6章、キャプションあり

図6.1　Message sent to Benjamin Franklin, Papers of the Continental Congress, Roll 121, page 20
図6.2　Newspaper ad created by California police, targeted towards Zodiac Killer, 1969
図6.3　Chart created by authors
図6.4　Chart created by authors
図6.5　Z408 Zodiac Killer message
図6.6　Letter by Holy Roman Emperor Ferdinand III, provided by Leopold Auer
図6.7　Encrypted postcard provided by National Cryptologic Museum, Fort Meade, MD
図6.8　Challenge cipher published by Edgar Allan Poe
図6.9　Z340 Zodiac Killer message
図6.10　Zodiac Killer copycat message
図6.11　Cryptogram by Henry Debosnys from The Adirondack Enigma by Cheri Farnsworth

第6章、キャプションなし

Homophonic substitution table from crypto-world.info, Pavel Vondruška
Homophonic substitution table from crypto-world.info, Pavel Vondruška
Chart created by authors
CrypTool 2 screenshot
Z13 Zodiac Killer message
Z32 Zodiac Killer message

第7章、キャプションあり

図7.1 Zimmermann Telegram, US National Archives and Records Administration
図7.2 Pages from 1911 codebook provided by John McVey
図7.3 Page from 1892 Sheahan's Telegraphic Cipher Code, https://archive.org/details/ciphercodeofwor00shea/page/60/mode/2up
図7.4 John Perwich letter, British National Archives
図7.5 Nomenclator from paper by Gerhard Birkner in proceedings of Geheime Post, 2015
図7.6 Letter from James Madison to Edmund Randolph, 1782, Library of Congress
図7.7 Page from 1897 Papal Secret Writings
図7.8 Eighteenth-century nomenclator from crypto-world.info, Pavel Vondruška
図7.9 Collage created by authors:
a) 'Manchester cryptogram', Cryptolog 109 (1987).
b) Letter from Nicolas de Catinat: Aargau Cantonal Library in Switzerland, 1702, http://scienceblogs.de/klausis-kryptokolumne/2016/05/01/wer-knackt-diesen-verschluesselten-briefvon-nicolas-de-catinat/.
c) National Cryptologic Museum, Kahn collection, 1898, http://scienceblogs.de/klausis-krypto-kolumne/2017/10/22/an-unsolved-ciphertext-from-1898-who-can-break-it/.
d) 1911 telegram was provided to Klaus by Frank Gnegel from the Museum für Kommunikation (Frankfurt, Germany), http://scienceblogs.de/klausis-krypto-kolumne/2018/12/26/revisited-an-encrypted-telegram-from-german-south-west-africa/.
図7.10 Telegram provided by Karsten Hansky
図7.11 Page from The Science Observer Code
図7.12 Sixteenth-century nomenclator message from Albert Leighton's A Papal Cipher
図7.13 Telegram provided by Karsten Hansky
図7.14 Nomenclator by Mary, Queen of Scots; substitution table created by authors
図7.15 Telegram from https://www.pinterest.co.uk/steelgoldfi sh/mount-everest/website
図7.16 Images courtesy of Sara Rivers-Cofi eld
図7.17 Reproduction by Nicole Glücklich
図7.18 'Manchester cryptogram', Cryptolog 109 (1987)

第8章、キャプションあり

図8.1 Photograph by Klaus Schmeh. Metapuzzle license: qyaohlzlrzw
図8.2 Chart created by authors
図8.3 CrypTool 2 screenshot
図8.4 Book cover courtesy of Penguin Random House

付録

図8.5　dCode.fr screenshot
図8.6　Photos taken by authors

第8章、キャプションなし

Reproduction of Hitchhiker's Guide challenge, created by Klaus
Excerpt of reproduction, created by Klaus
Excerpt of reproduction, created by Klaus
CrypTool 2 screenshot
CrypTool 2 screenshot
Reproduction of pigpen message from Diana Dors in documentary Who Got Diana Dors' Millions?
Chart created by authors

第9章、キャプションあり

図9.1　Image from book The Friedman Legacy
図9.2　Postcard from postcardese.com, courtesy of Guy Atkins
図9.3　Photograph by Klaus Schmeh
図9.4　Reproduction created by Klaus of cryptogram on GCHQ website
図9.5　Diary page kindly provided by Christopher Hill
図9.6　Friedman notes courtesy of Jason Fagone, from scans taken in the Marshall Library, courtesy of the George C. Marshall Foundation, Lexington, Virginia
図9.7　Challenge cipher published by Edgar Allan Poe

第9章、キャプションなし

Chart created by authors
CrypTool 2 screenshot
Image from William Friedman's Military Cryptanalysis IV

第10章、キャプションあり

図10.1　Photograph by Filippo Sinagra of Antonio Marzi diary. cryptosite@yahoo.it
図10.2　Images courtesy of Jim Gillogly

第10章、キャプションなし

Images courtesy of Tom Mahon and Jim Gillogly
Images courtesy of Tom Mahon and Jim Gillogly
Images courtesy of Tom Mahon and Jim Gillogly
Image courtesy of Tom Mahon and Jim Gillogly
Chart created by authors

第11章、キャプションあり

図11.1　Collage of three images: (a) Photograph by Klaus Schmeh; (b) British National Archives, KV-2-62; (c) Photo by Klaus Schmeh at Günter Hütter collection
図11.2　Holiday card created by authors
図11.3　Chart created by authors
図11.4　Ciphertext from Auguste Kerckhoff s Cryptographie Militaire
図11.5　Birthday card created by authors
図11.6　Chart created by authors
図11.7　Birthday card created by authors

図11.8 Turning grille cryptogram provided by Paolo Bonavoglia
図11.9 Image from André Langie's book Cryptography
図11.10 Image courtesy of the Royal Collection, The Netherlands
図11.11 Reproduction of turning grille created by authors
図11.12 Bookcover of Jules Verne novel Mathias Sandorf
図11.13 Chart created by authors
図11.14 Holiday card courtesy of the George C. Marshall Foundation, Lexington, Virginia
図11.15 Challenge cipher created by Jew-Lee Lann-Briere and Bill Briere
図11.16 Cipher from MysteryTwister C3 website

第11章、キャプションあり

Chart created by authors
Chart created by authors
Chart created by authors
Chart created by authors
Chart created by authors
Chart created by authors
Chart created by authors
Chart created by authors
Image from André Langie's book Cryptography
Image from André Langie's book Cryptography
Image from André Langie's book Cryptography
Image courtesy of the Royal Collection, The Netherlands, with annotation by authors
Image courtesy of the Royal Collection, The Netherlands, with annotation by authors

第12章、キャプションあり

図12.1 Table from De furtivis literarum notis, by Giambattista della Porta
図12.2 Chart created by authors
図12.3 CrypTool 2 screenshots
図12.4 Chart created by authors
図12.5 Playfair message by Reginald Evans, courtesy of National Cryptologic Museum
図12.6 CrypTool 2 screenshots
図12.7 Top section: CrypTool 2 screenshot; Lower section: chart created by authors
図12.8 Bookcover of Have His Carcase novel, by Dorothy L. Sayers
図12.9 Photograph from Experimental Psychical Research by Robert Thouless, Penguin Books, 1963. Text excerpts from A Test of Survival, Proceedings of the Society for Psychical Research

第12章、キャプションなし

Ciphertext created by authors from Porta symbols

第13章、キャプションあり

図13.1 Ciphertext from The Masonic Conservators by Ray V. Denslow
図13.2 All photographs taken by Klaus Schmeh at Museum of Freemasonry, London; the New York Chancellor Robert R. Livingston Library and Museum; and from his private collection
図13.3 Photograph taken by Klaus Schmeh at Museum of Freemasonry, London

図13.4　Scan courtesy of Walter C. Newman
図13.5　Chart created by authors
図13.6　Page from Ecce Orienti!
図13.7　Page courtesy of JannaK on MetaFilter
図13.8　Page from Oddfellows abbreviation cipher booklet
図13.9　Chart created by authors of pages from Oddfellows book Esoterics and the related abbreviation cipher booklet
図13.10　Birthday card created by Klaus, based on public domain image from Pixabay
図13.11　Somerton Man message
図13.12　Encrypted postcards courtesy of anonymous donor

第14章、キャプションあり

図14.1　Excerpt from True Principles of the Spanish Language by José Borras
図14.2　Telegram from British National Archives, KV 2/2424
図14.3　Cryptogram created by authors
図14.4　Message courtesy of Louis Round Wilson Special Collections Library, University of North Carolina, Chapel Hill

第14章、キャプションなし

Image courtesy of Dan Brown

第15章、キャプションあり

図15.1　All photos by Klaus Schmeh: (a) From Günter Hütter's collection, Austria; (b) In the Heinz Nixdorf MuseumsForum, Paderborn, Germany; (c) In the National Cryptologic Museum, Fort Meade, MD; (d) At the Kryptologikum in Karlsruhe, Germany
図15.2　Encrypted postcard courtesy of Dale Speirs
図15.3　Shorthand plates by Winifred Kenna
図15.4　Original image courtesy of Niedersächsisches Landesarchiv Abteilung Wolfenbüttel (Lower Saxonian State Archive, Wolfenbüttel section), 2 Alt (2837). Annotation added by authors
図15.5　Image provided by New York State Archives
図15.6　Photograph courtesy of John F. Kennedy Presidential Library and Museum
図15.7　Photographs by Klaus Schmeh, with annotation
図15.8　Page from the book Steganographia
図15.9　Image designed by Cliff Johnson for David Blaine's book Mysterious Stranger
図15.10　All photos taken by Klaus Schmeh: (a) Imperial War Museum (London); Science Museum (London); (c) Fernmelde-und Informationstechnik der Bundeswehr (Feldafi ng, Germany); (d) Schreibmaschinenmuseum Beck (Pfäffi kon, Switzerland)
図15.11　Chart created by authors
図15.12　Image courtesy of the United States government
図15.13　Chart created by authors

第15章、キャプションなし

Chart created by authors
Excerpt from page 257 of The Shakespearean Ciphers Examined by William and Elizebeth Friedman

第16章、キャプションあり

図16.1 Image from fbi.gov
図16.2 Composite: (a) Sketch by San Francisco police department of the Zodiac Killer; (b) Zodiac message Z408
図16.3 CrypTool 2 screenshot
図16.4 Photograph by Klaus Schmeh

第16章、キャプションなし

Reproduction by Klaus Schmeh of drawing from Curiosities of Olden Times
IRA cryptogram courtesy of Jim Gillogly
Chart created by authors
Turning grille cryptogram provided by Paolo Bonavoglia

第17章、キャプションあり

図17.1 Note provided by Craig Bauer
図17.2 Image from fbi.gov
図17.3 Image from GCHQ

付録A、キャプションあり

図A.1 Photograph by Elonka Dunin
図A.2 Chart created by authors
図A.3 Chart courtesy of Jim Sanborn

付録A、キャプションなし

Chart created by authors

付録B、キャプションなし

Charts created by authors

付録C、キャプションなし

Chart created by authors

付録D、キャプションあり

図D.1 Photographs by Chris Kwaramba, Juni Van Eycke, and Sam Blake
図D.2 Chart created by authors
図D.3 Chart created by authors based on Z340 Zodiac Killer message

付録E、キャプションあり

図E.1 Chart created by authors

すべての漫画はKlaus Schmeh（クラウス・シュメー）作。
ユーモアは原著者らによるものであり、解釈は自己責任にてお願いします。

付録G References

第1章

1. Klaus Schmeh: 'Ich glaub, mich tritt ein Pferd: Wer kann diese verschlüsselte Postkarte lösen?', 15 April 2015, http://scienceblogs.de/klausis-krypto-kolumne/2015/04/15/ich-glaub-mich-tritt-ein-pferd-wer-kann-diese-verschluesselte-postkarte-loesen/.
2. Elonka Dunin: The Mammoth Book of Secret Codes and Cryptograms. Carroll & Graf Publishers, New York 2006.
3. Jean Palmer: The Agony Column Codes & Ciphers. Bright Pen, Gamlingay 2005, p.53.
4. Klaus Schmeh: The Codex Compendium (Wellcome Library MS-199), 2013, http://scienceblogs.de/klausis-krypto-kolumne/codex-compendium-wellcome-library-ms-199.
5. Simon Last: '1906 Postcard lovers secret code!' 6 January 2016, https://charnwoodgenealogy.wordpress.com/2016/01/06/1906-postcard-lovers-secret-code.
6. Busman's Holiday: A British Cipher of 1783. Cryptolog, National Security Agency, 4/1987, pp. 22–5, https://www.nsa.gov/Portals/70/documents/news-features/declassified-documents/cryptologs/cryptolog_109.pdf. For images, see Klaus Schmeh's website, The Manchester Cryptogram, 2014, http://scienceblogs.de/klausis-krypto-kolumne/the-manchester-cryptogram.
7. Paolo Bonavoglia: Due crittogrammi con griglia 8x8. c. 2017. Crittologia.eu, http://www.crittologia.eu/storia/WW1/1916 griglia8x8.html.
8. Scottish Rite Masonic Museum and Library: Written Mnemonics: Deciphering a Controversial Ritual, 1860. From National Heritage Museum: Written Mnemonics: Deciphering a Controversial Ritual, 1 October 2013, https://nationalheritagemuseum.typepad.com/library and archives/ciphers/.
9. Joachim von zur Gathen: Crypto School. Springer, Berlin Heidelberg 2015.
10. Jean-Philippe Aumasson: Serious Cryptography: A Practical Introduction to Modern Encryption. No Starch Press, San Francisco 2017.
11. Klaus Schmeh: Kryptografi e – Verfahren, Protokolle, Infrastrukturen. Dpunkt, Heidelberg 2016.
12. Bruce Schneier: 'Memo to the Amateur Cipher Designer'. The Crypto-Gram, 15 October 1998.
13. Elonka Dunin: Famous Unsolved Codes and Ciphers, http://elonka.com/UnsolvedCodes.html.
14. Klaus Schmeh: 'The Top 50 unsolved encrypted messages', http://scienceblogs.de/klausis-krypto-kolumne/the-top-50-unsolved-encrypted-messages/.
15. Ryan Garlick: 'How to know that you haven't solved the Zodiac-340 cipher', March 2014, University of North Texas, http://www.cse.unt.edu/~garlick/research/papers/Zodiac-340.pdf.

第2章

1 Klaus Schmeh: 'Nicht schwierig: Wer löst dieses verschlüsselte Telegramm aus der Karibik?' 28 February 2016, http://scienceblogs.de/klausis-krypto-kolumne/2016/02/28/nicht-schwierig-wer-loest-dieses-verschluesselte-telegramm-aus-der-karibik/.

2 Jean Palmer: The Agony Column Codes & Ciphers. Bright Pen, Gamlingay 2005, p.15.

3 HermanWuur: 'Code in an 1888 newspaper'. Reddit 2018, includes excerpt from The Standard, Saturday 26 May 1888, https://www.reddit.com/r/codes/comments/7fg4w1/code_in an 1888 newspaper.

4 Elonka Dunin: The Mammoth Book of Secret Codes and Cryptograms. Carroll & Graf Publishers, New York 2006, p.136.

5 PoliceOne.com: Gary Klivans, 'Cracking Gang Codes', https://www.policeone.com/columnists/Gary-Klivans/.

6 Gary Klivans: Gang Secret Codes: Deciphered. Police and Fire Publishing, Santa Ana 2016.

7 Gary Klivans: 'Gang Codes: The Contraband Code', 21 April 2017, PoliceOne, https://www.policeone.com/corrections/articles/gang-codes-the-contraband-code-BbG2vMguswZyCwYm/.

8 Yudhijit Bhattacharjee: The Spy Who Couldn't Spell. Berkeley, New York 2016.

9 Klaus Schmeh: 'Who can break this encrypted journal from the movie "The Prestige"?', 7 January 2018, http://scienceblogs.de/klausis-krypto-kolumne/2018/01/07/who-can-break-this-encrypted-journal-from-the-movie-the-prestige/.

10 Herbert Yardley: The American Black Chamber. Naval Institute Press. Annapolis 1931.

11 Herbert Yardley: Ciphergrams. Hutchison, London 1932, p.11.

12 Jean Palmer: The Agony Column Codes & Ciphers. Bright Pen, Gamlingay 2005, p.182.

第3章

1 David Kahn: The Codebreakers. Scribner, New York 1996, p.772.

2 Louis Kruh: 'The Churchyard Ciphers'. Cryptologia 4/1977.

3 Oliver Knörzer: 'The Book of Woo', 7 July 2013, http://www.sandraandwoo.com/2013/07/29/0500-the-book-of-woo.

4 Klaus Schmeh: 'Decryption of the Book of Woo soon to be published', 25 June 2018, http://scienceblogs.de/klausis-krypto-kolumne/2018/06/25/decryption-of-the-book-of-woo-soon-to-be-published/.

5 Klaus Schmeh: Codeknacker gegen Codemacher. W3L, Dortmund 2014, p.177.

6 Edgar Allan Poe: 'Secret Writing [Addendum III]'. Graham's Magazine, December 1841.

7 René Zandbergen: 'Text Analysis – Transliteration of the Text', http://www.voynich.nu/transcr.html.

8 Klaus Schmeh: 'An unsolved cryptogram posted by a Reddit user', 25 September 2018, http://scienceblogs.de/klausis-krypto-kolumne/2018/09/25/an-unsolved-cryptogram-posted-by-a-reddit-user/.

9 Klaus Schmeh: 'Who can decipher this encrypted postcard from Wisconsin?', 29 August 2017, http://scienceblogs.de/klausis-krypto-kolumne/2017/08/29/who-can-decipher-this-encrypted-postcard-from-wisconsin/.

10 Metapuzzle hint: mpx nful aporq mpx qrlaa npva mpx qrlaa zalf mpx qrlaa mavad mpx qrlaa qrlaa mpx qrlaa aporq mpx qrlaa mavad mpx nful qrlaa mpx nful qwf mpx nful fda mpx nful mpx mqaosdfolsjrps.

11 Department of the Army: 'Word and Word Pattern Tables'. In Federation of American Scientists, Basic Cryptanalysis Field Manual, Appendix D, 13 September 1990, https://fas.org/irp/doddir/army/fm34-40-2/.

12 Gary Klivans: Gang Secret Codes: Deciphered. Police and Fire Publishing, Santa Ana 2016.

13 Gary Klivans: 'Gang Codes: Gang & Inmate Codes: Mistakes Don't Mean Failure'. Talk given in February 2015 in Somerset, NJ, from PowerPoint slides provided by Gary Klivans to Klaus Schmeh.

14 Kent Boklan: 'How I Broke an Encrypted Diary from the War of 1812'. Cryptologia 4/2008.

15 Kent Boklan: 'How I Decrypted a Confederate Diary: And the Question of the Race of Mrs. Jeff erson Davis'. Cryptologia 4/2014.

16 Cara Giaimo: 'Beatrix Potter's Greatest Work Was a Secret, Coded Journal She Kept as a Teen', 16 June 2017, Atlas Obscura, https://www.atlasobscura.com/articles/beatrix-potter-secret-journal-code-leslie-linder.amp.

17 Leslie Linder: The Journal of Beatrix Potter: 1881 to 1897. Frederick Warne & Co., London 1990.

18 David Kahn: The Codebreakers. Scribner, New York 1996, p.777.

19 Gary Klivans: 'Gang Codes: The Sci-Fi Cipher', 12 October 2015, PoliceOne.com, https://www.policeone.com/gangs/articles/gang-codes-the-sci-fi-cipher-H8qxcVICaOGIFAo8/.

20 Klaus Schmeh: 'Ten more uses of the pigpen cipher', 10 October 2016, http://scienceblogs.de/klausis-krypto-kolumne/2016/10/10/ten-more-uses-of-the-pigpen-cipher.

21 Amanda Schnepp: 'Aristocrats'. The Cryptogram 1/2019, p.14.

22 Klaus Schmeh: 'Can you break this encrypted newspaper ad from 1888?', 18 April 2020, http://scienceblogs.de/klausis-krypto-kolumne/2020/04/18/can-you-break-this-encrypted-newspaper-ad-from-1888/.

23 Jean Palmer: The Agony Column Codes & Ciphers. Bright Pen, Gamlingay 2005, p.292.
24 Craig Bauer: Unsolved! Princeton University Press, Princeton 2017, p.155.
25 Ricardo Eugirtni Gomez: 'Preliminary Report on Project MK-ZODIAC', 2 April 2019, http://mk-zodiac.com/DecipheringtheCelebrityCypher.html.
26 Elonka Dunin: The Mammoth Book of Secret Codes and Cryptograms. Carroll & Graf Publishers, New York 2006.

第4章

1 Tom Hays: 'New Zodiac Letter: "Sleep My Little Dad" ', The Argus-Press (Owosso, Michigan), 6 August 1994.
2 Klaus Schmeh: 'Revisited: NSA's unsolved Twitter challenge from 2014', 28 December 2017. http://scienceblogs.de/klausis-krypto-kolumne/2017/12/28/revisited-nsas-unsolved-twitter-challenge-from-2014/
3 Liz Hull: 'The hitman trapped by a codebreaker', 7 February 2012, Daily Mail (UK), https://www.dailymail.co.uk/news/article-2106384/Rapper-Kieron-Bryan-jailed-25-years-codebreaker-exposes-gangland-hitman.html.
4 Klaus Schmeh: 'Codeknacker auf Verbrecherjagd, Folge 9: Der Code des Gangster-Rappers', 30 March 2014, http://scienceblogs.de/klausis-krypto-kolumne/2014/03/30/codeknacker-auf-verbrecherjagd-folge-9-der-code-des-gangster-rappers/.
5 Klaus Schmeh: 'My visit at the Cheltenham Listening Stones', 10 September 2016, http://scienceblogs.de/klausis-krypto-kolumne/2016/09/10/my-visit-at-the-cheltenham-listening-stones/.
6 Klaus Schmeh: 'Die Listening Stones von Cheltenham. Teil 2: Der Zahlenstein', 22 September 2015, http://scienceblogs.de/klausis-krypto-kolumne/2015/09/22/die-listening-stones-von-cheltenham-teil-2-der-zahlenstein/.
7 David Kahn: The Codebreakers. Scribner, New York 1996, p.800.
8 Elonka Dunin: 'Famous Unsolved Codes and Ciphers', https://elonka.com/UnsolvedCodes.html.
9 Klaus Schmeh: 'The Top 50 unsolved encrypted messages: 26. The Dorabella cryptogram', 3 August 2017, http://scienceblogs.de/klausis-krypto-kolumne/2017/08/03/the-top-50-unsolved-encrypted-messages-26-the-dorabella-cryptogram/.
10 Craig Bauer: Unsolved! Princeton University Press, Princeton 2017, p.127.
11 Craig Bauer: Unsolved! Princeton University Press, Princeton 2017, p.462.
12 Craig Bauer: Unsolved! Princeton University Press, Princeton 2017, p.472.
13 Mark Stamp: 'Scanned Hamptonese text', 11 July 2003, San Jose State University faculty pages, http://www.cs.sjsu.edu/faculty/stamp/Hampton/pages.html.

第5章

1 Klaus Schmeh: 'Zwei verschlüsselte Postkarten aus dem Jahr 1912: Wer kann sie knacken?', 25 August 2013, http://scienceblogs.de/klausis-krypto-kolumne/2013/08/25/zwei-verschlusselte-postkarten-aus-dem-jahr-1912-wer-kann-sie-knacken.

2 Klaus Schmeh: 'From Russia with love: An unsolved encrypted postcard from 1906', 10 March 2017, http://scienceblogs.de/klausis-krypto-kolumne/2017/03/10/from-russia-with-love-an-unsolved-encrypted-postcard-from-1906/.

3 André Langie: Cryptography. Aegean Park Press, Walnut Creek 1922, p.78.

4 Nick Pelling: 'La Buse's/Le Butin's Pirate Cipher (Part 1)', 15 April 2013. Cipher Mysteries, https://ciphermysteries.com/2013/04/15/la-buse-le-butin-pirate-cipher.

5 Nick Pelling: 'La Buse's/Le Butin's Pirate Cipher (Part 2)', 20 April 2013. Cipher Mysteries, http://ciphermysteries.com/2013/04/20/la-buses-le-butins-pirate-cipher-part-2.

6 Klaus Schmeh: 'Who can solve this beautiful encrypted postcard?', 21 June 2018, http://scienceblogs.de/klausis-krypto-kolumne/2018/06/21/who-can-solve-this-beautiful-encrypted-postcard/.

7 BBC News: 'Italy police decipher coded "Mafi a initiation text" ', 9 January 2014, https://www.bbc.com/news/world-europe-25669349.

8 Klaus Schmeh: 'Ich glaub, mich tritt ein Pferd: Wer kann diese verschlüsselte Postkarte lösen?', 15 April 2015, http://scienceblogs.de/klausis-krypto-kolumne/2015/04/15/ich-glaub-mich-tritt-ein-pferd-wer-kann-diese-verschluesselte-postkarte-loesen/.

9 Klaus Schmeh: 'Revisited: NSA's unsolved Twitter challenge from 2014', 28 December 2017.,http://scienceblogs.de/klausis-krypto-kolumne/2017/12/28/revisited-nsas-unsolved-twitter-challenge-from-2014/.

10 Klaus Schmeh: 'Wer löst diese Verschlüsselung aus dem Jahr 1783?', 8 March 2015, http://scienceblogs.de/klausis-krypto-kolumne/2015/03/08/wer-loest-diese-verschluesselung-aus-dem-jahr-1783/.

11 Klaus Schmeh: 'A Milestone in Voynich Manuscript Research: Voynich 100 Conference in Monte Porzio Catone, Italy', Cryptologia 3/2013.

12 Gerry Kennedy and Rob Churchill: The Voynich Manuscript. Orion, London 2004.

13 Raymond Clemens: The Voynich Manuscript. Yale University Press, New Haven 2016.

14 Nick Pelling: The Curse of the Voynich. Compelling Press, London 2006.

15 Mary D'Imperio: The Voynich Manuscript: An Elegant Enigma. Aegean Park Press, Laguna Hills 1978.

16 Klaus Schmeh: 'The Top 50 unsolved encrypted messages: 7. The cigaret case cryptogram', 5 July 2018, http://scienceblogs.de/klausis-krypto-kolumne/2018/07/05/the-top-50-unsolved-encrypted-messages-7-the-cigaret-case-cryptogram/.

17 Klaus Schmeh: 'Revisited: NSA's unsolved Twitter challenge from 2014', 28 December 2017, http://scienceblogs.de/klausis-krypto-kolumne/2017/12/28/revisited-nsas-unsolved-twitter-challenge-from-2014/.

18 Klaus Schmeh: 'The Top 50 unsolved encrypted messages: 18. The Moustier altar inscriptions', 7 November 2017, http://scienceblogs.de/klausis-krypto-kolumne/2017/11/07/the-top-50-unsolved-encrypted-messages-18-the-moustier-altar-inscriptions/.

19 'Secret of the Altars', Cryptolog, National Security Agency, 2/1974, pp. 10, 20, http://cryptome.org/2013/03/cryptologs/cryptolog 02.pdf.

20 Nick Pelling: 'The Moustier Cryptograms', 2 April 2013. Cipher Mysteries, http://ciphermysteries.com/2013/04/02/the-moustier-church-cryptograms.

第6章

1 Craig Bauer: Unsolved! Princeton University Press, Princeton 2017, p.440.
2 Pavel Vondruška: 'Nápověda/soudobé nomenklátory', 2013, http://soutez2013.crypto-world.info/pribeh/napoveda.pdf, http://soutez2013.crypto-world.info/nomenklator/2.jpg.
3 Pavel Vondruška: 'Nápověda/soudobé nomenklátory', 2013, http://soutez2013.crypto-world.info/pribeh/napoveda.pdf, http://soutez2013.crypto-world.info/nomenklator/6.jpg.
4 Satoshi Tomokiyo: 'Dumas' Cipher: Benjamin Franklin's Favorite Cipher', 24 August 2008, http://cryptiana.web.fc2.com/code/franklin.htm.
5 Klaus Schmeh: 'Als die Polizei einem Serienmörder ein Rätsel aufgab - Teil 2', 24 October 2013, http://scienceblogs.de/klausis-krypto-kolumne/2013/10/24/als-die-polizei-einem-serienmorder-ein-ratsel-aufgab-teil-2/.
6 Craig Bauer: Unsolved! Princeton University Press, Princeton 2017, p.155.
7 Thomas Ernst: 'Die zifra picolominea: eine Geheimschrift der Habsburger während des Dreißigjährigen Krieges', scheduled for publication in the MIÖG (Mitteilungen des Instituts für Österreichische Geschichte) 2/2021.
8 Klaus Schmeh: 'Ungelöst: eine verschlüsselte Nachricht der Firma Theo H. Davies & Co.', 28 March 2015. http://scienceblogs.de/klausis-krypto-kolumne/2015/03/28/ungeloest-eine-verschluesselte-nachricht-der-fi rma-theo-h-davies-co/.
9 Kristin Leutwyler: 'A Cipher from Poe Solved at Last', 3 November 2000, Scientifi c American, https://www.scientifi camerican.com/article/a-cipher-from-poe-solved.
10 Edgar Allan Poe: 'Secret Writing [Addendum III]'. Graham's Magazine, December 1841.
11 Zodiac Killer Facts: 'Zodiac Killer Facts Image Gallery', http://www.zodiackillerfacts.com/gallery/thumbnails.php?album = 14.
12 Nick Pelling: 'Scorpion Ciphers', http://cipherfoundation.org/modern-ciphers/scorpion-ciphers.
13 Dave Oranchak: 'Scorpion Ciphers', http://www.oranchak.com/scorpion-cipher.html.
14 Craig Bauer: Unsolved! Princeton University Press, Princeton 2017, p.195.
15 Cheri Farnsworth: The Adirondack Enigma. History Press, Charleston 2010.

第7章

1 David Kahn: The Codebreakers. Scribner, New York, 1996, p.282.
2 John McVey: Telegraphic and Signal Codes, 1911, http://www.jmcvey.net/cable/codescannotes.htm.
3 Sheahan's Telegraphic Cipher Code 1892, https://archive.org/details/ciphercodeofwor00shea/page/60/mode/2up.
4 National Archives (UK): ' "A Most Lamented Princesse": An English Princess at Versailles', 11 August 2016, https://blog.nationalarchives.gov.uk/lamented-princesse-sudden-death-princess-henriette-anne-england/.
5 Beryl Curran: The Despatches of William Perwich. Royal Historical Society, London 1903, p.96.
6 Gerhard Kay Birkner: 'Briefe durch Feindesland. Die chiff rierte Post Wien-Istanbul um 1700'. In Anne-Simone Rous and Martin Mulsow: Geheime Post – Kryptologie und Steganographie der diplomatischen Korrespondenz europäischer Höfe während der Frühen Neuzeit. Duncker &

Humblot, Berlin 2015.
7 Beáta Megyesi: 'Proceedings of the 1st International Conference on Historical Cryptology'. HistoCrypt 2018. Linköping University Electronic Press, Linköping 2018.
8 Eugen Antal and Klaus Schmeh: 'Proceedings of the 2nd International Conference on Historical Cryptology'. HistoCrypt 2019. Linköping University Electronic Press, Linköping 2019.
9 Anne-Simone Rous and Martin Mulsow: Geheime Post. Duncker & Humblot, Berlin 2015.
10 Peter Heßelmann: Chiff rieren und Dechiff rieren in Grimmelshausens Werk und in der Literatur der Frühen Neuzeit. Peter Lang, Bern 2015.
11 Klaus Schmeh: 'HistoCrypt 2018: A video and many photos', 23 June 2018, http://scienceblogs.de/klausis-krypto-kolumne/2018/06/23/histocrypt-2018-a-video-and-many-photos/.
12 Klaus Schmeh: 'Revisited: A terminology for codes and nomenclators', 7 October 2018, http://scienceblogs.de/klausis-krypto-kolumne/2018/10/07/revisited-a-terminology-for-codes-and-nomenclators/.
13 David Kahn: The Codebreakers. Scribner, New York, 1996, p.107.
14 David Kahn: The Codebreakers. Scribner, New York, 1996, p.106.
15 Library of Congress: James Madison's Ciphers, https://www.loc.gov/resource/mjm.01 0693 0696/?st = gallery.
16 David Kahn: The Codebreakers. Scribner, New York, 1996, p.107.
17 Josef Šusta: 'Eine päpstliche Geheimschrift aus dem 16. Jahrhundert'. In Mitteilungen des Instituts für Österreichische Geschichtsforschung, Band 18, Heft 2, 1897.
18 Pavel Vondruška: 'Nápověda/soudobé nomenklátory', 2013, http://soutez2013.crypto-world.info/pribeh/napoveda.pdf, http://soutez2013.crypto-world.info/nomenklator/6.jpg.
19 David Kahn: The Codebreakers. Scribner, New York, 1996, p.190.
20 Helen Fouché Gaines: Cryptanalysis. Dover Publications, New York 1939, p.1.
21 Abraham Sinkov: Elementary Cryptanalysis. The Mathematical Association of America, Washington 1967, p.3.
22 Klaus Schmeh: 'Eine ungelöste Verschlüsselung aus dem Jahr 1645', 20 March 2015, http://scienceblogs.de/klausis-krypto-kolumne/2015/03/20/eine-ungeloeste-verschluesselung-aus-dem-jahr-1645/.
23 Klaus Schmeh: 'Wer löst dieses verschlüsselte Telegramm aus Deutsch-Südwestafrika?', 15 January 2015, http://scienceblogs.de/klausis-krypto-kolumne/2016/01/15/wer-loest-dieses-verschluesselte-telegramm-aus-deutsch-suedwestafrika/.
24 Klaus Schmeh: 'Who can decipher these encrypted consular messages?', 29 May 2017, http://scienceblogs.de/klausis-krypto-kolumne/2017/05/29/who-can-decipher-these-encrypted-consular-messages/.
25 Satoshi Tomokiyo: 'Nonsecret Code: An Overview of Early Telegraph Codes', 25 September 2013, http://cryptiana.web.fc2.com/code/telegraph2.htm.
26 John McVey: 'Directory of code scans and transcriptions', 25 September 2018, http://jmcvey.net/cable/scans.htm.
27 Klaus Schmeh: 'Das verschlüsselte Telegramm eines Astronomen', 13 August 2015, http://scienceblogs.de/klausis-krypto-kolumne/2015/08/13/das-verschluesselte-telegramm-eines-astronomen/.
28 John Ritchie: The Science Observer Code, 1885, John C. Hartfi eld Publisher, https://archive.

org/stream/scienceobserverc13chanrich#page/n25/mode/2up.

29 Peter P. Fagone: 'The Solution of a Cromwellian Era Spy Message (circa 1648)'. Cryptologia 1/1980.

30 Albert C. Leighton: 'A Papal Cipher and the Polish Election of 1573'. In Jahrbücher für Geschichte Osteuropas. Band 17, H. 1. Franz Steiner Verlag, Stuttgart 1969.

31 Paolo Bonavoglia: 'The cifra delle caselle, a XVI Century superencrypted cipher'. Cryptologia 1/2020.

32 Luigi Sacco: Manuale di Crittografi a. Youcanprint, Venice 2014, p.111.

33 Klaus Schmeh: 'Who can decipher this encrypted telegram from 1948?', 11 April 2017, http://scienceblogs.de/klausis-krypto-kolumne/2017/04/11/who-can-decipher-this-encryped-telegram-from-1948.

34 Klaus Schmeh: 'Encrypted telegram from 1948 deciphered', 5 May 2017, http://scienceblogs.de/klausis-krypto-kolumne/2017/05/05/encryped-telegram-from-1948-deciphered/.

35 Simon Singh: 'The Black Chamber', https://simonsingh.net/The Black Chamber/maryqueen ofscots.html.

36 John Rabson: 'All Are Well at Boldon: A Mid-Victorian Code System'. Cryptologia 1/1992.

37 Michael Smith: The Emperor's Codes. Arcade Publishing, New York 2000.

38 David Kahn: The Codebreakers. Scribner, New York 1996, p.562.

39 Liza Mundy: The Code Girls. Hachette Book Group, New York 2017, pp. 80–1.

40 Peter Donovan: 'The Flaw in the JN25 Series of Ciphers', Cryptologia 4/2004.

41 Frederick D. Parker: 'Pearl Harbor Revisited: U.S. Navy Communications Intelligence 1924–1941', Center for Cryptologic History, National Security Agency 2013, https://www.nsa.gov/Portals/70/documents/about/cryptologic-heritage/historical-figures-publications/publications/wwii/pearl harbor revisited.pdf.

42 Ronald Clark: The Man Who Broke Purple. Little, Brown and Company, Boston 1977, p.188.

43 Patrick D. Weadon: 'The Battle of Midway', https://www.nsa.gov/Portals/70/documents/about/cryptologic-heritage/historical-fi gures-publications/publications/wwii/battle-midway.pdf.

44 Klaus Schmeh: 'Revisited: An encrypted telegram from Mount Everest', 11 November 2018, http://scienceblogs.de/klausis-krypto-kolumne/2018/11/01/revisited-an-encrypted-telegram-from-mount-everest/.

45 Sara Rivers-Cofi eld: 'Bennett's Bronze Bustle', 17 February 2014, http://commitmento costumes. blogspot.com/2014/02/bennetts-bronze-bustle.html.

46 Nick Pelling: 'Ohio Cipher', http://cipherfoundation.org/modern-ciphers/ohio-cipher/.

47 Bryan Kesselman: Paddington Pollaky. The History Press, Cheltenham 2007.

48 Klaus Schmeh: 'Sherlock Holmes and the Pollaky cryptograms', 4 October 2016, http://scienceblogs.de/klausis-krypto-kolumne/2016/10/04/sherlock-holmes-and-the-pollaky-cryptograms/.

49 Nicole Glücklich: 'Sherlock Holmes & Codes', Baker Street Chronicle 4/2016.

50 'A British Diplomatic Cipher of 1783'. Cryptolog, National Security Agency, 4/1987, pp. 22–5. https://www.nsa.gov/Portals/70/documents/news-features/declassifi ed-documents/cryptologs/cryptolog 109.pdf. For images, see Klaus Schmeh's website, 'The Manchester Cryptogram', 2014, http://scienceblogs.de/klausis-krypto-kolumne/the-manchester-cryptogram.

第8章

1 Klaus Schmeh: 'Verschlüsselung auf Kryptos-Modell geknackt', 23 November 2015, http://scienceblogs.de/klausis-krypto-kolumne/2015/11/23/verschluesselung-auf-kryptos-modell-geknackt/.
2 Bill Briere: 'Highlights from my "Cryppie Tour" diary', October 2015, http://tinyurl.com/2015CryppieTourDiary.
3 American Cryptogram Association: 'Cipher Types', http://www.cryptogram.org/resource-area/cipher-types/.
4 David Kahn: The Codebreakers. Scribner, New York 1996, p.155.
5 Craig Bauer: Secret History: The Story of Cryptology. CRC Press, New York 2013, p.76.
6 Al Sweigart: 'Hacking the Vigenère Cipher', https://inventwithpython.com/hacking/chapter21.html.
7 Tobias Schrödel: 'Breaking Short Vigenère Ciphers', Cryptologia 4/2008.
8 Helen Fouché Gaines: Cryptanalysis. Dover Publications, New York 1939, p.113.
9 Richard Hayes: 'Solving Vigeneres by the Trigram Method', The Cryptogram June/July 1943.
10 Alexander Griffi ng: 'Solving the Running Key Cipher with the Viterbi Algorithm', Cryptologia 4/2006.
11 Alexander Griffi ng: 'Solving XOR Plaintext Strings with the Viterbi Algorithm', Cryptologia 3/2006.
12 Klaus Schmeh: 'Revisited: Diana Dors' encrypted message and her lost millions', 9 April 2014, http://scienceblogs.de/klausis-krypto-kolumne/2018/04/09/revisited-diana-dors-encryptedmessage-and-her-lost-millions.
13 David Stein: 'The Puzzle at CIA Headquarters', https://www.elonka.com/kryptos/mirrors/daw/steinarticle.html.
14 Elonka Dunin: 'Elonka's Transcript of the Cyrillic Projector', https://www.elonka.com/kryptos/cyrillic.html.
15 Elonka Dunin: 'Cyrillic Projector Solution', https://www.elonka.com/kryptos/mirrors/CPSolution.html.
16 Craig Bauer: Unsolved! Princeton University Press, Princeton 2017, p.316.
17 Klaus Schmeh: 'Richard Bean solves another Top 50 crypto mystery', 16 August 2018, http://scienceblogs.de/klausis-krypto-kolumne/2019/08/16/richard-bean-solves-another-top-50-crypto-mystery/.
18 Jim Gillogly and Larry Harnisch: 'Cryptograms from the Crypt', Cryptologia 4/1996.
19 Elonka Dunin: 'The Smithy Code', https://www.elonka.com/SmithyCode.html.
20 Craig Bauer: Unsolved! Princeton University Press, Princeton 2017, p.137.
21 National Archives and Records Administration: 'History of Coast Guard Unit #387', http://archive.org/details/HistoryOfCoastGuardUnit387.

第9章

1 'The Friedman Legacy: A Tribute to William and Elizebeth Friedman', 1992, https://www.nsa.gov/Portals/70/documents/resources/everyone/digital-media-center/video-audio/historical-audio/friedman-legacy/friedman-legacy-transcript.pdf, p.13.
2 Klaus Schmeh: 'The Top 50 unsolved encrypted messages: 17. The Roosevelt cryptogram', 12 August 2017, http://scienceblogs.de/klausis-krypto-kolumne/2017/12/08/the-top-50-

unsolved-encrypted-messages-17-the-roosevelt-cryptogram/.
3 Guy Atkins: 'Coded love', 21 March 2010, http://www.postcardese.com/2010/03/coded-love_21.html.
4 Jean Palmer: The Agony Column Codes & Ciphers. Bright Pen, Gamlingay 2005, p.264.
5 Jean Palmer: The Agony Column Codes & Ciphers. Bright Pen, Gamlingay 2005, p.108.
6 Klaus Schmeh: 'So hätten Sie der nächste James Bond werden können', 19 January 2014, http://scienceblogs.de/klausis-krypto-kolumne/2014/01/19/so-haetten-sie-der-naechste-james-bond-werden-koennen/.
7 William Friedman: 'Military Cryptanalysis IV', 1959, https://www.nsa.gov/Portals/70/documents/news-features/declassifi ed-documents/friedman-documents/publications/FOLDER 452/41749819078904.pdf, p.11.
8 Helen Fouché Gaines: Cryptanalysis. Dover Publications, New York 1939, p.53.
9 Philip Aston: 'A Decoded Diary Reveals a War Time Story', 21 October 1997, http://personal.maths.surrey.ac.uk/st/P.Aston/decode.html.
10 Andro Linklater: Code of Love. Anchor Books, New York 2001.
11 Herbert Yardley: American Black Chamber. Naval Institute Press, Annapolis 1931, pp. 140–171.
12 Henry Landau: The Enemy Within. G. P. Putnam's Sons 1937.
13 David Bisant: 'William Gleaves and the Capture of Lothar Witzke', National Security Agency Newsletter Volume XLVII, no. 7, July 1999, https://fas.org/irp/nsa/1999-07.pdf, pp. 4–6.
14 David Kahn: The Reader of Gentleman's Mail. Yale University Press, New Haven and London 2006, p.42.
15 Donald McCormick: Love in Code. Eyre Methuen, London 1980.
16 Donald McCormick: Love in Code. Eyre Methuen, London 1980, p.161.
17 Jason Fagone: The Woman Who Smashed Codes. HarperCollins, New York 2017.
18 G. Stuart Smith: A Life in Code. McFarland, Jeff erson 2017.
19 Ronald Clark: The Man Who Broke Purple. Little, Brown and Company, Boston 1977.
20 Jean Palmer: The Agony Column Codes & Ciphers. Bright Pen, Gamlingay 2005, p.108.
21 Herbert Yardley: Ciphergrams. Hutchinson, London 1932.
22 Satoshi Tomokiyo: 'Solution of Tyler's Cryptograms Published in Poe's Article', 2015, http://cryptiana.web.fc2.com/code/poe2.htm.
23 'Oglaig Na h-Eireann', Headquarters Britain, 19 March 1926, P69/44 (262).

第10章

1 Tom Mahon and James J. Gillogly: Decoding the IRA. Mercier Press, Cork 2008.
2 David D. Stein: 'The Puzzle at CIA Headquarters', http://www.elonka.com/kryptos/mirrors/daw/steinarticle.html.
3 Paolo Bonavoglia: 'Archivio cifrati/decifrati di Antonio Marzi 1945', January 2014, http://www.crittologia.eu/critto/php/critMarzi.phtml.
4 Tobias Schrödel: 'Notes of an Italian Soldier', 14 October 2010, https://www.mysterytwisterc3.org/en/challenges/level-x/notes-of-an-italian-soldier.
5 Moss Twomey Files, 19 March 1926, P69/44 (262).
6 Jean Palmer: The Agony Column Codes & Ciphers. Bright Pen, Gamlingay 2005, p.93.

第11章

1 Douglas W. Mitchell: ' "Rubik's Cube" as a Transposition Device'. Cryptologia 3/1992.
2 Klaus Schmeh: 'Rubik's Cube encryption challenge solved', 17 March 2019, http://scienceblogs.de/klausis-krypto-kolumne/2019/03/17/rubiks-cube-encryption-challenge-solved/.
3 Klaus Schmeh: 'A crossword encryption used by World War II spy Wulf Schmidt', 4 July 2017, http://scienceblogs.de/klausis-krypto-kolumne/2017/07/04/a-cross-word-encryption-used-by-world-war-ii-spy-wulf-schmidt/.
4 Michael J. Cowan: 'Rasterschlüssel 44 – The Epitome of Hand Field Ciphers', Cryptologia 2/2004.
5 American Cryptogram Association: 'Cipher types', https://www.cryptogram.org/resource-area/cipher-types.
6 Auguste Kerckhoff s: 'Cryptographie Militaire', http://www.petitcolas.net/kerckhoff s/crypto _ militaire 1.pdf.
7 Paolo Bonavoglia: 'Due crittogrammi con griglia 8x8', 2017, http://www.crittologia.eu/storia/WW1/1916 griglia8x8.html.
8 André Langie: Cryptography. Aegean Park Press, Walnut Creek 1922, p.48.
9 Karl de Leeuw and Hans van der Meer: 'A Turning grille from the Ancestral Castle of the Dutch Stadtholders'. Cryptologia 2/1995.
10 Klaus Pommerening: 'Commentary on Verne's Mathias Sandorf, 6 April 2000, revised 20 September 2013, https://www.staff .uni-mainz.de/pommeren/Kryptologie/Klassisch/0_Unterhaltung/Sandorf/Grille.html.
11 Klaus Schmeh: 'Who can solve these encrypted Christmas cards from the 1920s and 1930s?', 22 December 2016, http://scienceblogs.de/klausis-krypto-kolumne/2016/12/22/who-can-solve-these-encrypted-christmas-cards-from-the-1920s-and-1930s/.
12 Lena Meier: 'Grille Cipher', October 2011, https://www.mysterytwisterc3.org/en/challenges/level-1/grille-cipher.

第12章

1 Giambattista della Porta: De furtivis literarum notis. 1563, https://cryptobooks.org/book/112.
2 David Kahn: The Codebreakers. Scribner, New York, 1996, p.198.
3 Charles David: 'A World War II German Army Field Cipher and How We Broke It'. Cryptologia 1/1996.
4 Klaus Schmeh: 'Can you solve this bigram challenge and set a new world record?', 13 July 2019, http://scienceblogs.de/klausis-krypto-kolumne/2019/07/13/can-you-solve-this-bigram-challenge-and-set-a-new-world-record/.
5 David Kahn: The Codebreakers. Scribner, New York 1996, p.592.
6 Helen Fouché Gaines: Cryptanalysis. Dover Publications, New York 1939, p.198.
7 Parker Hitt: Manual for the Solution of Military Ciphers. Press of The Army Service Schools, Fort Leavenworth 1916, p.76.
8 André Langie: Cryptography. Aegean Park Press, Walnut Creek 1922, p.159.
9 Alf Monge: Solution of a Playfair cipher. US Signal Corps, Fort Gordon 1936.
10 Robert Thouless: 'A Test of Survival; Additional Note on a Test of Survival', Proceedings of the Society for Psychical Research 1948, pp. 253, 342.

11 Craig Bauer: Unsolved! Princeton University Press, Princeton 2017, p.323.
12 Jim Gillogly and Larry Harnisch: 'Cryptograms from the Crypt'. Cryptologia 4/1996.
13 Jim Gillogly and Larry Harnisch: 'Cryptograms from the Crypt'. Cryptologia 4/1996.
14 Klaus Schmeh: 'Bigram 750 challenge solved, new world record set', 19 December 2019, http://scienceblogs.de/klausis-krypto-kolumne/2019/12/19/bigram-750-challenge-solved-new-world-record-set/.
15 Klaus Schmeh: 'Can you solve this Playfair cryptogram and set a new world record?', 27 January 2020, http://scienceblogs.de/klausis-krypto-kolumne/2020/01/27/can-you-solve-this-playfair-cryptogram-and-set-a-new-world-record-3/.

第13章

1 Ray V. Denslow: The Masonic Conservators. Grand Lodge, Ancient Free and Accepted Masons of the State of Missouri 1931, p.44.
2 Moses Wolcott Redding: Cabala or the Rites and Ceremonies of the Cabalist. Redding & Co., New York 1888.
3 Klaus Schmeh: 'Unsolved: An encrypted Freemason document from the 19th century', 19 September 2017, http://scienceblogs.de/klausis-krypto-kolumne/2017/09/19/unsolved-an-encrypted-freemason-document-from-the-19th-century.
4 Anoynmous: Ecce Orienti! Redding & Co., New York 1870.
5 Klaus Schmeh: 'Who can decipher these two pages from a Freemason mnemonic book?', 21 November 2017, http://scienceblogs.de/klausis-krypto-kolumne/2017/11/21/who-can-decipher-these-two-pages-from-a-freemason-mnemonic-book.
6 Klaus Schmeh: 'Holm-Kryptogramm: Eine Großmutter sprach in Rätseln', 2 June 2014, http://scienceblogs.de/klausis-krypto-kolumne/2014/02/06/holm-kryptogramm-eine-grossmutter-sprach-in-raetseln/.
7 '"Action Line" Challenge', Cryptologia 4/1978.
8 Klaus Schmeh: 'Top-25 der ungelösten Verschlüsselungen – Platz 24: Das Action-Line-Kryptogramm', 7 June 2013, http://scienceblogs.de/klausis-krypto-kolumne/2013/06/07/top-25-der-ungelosten-verschlusselungen-platz-24-das-action-line-kryptogramm/.
9 Nick Pelling: 'Action Line Cryptogram', http://ciphermysteries.com/masonic-ciphers/action-line-cryptogram.
10 Craig Bauer: Unsolved! Princeton University Press, Princeton 2017, p.316.
11 Klaus Schmeh: 'Die verschlüsselten Postkarten von Florence Maud Golding', 26 September 2014, http://scienceblogs.de/klausis-krypto-kolumne/2014/09/26/die-verschluesselten-postkarten-von-fl orence-maud-golding/.

第14章

1 Herbert Yardley: The American Black Chamber. Naval Institute Press, Annapolis 1931, p.120.
2 Ralph E. Weber: Masked Dispatches. Center for Cryptologic History, Fort Meade 1993, p.101.
3 Jennifer Wilcox: Revolutionary Secrets: Cryptology in the American Revolution Arnold Cipher. Center for Cryptologic History, Fort Meade 2012, p.24.
4 National Archives: 'To Alexander Hamilton from Philip Schuyler, 11 June 1799', 23 January 2002, https://founders.archives.gov/documents/Hamilton/01-23-02-0174.
5 Ralph E. Weber: Masked Dispatches. Center for Cryptologic History, Fort Meade 2013, p.91.
6 Klaus Schmeh: 'A German spy message from World War 2', 20 October 2016, http://scienceblogs.de/klausis-krypto-kolumne/2016/10/20/a-german-spy-message-from-world-war-2/.
7 British National Archives: 'Plain language code in letters and telegrams: Examples of plain language codes KV-2-2424', http://discovery.nationalarchives.gov.uk/details/r/C11287845.
8 André Langie: Cryptography. Aegean Park Press, Walnut Creek 1922, p.88.
9 André Langie: Cryptography. Aegean Park Press, Walnut Creek 1922, p.138.
10 Martin Gardner: Codes, Ciphers and Secret Writing. Dover Publications, New York 1972.
11 Klaus Schmeh: 'Verschlüsselte Zeitungsanzeigen, Teil 2: Eine mysteriöse Anzeigenserie', 15 November 2014, http://scienceblogs.de/klausis-krypto-kolumne/2014/11/15/verschluesselte-zeitungsanzeigen-teil-2-eine-mysterioese-anzeigenserie/.
12 Jean Palmer: The Agony Column Codes & Ciphers. Bright Pen, Gamlingay 2005, p.38.
13 Klaus Schmeh: 'Verschlüsselte Zeitungsanzeigen, Teil 2: Eine mysteriöse Anzeigenserie', 15 November 2014, http://scienceblogs.de/klausis-krypto-kolumne/2014/11/15/verschluesselte-zeitungsanzeigen-teil-2-eine-mysterioese-anzeigenserie/.
14 Ralph E. Weber: Masked Dispatches. Center for Cryptologic History, Fort Meade 2013, p.39.
15 Ralph E. Weber: United States Diplomatic Codes and Ciphers. Precedent Publishing, Chicago 1979, p.205.
16 Albert Leighton and Stephen Matyas: 'The Search for the Key Book to Nicholas Trist's Book Ciphers', Cryptologia 4/1983.
17 William Friedman: 'Account of 1917 Hindu conspiracy and trial', https://archive.org/details/WFFHinduTrial1917/.
18 David Kahn: The Codebreakers. Scribner, New York, 1996, p.372.
19 Klaus Schmeh: 'An unsolved message sent to Robert E. Lee', 31 August 2017, http://scienceblogs. de/klausis-krypto-kolumne/2017/08/31/an-unsolved-message-sent-to-robert-e-lee/.
20 Biff Hollingsworth: '8 April 1862: Cipher from Joseph E. Johnston to Robert E. Lee', 8 April 2012, https://blogs.lib.unc.edu/civilwar/index.php/2012/04/08/8-april-1862/.
21 Satoshi Tomokiyo: 'US Civil War Ciphers', http://cryptiana.web.fc2.com.
22 Klaus Schmeh: 'A dictionary code challenge', 29 October 2018, http://scienceblogs.de/klausis-krypto-kolumne/2018/10/29/a-dictionary-code-challenge/.
23 Jean Palmer: The Agony Column Codes & Ciphers. Bright Pen, Gamlingay 2005, p.202.
24 Klaus Schmeh: 'Two unsolved newspaper ads from 1873', 30 September 2019, http://scienceblogs. de/klausis-krypto-kolumne/2019/09/30/two-unsolved-newspaper-ads-from-1873.

第15章

1 Phwdsxccoh klqw: Dw wkh hqg ri brxu mrxuqhb, rqh zdb wr ilqg wkh sdvvzrug zloo eh wr frpelqh vrph ri wkh pxvlfdo nhbv zlwk wkh pdtxhwwh olfhqvh.
2 Craig Bauer: Secret History: The Story of Cryptology. CRC Press, New York 2013, p.4.
3 Luis Alberto Benthin Sanguino: 'Analyzing Spanish Civil War Ciphers by Combining Combinatorial and Statistical Methods', https://www.emsec.ruhr-uni-bochum.de/media/attachments/fi les/2014/03/MA-Thesis Luis-Alberto-Benthin.pdf.
4 Klaus Schmeh: 'M138 Challenges 1–4', November 2014, https://www.mysterytwisterc3.org/en/search?search term = m-138&type = all.
5 Dave Tompkins: How to Wreck a Nice Beach. Stop Smiling Books, Chicago 2010.
6 Nathan Aaseng: Navajo Code Talkers: America's Secret Weapon in World War II. Walker & Company, New York 1992.
7 William C. Meadows: The Comanche Code Talkers of World War II. University of Texas Press, Austin 2003.
8 Central Intelligence Agency, Naval History and Heritage Command: 'Navajo Code Talkers' Dictionary, 1945', https://www.cia.gov/news-information/featured-story-archive/2008-featured-story-archive/navajo-code-talkers.
9 Dale Speirs: 'Secret Messages on Postcards', The Canadian Philatelist, March/April 2008.
10 Encyclopaedia Britannica: 'Modern symbol systems', https://www.britannica.com/topic/shorthand/Modern-symbol-systems.
11 Winifred Kenna: A Christmas Carol by Charles Dickens. Printed in Gregg Shorthand, 1918, https://archive.org/details/AChristmasCarol-PrintedInGreggShorthand/page/n1/mode/2up.
12 Gerhard Strasser: 'Die Wissenschaft der Alphabete. Universalsprachen vom 16. bis zum frühen 19. Jahrhundert im Kontext on Kryptographie und Philosophie', in Anne-Simone Rous and Martin Mulsow: Geheime Post – Kryptologie und Steganographie der diplomatischen Korrespondenz europäischer Höfe während der Frühen Neuzeit. Duncker & Humblot, Berlin 2015.
13 Document provided to Klaus by Gerhard Strasser: Niedersächsisches Landesarchiv Abteilung Wolfenbüttel WF: 2 Alt (2837), mid-seventeenth century.
14 Klaus Schmeh: 'Versteckte Nachrichten in Modezeichnungen, Grashalmen und Apfelbäumen', 21 May 2015, http://scienceblogs.de/klausis-krypto-kolumne/2015/05/21/versteckte-nachrichten-in-modezeichnungen-grashalmen-und-apfelbaeumen/.
15 Klaus Schmeh: Versteckte Botschaften – Die faszinierende Geschichte der Steganografi e. Dpunkt, Heidelberg 2017.
16 Kristie Macrakis: Prisoners, Lovers, and Spies. Yale University Press, New Haven 2014.
17 Jennifer Wilcox: Revolutionary Secrets: Cryptology in the American Revolution Arnold Cipher. Center for Cryptologic History, National Security Agency, Fort Meade 2012, p.13, https://www.nsa.gov/Portals/70/documents/about/cryptologic-heritage/historical-fi gures-publications/publications/pre-modern/Revolutionary Secrets 2012.pdf.
18 Kat Eschner: 'Why JFK Kept a Coconut Shell in the Oval Offi ce', https://www.smithsonianmag.com/smart-news/why-jfk-kept-coconut-shell-white-house-desk-180964263/.
19 John F. Kennedy Presidential Library and Museum: 'John F. Kennedy and PT 109', https://www.jfklibrary.org/learn/about-jfk/jfk-in-history/john-f-kennedy-and-pt-109.
20 David Mowry: Listening to the Rumrunners. Center for Cryptologic History, Fort Meade 2014.

付録

21 Elonka Dunin: 'Cipher on the William and Elizebeth Friedman tombstone at Arlington National Cemetery is solved', 17 April 2017, https://elonka.com/friedman.
22 Jason Fagone: The Woman Who Smashed Codes. HarperCollins, New York 2017.
23 David Kahn: The Codebreakers. Scribner, New York 1996, p.975.
24 Jürgen Hermes: 'Textprozessierung – Design und Applikation' (PhD thesis), http://kups.ub.uni-koeln.de/4561/.
25 Jim Reeds: 'Solved: The Ciphers in Book III of Trithemius's Steganographia', Cryptologia 4/1998.
26 Thomas Ernst: 'Schwarzweiße Magie: Der Schlüssel zum dritten Buch der Steganographia des Trithemius'. Daphnis 1/1996.
27 Thomas Ernst: 'The Numerical-Astrological Ciphers in The Third Book of Trithemius's Steganographia', Cryptologia 4/1998.
28 Gina Kolata: 'A Mystery Unraveled, Twice', 14 April 1998, https://www.nytimes.com/1998/04/14/science/a-mystery-unraveled-twice.html.
29 Jürgen Hermes: 'Die unbekannte Heldensage', TEXperimenTales vom 25 January 2017, https://texperimentales.hypotheses.org/1970.
30 Klaus Schmeh: Versteckte Botschaften – Die faszinierende Geschichte der Steganografi e. Dpunkt, Heidelberg 2017, p.119.
31 Klaus Schmeh: 'Der Trithemius-Code', Skeptiker 3/2018.
32 Jeff Briden: Deconstruction Deluxe. https://fools-errand.com/09-TH/solution-JB.htm.
33 William Friedman and Elizebeth Friedman: The Shakespearean Ciphers Examined. Cambridge University Press, Cambridge 1957.
34 Alan Mathison Turing, edited by B. Jack Copeland: The Essential Turing. Oxford University Press 2004, p.236
35 Gordon Welchman: From Polish Bomba to British Bombe: The Birth of Ultra. Intelligence and National Security, January 1986.
36 The US 6812 Division Bombe Report Eastcote 1944. p.10, https://web.archive.org/web/20060523190750/http://www.codesandciphers.org.uk/documents/bmbrpt/bmbpg010.HTM
37 David Kahn: Seizing the Enigma. Houghton Miffl in, Boston 1991.
38 Tom Perera and Dan Perera: 'Inside Enigma'. RSGB, Bedford 2019, http://enigmamuseum.com/iead.htm.
39 Dermot Turing: Demystifying the Bombe. Pitkin Press, Stroud 2014.
40 David Kahn: The Codebreakers. Scribner, New York 1996, p.1.
41 Ronald Clark: The Man Who Broke Purple. Little, Brown and Company, Boston 1977, p.138.
42 Stephen Budiansky: Battle of Wits. Penguin Books, London 2000.
43 Jerry Roberts: Lorenz: Breaking Hitler's Top Secret Code at Bletchley Park. The History Press, Stroud, Gloucestershire 2017.
44 Donald Davies: 'The Lorenz Cipher Machine SZ42', Cryptologia 1/1995. pp. 39–61.
45 Jerry Roberts: How Lorenz was diff erent from Enigma. The History Press, https://www.thehistorypress.co.uk/articles/how-lorenz-was-diff erent-from-enigma/.
46 Jerry Roberts: Lorenz: Breaking Hitler's Top Secret Code at Bletchley Park. The History Press, Stroud, Gloucestershire 2017.
47 'D-Day Revisited: Colossus', https://d-dayrevisited.co.uk/d-day-history/planning-and-

preparation/intelligence/.

48 Thomas H. Flowers: 'D-Day at Bletchley Park' in B. Jack Copeland (ed.), Colossus: The Secrets of Bletchley Park's Code-Breaking Computers. Oxford University Press, Oxford 2006, p.80.

49 Jerry Roberts: Lorenz: Breaking Hitler's Top Secret Code at Bletchley Park. The History Press, Gloucestershire 2017, p.131.

50 Friedrich L. Bauer: Decrypted Secrets: Methods and Maxims of Cryptology. Springer-Verlag, Berlin Heidelberg 2007, p.123.

51 Craig Bauer: Secret History: The Story of Cryptology. CRC Press, New York 2013, p.245.

第16章

1 Sabine Baring-Gould: Curiosities of Olden Times. John Grant, Edinburgh 1896. p.17.

2 Klaus Schmeh: 'An unsolved cryptogram testing the reader's sagacity', 16 March 2016, http://scienceblogs.de/klausis-krypto-kolumne/2017/03/16/an-unsolved-cryptogram-testing-the-readers-sagacity/.

3 Klaus Schmeh: 'A mird in the hand is worth two in the mush: Solving ciphers with Hill Climbing', 26 March 2017, http://scienceblogs.de/klausis-krypto-kolumne/2017/03/26/a-mird-in-the-hand-is-worth-two-in-the-mush-solving-ciphers-with-hill-climbing/.

4 'Case Study: Carlie Brucia Murder', Today's FBI 2010/2011.

5 'FBI Laboratory Report 2005', https://archives.fbi.gov/archives/about-us/lab/lab-annual-report-2005/fbi-lab-report-2005-pdf.

6 Klaus Schmeh: 'Codeknacker auf Verbrecherjagd, Folge 1: Wie das FBI den Code eines Kindermörders knackte', 26 February 2014, http://scienceblogs.de/klausis-krypto-kolumne/2014/02/26/codeknacker-auf-verbrecherjagd-folge-1-wie-das-fbi-den-code-eines-kindermoerders-knackte/.

7 Nils Kopal: Cryptanalysis of Homophonic Substitution Ciphers Using Simulated Annealing with Fixed Temperature. Proceedings of HistoCrypt 2019.

8 Amrapali Dhavare, Richard M. Low and Mark Stamp: 'Effi cient Cryptanalysis of Homophonic Substitution Ciphers', http://www.cs.sjsu.edu/faculty/stamp/RUA/homophonic.pdf.

9 Mark Stamp: 'Zodiac Cipher', https://www.mysterytwisterc3.org/images/challenges/mtc3-stamp-03-zodiac-en.pdf.

10 Tom Mahon and James J. Gillogly: Decoding the IRA. Mercier Press, Cork 2008.

11 Klaus Schmeh: 'Top 25 crypto mystery solved by Australian codebreaker', 8 August 2019, http://scienceblogs.de/klausis-krypto-kolumne/2019/08/08/top-25-crypto-mystery-solved-by-australian-codebreaker/.

12 George Lasry: 'A Methodology for the Cryptanalysis of Classical Ciphers with Search Metaheuristics', https://d-nb.info/1153797542/34.

13 Otto Leiberich: 'Vom diplomatischen Code zur Falltürfunktion – Hundert Jahre Kryptographie in Deutschland', Spektrum der Wissenschaft 6/1999.

14 Rafael Sabatini: Mistress Wilding. Grosset & Dunlap, New York 1910.

15 Klaus Schmeh: 'Wettrennen der Codeknacker', 9 January 2008, https://www.heise.de/tp/features/Wettrennen-der-Codeknacker-3416587.html.

16 George Lasry, Nils Kopal and Arno Wacker: 'Solving the Double Transposition Challenge with a Divide-and-Conquer Approach', Cryptologia 3/2014.

17 Paolo Bonavoglia: 'Due crittogrammi con griglia 8x8', http://www.crittologia.eu/storia/

WW1/1916 griglia8x8.html.
18 Klaus Schmeh: 'How Paolo Bonavoglia and Bart Wenmeckers solved an early 20th century cryptogram', 11 May 2017, http://scienceblogs.de/klausis-krypto-kolumne/2017/05/11/how-paolo-bonavoglia-and-bart-wenmeckers-solved-a-an-early-20th-century-cryptogram/.
19 Klaus Schmeh: 'Fleissner challenge: Can this cryptogram be broken?', 13 January 2017, http://scienceblogs.de/klausis-krypto-kolumne/2017/01/13/fl eissner-challenge-can-this-cryptogram-be-broken.
20 Klaus Schmeh: 'How my readers solved the Fleissner challenge', 19 January 2017, http://scienceblogs.de/klausis-krypto-kolumne/2017/01/19/how-my-readers-solved-the-fl eissner-challenge.
21 Klaus Schmeh: 'Bigram substitution: An old and simple encryption algorithm that is hard to break', 13 February 2017, http://scienceblogs.de/klausis-krypto-kolumne/2017/02/13/bigram-substitution-an-old-and-simple-encryption-algorithm-that-is-hard-to-break.
22 Klaus Schmeh: 'Can you solve this bigram challenge and set a new world record?', 13 July 2019, http://scienceblogs.de/klausis-krypto-kolumne/2019/07/13/can-you-solve-this-bigram-challenge-and-set-a-new-world-record/.
23 Klaus Schmeh: 'Norbert Biermann solves bigram challenge and sets a new world record', 13 August 2019, http://scienceblogs.de/klausis-krypto-kolumne/2019/08/13/norbert-biermann-solves-bigram-challenge-and-sets-a-new-world-record.
24 Klaus Schmeh: 'Solve this bigram challenge and set a new world record', 7 October 2019, http://scienceblogs.de/klausis-krypto-kolumne/2019/10/07/solve-this-bigram-challenge-and-set-a-new-world-record.
25 Klaus Schmeh: 'Bigram 1000 challenge solved, new world record set', 27 October 2019, http://scienceblogs.de/klausis-krypto-kolumne/2019/10/27/bigram-1000-challenge-solved-new-world-record-set.
26 Klaus Schmeh: 'Solve this bigram challenge and set a new world record', 12 December 2019, http://scienceblogs.de/klausis-krypto-kolumne/2019/12/12/solve-this-bigram-challenge-and-set-a-new-world-record-2.
27 Klaus Schmeh: 'Bigram 750 challenge solved, new world record set', 19 December 2019, http://scienceblogs.de/klausis-krypto-kolumne/2019/12/19/bigram-750-challenge-solved-new-world-record-set.
28 Klaus Schmeh: 'Die Listening Stones von Cheltenham (Teil 2): Der Zahlenstein', 22 September 2015, http://scienceblogs.de/klausis-krypto-kolumne/2015/09/22/die-listening-stones-von-cheltenham-teil-2-der-zahlenstein.
29 Alf Monge: Solution of a Playfair cipher. US Signal Corps, Fort Gordon 1936.
30 Klaus Schmeh: 'Playfair cipher: Is it unbreakable, if the message has only 50 letters?', 4 July 2018, http://scienceblogs.de/klausis-krypto-kolumne/2018/04/07/playfair-cipher-is-it-unbreakable-if-the-message-has-only-50-letters.
31 Klaus Schmeh: 'Playfair cipher: Is it breakable, if the message has only 40 letters?', 8 December 2018, http://scienceblogs.de/klausis-krypto-kolumne/2018/12/08/playfair-cipher-is-it-breakable-if-the-message-has-only-40-letters.
32 George Lasry: Solving a 40-Letter Playfair Challenge with CrypTool 2. Proceedings of HistoCrypt 2019.
33 Klaus Schmeh: 'Playfair cipher: Is it breakable if the message has only 30 letters?', 15 April

2019, http://scienceblogs.de/klausis-krypto-kolumne/2019/04/15/playfair-cipher-is-it-breakable-if-the-message-has-only-30-letters.
34 Klaus Schmeh: 'Magnus Ekhall solves Playfair challenge and sets a new world record', 5 September 2019, http://scienceblogs.de/klausis-krypto-kolumne/2019/09/05/magnus-ekhall-solves-playfair-challenge-and-sets-a-new-world-record.
35 Klaus Schmeh: 'Can you solve this Playfair cryptogram and set a new world record?', 9 September 2019, http://scienceblogs.de/klausis-krypto-kolumne/2019/09/10/can-you-solve-this-playfair-cryptogram-and-set-a-new-world-record.
36 Klaus Schmeh: 'Magnus Ekhall solves 28-letter Playfair challenge and sets new world record', 14 November 2019, http://scienceblogs.de/klausis-krypto-kolumne/2019/11/14/magnus-ekhall-solves-28-letter-playfair-challenge-and-sets-new-world-record.
37 Klaus Schmeh: 'Can you solve this Playfair cryptogram and set a new world record?', 22 November 2019, http://scienceblogs.de/klausis-krypto-kolumne/2019/11/22/can-you-solve-this-playfair-cryptogram-and-set-a-new-world-record-2/.
38 Klaus Schmeh: 'Konstantin Hamidullin solves 26-letter Playfair challenge and sets new world record', 12 December 2019, http://scienceblogs.de/klausis-krypto-kolumne/2019/12/21/konstantin-hamidullin-solves-26-letter-playfair-challenge-and-sets-new-world-record.
39 Dirk Rijmenants: 'Stefan Krah's M4 Project and the Story of U-264', http://users.telenet.be/d.rijmenants/en/m4project.htm.
40 Frode Weierud: 'Frode Weierud's CryptoCellar', http://cryptocellar.org/.
41 Michael Hörenberg: 'The Enigma Message Breaking Project', https://enigma.hoerenberg.com/.

第17章

1 John Schwartz: 'Clues to Stubborn Secret in C.I.A.'s Backyard', 20 November 2010, https://www.nytimes.com/2010/11/21/us/21code.html?hp.
2 John Schwartz: 'A New Clue to Kryptos', 20 November 2014. Retrieved 21 November 2014, https://www.nytimes.com/interactive/2014/11/21/science/new-clue-to-kryptos.html.
3 John Schwartz: 'This Sculpture Holds a Decades-Old C.I.A. Mystery. And Now, Another Clue', 29 January 2020, https://www.nytimes.com/interactive/2020/01/29/climate/kryptos-sculpture-fi nal-clue.html.
4 Craig Bauer: Unsolved! Princeton University Press, Princeton 2017, p.289.
5 Craig Bauer: Unsolved! Princeton University Press, Princeton 2017, p.308.
6 Gordon Corera: 'WWII pigeon message stumps GCHQ decoders', 23 November 2012, https://www.bbc.com/news/uk-20456782.
7 Klaus Schmeh: 'Rohonc Codex: Top ten crypto mystery solved', 6 March 2018, http://scienceblogs.de/klausis-krypto-kolumne/2018/06/03/rohonc-codex-top-ten-crypto-mystery-solved-part-1-of-2/.
8 Bruce Schneier: 'Handwritten Real-World Cryptogram', 30 January 2006, https://www.schneier.com/blog/archives/2006/01/handwritten rea.html.
9 David Kahn: 'German Spy Cryptograms', Cryptologia 2/1981.
10 Klaus Schmeh: 'The Top 50 unsolved encrypted messages: 36. The Fair Game code', 13 April 2017, http://scienceblogs.de/klausis-krypto-kolumne/2017/04/13/the-top-50-unsolved-encrypted-messages-36-the-fair-game-code/.

11 Klaus Schmeh: 'The Top 50 unsolved encrypted messages: 50. The Cylob Cryptogram', 8 February 2017, http://scienceblogs.de/klausis-krypto-kolumne/2017/02/08/the-top-50-unsolved-encrypted-messages-50-the-cylob-cryptogram/.
12 Nick Pelling: 'd'Agapeyeff Cipher', http://cipherfoundation.org/modern-ciphers/dagapeyeff-cipher.
13 'The MLH Cipher', The Cryptogram, January/February 1978.
14 Nick Pelling: 'Feynman Challenge Ciphers', http://cipherfoundation.org/modern-ciphers/feynman-challenge-ciphers.
15 Klaus Schmeh: 'The Top 50 unsolved encrypted messages: 15. The Rilke cryptogram' 10 January 2018, http://scienceblogs.de/klausis-krypto-kolumne/2018/01/10/the-top-50-unsolved-encrypted-messages-15-the-rilke-cryptogram/.
16 Elonka Dunin: 'Famous Unsolved Codes and Ciphers', https://elonka.com/UnsolvedCodes.html.
17 Klaus Schmeh: 'The Top 50 unsolved encrypted messages', http://scienceblogs.de/klausis-krypto-kolumne/the-top-50-unsolved-encrypted-messages.
18 Craig Bauer: Unsolved! Princeton University Press, Princeton 2017.
19 Klaus Schmeh: Nicht zu knacken. Hanser, Munich 2012.
20 Richard Belfi eld: Can You Crack the Enigma Code? Orion, London 2006.
21 US Department of the Army: 'Basic Cryptanalysis', 1990, http://fas.org/irp/doddir/army/fm34-40-2.
22 George Lasry: 'A Methodology for the Cryptanalysis of Classical Ciphers with Search Metaheuristics', https://d-nb.info/1153797542/34.
23 Al Sweigart: Cracking Codes with Python. No Starch Press, San Francisco 2018.

APPENDIX A

1 Craig Bauer: Unsolved! Princeton University Press, Princeton 2017, p.386.
2 John B. Wilson: 'Kryptos: The Sanborn Sculpture at CIA Headquarters', http://scirealm.org/Kryptos.html.
3 Colin Bessonette: 'Q&A on the News', 16 November 1998, Atlanta-Journal Constitution, p.A2
4 David Stein: 'The Puzzle at CIA Headquarters', https://www.elonka.com/kryptos/mirrors/daw/steinarticle.html.
5 Kim Zetter: 'Documents Reveal How the NSA Cracked the Kryptos Sculpture Years before the CIA', 7 October 2013, https://www.wired.com/2013/07/nsa-cracked-kryptos-before-cia.
6 Kim Zetter: 'Documents Reveal How the NSA Cracked the Kryptos Sculpture Years before the CIA', 7 October 2013, https://www.wired.com/2013/07/nsa-cracked-kryptos-before-cia.
7 Elonka Dunin: 'The Kryptos Group announces a corrected answer to Kryptos Part 2', 19 April 2006, https://elonka.com/kryptos/CorrectedK2Announcement.html.
8 Melissa Block: 'Enigmatic CIA Puzzle "Kryptos" May Be Flawed', 21 April 2006, https://www.npr.org/templates/story/story.php?storyId = 5356012.
9 Elonka Dunin: 'Elonka Dunin's technique for reading part 3 of the Kryptos sculpture', 23 May 2003, https://elonka.com/kryptos/part3.html.
10 Elonka Dunin: 'Kryptos Timeline', https://www.elonka.com/kryptos//KryptosTimeline.html.
11 Elonka Dunin: 'Kryptos', https://elonka.com/kryptos.

APPENDIX B

1 Wikipedia: 'Letter frequency', https://en.wikipedia.org/w/index.php?title=Letter_frequency&oldid=936795409.

2 William Friedman: The Index of Coincidence and its Applications in Cryptology. Aegean Park Press, Laguna Hills 1987.

APPENDIX D

1 Dave Oranchak: 'The 340 Is Solved!', 11 December 2020, https://www.youtube.com/watch?v=-1oQLPRE21o.

2 Nils Kopal: 'Is David Oranchak's Zodiac Killer Cipher Z-340 Solution Correct???', 11 December 2020, https://www.youtube.com/watch?v=hlrOftXgibg.

3 Nick Pelling: 'Zodiac Z340 is CRACKED!', 11 December 2020, https://ciphermysteries.com/2020/12/11/zodiac-z340-is-cracked.

4 Joachim von zur Gathen: 'Unicity distance of the Zodiac-340 cipher', 14 December 2021, https://eprint.iacr.org/2021/1620.

5 FBI: 'Our statement regarding the #Zodiac cipher', 11 December 2020, https://twitter.com/fbisanfrancisco/status/1337477701825925120.

6 Sam Blake: 'The Solution of the Zodiac Killer's 340-Character Cipher', 24 March 2021, https://blog.wolfram.com/2021/03/24/the-solution-of-the-zodiac-killers-340-character-cipher.

7 Sam Blake: 'The Quest to Solve the Zodiac 340 Cipher', 8 April 2021, https://www.youtube.com/watch?v=iuNyQ44JYxM

8 Dave Oranchak: 'Interpretations of the seemingly misplaced words "LIFE IS" and "DEATH"', 28 December 2021, http://zodiackillerciphers.com/wiki/index.php?title=Solution_to_the_340#Interpretations_of_the_seemingly_misplaced_words_.22LIFE_IS.22_and_.22DEATH.22

索引

か行

さ行

た行

な行

は行

ま行

や・ら・わ行

著者プロフィール

Elonka Dunin（イロンカ・デューニン）はアメリカのビデオゲーム開発者であり、暗号学者。ベストセラー作家のDan Brownは、自身の小説『The Lost Symbol』[訳注1]の登場人物であるNola Kayeを彼女にちなんで命名した[訳注2]。

訳注 1　翻訳書に『ロスト・シンボル』（角川書店刊）があります。

訳注 2　"Nola Kaye"の大部分が"Elonka"のアナグラムで構成できます。Wikipediaにも掲載されています。
https://en.wikipedia.org/wiki/Elonka_Dunin

Elonkaは古典暗号の練習問題集を出版している。世界でもっとも有名な未解決の暗号文や、暗号化されたメッセージを収めたCIAの彫刻クリプトスなど、暗号関連のWebサイトも運営している。彼女はクリプトスの世界的な第一人者である。Elonkaは米国国立暗号博物館財団の理事会のメンバーであり、暗号をテーマにした講演を頻繁に行なっている。

● Elonka Duninの作品

『The Mammoth Book of Secret Codes and Cryptograms』
『Secrets of the Lost Symbol』Daniel Burstein、Arne de Keijzer共著

Klaus Schmeh（クラウス・シュメー）は暗号史に関する世界的な第一人者である。暗号技術に関する13冊の本（ほとんどがドイツ語で書かれている）を出版しているほか、200以上の記事、25の科学論文、1,400以上のブログ投稿があり、暗号についての記事を世界でもっとも多く発表した人物になっている。科学雑誌『Cryptologia』の編集委員であり、欧米の暗号カンファレンスで頻繁に講演を行っている。NSA暗号史シンポジウム、シャーロット国際暗号学会シンポジウム、サンフランシスコで開催されるRSA Conferenceなどで講演。自作の漫画やレゴの模型を使った楽しいプレゼンテーションで知られる。

● Klaus Schmehの作品

『Cryptography and Public Key Infrastructure on the Internet』
ドイツ語版
『Chief Security Officer』
『Versteckte Botschaften』
『Kryptografie – Verfahren, Protokolle, Infrastrukturen』
『Codeknacker gegen Codemacher』
『Nicht zu knacken』
『Die Erben der Enigma』

『Elektronische Ausweisdokumente』
『Die Welt der geheimen Zeichen』
『Kryptografi e und Public-Key-Infrastrukturen im Internet』
『Safer Net』

訳者プロフィール

IPUSIRON（イプシロン）

1979年福島県相馬市生まれ。相馬市在住。2001年に『ハッカーの教科書』（データハウス）を上梓。情報・物理的・人的といった総合的な観点からセキュリティを研究しつつ、執筆を中心に活動中。主な書著に『ハッキング・ラボのつくりかた 完全版』『暗号技術のすべて』（翔泳社）、『ホワイトハッカーの教科書』（C&R研究所）がある。

近年は執筆の幅を広げ、同人誌に『ハッキング・ラボで遊ぶために辞書ファイルを鍛える本』、共著に『「技術書」の読書術』（翔泳社）と『Wizard Bible 事件から考えるサイバーセキュリティ』（PEAKS）、翻訳に『Python でいかにして暗号を破るか 古典暗号解読プログラムを自作する本』（ソシム）、監訳に『暗号技術 実践活用ガイド』『サイバーセキュリティの教科書』（マイナビ出版）がある。

一般社団法人サイバーリスクディフェンダー理事。

X（旧Twitter）：@ipusiron

Web サイト：Security Akademeia（https://akademeia.info/）

翻訳レビュー

Smoky（スモーキー）

ゲーム開発会社や医療系AI の受託開発会社等、数社の代表を兼任。サイバーセキュリティと機械学習の研究がライフワークで、生涯現役を標榜中。愛煙家で超偏食。2020 年度から大学院で機械学習の医療分野への応用を研究中。主な訳書に『暗号技術 実践活用ガイド』『サイバー術 プロに学ぶサイバーセキュリティ』『サイバーセキュリティの教科書』（マイナビ出版）がある。

X（旧Twitter）：@smokyjp

Web サイト：https://www.wivern.com/

Lane V. Erickson / Shutterstock

ブックデザイン：海江田暁（Dada House）
制作：島村龍胆
担当：山口正樹

暗号解読(あんごうかいどく) 実践(じっせん)ガイド

2024年10月24日　初版第1刷発行

著　者…………Elonka Dunin、Klaus Schmeh
訳　者…………IPUSIRON
協　力…………Smoky
発行者…………角竹輝紀
発行所…………株式会社 マイナビ出版
〒101-0003 東京都千代田区一ツ橋2-6-3 一ツ橋ビル 2F
TEL：0480-38-6872（注文専用ダイヤル）
03-3556-2731（販売）
03-3556-2736（編集）
E-mail: pc-books@mynavi.jp
URL：https://book.mynavi.jp
印刷・製本……シナノ印刷株式会社

ISBN978-4-8399-8624-7
Printed in Japan.